KB149680

표준정규분포표

$\Phi(z) = P(Z \leq z)$

Standard normal density function

Shaded area = $\Phi(z)$

0 z

z	0.00	0.01	0.02	0.03	0.04	0.05	0.06	0.07	0.08	0.09
−3.4	0.0003	0.0003	0.0003	0.0003	0.0003	0.0003	0.0003	0.0003	0.0003	0.0002
−3.3	0.0005	0.0005	0.0005	0.0004	0.0004	0.0004	0.0004	0.0004	0.0004	0.0003
−3.2	0.0007	0.0007	0.0006	0.0006	0.0006	0.0006	0.0006	0.0005	0.0005	0.0005
−3.1	0.0010	0.0009	0.0009	0.0009	0.0008	0.0008	0.0008	0.0008	0.0007	0.0007
−3.0	0.0013	0.0013	0.0013	0.0012	0.0012	0.0011	0.0011	0.0011	0.0010	0.0010
−2.9	0.0019	0.0018	0.0017	0.0017	0.0016	0.0016	0.0015	0.0015	0.0014	0.0014
−2.8	0.0026	0.0025	0.0024	0.0023	0.0023	0.0022	0.0021	0.0021	0.0020	0.0019
−2.7	0.0035	0.0034	0.0033	0.0032	0.0031	0.0030	0.0029	0.0028	0.0027	0.0026
−2.6	0.0047	0.0045	0.0044	0.0043	0.0041	0.0040	0.0039	0.0038	0.0037	0.0036
−2.5	0.0062	0.0060	0.0059	0.0057	0.0055	0.0054	0.0052	0.0051	0.0049	0.0048
−2.4	0.0082	0.0080	0.0078	0.0075	0.0073	0.0071	0.0069	0.0068	0.0066	0.0064
−2.3	0.0107	0.0104	0.0102	0.0099	0.0096	0.0094	0.0091	0.0089	0.0087	0.0084
−2.2	0.0139	0.0136	0.0132	0.0129	0.0125	0.0122	0.0119	0.0116	0.0113	0.0110
−2.1	0.0179	0.0174	0.0170	0.0166	0.0162	0.0158	0.0154	0.0150	0.0146	0.0143
−2.0	0.0228	0.0222	0.0217	0.0212	0.0207	0.0202	0.0197	0.0192	0.0188	0.0183
−1.9	0.0287	0.0281	0.0274	0.0268	0.0262	0.0256	0.0250	0.0244	0.0239	0.0233
−1.8	0.0359	0.0352	0.0344	0.0336	0.0329	0.0322	0.0314	0.0307	0.0301	0.0294
−1.7	0.0446	0.0436	0.0427	0.0418	0.0409	0.0401	0.0392	0.0384	0.0375	0.0367
−1.6	0.0548	0.0537	0.0526	0.0516	0.0505	0.0495	0.0485	0.0475	0.0465	0.0455
−1.5	0.0668	0.0655	0.0643	0.0630	0.0618	0.0606	0.0594	0.0582	0.0571	0.0559
−1.4	0.0808	0.0793	0.0778	0.0764	0.0749	0.0735	0.0722	0.0708	0.0694	0.0681
−1.3	0.0968	0.0951	0.0934	0.0918	0.0901	0.0885	0.0869	0.0853	0.0838	0.0823
−1.2	0.1151	0.1131	0.1112	0.1093	0.1075	0.1056	0.1038	0.1020	0.1003	0.0985
−1.1	0.1357	0.1335	0.1314	0.1292	0.1271	0.1251	0.1230	0.1210	0.1190	0.1170
−1.0	0.1587	0.1562	0.1539	0.1515	0.1492	0.1469	0.1446	0.1423	0.1401	0.1379
−0.9	0.1841	0.1814	0.1788	0.1762	0.1736	0.1711	0.1685	0.1660	0.1635	0.1611
−0.8	0.2119	0.2090	0.2061	0.2033	0.2005	0.1977	0.1949	0.1922	0.1894	0.1867
−0.7	0.2420	0.2389	0.2358	0.2327	0.2296	0.2266	0.2236	0.2206	0.2177	0.2148
−0.6	0.2743	0.2709	0.2676	0.2643	0.2611	0.2578	0.2546	0.2514	0.2483	0.2451
−0.5	0.3085	0.3050	0.3015	0.2981	0.2946	0.2912	0.2877	0.2843	0.2810	0.2776
−0.4	0.3446	0.3409	0.3372	0.3336	0.3300	0.3264	0.3228	0.3192	0.3156	0.3121
−0.3	0.3821	0.3783	0.3745	0.3707	0.3669	0.3632	0.3594	0.3557	0.3520	0.3483
−0.2	0.4207	0.4168	0.4129	0.4090	0.4052	0.4013	0.3974	0.3936	0.3897	0.3859
−0.1	0.4602	0.4562	0.4522	0.4483	0.4443	0.4404	0.4364	0.4325	0.4286	0.4247
−0.0	0.5000	0.4960	0.4920	0.4880	0.4840	0.4801	0.4761	0.4721	0.4681	0.4641

표준정규분포표(계속)

z	0.00	0.01	0.02	0.03	0.04	0.05	0.06	0.07	0.08	0.09
0.0	0.5000	0.5040	0.5080	0.5120	0.5160	0.5199	0.5239	0.5279	0.5319	0.5359
0.1	0.5398	0.5438	0.5478	0.5517	0.5557	0.5596	0.5636	0.5675	0.5714	0.5753
0.2	0.5793	0.5832	0.5871	0.5910	0.5948	0.5987	0.6026	0.6064	0.6103	0.6141
0.3	0.6179	0.6217	0.6255	0.6293	0.6331	0.6368	0.6406	0.6443	0.6480	0.6517
0.4	0.6554	0.6591	0.6628	0.6664	0.6700	0.6736	0.6772	0.6808	0.6844	0.6879
0.5	0.6915	0.6950	0.6985	0.7019	0.7054	0.7088	0.7123	0.7157	0.7190	0.7224
0.6	0.7257	0.7291	0.7324	0.7357	0.7389	0.7422	0.7454	0.7486	0.7517	0.7549
0.7	0.7580	0.7611	0.7642	0.7673	0.7704	0.7734	0.7764	0.7794	0.7823	0.7852
0.8	0.7881	0.7910	0.7939	0.7967	0.7995	0.8023	0.8051	0.8078	0.8106	0.8133
0.9	0.8159	0.8186	0.8212	0.8238	0.8264	0.8289	0.8315	0.8340	0.8365	0.8389
1.0	0.8413	0.8438	0.8461	0.8485	0.8508	0.8531	0.8554	0.8577	0.8599	0.8621
1.1	0.8643	0.8665	0.8686	0.8708	0.8729	0.8749	0.8770	0.8790	0.8810	0.8830
1.2	0.8849	0.8869	0.8888	0.8907	0.8925	0.8944	0.8962	0.8980	0.8997	0.9015
1.3	0.9032	0.9049	0.9066	0.9082	0.9099	0.9115	0.9131	0.9147	0.9162	0.9177
1.4	0.9192	0.9207	0.9222	0.9236	0.9251	0.9265	0.9278	0.9292	0.9306	0.9319
1.5	0.9332	0.9345	0.9357	0.9370	0.9382	0.9394	0.9406	0.9418	0.9429	0.9441
1.6	0.9452	0.9463	0.9474	0.9484	0.9495	0.9505	0.9515	0.9525	0.9535	0.9545
1.7	0.9554	0.9564	0.9573	0.9582	0.9591	0.9599	0.9608	0.9616	0.9625	0.9633
1.8	0.9641	0.9649	0.9656	0.9664	0.9671	0.9678	0.9686	0.9693	0.9699	0.9706
1.9	0.9713	0.9719	0.9726	0.9732	0.9738	0.9744	0.9750	0.9756	0.9761	0.9767
2.0	0.9772	0.9778	0.9783	0.9788	0.9793	0.9798	0.9803	0.9808	0.9812	0.9817
2.1	0.9821	0.9826	0.9830	0.9834	0.9838	0.9842	0.9846	0.9850	0.9854	0.9857
2.2	0.9861	0.9864	0.9868	0.9871	0.9875	0.9878	0.9881	0.9884	0.9887	0.9890
2.3	0.9893	0.9896	0.9898	0.9901	0.9904	0.9906	0.9909	0.9911	0.9913	0.9916
2.4	0.9918	0.9920	0.9922	0.9925	0.9927	0.9929	0.9931	0.9932	0.9934	0.9936
2.5	0.9938	0.9940	0.9941	0.9943	0.9945	0.9946	0.9948	0.9949	0.9951	0.9952
2.6	0.9953	0.9955	0.9956	0.9957	0.9959	0.9960	0.9961	0.9962	0.9963	0.9964
2.7	0.9965	0.9966	0.9967	0.9968	0.9969	0.9970	0.9971	0.9972	0.9973	0.9974
2.8	0.9974	0.9975	0.9976	0.9977	0.9977	0.9978	0.9979	0.9979	0.9980	0.9981
2.9	0.9981	0.9982	0.9982	0.9983	0.9984	0.9984	0.9985	0.9985	0.9986	0.9986
3.0	0.9987	0.9987	0.9987	0.9988	0.9988	0.9989	0.9989	0.9989	0.9990	0.9990
3.1	0.9990	0.9991	0.9991	0.9991	0.9992	0.9992	0.9992	0.9992	0.9993	0.9993
3.2	0.9993	0.9993	0.9994	0.9994	0.9994	0.9994	0.9994	0.9995	0.9995	0.9995
3.3	0.9995	0.9995	0.9995	0.9996	0.9996	0.9996	0.9996	0.9996	0.9996	0.9997
3.4	0.9997	0.9997	0.9997	0.9997	0.9997	0.9997	0.9997	0.9997	0.9997	0.9998

t 분포표

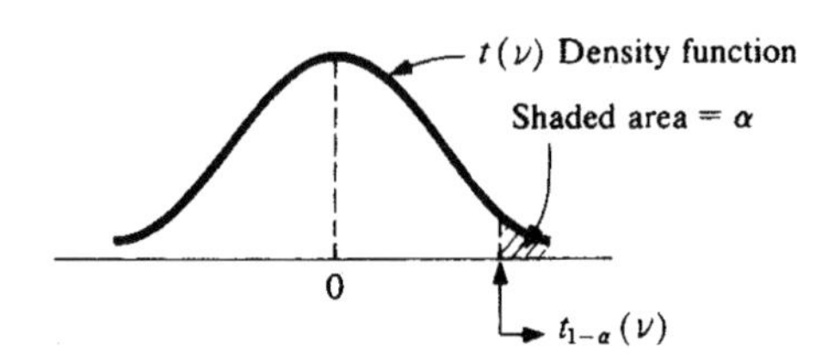

ν \ α	.10	.05	.025	.01	.005	.001	.0005
1	3.078	6.314	12.706	31.821	63.657	318.31	636.62
2	1.886	2.920	4.303	6.965	9.925	22.326	31.598
3	1.638	2.353	3.182	4.541	5.841	10.213	12.924
4	1.533	2.132	2.776	3.747	4.604	7.173	8.610
5	1.476	2.015	2.571	3.365	4.032	5.893	6.869
6	1.440	1.943	2.447	3.143	3.707	5.208	5.959
7	1.415	1.895	2.365	2.998	3.499	4.785	5.408
8	1.397	1.860	2.306	2.896	3.355	4.501	5.041
9	1.383	1.833	2.262	2.821	3.250	4.297	4.781
10	1.372	1.812	2.228	2.764	3.169	4.144	4.587
11	1.363	1.796	2.201	2.718	3.106	4.025	4.437
12	1.356	1.782	2.179	2.681	3.055	3.930	4.318
13	1.350	1.771	2.160	2.650	3.012	3.852	4.221
14	1.345	1.761	2.145	2.624	2.977	3.787	4.140
15	1.341	1.753	2.131	2.602	2.947	3.733	4.073
16	1.337	1.746	2.120	2.583	2.921	3.686	4.015
17	1.333	1.740	2.110	2.567	2.898	3.646	3.965
18	1.330	1.734	2.101	2.552	2.878	3.610	3.922
19	1.328	1.729	2.093	2.539	2.861	3.579	3.883
20	1.325	1.725	2.086	2.528	2.845	3.552	3.850
21	1.323	1.721	2.080	2.518	2.831	3.527	3.819
22	1.321	1.717	2.074	2.508	2.819	3.505	3.792
23	1.319	1.714	2.069	2.500	2.807	3.485	3.767
24	1.318	1.711	2.064	2.492	2.797	3.467	3.745
25	1.316	1.708	2.060	2.485	2.787	3.450	3.725
26	1.315	1.706	2.056	2.479	2.779	3.435	3.707
27	1.314	1.703	2.052	2.473	2.771	3.421	3.690
28	1.313	1.701	2.048	2.467	2.763	3.408	3.674
29	1.311	1.699	2.045	2.462	2.756	3.396	3.659
30	1.310	1.697	2.042	2.457	2.750	3.385	3.646
40	1.303	1.684	2.021	2.423	2.704	3.307	3.551
60	1.296	1.671	2.000	2.390	2.660	3.232	3.460
120	1.289	1.658	1.980	2.358	2.617	3.160	3.373
∞	1.282	1.645	1.960	2.326	2.576	3.090	3.291

Source: This table is reproduced with the kind permission of the Trustees of Biometrica from E. S. Pearson and H. O. Hartley (eds.), *The Biometrica Tables for Statisticians*, vol. 1, 3rd ed., *Biometrica*, 1966.

Understanding Statistics

통계학의 이해

송혜향 · 김동재 지음

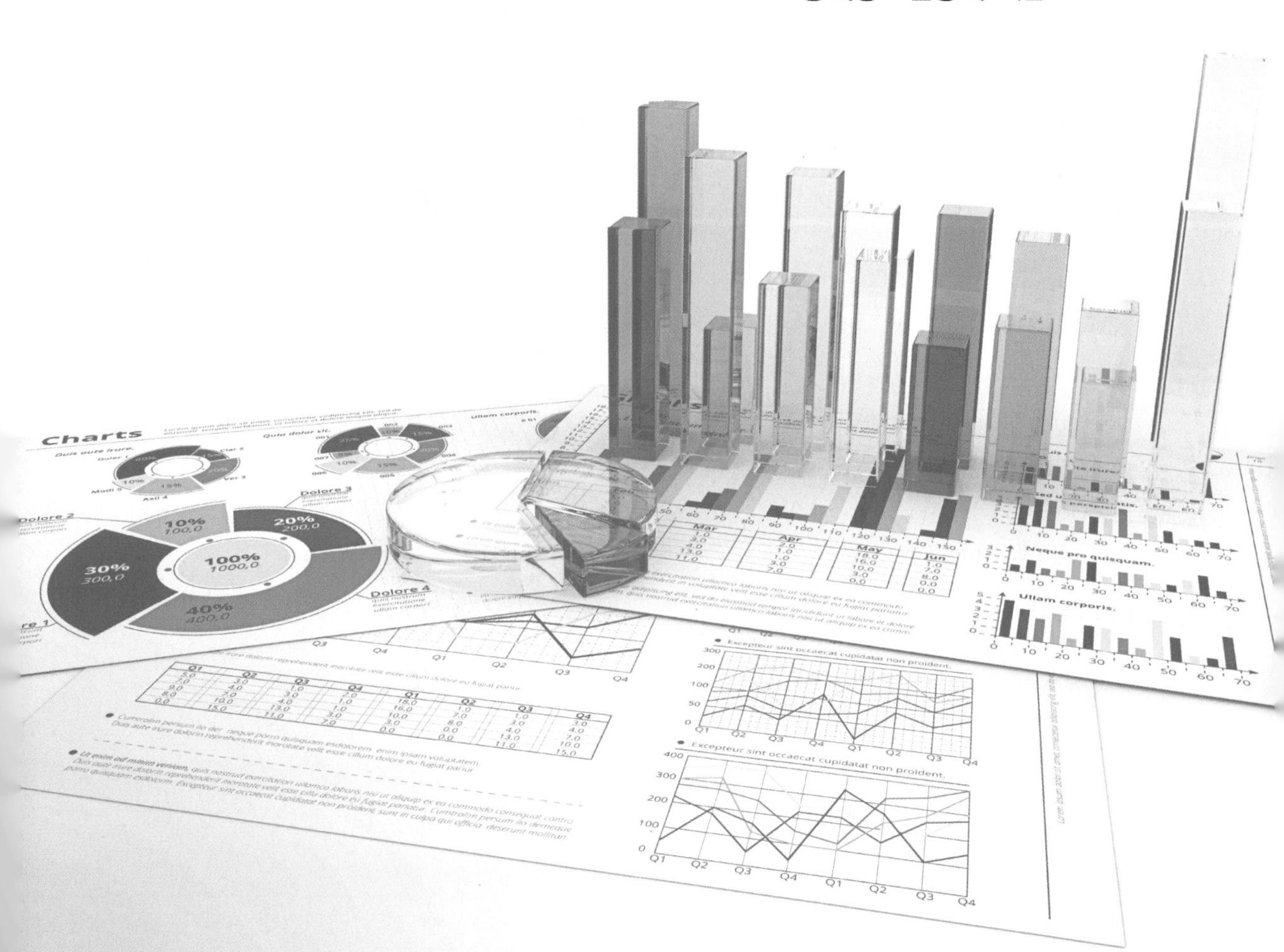

청문각

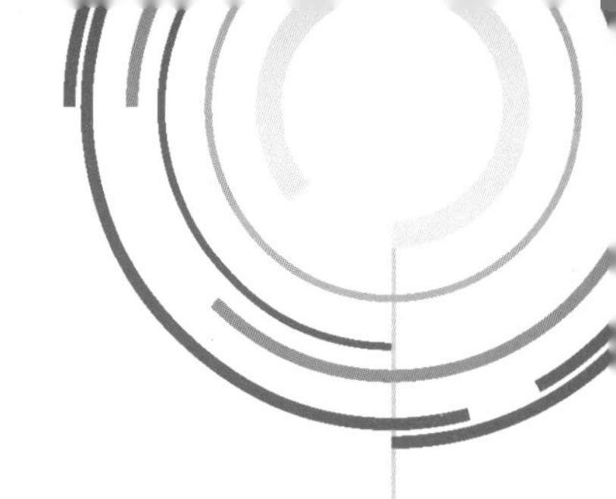

머리말

우리는 일상생활에서 여러 가지 유형의 자료(data)를 접하게 된다. 과학적 연구의 한 분야로서 통계학(statistics)은 자료를 모으고 정리하는 방법을 제시하며, 더 나아가서 자료에 포함된 정보를 이용하여 여러 가지 결론을 도출한다. 이러한 통계적 방법의 과학성은 막연한 추측이나 의사결정을 허용하지 않으며, 이와 같은 장점으로 인해 인문, 사회, 자연과학의 여러 분야에 넓게 이용되고 있다.

이 책은 기초통계학 교재로서, 의학을 비롯한 인문 · 사회과학과 자연과학 분야에서도 널리 이용될 수 있도록 마련하였다. 특히 재미있는 예제 자료로서 기초통계학의 이론을 쉽게 설명하려고 애를 썼다. 통계적 이론과 개념을 실제 자료의 분석에까지 응용할 수 있도록 독자들을 유도하지 못한다면 기초통계학이 추구하는 목적을 이루지 못한 셈이라 하겠다. 그러므로 독자들이 배운 통계적 이론과 개념이 무르익기 위해서는 예제 풀이의 과정이 필요함을 감안하여, 이 책에서는 적절하고 흥미있는 예제 자료의 선정에 많은 노력을 기울였고, 이에 따라 예제 자료의 풀이 및 설명에 역점을 두었다.

1장부터 8장까지는 통계학의 기초가 되는 내용이 된다. 만약 인문 · 사회과학 분야에서 시간이 충분하지 않은 관계로 또는 최소한의 수학 지식의 배경으로 이 책 내용의 일부만을 선정해서 배워야 한다면 1장, 5~8장을 선택한 후 9~13장까지를 배울 것을 제안해 본다. 시간이 허용되는 대로 또한 각 분야의 필요에 의해서 14장과 15장의 내용을 선택할 수도 있겠다.

의학 자료의 특징적인 점은 특히 14장과 15장에서 드러나는데, 통계학의 석사 과정에서나 배울 수 있는 통계분석기법이 의학 자료에서는 빈번하게 대두되는 이유로 인해, 이 책은 기초 통계학 교재이면서도 이 장들의 내용이 추가되었다는 점이다.

다시 말하면 14장과 15장은 저자들이 의과대학이란 특수 환경에서 씨름했던 통계 자문 시간들의 자연스러운 결과라 하겠다. 의학분야 연구자들이 논문자료 분석 시, 특히 요리법 형식으로 쉽게 사용할 수 있는 통계 안내서는 교과서의 형태와는 달라야 하므로, 따로 출판하고자 함을 알려드린다.

이 책이 나오기까지 수고해 준 의학통계학과 가족에게 감사하며, 청문각 출판 여러분의 아낌없는 수고에도 감사드린다.

2015년 8월

가톨릭대학교 의생명과학교실에서

저자 일동

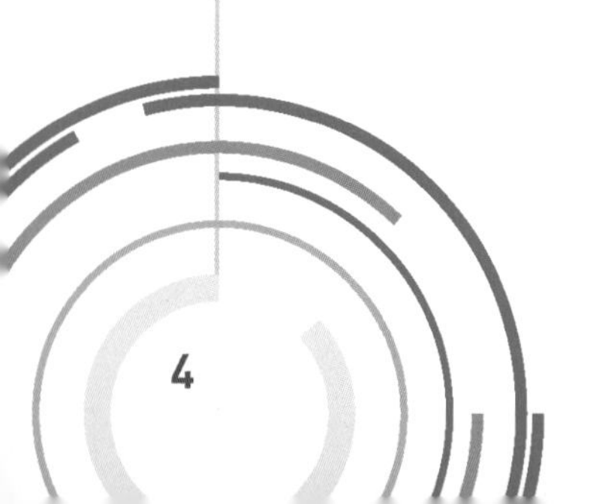

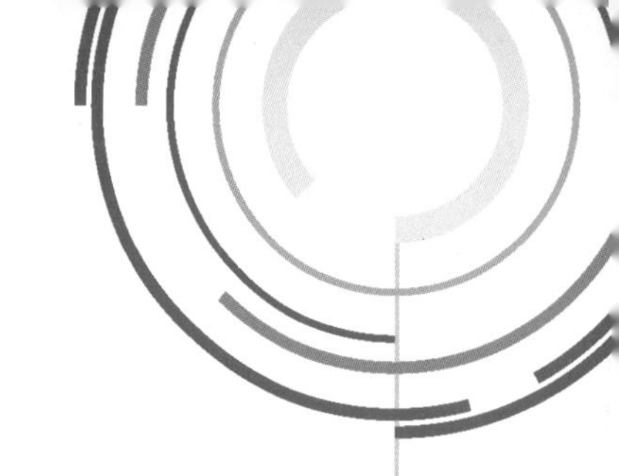

차례

Chapter 1 자료의 정리

Chapter 2 확 률

Chapter 3 이산형 확률변수와 분포

Chapter 4 연속형 확률변수와 분포

Chapter 5 확률표본의 분포

Chapter 6 추정

Chapter 7 통계적 가설검정

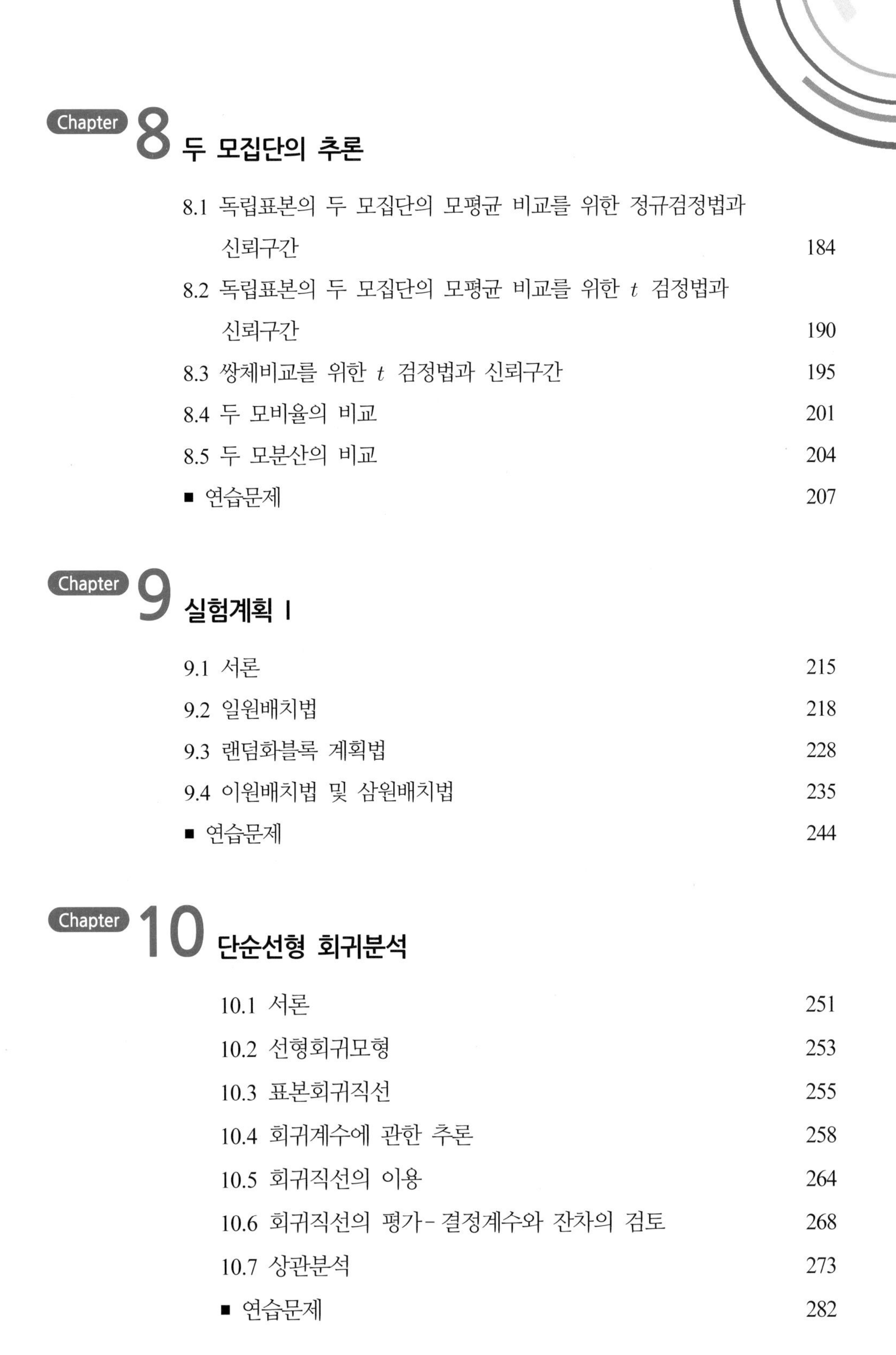

Chapter 8 두 모집단의 추론

Chapter 9 실험계획 I

Chapter 10 단순선형 회귀분석

Chapter 11 다중선형회귀

Chapter 12 분류된 자료의 분석

Chapter 13 비모수적 방법

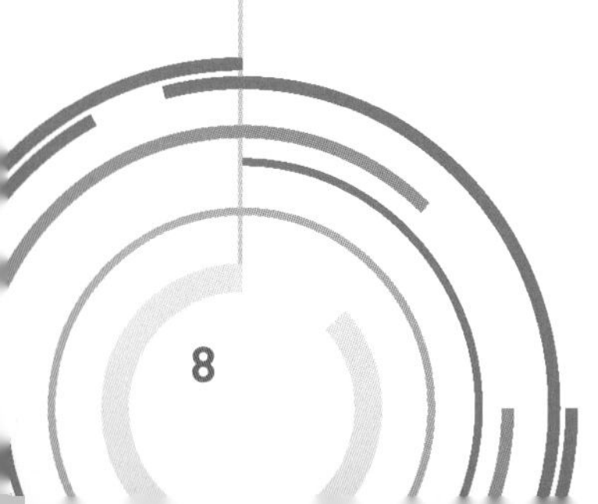

Chapter 14 생존분석

Chapter 15 실험계획 II

1장 자료의 정리

1.1 모집단과 표본

우리는 일상생활에서 여러 가지 유형의 자료(data)를 접하게 된다. 과학적 연구의 한 분야로서 **통계학(statistics)**은 자료를 모으고 정리하는 방법을 제시하며, 더 나아가서 자료에 포함된 정보를 이용하여 여러 가지 결론을 도출한다. 이러한 통계적 방법의 과학성은 막연한 추측이나 의사결정을 허용하지 않으며, 이와 같은 장점으로 인해 인문, 사회, 자연과학 등 여러 분야에 넓게 이용되고 있다.

우리는 모든 가능한 개인 또는 개체들로 구성되는 전체 **모집단(population)**에 대하여 정보나 어떤 결론을 얻어야 할 때가 흔히 있다. 이때 관심의 대상이 되는 모집단이, 예를 들어 특정 회사에서 작년에 생산한 자동차가 될 수도 있고, 어떤 백신을 접종받은 개인들의 집합일 수도 있으며, 한국에 있는 모든 대학교일 수도 있다. 마지막 예에서 우리는 학교의 이름보다는 각 학교에 등록된 학생수에 관심이 있어서 모집단을 구성하는 원소가 17,321 또는 43,274와 같은 숫자일 수도 있다. 접종의 예에서는 접종 후 개인들이 어떠한 상태(어지러움, 부스럼 등등)를 나타내는가에 초점을 맞추어 모집단은 상태를 나타나는 '예'들과 그렇지 않은 '아니오'들로서 나타낼 수도 있다. 즉, 일반적으로 우리는 연구의 관심을 반영하는 모집단을 정의할 것이다.

흔히 사용하는 자료(data)라는 말은 모집단의 일부 또는 부분집합으로 구성되며, 모집단의 부분집합을 **표본(sample)**이라 한다. 한국에 있는 모든 대학교로 구성된 모집단을 생각할

때 {S 대학, C 대학, E 대학, K 대학, Y 대학}의 집합이 하나의 표본이 되며, 등록학생수에 관심이 있는 경우에는 {41,531, 4,852, 25,152, 32,729, 38,512}이 하나의 표본이 된다.

자료의 수집이나 정리는 수백 년 동안 추구해 온 목표이다. 자료에서 각각의 측정값은 연구자에게 매우 중요한 정보이지만, 자료의 양이 많으면 자료의 전반적인 내용을 파악하기 힘들게 된다. 따라서 자료의 분포 형태, 대푯값, 변동의 크기 등으로 요약하여 방대한 자료의 특성을 쉽게 알 수 있게 한다. 이와 같이 자료를 수집하고 정리하여 그래프나 표를 만들거나 자료를 요약하여 대푯값, 변동의 크기 등을 구하는 방법을 다루는 분야를 **기술통계학(descriptive statistics)**이라 한다. 이는 표본자료뿐만 아니라 모집단의 모든 원소를 조사하여 얻은 **전수조사(census)** 자료에 대하여도 적용할 수 있다.

자료가 표본일 경우에 연구자는 표본에 포함된 정보를 분석하여 모집단의 성질을 추측하고자 할 것이다. 이때 사용되는 방법이 **추측통계학(inferential statistics)**인데, 이는 현대통계학에서 핵심이 되는 부분이다. 추측통계학에서는 통계적 모형을 설정하고, 모형의 합리성을 평가하며, 자료에 내포된 정보를 근거로 미지의 특성에 대한 결론을 내리고, 미래에 일어날 현상에 대해 예측한다.

이 장에서는 자료를 요약하는 방법과 그래프나 수치적 측도로서 자료의 특징을 나타내는 기술통계학 방법을 다루게 된다. 소개되는 방법 외에도 여러 가지 그래프의 종류와 요약 방법이 있으며, 반드시 기술통계의 단계를 거쳐야 한다는 것도 아니다. 그러나 일반적으로 도표 또는 그래프를 그려 자료의 대칭성을 비롯한 분포형태를 파악하고, 특별히 관측값이 너무 크거나 작은 **이상점(outlier)**에 대해 고찰하며, 대푯값과 변동의 크기와 같은 수치적 측도를 계산하는 단계를 거침이 좋다는 것을 알게 될 것이다.

1.2 그래프나 도표에 의한 정리

기술통계학은 일반적으로 두 가지 분야로 나눌 수 있다. 이 절에서는 자료의 집합을 시각적으로 표현하는 첫 번째 분야에 대하여 그리고 1.3절과 1.4절에서는 자료의 수치적 측도를 제시하는 두 번째 분야에 대하여 고찰해 보겠다. 우리는 일상생활에서 **점도표**, **도수분포표**, **히스토그램**, **원형그래프**, **막대그래프** 등 여러 가지 표현 방법을 흔히 접해 왔다. 여기서는 추측통계학에 연관되어 많이 이용되는 몇 가지 자료 표현에 대하여 알아보자.

점도표(Dot diagram)

점도표는 자료의 크기와 이상점의 위치를 한눈에 알아볼 수 있도록 자료들을 수직선 위에 점으로 표시한 그림이다.

예제 1.1

특정한 전구 제조회사에서 생산한 전구들의 수명을 알아보기 위하여 임의로 20개의 전구에 대한 수명을 시간 단위로 측정하여 다음과 같은 자료를 얻었다.

612, 623, 666, 744, 883, 898, 964, 970, 983, 1003,
1016, 1022, 1029, 1058, 1085, 1088, 1122, 1135, 1197, 1201

이때 점도표는 그림 1.1과 같다. 전체적인 분포는 980을 중심으로 오른쪽에 치우쳐 있다는 것을 알 수 있고, 대체로 대칭이 아니라는 것을 알 수 있으며, 특별히 의심되는 이상점은 없다.

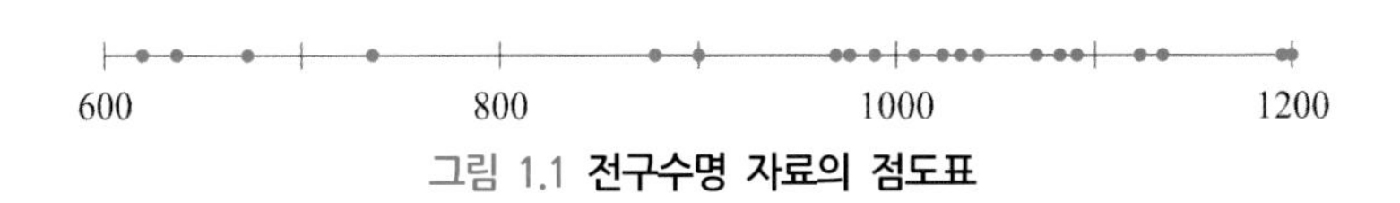

그림 1.1 **전구수명 자료의 점도표**

줄기와 잎표(Stem and Leaf Displays)

만일 각각의 자료가 최소한 2개 이상의 자릿수를 가졌다면 가장 손쉽게 시각적으로 표현하는 방법이 줄기와 잎표이다. 이는 각 자료를 두 부분으로 나누어 처음 자리들을 줄기라 하고, 나머지 자리를 잎이라 하여 표현하는 방식이다. 만일 0에서 100까지의 시험성적의 자료가 있다면 83이라는 성적은 줄기로 8, 잎으로 3을 생각한다. 줄기들을 왼쪽 편에 순서대로 아래로 나열하고, 잎들을 해당되는 줄기에 순서대로 수평으로 적음으로써 줄기와 잎표를 완성하며, 이는 Tukey가 제안한 방법으로 자료 전체의 일반적인 느낌을 쉽게 얻을 수 있다.

예제 1.2

다음 자료들은 여러 정유회사에서 생산되는 휘발유의 옥탄가(octane rating)들이다.

88.5, 87.7, 83.4, 86.7, 87.5, 91.5, 88.6, 100.3, 95.6, 93.3, 94.7, 91.1, 91.0, 94.2, 87.8,
89.9, 88.3, 87.6, 84.3, 86.7, 88.2, 90.8, 88.3, 98.8, 94.2, 92.7, 93.2, 91.0, 90.3, 93.4,
88.5, 90.1, 89.2, 88.3, 85.3, 87.9, 88.6, 90.9, 89.0, 96.1, 93.3, 91.8, 92.3, 90.4, 90.1,

93.0, 88.7, 89.9, 89.8, 89.6, 87.4, 88.4, 88.9, 91.2, 89.3, 94.4, 92.7, 91.8, 91.6, 90.4, 91.1, 92.6, 89.8, 90.6, 91.1, 90.4, 89.3, 89.7, 90.3, 91.6, 90.5, 93.7, 92.7, 92.2, 92.2, 91.2, 91.0, 92.2, 90.0, 90.7

이 자료의 최솟값이 83.4이고, 최댓값이 100.3이므로 줄기의 값으로 83, 84, ⋯, 100을 잡고 소수 첫째자리를 잎으로 한다. 그림 1.2가 옥탄가 자료의 줄기와 잎표이며, 이 표로부터 대부분의 옥탄가는 86에 95 사이에 있다는 것을 알 수 있다. 또한 중간값이 90에서 92 사이에 있음을 알겠고, 분포형태는 대체로 대칭적이며, 98.8과 100.3이 이상점일 수 있다는 사실을 알 수 있다.

줄기	잎
83	4
84	3
85	3
86	7 7
87	7 5 8 6 9 4
88	5 6 3 2 3 5 3 6 7 4 9
89	9 2 0 9 8 6 3 8 3 7
90	8 3 1 9 4 1 4 6 4 3 5 0 7
91	5 1 0 0 8 2 8 6 1 1 6 2 0
92	7 3 7 6 7 2 2 2
93	3 2 4 3 0 7
94	7 2 2 4
95	6
96	1
97	
98	8
99	
100	3

그림 1.2 **옥탄가 자료의 줄기와 잎표**

도수분포표(Frequency Distributions)

도수분포표란 자료의 값의 범위를 적당한 간격으로 몇 개의 소구간, 즉 계급(class)으로 나누고, 각 계급에 속하는 자료의 수, 즉 **도수(frequency)**를 알아보기 쉽게 분류하여 만든 표를 말한다.

도수분포표의 작성

1. 자료의 최댓값과 최솟값을 찾는다.
2. 적절한 계급의 개수를 정한다.
3. 중복되지 않고 동일한 간격을 갖도록 계급 구간을 정한다.
4. 각 계급에 속하는 관측값의 개수를 세어 도수를 구한다.

도수분포표의 작성에 있어서 계급의 개수를 결정하는 것은 자료의 양과 성질에 따라 달라진다. 일반적으로 계급의 개수가 적으면 자료의 분포상태를 잘 알 수 없고, 너무 많으면 각 구간의 도수가 적으므로 자료의 전반적인 형태를 알 수 없다. 계급의 개수는 보통 50~200개의 자료에 대하여 $\sqrt{\text{자료의 수}} \pm 3$ 범위 내에서 정하는 것이 바람직하다.

도수분포표에 실제 도수와 더불어 **상대도수(relative frequency)**와 **상대누적도수(relative cumulative frequency)**를 포함하는 경우도 있다. 상대도수란 도수를 전체 자료의 수로 나누어 준 값을 말하고, 상대누적도수란 그 계급 이전의 모든 상대도수와 그 계급의 상대도수를 합한 것을 말한다.

예제 1.3

57명의 환자 복부로부터 절제된 악성종양의 무게를 온스(ounce)로 측정하였다.

68	65	12	22
63	43	32	43
42	25	49	27
27	74	38	49
30	51	42	28
36	36	27	23
28	42	31	19
32	28	50	46
79	31	38	30
27	28	21	43
22	25	16	49
23	45	24	12
24	12	69	
25	57	47	
44	51	23	

자료에서

$$\text{최댓값} = 79, \ \text{최솟값} = 12$$

임을 알 수 있고, 계급의 수는 $\sqrt{57} \pm 3$에 근거하여 7로 정한다. 여기에서 계급의 넓이를 10으로 정하면 사용하기도 편리하고 표를 읽는 사람도 쉽게 이해할 수 있다. 그러므로 첫째 계급은 10으로 시작하며, 7번째 계급은 마지막을 79로 한다(악성종양자료의 도수분포 표 1.1과 같다).

참고적으로 상대도수는 도수를 전체 자료수로 나눈 값이므로 하나의 관측값이 특정한 계급에 포함될 비율(proportion)로 생각할 수 있다. 각각의 상대도수는 0과 1 사이에 있겠

표 1.1 **악성종양 자료의 도수분포표**

계급구간	도 수	상대도수	상대누적도수
10 - 19	5	.0877	.0877
20 - 29	19	.3333	.4210
30 - 39	10	.1754	.5964
40 - 49	13	.2281	.8245
50 - 59	4	.0702	.8947
60 - 69	4	.0702	.9649
70 - 79	2	.0351	1.0000
합 계	57	1.0000	

고, 이들을 모두 합하면 1이 될 것이다. 즉, f_i를 i번째 계급의 도수라 하고, 전체 자료수를 n이라 하면 i번째 상대도수는 $\frac{f_i}{n}$로 표시되고 $\frac{\sum f_i}{n}$는 1이다. 만일 자료가 모집단으로부터 추출된 표본이고, 표본의 수가 크다면 상대도수 $\frac{f_i}{n}$는 전체 모집단에서 i번째 계급이 갖는 비율에 가까워질 것이다.

히스토그램(Histograms)

도수분포표의 모양과 특징을 한눈에 알아볼 수 있도록 그린 것이 **히스토그램(histogram)**이다. 가로축은 계급구간을 그리고 각각의 계급구간 위에는 면적이 상대도수가 되도록 직사각형을 그려준다. 물론 도수나 상대도수를 높이로 하여 직사각형을 그릴 수도 있으나, 계급의 폭이 서로 다른 두 개의 도수분포표를 비교하려면 상대도수를 직사각형의 넓이로 하는 것이 좋다. 또한 이렇게 함으로써 나중에 배우게 될 확률분포를 이해하는 데 큰 도움이 된다.

한 계급의 **상대도수밀도(relative frequency density)**란 그 계급의 상대도수를 그 계급의 폭으로 나눈 것을 말한다.

$$\text{계급의 상대도수밀도} = \frac{(\text{계급의 상대도수})}{(\text{계급의 폭})}$$

즉, 도수분포표의 각 계급을 밑변으로 하고 상대도수밀도를 높이로 하는 직사각형을 그리면 직사각형의 면적이 상대도수가 된다. 각 계급의 상대도수의 합이 항상 1이므로 위와 같이 그려진 히스토그램에서도 직사각형의 면적의 합은 항상 1이다. 악성종양 자료의 히스토그램은 그림 1.3과 같다.

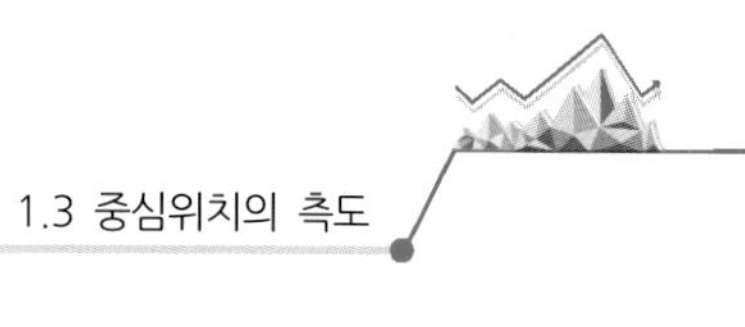

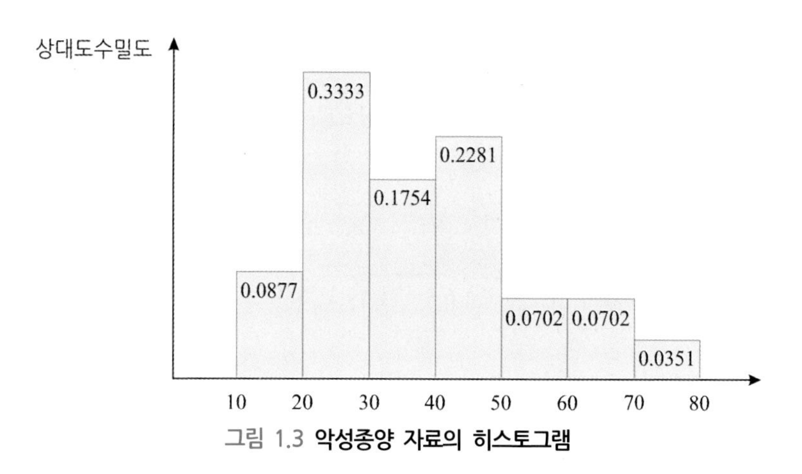

그림 1.3 **악성종양 자료의 히스토그램**

1.3 중심위치의 측도

주어진 자료가 어떤 값을 중심으로 분포되어 있는지를 나타내는 측도로서, 자료의 **평균(mean)**, **중앙값(median)**, **최빈수(mode)**, **백분위수(percentiles)** 등이 있다. 이들을 통틀어 **대푯값**이라 한다. n개의 관측값으로 구성된 자료를 흔히 $x_1, x_2, \cdots, x_n$으로 나타낸다. 이때 첨자는 관측값의 크기와 관계가 없고, x_i는 i번째 관측값임을 표시한다. 이제 가장 많이 쓰이는 대푯값인 자료의 평균과 중앙값을 정의하자.

▌자료의 평균과 중앙값

자료 $x_1, x_2, \cdots, x_n$이 주어졌을 때

1. 자료의 평균은 $\bar{x}$로 표시하고

$$\bar{x} = \frac{x_1 + x_2 + \cdots + x_n}{n} = \frac{\sum_{i=1}^{n} x_i}{n}$$

로 정의한다.

2. 자료의 중앙값은 $\tilde{x}$로 표시하고 이는 자료를 크기에 따라 늘어놓았을 때 가운데 값을 말한다. 자료의 개수가 짝수일 때는 가운데 두 개 값의 산술평균으로 정의한다.

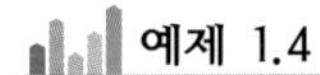

예제 1.4

정상적인 활동을 하고 있는 10명의 성인을 대상으로 혈청의 총단백량(total protein : 100 cc 당)을 측정하였다(단위 : g).

6.0, 8.2, 7.0, 6.7, 6.5, 7.8, 8.0, 6.8, 7.2, 6.8

자료들의 합이 $\sum x_i = 6.0 + 8.2 + \cdots + 6.8 = 71.0$이므로 자료의 평균은

$$\bar{x} = \frac{\sum_{i=1}^{10} x_i}{10} = \frac{71.0}{10} = 7.10$$

이다. 중앙값을 구하기 위해 자료를 크기순으로 나열해 보면

6.0, 6.5, 6.7, 6.8, 6.8, 7.0, 7.2, 7.8, 8.0, 8.2

이므로, 가운데 오는 두 개의 값은 6.8과 7.0이다. 그러므로 중앙값은 이들의 산술평균인

$$\tilde{x} = \frac{6.8 + 7.0}{2} = 6.9$$

이다.

자료의 평균의 물리학적 해석은 자료의 중심위치를 알 수 있다는 것이다. 즉, 수직선상의 각 자료의 관측값에 동일한 무게의 추를 올려놓는다면 자료의 평균에서 균형을 이루어 평균은 무게 중심이 된다. 그러나 평균은 몇 개의 이상점으로 자료의 대표역할을 왜곡하는 경우가 있다. 예를 들면, 임의로 추출한 직장인 5명의 월수입이 70만 원, 74만 원, 94만 원, 112만 원, 500만 원이라면 평균은 170만 원이고 중앙값은 94만 원이다. 이때 170만 원은 직장인들의 평균 월수입을 대표할 수 있을지 상당히 의심스럽다. 단 한 명의 엄청난 월급의 차 때문에 평균이 크게 증가함을 알 수 있다. 그러나 여기서 중앙값은 이상점에 무관함을 알 수 있고, 이 경우에는 중앙값이 평균보다 대푯값으로서 더 의미가 있다. 대체로 자료의 분포상태가 극도로 비대칭일 때에는 중앙값이 평균보다 대푯값으로서 더 큰 의미를 갖는다.

자료의 크기가 클 때 중앙값의 개념을 확대해서 **사분위수(quartiles)**와 **백분위수(percentiles)**를 정의할 수 있다.

사분위수와 백분위수

제 P 백분위수는 자료를 작은 값부터 순서대로 늘어놓았을 때 적어도 P%의 관측값들이 제 P 백분위수 값보다 작거나 같고, $(100-P)$%의 관측값들이 제 P 백분위수 값보다 크거나 같게 되도록 정해진 값이다.

제 1 사분위수 = 제 25 백분위수

제 2 사분위수 = 제 50 백분위수 = 중앙값

제 3 사분위수 = 제 75 백분위수

중앙값과 마찬가지로 백분위수가 유일하게 정해지지 않을 때는 두 개 값의 산술평균으로 계산하면 된다.

예제 1.5

마취약을 복용한 50명 병원환자들의 수면시간을 측정하여 크기순으로 늘어놓았다.

1.2	4.7	7.4	10.2	12.6	14.1	15.9	17.6	19.7	20.8
1.7	5.3	7.5	10.7	12.7	14.6	16.4	18.5	19.9	21.3
1.8	5.6	8.2	10.9	12.9	14.8	16.8	18.9	20.0	22.4
3.4	6.8	8.4	12.3	13.1	15.4	17.2	19.0	20.4	22.5
4.1	7.1	9.0	12.4	13.7	15.7	17.4	19.3	20.7	22.7

$0.25 \times 50 = 12.5$, $0.75 \times 50 = 37.5$이므로 8.2와 18.9는 각각 제 1 사분위수와 제 3 사분위수이다. 중앙값은 $\dfrac{13.7 + 14.1}{2} = 13.9$이다. 제 10 백분위수를 구하려면 $0.1 \times 50 = 5$이고, $0.9 \times 50 = 45$이므로 5개의 관측값들은 제 10 백분의수보다 작거나 같아야 되고 45개의 관측값들은 제 10 백분위수보다 크거나 같아야 된다. 그러므로 작은 자료로부터 5번째와 6번째의 관측값이 제 10 백분위수의 조건을 만족시키므로 제 10 백분위수는 5번째와 6번째 관측값의 평균 $\dfrac{4.1 + 4.7}{2} = 4.4$이다.

이상에서 소개된 평균, 중앙값, 백분위수 이외에 중심위치를 나타내는 다른 측도가 있다. 도수가 가장 많은 관측값으로 정의되는 **최빈값(mode)**, 최댓값과 최솟값의 산술평균으로 정의되는 범위의 **중심값(midrange)**, 작은 관측값과 큰 관측값을 일정 비율로 버리고 나머지 관측값들의 산술평균으로 정의되는 **절단평균(trimmed mean)** 등이 있다.

1.4 산포의 측도

중심위치에 대한 측도만으로는 자료를 완전하게 요약하지 못한다. $A = \{20, 100, 0, 60, 70\}$과 $B = \{60, 20, 80, 60, 30\}$의 두 자료를 생각해 보자. 두 자료의 평균과 중앙값이 각각 50과 60으로 같기 때문에 중심위치의 측도로는 두 자료를 구별할 수 없다. 그러나 그림 1.4에서 보듯이 B자료는 A자료에 비해 중심 근처에 모여있다. 즉, A자료는 B자료보다 넓게 퍼져있다.

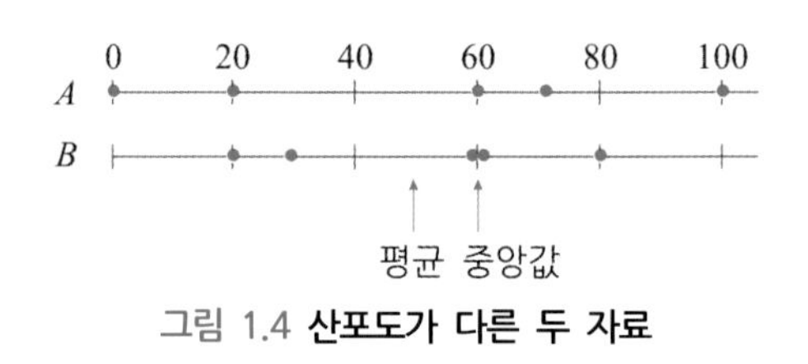

그림 1.4 **산포도가 다른 두 자료**

산포의 가장 쉬운 측도로는 최대 관측값에서 최소 관측값을 뺀 값으로 정의되는 자료의 **범위(range)**가 있다. 범위의 단점은 오직 두 개의 극단적인 값에 의존하므로, 우리는 몇 개의 관측값이 아닌 모든 관측값을 이용한 산포의 측도를 고려해 보자.

평균으로부터의 편차

$x_i - \bar{x}$를 i번째 편차라 한다. 양의 편차는 관측값이 수직선에서 $\bar{x}$의 오른쪽에 있음을, 반대로 음의 편차는 $\bar{x}$의 왼쪽에 있음을 뜻한다. 만일 모든 편차들 $x_1 - \bar{x}, \cdots, x_n - \bar{x}$의 절댓값이 작다면 모든 x_i들이 $\bar{x}$에 가깝게 있어 자료의 퍼진 정도가 상대적으로 적음을 뜻한다. 한편 편차들의 절댓값이 크면 자료의 퍼진 정도가 크다. n개의 편차로 자료에 대한 산포도를 정의하는 쉬운 방법은 편차들의 평균을 생각할 수 있는데, 편차들의 합이 $\sum(x_i - \bar{x}) = \sum x_i - \sum \bar{x} = \sum x_i - n\bar{x} = \sum x_i - n \times \frac{\sum x_i}{n} = 0$으로 항상 0이 되어 적절치 못하다.

산포의 하나의 가능한 측도는 편차들의 절댓값 $|x_1 - \bar{x}|, |x_2 - \bar{x}|, \cdots, |x_n - \bar{x}|$의 평균이다. 그러나 이는 많은 이론적 어려움이 있어 편차들의 제곱 $(x_1 - \bar{x})^2, (x_2 - \bar{x})^2, \cdots, (x_n - \bar{x})^2$을 고려한다. 즉, 산포의 측도로서 편차의 제곱합을 자료의 개수 n이 아닌 $n-1$로 나눈 값을 사용한다. 그 이유는 분산의 정의에서 설명할 것이다.

분산과 표준편차의 정의

▌정의

자료 $x_1, x_2, \cdots, x_n$의 **분산**은 s^2으로 표기하고

$$s^2 = \frac{\sum_{i=1}^{n}(x_i - \bar{x})^2}{n-1}$$

로 주어진다. **표준편차**는 s로 표기하고 분산의 양의 제곱근으로 정의한다.

$$s = \sqrt{s^2} = \sqrt{\frac{\sum_{i=1}^{n}(x_i - \bar{x})^2}{n-1}}$$

예제 1.6

$n = 5$개의 표본자료 10, 54, 21, 33, 53의 분산과 표준편차를 구하여라.

먼저 평균을 구하면

$$\bar{x} = \frac{\sum_{i=1}^{n} x_i}{n} = \frac{10+54+21+33+53}{5} = \frac{171}{5} = 34.2$$

또한 다음 표를 이용하여 분산과 표준편차를 구하면

x_i	$x_i - \bar{x}$	$(x_i - \bar{x})^2$
10	-24.2	585.64
54	19.8	392.04
21	-13.2	174.24
33	-1.2	1.44
53	18.8	353.44
계	0	1506.80

분산 $s^2 = \dfrac{1506.8}{4} = 376.6$

표준편차 $s = \sqrt{376.7} = 19.41$이다.

편차의 제곱합을 n 대신에 $n-1$로 나누는 이유는 **자유도(degree of freedom)**라는 개념 때문이다. 분산을 계산할 때 $(n-1)$의 자유도를 갖고 있다고 말한다. 이 뜻은 각각의 자료의 평균으로부터의 편차의 합은 0이다. 따라서 $(n-1)$개의 편차의 값을 알면 나머지 한 개의

편차의 값은 자동적으로 정해지므로 $(n-1)$개의 값들만이 자유롭게 결정된다는 뜻이다.

자료의 개수가 많을 경우 분산의 정의를 이용한 계산은 평균이 정수가 아닐 때 n개의 편차를 계산해야 하므로 불편하다. 달리 표현된 다음 공식을 이용하면 분산을 계산하기 편리하다.

▌분산의 간편한 계산공식

$$s^2 = \frac{\sum_{i=1}^{n}(x_i - \bar{x})^2}{n-1} = \frac{\sum_{i=1}^{n} x_i^2 - \left(\sum_{i=1}^{n} x_i\right)^2 / n}{n-1}$$

증명 평균 $\bar{x} = \sum x_i / n$, $n\bar{x}^2 = (\sum x_i)^2 / n$이므로

$$\sum_{i=1}^{n}(x_i - \bar{x})^2 = \sum_{i=1}^{n}(x_i^2 - 2\bar{x} \cdot x_i + \bar{x}^2) = \sum_{i=1}^{n} x_i^2 - 2\bar{x}\sum_{i=1}^{n} x_i + \sum_{i=1}^{n}(\bar{x})^2$$

$$= \sum_{i=1}^{n} x_i^2 - 2\bar{x} \cdot n\bar{x} + n(\bar{x})^2 = \sum_{i=1}^{n} x_i^2 - n(\bar{x})^2$$

$$= \sum_{i=1}^{n} x_i^2 - \frac{\left(\sum_{i=1}^{n} x_i\right)^2}{n}$$

다음 정리는 분산 s^2의 성질을 요약한 것이다. 이를 알고 있을 때, 때때로 계산의 효율을 높여준다.

▌분산의 성질

자료 $x_1, x_2, \cdots, x_n$과 0이 아닌 상수 c가 있을 때

1. 만일 $y_i = x_i + c$ $(i = 1, \cdots, n)$이면 y의 분산은 x의 분산과 같다

$$s_y^2 = s_x^2$$

2. 만일 $y_i = cx_i$ $(i = 1, \cdots, n)$이면 y의 분산은 x의 분산의 c^2 배이다.

$$s_y^2 = c^2 s_x^2, \quad s_y = |c| s_x$$

첫째 성질은 각 자료에 상수 c를 더하더라도 분산은 변하지 않음을 뜻한다. 직관적으로 모든 자료가 c만큼 옮겨지므로 산포에는 영향을 주지 않는다. 둘째 성질에 따르면 각 자료에 c를 곱해 주면 분산은 c^2 배로 변한다. 이 성질들은 $\bar{y} = \bar{x} + c$와 $\bar{y} = c\bar{x}$를 이용하여 증명할 수 있다.

연습문제

01 북대서양에서 서식하는 조개류에 포함되어 있는 카드뮴의 양(mg)을 측정한 결과이다.

5.1	14.4	14.7	10.8	6.5	5.7	7.7	14.1
9.5	3.7	8.9	7.9	7.9	4.5	10.1	5.0
9.6	5.5	5.1	11.4	8.0	12.1	7.5	8.5
13.1	6.4	18.0	27.0	18.9	10.8	13.1	8.4
16.9	2.7	9.6	4.5	12.4	5.5	12.7	17.1

(1) 점도표를 작성하여라.

(2) 0에서 4.0가지를 첫 계급으로 하여 도수분포표를 작성하여라.

(3) 상대도수밀도를 이용하여 히스토그램을 그려라.

02 다음은 어느 학교 6학년 학생 72명의 성적 분포이다.

68	84	75	68	90	62
73	79	88	60	93	71
61	65	75	74	62	95
66	78	82	94	77	69
97	78	89	75	95	60
79	62	69	78	85	76
65	80	73	88	78	62
86	67	73	72	63	76
88	76	93	79	83	71
59	85	75	65	71	75
78	68	72	76	53	74
74	63	60	75	85	77

(1) 줄기와 잎표를 작성하여라.

(2) 도수분포표를 작성하고 히스토그램을 그려라.

(3) 분포형태에 대하여 설명하여라.

03 어떤 대학교에 속한 24개 학과를 대상으로 흡연율을 조사한 결과이다.

0.75	0.45	0.80	0.95	0.84	0.82	0.78	0.82
0.89	0.75	0.76	0.81	0.85	0.75	0.89	0.76
0.89	0.99	0.71	0.77	0.55	0.85	0.77	0.87

(1) 점도표를 그려라.

(2) 흡연율이 80%가 넘는 상대도수를 구하여라.

(3) 도수분포표를 작성하여라.

04 유류 저장소에서 표본으로 추출된 석유탱크의 용량(ton)을 조사한 결과이다.

229	232	239	232	259	361	220	260	231	229
249	254	257	214	237	253	274	230	223	253
195	269	231	268	189	290	218	313	220	270
277	374	222	290	231	258	227	269	220	224

(1) 줄기와 잎표를 작성하여라.

(2) 도수분포표를 8개 계급으로 나누어 작성하고 히스토그램을 그려라.

05 8개의 동일한 전자 제품에 대하여 저항(ohms)을 측정한 결과이다.

40	43	39	35	37	43	46	37

(1) 자료의 평균과 중앙값을 계산하여라.

(2) 정의를 이용하여 분산과 표준편차를 계산하여라.

(3) 간편식을 이용하여 분산과 표준편차를 계산하여라.

06 정상적인 활동을 하고 있는 10명의 성인을 대상으로 혈청의 총단백(total protein ; g/100 cc)을 측정하여 다음 결과를 얻었다.

6.0	8.2	7.0	6.7	6.5	7.8	8.0	6.8	7.2	6.8

(1) 평균과 중앙값을 구하여라.

(2) 분산과 표준편차를 구하여라.

07 어떤 약의 혈청 콜레스테롤 농도(mg/100 ml)에 미치는 효과를 조사하는 실험에서 30명의 성인 남자에서 다음 자료를 얻었다.

230	235	200
175	170	290
181	245	150
190	120	145
220	225	215
195	200	230
240	200	230
165	265	210
250	210	215
190	270	250

$$\sum x_i = 6311,\ \sum x_i^2 = 1371111$$

(1) 평균과 중앙값을 구하여라.

(2) 제1사분위수와 제3사분위수를 구하여라.

(3) 분산과 표준편차를 구하여라.

08 어떤 임상검사실에서 혈액의 화학적 성분을 측정하는 세 종류의 계기(**計器**)의 성능을 비교하였다. 즉, 어떤 성분의 농도가 이미 알려진 시료(**試料** ; 100 mg/ml)를 주어서 10번씩 측정토록 한 결과 계기별로 다음 자료를 얻었다. 한편 임상계측에 관련해서 자주 사용되는 용어로서 정밀도(**精密度** ; precision), 불편성(**不偏性** ; unbiasedness) 및 정확성(**正確性** ; accuracy) 등이 있다. 정밀도란 측정값들의 산포도와 관련된 것이며, 표준편차가 작을수록 정밀도가 높다고 말한다. 불편성은 측정값들이 '참값'과 같아지려는 경향을 나타내는 개념이다. 어떤 계기에 의한 측정이 정밀(precise)하고 불편성이 있을 때 그 계기는 정확하다고 말한다.

(1) 각 계기별로 평균과 표준편차를 계산하여라.

(2) 세 계기 A, B, C를 정밀도, 불편성, 정확성의 관점에서 평가하여라.

(3) 세 계기 중에서 가장 바람직한 것은 어느 것인가?

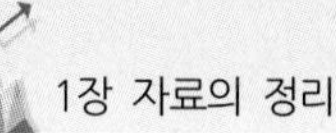

	계기		
	A	B	C
	5	10	10
	10	9	11
	7	10	9
	15	9	10
	16	11	10
	12	8	9
	4	9	11
	8	7	12
	10	8	8
	13	9	10
$\sum x$:	100	90	100
$\sum x^2$:	1148	822	1012

09 표준편차와 분산은 측정의 단위에 의존하여 변하는 산포의 측도이다. 단위에 의존하지 않는 산포의 측도인 변동계수(coefficient of variation)를 다음과 같이 정의한다.

$$C.\ V. = \frac{\text{표준편차}}{\text{평균}} = \frac{s}{\overline{x}}$$

이는 단위가 다른 여러 자료들의 상대적 변동을 비교하는 측도이다. 문제 05와 06의 변동계수를 구하고, 어떤 자료가 상대적으로 변동이 심한가를 알아보아라.

10 자료 $x_1, x_2, ..., x_n$에서의 평균과 분산을 각각 $\overline{x}$, s_x^2이라 할 때

(1) 만일 $y_i = x_i + c(i = 1, 2, ..., n)$이면 y의 평균과 분산은 각각 $\overline{y} = \overline{x} + c$, $s_y^2 = s_x^2$ 임을 보여라.

(2) 만일 $z_i = cx_i(i = 1, 2, ..., n, c \neq 0)$이면 z의 평균과 분산은 각각 $\overline{z} = c\overline{x}$, $s_z^2 = c^2 s_x^2$ 임을 보여라.

2장 확 률

확률이란 임의성(랜덤, randomness)과 불확실성(uncertainty)에 대한 연구 분야이다. 일어날 수 있는 여러 결과 중의 한 결과가 일어났을 경우, 확률론은 그 결과에 대한 기회(chance)를 수량화하는 방법을 제시한다. 확률의 표현은 일상생활에서 많이 찾아볼 수 있다. 예를 들어, "주가지수의 평균은 금년 말에 오를 가능성이 많다", "프로야구 경기에서 A팀이 50-50의 우승기회가 있다", "새로 개발된 치료법은 80%의 치유효과를 갖고 있다", "음악회에서 적어도 20,000장의 표가 팔릴 것이라 기대된다" 등이다. 이 장에서는 확률개념들을 소개하고, 확률의 의미 해석과 성질에 대하여 알아보고 관심있는 사건들의 확률을 계산해 본다. 확률의 방법들은 위와 같은 문장에서 좀 더 엄밀한 표현을 사용할 수 있도록 도와줄 것이다.

2.1 표본공간과 사상

확률에 대해 설명함에 있어서 우선 결과를 정확히 예측할 수 없는 실험을 생각하게 되는데, 그러한 실험을 **확률실험(random experiments)**이라 한다. 실험이라 하면 보통 실험실에서 실행되는 것을 말하지만, 우리는 좀 더 넓은 의미로 사용한다. 즉 동전을 던진다든가, 52장의 카드에서 한 장을 뽑는다든가, 남녀의 성별을 조사하는 것을 확률실험의 범주에 넣는다.

확률실험의 표본공간

확률실험의 모든 가능한 결과의 집합을 **표본공간**이라 하며 S라 표기한다.

예제 2.1

확률을 적용할 수 있는 가장 간단한 실험이 두 개의 가능한 결과를 가진 실험이다. 한 병원 산부인과에서 다음에 태어나는 아기의 성별을 조사하는 실험이다. 이때 표본공간은 $S=\{$남자, 여자$\}$이다. 동전을 던져 나오는 결과를 보는 실험에서의 표본공간 S는 앞면과 뒷면으로 구성되며, 공장에서 나오는 제품의 불량여부를 조사하는 실험에서는 표본공간은 $S=\{$불량, 우량$\}$이다.

예제 2.2

태어나는 세 명의 아기의 성별을 연속적으로 조사할 때 남자를 B, 여자를 G로 표시하면 B와 G로 이루어진 길이 3인 수열이 전체 실험의 가능한 결과들이다. 그러므로 표본공간 S는

$$S=\{BBB,\ BBG,\ BGB,\ GBB,\ BGG,\ GBG,\ GGB,\ GGG\}$$

이다.

예제 2.3

정육면체의 주사위를 한 번 던져 윗면의 숫자를 기록한다면 표본공간 $S=\{1,\ 2,\ 3,\ 4,\ 5,\ 6\}$이다. 또한 붉은주사위와 녹색주사위를 동시에 던진다면 특정한 결과는 붉은주사위의 숫자와 녹색주사위의 숫자의 두 개로 구성된다. 붉은주사위의 숫자를 먼저 표기할 때 표본공간은 36개의 결과를 포함하여

$$\begin{aligned} S=\{&(1,1),(1,2),(1,3),(1,4),(1,5),(1,6)\\ &(2,1),(2,2),(2,3),(2,4),(2,5),(2,6)\\ &(3,1),(3,2),(3,3),(3,4),(3,5),(3,6)\\ &(4,1),(4,2),(4,3),(4,4),(4,5),(4,6)\\ &(5,1),(5,2),(5,3),(5,4),(5,5),(5,6)\\ &(6,1),(6,2),(6,3),(6,4),(6,5),(6,6)\} \end{aligned}$$

이다. 여기에서 $(1,\ 2)$와 $(2,\ 1)$은 서로 다른 결과이며 같은 주사위를 연속 두 번 던지는 실험도 마찬가지로 위와 같은 표본공간을 가진다.

예제 2.4

동전을 던지는 게임에서 앞면이 나올 때까지 계속 던진다. 동전의 앞면이 나올 때까지 던지는 횟수를 k라고 하면, k는 어떤 자연수도 될 수 있다. 이 경우 표본공간 S는 $S = \{k : k = 1, 2, 3, \cdots\}$이다.

예제 2.5

특정한 새들에 대해 연구하는 어떤 생물학자는 어미새를 잡아서 무게를 측정한다. 여기서 어미새의 무게 (단위 : 그램)를 W라고 하면 표본공간은 새들의 가능한 무게의 집합이 된다. 생물학자의 그 새에 대한 지식으로 판단할 때 새의 무게가 150그램 이상이고 470그램 이하라고 하면 $S = \{W : 150 \le W \le 470\}$이다.

확률의 문제에 있어서 우리는 표본공간의 하나의 결과뿐만 아니라 표본공간의 여러 결과들에 대하여도 관심이 있다.

사상의 정의

표본공간 S의 임의의 부분집합을 **사상(event)**이라 한다. 특히 한 개의 원소로 이루어진 사상을 **근원사상(elementary event)**이라 하고, 두 개 이상의 원소를 포함한 사상을 **복합사상(compound event)**이라 한다.

확률실험이 수행되었을 때 특정사상 A가 일어났다는 것은 A에 포함되어 있는 하나의 사상이 일어났다는 것이다. 일반적으로 한 사상이 일어났을 때 이를 포함한 여러 복합사상이 동시에 일어났다고 할 수 있다.

예제 2.6 (2.2의 계속)

예제 2.2의 표본공간 S는 여덟 개의 가능한 결과로 구성되어 $\{BBB\}$ $\{BBG\}$, $\{BGB\}$, $\{GBB\}$, $\{BGG\}$, $\{GBG\}$, $\{GGB\}$ 및 $\{GGG\}$의 근원사상이 있으며 또한 다음과 같은 복합사상이 있을 수 있다.

$A = \{BBG, BGB, GBB\}$ = 세 명 중 한 명이 여자아기인 사상

$B = \{BBB, BBG, BGB, GBB\}$ = 남자아기가 더 많은 사상

$C = \{BBB, GGG\}$ = 세 명의 아기가 같은 성별을 가진 사상

만일 확률실험이 수행되어 그 결과가 BBB였다면 근원사상 $\{BBB\}$가 일어났으며 또한 복합사상 B와 C도 일어났다고 할 수 있다(그러나 A는 아니다).

예제 2.7

두 개의 주사위를 던졌을 때 36개의 가능한 결과가 있으므로

$$E_1 = \{(1, 1)\}, E_2 = \{(1, 2)\}, \cdots, E_{36} = \{(6, 6)\}$$

이라는 36개의 근원사상이 있다. 복합사상의 예는 다음과 같다.

$A = \{(1, 1), (2, 2), (3, 3), (4, 4), (5, 5), (6, 6)\}$
= 두 개의 주사위가 같은 면이 나타난 사상

$B = \{(1, 3), (2, 2), (3, 1)\}$
= 두 개의 주사위에서 나온 결과의 합이 4인 사상

$C = \{(6, 6), (6, 5), (5, 6)\}$
= 두 개의 주사위에서 나온 결과의 합이 적어도 11이상인 사상

집합연산과의 관계

1. 두 사상 A와 B의 합사상(union)은 $A \cup B$라고 쓰며, A 또는 B 사상에 포함되어 있는 모든 근원사상들의 집합으로 정의한다.
2. 두 사상 A와 B의 곱사상(intersection)은 $A \cap B$라고 쓰며, A와 B에 동시에 포함된 근원사상들의 집합으로 정의한다.
3. 사상 A의 여사상(complement)은 A'이라고 쓰며, 표본공간 S에 속하여 있으나 A에는 포함되지 않은 근원사상들의 집합으로 정의한다.

예제 2.8

하나의 주사위를 던진 실험에서 다음과 같은 사상을 정의하자.

$\mathrm{A} = \{1, 2, 3\}$ = 결과가 4보다 적은 사상
$\mathrm{B} = \{1, 2, 5, 6\}$

$$C = \{1,\ 3,\ 5\} = \text{결과가 홀수인 사상}$$

그러면

$A \cup B = \{1, 2, 3, 5, 6\}$ $A \cup C = \{1, 2, 3, 5\}$ $A \cap B = \{1, 2\}$

$A \cap C = \{1, 3\}$ $A' = \{4, 5, 6\}$ $C' = \{2, 4, 6\}$

이다.

배반사상의 정의

사상 A와 B의 곱사상이 공집합일 때 A와 B는 **배반사상**이라 한다.

예제 2.9

작은 도시에 세 개의 자동차 대리점이 있다. 현대 대리점에서는 아반테, 소나타, 그랜저, 제네시스를 판매하고, 기아 대리점에서는 모닝, K3, K5, K7, K9를 판매한다. 만일 다음 판매될 자동차의 종류를 관찰한다면 사상 $A = \{$아반테, 제네시스$\}$와 $B = \{$모닝, K9$\}$는 현대와 기아의 자동차는 함께 팔 수 없으므로 상호배반이다.

사상의 집합연산은 두 개 이상의 사상들로 확장할 수 있다. 사상 A, B와 C에 대하여 $A \cup B \cup C$는 세 사상 중 적어도 하나 이상에 포함되어 있는 결과들의 집합이고, $A \cap B \cap C$는 세 사상 모두에 공통적으로 포함된 결과의 집합이다. 또한 주어진 사상 A_1, A_2, A_3, $\cdots$ 에서, 임의의 두 사상이 모두 배반사상이라면 사상 A_1, A_2, A_3, $\cdots$은 상호배반이다.

집합연산을 보여주는 편리한 방법의 하나는 **벤 다이어그램(Venn diagram)**을 이용하는 것이다. 이를 예시한 것이 그림 2.1인데 그림에서 전체집합 S는 직사각형으로 그리고 그 내부나 S의 부분집합은 원으로 표시되어 있으며, 고려대상의 집합은 빗금으로 표시되어 있다.

집합연산은 몇 가지 성질을 만족시킨다. 예를 들어, A, B, C가 S의 부분집합이라면 다음과 같은 법칙이 성립한다.

집합연산에 관한 법칙

1. 교환법칙(Commutative Laws)

$$A \cup B = B \cup A$$
$$A \cap B = B \cap A$$

2. 결합법칙(Associative Laws)

$$(A \cup B) \cup C = A \cup (B \cup C) = A \cup B \cup C$$
$$(A \cap B) \cap C = A \cap (B \cap C) = A \cap B \cap C$$

3. 배분법칙(Distributive Laws)

$$A \cap (B \cup C) = (A \cap B) \cup (A \cap C)$$
$$A \cup (B \cap C) = (A \cup B) \cap (A \cup C)$$

4. 드 모르간의 법칙(De Morgan's Laws)

$$(A \cup B)' = A' \cap B'$$
$$(A \cap B)' = A' \cup B'$$

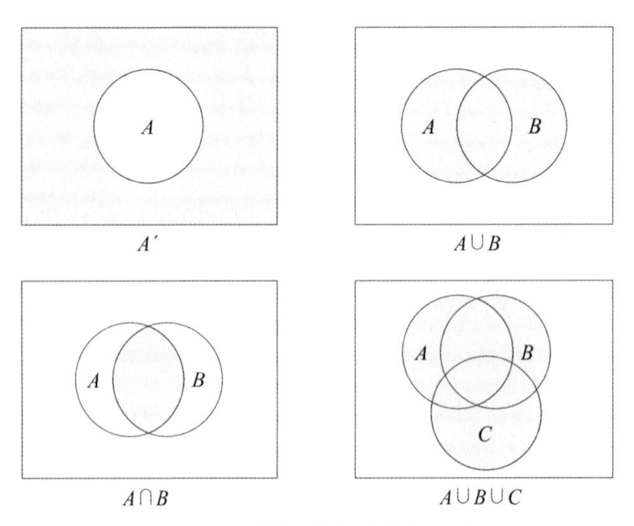

그림 2.1 집합연산의 벤다이어그램

2.2 확률과 그 성질

이제 우리의 관심은 확률실험과 표본공간 S가 주어졌을 때, $P(A)$로 표시되는 사상 A의 확률에 대해서이다. 직관적인 확률의 개념과 부합되기 위해서 모든 확률은 다음의 공리를 만족해야 한다.

▌확률의 공리

1. 표본공간 S의 모든 사상 A에 대하여 $P(A) \geq 0$을 만족한다.
2. 표본공간 S에 대하여 $P(S) = 1$이다.
3. 상호배반인 사상 A_1, A_2, A_3, $\cdots$ 에 대하여

$$P(A_1 \cup A_2 \cup A_3 \cup \cdots) = \sum_{i=1}^{\infty} P(A_i)$$

이다.

공리 1은 사상 A가 일어날 가능성은 적어도 0 이상이 될 것이라는 직관적인 생각을 반영한 것이다. 즉, 확률은 음수가 될 수 없다는 것이다. 표본공간 S는 모든 발생 가능한 결과들의 집합으로 정의하였으므로 공리 2는 최대 가능확률인 1을 표본공간에 할당한 것을 의미한다. 세 번째 공리는 만일 적어도 하나의 사상이 일어나고 동시에 두 개 이상의 사건이 일어나지 않는다면 적어도 하나의 사상이 일어날 가능성은 개개의 사상들이 일어날 가능성의 합이 된다는 생각을 정리한 것이다.

예제 2.10

하나의 동전을 던지는 확률실험에서 표본공간 $S = \{H, T\}$이다. 공리 2에 의하여 $P(S) = 1$이고, 확률을 부여하기 위해 각각 $P(H)$와 $P(T)$의 확률을 정하면 된다. H와 T는 서로 배반이고, $H \cup T = S$이므로 공리 3에서 $1 = P(S) = P(H) + P(T)$이다. 여기서 사상 H의 확률만 정해주면 모든 공리가 만족된다. 한 가지 가능한 확률할당은 $P(H) = 0.5$, $P(T) = 0.5$이다. 또 다른 가능성은 $P(H) = 0.75$, $P(T) = 0.25$이다. 사실상 0과 1 사이의 가능한 p로서 $P(H) = p$, $P(T) = 1 - p$로 할당하면 공리와 부합될 수 있다.

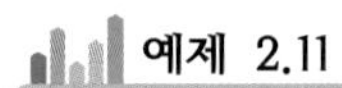

예제 2.11

제약회사에서 생산된 캡슐형 소화제가 정량 이상이 되는 것을 찾을 때까지 한 개씩 조사하는 실험을 고려해 보자. 정량 이상인 사상을 N, 그렇지 않으면 D라 할 때 근원사상은 $E_1 = \{N\}$, $E_2 = \{DN\}$, $E_3 = \{DDN\}$, … 이 된다. 만일 임의의 소화제가 정량 이상일 확률을 0.99라 가정하면 근원사상에 확률을 $P(E_1) = 0.99$, $P(E_2) = (0.01) \cdot (0.99)$, $P(E_3) = (0.01)^2 \cdot (0.99)$, … 라고 할당해 주면 공리가 만족된다. 특히 E_i들은 상호배반이므로 표본공간 $S = E_1 \cup E_2 \cup E_3$ … 이 되며 $1 = P(S) = P(E_1) + P(E_2) + P(E_3) + \cdots = 0.99[1 + 0.01 + (0.01)^2 + \cdots]$이 된다. 이 등식은 무한등비급수의 합을 계산함으로써 가능하다.

확률의 해석

예제 2.10과 예제 2.11은 확률의 공리가 사상들의 확률을 완전하게 정해주지는 못한다는 것을 보여 준다. 공리는 확률의 직관적인 생각에 부합되지 않는 것만을 배제하는 역할을 한다. 예제 2.10의 동전 던지는 예제에서 두 가지 가능한 확률할당을 제시하였다. 적절한 할당인가는 실험결과와 실험자의 확률에 대한 해석에 의존한다. 가장 많이 사용하고 쉽게 이해할 수 있는 확률의 해석이 상대도수를 이용한 방법이다.

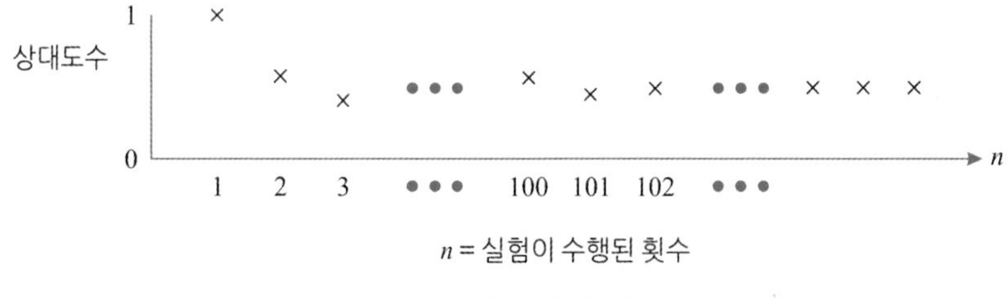

그림 2.2 **상대도수의 안정**

서로 독립적이며 같은 방법으로 반복 수행된 실험을 고려해 보자. 동전 던지기나 주사위 던지기 같은 실험들이 이러한 반복 가능한 실험들의 쉬운 예제들이다. 사상 A를 어떤 고정된 실험결과의 집합이라 하자. 만일 실험을 n번 반복적으로 수행하였다면 그중 몇 번의 실험에서 사상 A가 일어났을 것이다. 이때 $\#(A)$를 사상 A가 일어난 횟수라고 하면, 비율 $\frac{\#(A)}{n}$를 n번 반복 실험에서 사상 A가 일어날 **상대도수(relative frequency)**라 한다. 경험적으로 n이 점점 커질 때, 상대도수 $\frac{\#(A)}{n}$는 그림 2.2와 같이 안정된 값을 갖는다. 즉, n이

커질 때 상대도수는 사상 A의 **극한상대도수(limiting relative frequency)**라는 극한값에 가깝게 된다.

극한 상대도수에 의해 사상들의 확률을 정해 주면, "공정한 동전을 던져 앞면이 나올 확률은 0.5이다"라는 말의 뜻은 무한 반복적으로 동전을 던진다면 앞면과 뒷면이 나오는 횟수가 같다는 것이다.

확률의 성질

다음의 정리들은 확률의 또 다른 중요한 성질을 보여주며, 각 정리들의 이론적 개념과 증명을 이해하는 것이 특히 중요하다. 물론 상대도수의 개념을 이해했다면 이 정리들은 직관적으로 쉽게 이해될 것이다.

정리

각 사상 A에 대하여 $P(A)=1-P(A')$

증명 집합의 성질에 의하여

$$S=A\cup A' \text{ 그리고 } A\cap A'=\emptyset.$$

공리 2와 3에 의하여

$$P(S)=P(A)+P(A')=1$$

이 되며 따라서 다음과 같이 증명된다.

$$P(A)=1-P(A').$$

정리

사상 A와 B가 상호 배반적이면 $P(A\cap B)=0$

증명 곱사상 $A\cap B$는 근원사상을 포함하지 않으므로 $(A\cap B)'=S$.

공리2와 위의 정리에 의하여

$$1=P[(\mathrm{A}\cap\mathrm{B})']=1-P(\mathrm{A}\cap\mathrm{B})$$

$$P(A\cap B)=0$$

▌정리

임의의 사상 A, B에 대하여

$$P(A \cup B) = P(A) + P(B) - P(A \cap B)$$

증명 사상 $A \cup B$는 상호배반적인 사상의 합집합으로 다음과 같이 나타낼 수 있다.

$$A \cup B = A \cup (A' \cap B),\ P(A \cup B) = P(A) + P(A' \cap B)$$

또한 B도 상호배반적인 사상의 합집합으로 다음과 같이 나타낼 수 있다.

$$B = (A \cap B) \cup (A' \cap B),\ P(B) = P(A \cap B) + P(A' \cap B).$$

위의 결과에서 $P(A' \cap B)$를 소거하면

$P(A \cup B) = P(A) + P(B) - P(A \cap B)$가 된다.

예제 2.12

어떤 지역에서 주민들의 60%가 A회사 제품의 소화제를 복용하고, 80%가 B회사 제품을 복용하며 50%의 주민이 두 가지 모두를 복용한다. 이때 랜덤하게 주민 한 명을 뽑을 때 (1) 적어도 한 가지 약을 복용할 확률, (2) 두 회사 제품 중 하나만 복용할 확률 그리고 (3) 아무 약도 복용하지 않을 확률을 구하여라.

(1) 사상 $A = \{A$회사 소화제 복용$\}$, $B = \{B$회사 소화제 복용$\}$이라면 주어진 정보에 의해 $P(A) = 0.6$, $P(B) = 0.8$ 그리고 $P(A \cap B) = 0.5$이다. 위의 정리들을 이용하면

$$P(\text{적어도 하나 복용}) = P(A \cup B) = P(A) + P(B) - P(A \cap B)$$
$$= 0.6 + 0.8 - 0.5 = 0.9$$

(2) {한 가지만 복용}과 {두 가지 복용}은 상호배반적이므로

$$P(\text{한 가지만 복용}) + P(\text{두 가지 복용}) = P(\text{적어도 하나 복용})$$

즉, $P(\text{한 가지만 복용}) = P(A \cup B) - P(A \cap B)$
$= 0.9 - 0.5 = 0.4$

(3) {복용하지 않음}은 {적어도 하나 복용}의 여사건이므로

$$P(\text{복용하지 않음}) = 1 - P(A \cup B) = 1 - 0.9 = 0.1$$

이다.

합사건의 확률은 세 사상의 경우에 있어서 두 사상의 경우와 마찬가지로 계산할 수 있다.

정리

임의의 세 사상 A, B, C에 대하여

$$P(A \cup B \cup C) = P(A) + P(B) + P(C) - P(A \cap B) - P(A \cap C) - P(B \cap C) + P(A \cap B \cap C)$$

이는 벤다이어그램으로 쉽게 이해할 수 있으며, $A \cup B \cup C = A \cup (B \cup C)$이므로 위의 정리 증명을 이용하여 증명할 수 있다.

확률실험에서 근원사상의 개수가 많은 경우에는 많은 복합사상을 동반한다. 이런 경우 확률의 공리에 위배되지 않으면서 확률을 할당하여 주는 가장 손쉬운 방법은 각각의 근원사상에 $P(E_i) \geq 0$과 $\sum P(E_i) = 1$을 만족시키면서 확률을 할당하는 방법이다. 복합사상 A의 확률은 A안에 있는 근원사상들의 확률의 합으로 계산된다. 즉

$$P(A) = \sum_{E_i \in A} P(E_i)$$

N개의 근원사상을 가지는 많은 실험에서 모든 근원사상에 똑같은 확률 $\frac{1}{N}$을 할당하여 주는 것이 합리적인 경우가 있다. 예를 들어, 공평한 동전을 던지거나 공평한 주사위를 던지는 경우가 여기에 속한다. 이런 경우 복합사상 A의 확률은

$$P(A) = \sum_{E_i \in A} P(E_i) = \frac{(A\text{안에 근원사상의 갯수})}{N}$$

로 표현할 수 있다.

예제 2.13

6면체 주사위를 던지는 실험의 근원사상은 $E_1 = \{1\}$, $E_2 = \{2\}$, $\cdots$, $E_6 = \{6\}$이다. 만일 짝수가 나올 가능성이 홀수가 나올 가능성에 비해 2배라고 하면 적절한 확률할당 방법은 다음과 같다.

$$P(E_1) = P(E_3) = P(E_5) = \frac{1}{9}$$

$$P(E_2) = P(E_4) = P(E_6) = \frac{2}{9}.$$

그러면 복합사상 $A = \{\text{짝수}\} = E_2 \cup E_4 \cup E_6$이므로

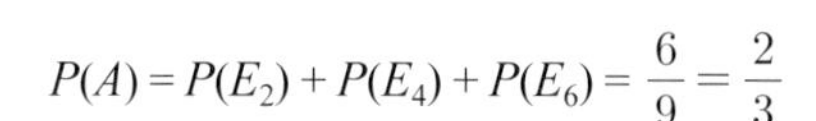

$$P(A) = P(E_2) + P(E_4) + P(E_6) = \frac{6}{9} = \frac{2}{3}$$

이다.

그러나 주사위가 공평하다면 각 근원사상의 확률은 $\frac{1}{6}$씩 할당해야 하고, 이때

$$P(A) = P(E_2) + P(E_4) + P(E_6) = \frac{3}{6} = \frac{1}{2}$$

이다.

2.3 조건부확률

확률실험이 있을 때 여러 가지 사상들의 확률을 확률의 공리를 만족시키면서 할당하여 주었다. 이러한 확률할당에 있어서 확률실험의 결과에 대한 어떤 정보를 얻을 수 있다면 이 정보를 이용하여 확률을 약간 수정할 필요가 있다. 특정한 사상 A에 대하여 사상 A의 확률을 $P(A)$라고 표시하고, $P(A)$를 사상 A의 **비조건부확률(unconditional probability)**이라 생각한다.

이 절에서는 "사상 B가 일어났다"는 정보가 사상 A의 확률을 할당하는데 어떤 영향을 미치는가에 대하여 알아보겠다. 예를 들어, 사상 A를 어떤 증상을 보이는 사람이 특정 질병을 가진 사상이라 하자. 이때 이 사람에게 피검사(blood test)를 하여 음성반응(B = 피검사에서의 음성반응)을 보였다면 질병을 가질 확률은 변할 수도 있을 것이다. 즉, 특정검사의 결과를 얻음으로서 질병을 가졌을 확률이 커질 수도 또는 적어질 수도 있다. 사상 B가 일어났다는 조건하에서 A가 일어날 확률을 $P(A \mid B)$로 나타내고, '사상 B가 주어졌을 때 사상 A의 **조건부확률(conditional probability)**'이라 한다.

예제 2.14

보기에는 비슷한 20송이의 튤립 봉오리가 있는데, 그중 8송이는 꽃이 빨리 피고 12송이는 늦게 피며, 또한 13송이는 빨간색이며, 7송이는 노란색이다. 이들의 결합관계는 다음과 같다.

	빨리 피는 꽃 (E)	늦게 피는 꽃 (L)	계
빨간색 꽃 (R)	5	8	13
노란색 꽃 (Y)	3	4	7
계	8	12	20

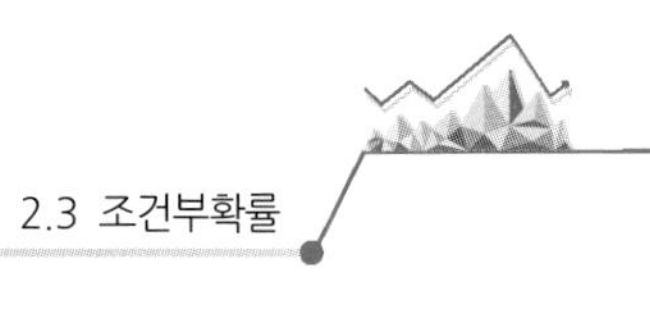

임의로 한 송이를 선택했을 때 그것이 빨간색(R)이고 꽃을 피울 확률은 송이 모두가 꽃이 핀다는 가정하에서, $P(R)=\frac{13}{20}$이다. 그러나 만약 일찍 꽃이 피는 봉오리(E)에 대해서만 고려한다면 표본공간에서 단지 8개만이 관심의 대상이며, 따라서 이런 조건하에서는 빨간색 꽃(R)이 필 확률은 $\frac{5}{8}$인 것이 당연하다. 즉, 사상 E가 주어졌을 때 사상 R의 조건부확률은 $P(R\mid E)=\frac{5}{8}$이다. 이는 다음 관계로부터 나온 것임을 알 수 있다.

$$P(R\mid E)=\frac{5}{8}=\frac{\#(R\cap E)}{\#(E)}$$
$$=\frac{\#(R\cap E)/20}{\#(E)/20}=\frac{P(R\cap E)}{P(E)}$$

여기서 $\#(R\cap E)$와 $\#(E)$는 각각 사상 $R\cap E$와 E에 속하는 봉오리수이며, 20은 전체 봉오리의 수이다.

예제 2.14에서 조건부확률은 비조건부확률의 비율로서 표현된다는 사실을 알았다. 구체적으로 분자는 두 사상의 곱사상의 확률, 분모는 사상 B의 확률로 표시된다.

조건부확률의 정의

사상 B가 주어졌다는 조건하에서의 사상 A의 조건부확률(conditional probability)은 $P(B)>0$이라면 다음과 같이 정의한다.

$$P(A\mid B)=\frac{P(A\cap B)}{P(B)}$$

예제 2.15

$P(A)=0.2$, $P(B)=0.4$이고 $P(A\cap B)=0.1$이라면 $P(A\mid B)=\frac{0.1}{0.4}=0.25$이며, $P(B\mid A)=\frac{0.1}{0.2}=0.5$이다.

예제 2.16

어떤 신문은 '정치' (A), '사회' (B)와 '스포츠' (C)의 세 가지 칼럼을 출판한다. 임의로 뽑은 독자들의 독서습관을 조사하였더니 다음과 같은 결과를 얻었다.

정기적으로 읽음	A	B	C	$A\cap B$	$A\cap C$	$B\cap C$	$A\cap B\cap C$
확률	0.14	0.23	0.37	0.08	0.09	0.13	0.05

이때 그림 2.3의 벤다이어그램을 이용하여 확률을 계산하면

$$P(A\mid B)=\frac{P(A\cap B)}{P(B)}=\frac{0.08}{0.23}=0.348$$

$$P(A\mid B\cup C)=\frac{P(A\cap(B\cup C))}{P(B\cup C)}=\frac{0.04+0.05+0.03}{0.47}=0.255$$

$$P(A\mid \text{적어도 한 칼럼은 읽음})=P(A\mid A\cup B\cup C)$$
$$=\frac{P(A\cap(A\cup B\cup C))}{P(A\cup B\cup C)}=\frac{P(A)}{P(A\cup B\cup C)}=\frac{0.14}{0.49}=0.286$$

$$P(A\cup B\mid C)=\frac{P((A\cup B)\cap C)}{P(C)}=\frac{0.04+0.05+0.08}{0.37}=0.459$$

이다.

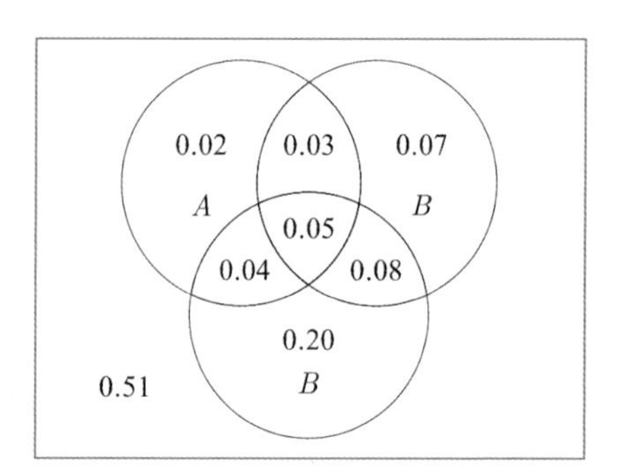

그림 2.3 **예제 2.16의 벤다이어그램**

조건부확률의 정의로부터 양변에 $P(B)$를 곱함으로서 다음과 같은 곱의 법칙을 얻을 수 있다.

곱의 법칙

$$P(A\cap B)=P(A\mid B)\cdot P(B)$$
$$=P(B\mid A)\cdot P(A)$$

확률실험의 상황에 따라서는 때때로 $P(A \cap B)$보다는 $P(B)$와 $P(A|B)$의 값을 구하는 것이 더 쉬운 경우가 있다. 그럴 때는 $P(B)$와 $P(A|B)$를 이용하여 $P(A \cap B)$를 계산할 수 있다.

예제 2.17

혈액은행에서 O형의 피가 필요하여 네 사람에게 헌혈해 줄 것을 요청하였다. 그들 중 아무도 헌혈을 한 경험이 없어서 자신의 혈액형을 알지 못한다. 네 명 중 단 한 명만이 O형이라고 가정하자. 네 명을 임의의 순서로 혈액형을 조사한다면 O형을 가진 사람을 찾기 위하여 적어도 세 명 이상을 조사하게 될 확률은 얼마인가?

사상 $B=${첫 번째 사람이 O형이 아니다}, $A=${두 번째 사람이 O형이 아니다}라 하면 $P(B)=\frac{3}{4}$이다. 첫 번째 사람이 O형이 아닐 때 남은 세 명 중 두 번째 사람이 O형이 아닌 경우는 나머지 두 명에서 O형인 경우이다. 즉 $P(A \mid B)=\frac{2}{3}$이다. 곱의 법칙을 이용하여 P(적어도 세 명 이상을 조사)$=P(A \cap B)=P(A \mid B)\cdot P(B)=\frac{2}{3}\cdot\frac{3}{4}=\frac{2}{4}=0.5$이다.

곱의 법칙은 계속해서 여러 단계로 구성된 실험에서 가장 유용하게 이용된다. 첫 번째 단계의 결과를 알고 있을 때 두 번째 단계에서의 조건부확률을 알 수 있기 때문이다. 이 법칙은 두 단계 이상의 실험에 대하여도 확장시킬 수 있다. 예를 들어,

$$\begin{aligned} P(A_1 \cap A_2 \cap A_3) &= P(A_3 \mid A_1 \cap A_2)\cdot P(A_1 \cap A_2) \\ &= P(A_3 \mid A_1 \cap A_2)\cdot P(A_2 \mid A_1)\cdot P(A_1) \end{aligned}$$

는 A_1이 첫 번째로 일어나고 A_2가 두 번째로, 마지막으로 A_3가 일어나는 실험에서의 확률이다.

예제 2.18

혈액검사 예제 2.17에서

$$\begin{aligned} &P(\text{세 번째 사람이 O형이다}) \\ &= P(A'_3 \mid A_2 \cap A_1)\cdot P(A_2 \mid A_1)\cdot P(A_1) \\ &= \frac{1}{2}\cdot\frac{2}{3}\cdot\frac{3}{4} = \frac{1}{4} = 0.25 \end{aligned}$$

이며, 여기서 사상 $A_i=${i번째 사람이 O형이 아니다}, $i=1,\ 2,\ 3$이다.

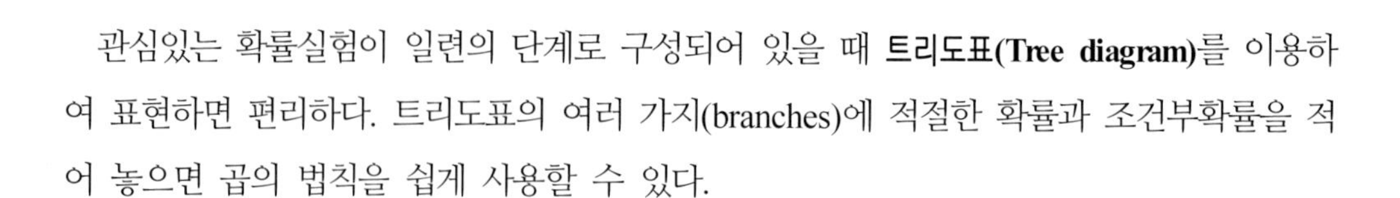

관심있는 확률실험이 일련의 단계로 구성되어 있을 때 **트리도표(Tree diagram)**를 이용하여 표현하면 편리하다. 트리도표의 여러 가지(branches)에 적절한 확률과 조건부확률을 적어 놓으면 곱의 법칙을 쉽게 사용할 수 있다.

예제 2.19

컴퓨터를 판매하는 상점에서 세 회사(A_1, A_2, A_3)에서 생산되는 제품을 취급한다. 과거의 자료를 확인한 결과 각 회사의 시장점유율이 50%, 30%, 20%였다. 또한 일년 이내에 고장수리를 요청하는 비율이 각각 25%, 20%, 10%였다.

(1) 임의의 소비자가 A_1 회사 제품을 사고 일년 이내에 고장수리를 요청할 확률은 얼마인가?
(2) 임의의 소비자가 컴퓨터를 사고 일년 이내에 고장수리를 요청할 확률은 얼마인가?
(3) 만일 소비자가 컴퓨터를 사고 일년 이내에 고장수리를 요청했다면 그 제품이 A_1, A_2, A_3 회사 제품일 확률은 각각 얼마인가?

문제의 첫 번째 단계는 소비자가 세 회사 중 한 회사를 고르는 것이다. 즉, A_i를 A_i 회사 제품을 사는 사상이라 할 때, $P(A_1) = 0.5$, $P(A_2) = 0.3$, $P(A_3) = 0.2$이다. 또한 사상 B = {일년 이내에 고장수리 요청}이라 하면 주어진 정보에 의하여 $P(B \mid A_1) = 0.25$, $P(B \mid A_2) = 0.20$, $P(B \mid A_3) = 0.10$이다.

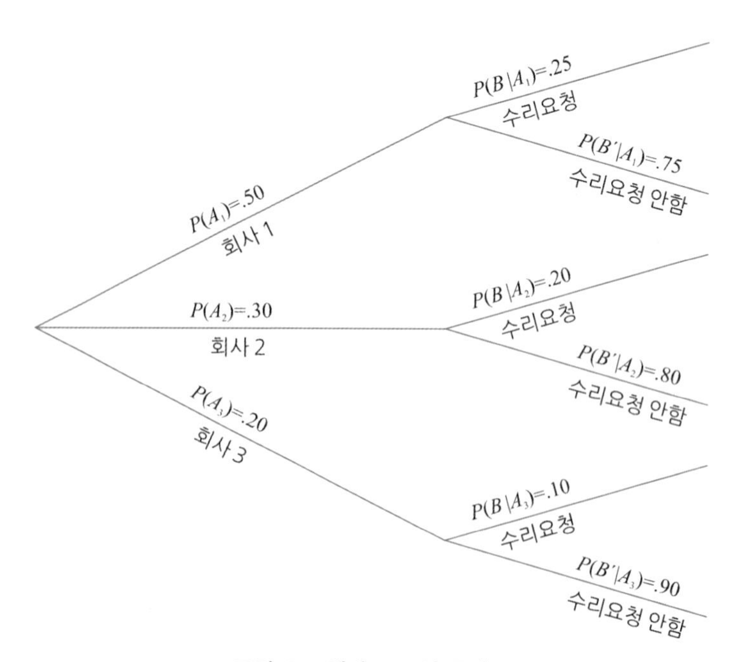

그림 2.4 **예제 2.19의 트리도표**

이 확률실험을 나타내는 트리도표는 그림 2.4와 같다. 처음의 가지는 컴퓨터 회사의 선택이고, 두 번째 가지는 "수리요청" 또는 "수리요청 안함"이다. 확률 $P(A_i)$는 i번째 첫 가지에 나타나고, 반면에 $P(B \mid A_i)$와 $P(B' \mid A_i)$는 두 번째 가지에 나타난다. 가지의 맨 끝에는 곱의 법칙을 이용하여 $P(B \cap A_i)$의 확률을 표시한다.

(1) 트리도표를 이용하면 구하는 답은

$$P(A_1 \cap B) = P(B \mid A_1) \cdot P(A_1) = 0.125$$

이다.

(2) $P(B) = P(A_1 \cap B) + P(A_2 \cap B) + P(A_3 \cap B)$
$= 0.125 + 0.060 + 0.020 = 0.205$

(3) $P(A_1 \mid B) = \dfrac{P(A_1 \cap B)}{P(B)} = \dfrac{0.125}{0.205} = 0.61$

$P(A_2 \mid B) = \dfrac{P(A_2 \cap B)}{P(B)} = \dfrac{0.060}{0.205} = 0.29$

$P(A_3 \mid B) = 1 - P(A_1 \mid B) - P(A_2 \mid B) = 0.10$

참고로 A_1의 초기 또는 **사전확률(prior probability)**은 0.5인 반면에, 컴퓨터가 일년 이내 고장수리를 요청한다는 것을 알고 있을 때의 A_1의 **사후확률(posterior probability)**은 0.61이다. 이는 A_1 회사 제품이 타회사 제품들에 비하여 일년 이내에 고장이 날 가능성이 많다는 것이다. 이와 반대로 A_3 회사 제품은 사후확률이 0.10으로 사전확률 0.20보다 작아진다.

베이즈 정리(Bayes Theorem)

조건부확률에 대한 또 다른 정리들을 유도하기 위하여 표본공간 S의 **분할(partition)**에 대하여 생각해 보자. 사상 $A_1, A_2, \cdots, A_n$에 대하여

$$A_i \cap A_j = \phi (i \neq j), \quad A_1 \cup A_2 \cup \cdots \cup A_n = S$$

이면 사상 $A_1, A_2, \cdots, A_n$을 서로 배반이고 완비된(exhaustive) 사상이라 하며, 이 사상들은 표본공간 S를 n개로 분할한다. 사상 $A_1, A_2, \cdots, A_n$이 서로 배반이며 완비된 사상이고, $P(A_i) > 0$ $(i = 1, 2, \cdots, n)$이면 임의의 사상 B에 대하여

$$\begin{aligned} P(B) &= P[(B \cap A_1) \cup (B \cap A_2) \cup \cdots \cup (B \cap A_n)] \\ &= P(B \cap A_1) + P(B \cap A_2) + \cdots + P(B \cap A_n) \end{aligned}$$

$$= P(A_1) \cdot P(B \mid A_1) + \cdots + P(A_n)P(B \mid A_n)$$

이 성립함을 알 수 있다.

▌전 확률 공식(The law of total probability)

사상 $A_1, A_2, \cdots, A_n$이 서로 배반이고 완비된 사상이고 $P(A_i) > 0$이면 임의의 사상 B에 대하여

$$P(B) = \sum_{i=1}^{n} P(A_i) \cdot P(B \mid A_i)$$

사상 $A_1, A_2, \cdots, A_n$이 서로 배반이고 완비된 사상이고 $P(A_i) > 0$, $P(B) > 0$라고 하면, 조건부확률의 정의와 곱의 법칙, 전 확률 공식으로부터,

$$\begin{aligned} P(A_k \mid B) &= \frac{P(A_k \cap B)}{P(B)} \\ &= \frac{P(A_k) \cdot P(B \mid A_k)}{\sum_{i=1}^{n} P(A_i) \cdot P(B \mid A_i)} \end{aligned}$$

이 성립함을 알 수 있다. 이를 **베이즈 정리(Bayes Theorem)**라고 한다.

▌베이즈 정리

사상 $A_1, A_2, \cdots, A_n$이 서로 배반이고 완비된 사상이고 $P(A_i) > 0$, $P(B) > 0$이면

$$P(A_k \mid B) = \frac{P(A_k)P(B \mid A_k)}{\sum_{i=1}^{n} P(A_i)P(B \mid A_i)} (k = 1, 2, \cdots, n)$$

위의 베이즈 정리에서 사상 $A_1, A_2, \cdots, A_n$을 n가지의 "원인"이라고 한다면, $P(A_k)$는 "원인"의 가능성으로서 **사전확률(prior probability)**이고, $P(B \mid A_k)$는 "원인" A_k의 결과로서 B가 관측될 가능성을 나타내며, $P(A_k \mid B)$는 B가 관측된 후에 "원인" A_k의 가능성으로서 **사후확률(posterior probability)**이라 한다. 즉, 베이즈 정리가 뜻하는 것은 관측 전의 원인에 대한 가능성과 관측 후의 원인의 가능성 사이의 관계라 할 수 있다.

예제 2.20

1000명의 성인 중 1명이 걸리는 희귀한 병의 검사법(diagnostic test)이 개발되었다. 이 검사법은 임상실험으로부터 병을 가진 성인의 99%가 양성반응을 보이고, 병을 갖지 않은 성인의 2%가 양성반응을 보인다는 정보를 얻었다. 만일 임의의 성인이 이 검사를 받아 양성반응을 보였을 때 이 성인이 병에 걸렸을 확률은 얼마인가?

병에 걸린 사상을 A_1, 병에 걸리지 않은 사상을 A_2라 하면 A_1, A_2는 서로 배반이고 완비된 사상이며 $P(A_1)=0.001$ $P(A_2)=0.999$이다. 양성반응이 나온 사상을 B라 하면 문제로부터 $P(B \mid A_1)=0.99$, $P(B \mid A_2)=0.02$이다. 이때 전확률에 공식을 이용하면

$$
\begin{aligned}
P(B) &= P(B \mid A_1)\cdot P(A_1)+P(B \mid A_2)\cdot P(A_2) \\
&= 0.99\times 0.001+0.02\times 0.999=0.02097
\end{aligned}
$$

베이즈 정리를 이용하여 양성반응을 보일 때 병에 걸릴 확률은

$$
\begin{aligned}
P(A_1 \mid B) &= \frac{P(B \mid A_1)\cdot P(A_1)}{P(B \mid A_1)\cdot P(A_1)+P(B \mid A_2)\cdot P(A_2)} \\
&= \frac{0.00099}{0.02097}=0.047
\end{aligned}
$$

이 결과는 어쩌면 상식적으로 맞지 않는 것처럼 보인다. 검사법이 매우 정확하여 양성반응을 보인 성인이 병에 걸렸을 확률이 매우 높을 것으로 기대하였으나 실제로는 단지 0.047이다. 이러한 모순된 결과의 이유는 병이 매우 희귀하여 검사법의 신뢰성이 없어 양성반응의 결과는 병에 기인하기보다 대부분이 검사법의 오차에 의한 것이기 때문이다. 그러나 검사 전의 병에 걸릴 사전확률과 검사 후 양성반응일 때 병에 걸린 사후확률은 0.001에서 0.047로 47배 증가되었다는 사실을 알 수 있다. 이 검사법이 병에 걸릴 사후확률을 절대적으로 높여주기 위해서는 검사법의 오차가 훨씬 더 적어야 한다. 만일 병이 이와 같이 희귀하지 않다면 (예를 들어, 전체 성인의 25%) 위의 검사법은 좋은 판단의 기준으로 쓸 수 있다.

2.4 독립사상

조건부확률의 정의에서 사상 A의 사전확률 $P(A)$는 다른 사상 B가 일어났을 경우 사후

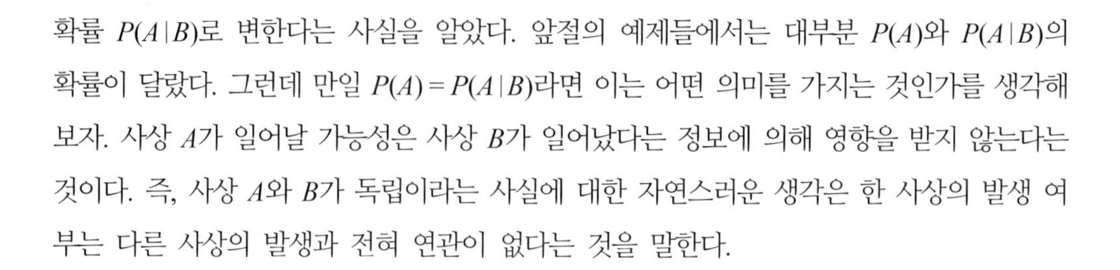

확률 $P(A|B)$로 변한다는 사실을 알았다. 앞절의 예제들에서는 대부분 $P(A)$와 $P(A|B)$의 확률이 달랐다. 그런데 만일 $P(A)=P(A|B)$라면 이는 어떤 의미를 가지는 것인가를 생각해 보자. 사상 A가 일어날 가능성은 사상 B가 일어났다는 정보에 의해 영향을 받지 않는다는 것이다. 즉, 사상 A와 B가 독립이라는 사실에 대한 자연스러운 생각은 한 사상의 발생 여부는 다른 사상의 발생과 전혀 연관이 없다는 것을 말한다.

▌정의

두 사상 A와 B가 **독립(independent)**이기 위한 필요충분 조건은 $P(A|B)=P(A)$이다. 그렇지 않을 경우 사상 A와 B는 **종속(dependent)**이라 한다.

위의 독립의 정의에 $P(B|A)=P(B)$가 추가로 요구되지 않는다. 이는 조건부확률의 정의와 곱의 법칙에 의하여,

$$P(B|A)=\frac{P(A\cap B)}{P(A)}=\frac{P(A|B)\cdot P(B)}{P(A)}$$

이 되어 사상 A와 B가 독립이라면 $P(A|B)=P(A)$, $P(B|A)=P(B)$가 자연히 성립한다. 또한 곱의 법칙에서 사상 A가 B와 독립이라면 $P(A\cap B)=P(A|B)\cdot P(B)=P(A)\cdot P(B)$도 성립한다.

▌정리

두 사상 A와 B가 독립이면

(1) $P(B|A)=P(B)$

(2) $P(A\cap B)=P(A)\cdot P(B)$

예제 2.21

공정한 주사위 하나를 던지는 확률실험을 생각해 보자. 이때 사상 $A=\{2, 4, 6\}$, $B=\{1, 2, 3\}$, $C=\{1, 2, 3, 4\}$라 하면 $P(A)=\frac{1}{2}$, $P(A|B)=\frac{1}{3}$, $P(A|C)=\frac{1}{2}$이 된다. 즉, 사상 A와 B는 종속이고, 사상 A와 C는 독립이다. 직관적으로 사상 C가 일어난 경우에도 표본공간의 짝수의 비율은 변하지 않았다.

예제 2.22

어떤 고등학교의 한 학급은 60명의 여학생과 40명의 남학생으로 구성되어 있고, 이들 여학생 중 24명이, 남학생 중 16명이 안경을 쓰고 있다. 이때 안경을 쓴 사상과 남학생일 사상이 독립임을 보여라.

사상 $E = \{$안경을 쓴 학생$\}$, $B = \{$남학생$\}$이라 하면

$$P(E) = \frac{24+16}{100} = 0.4,$$

$$P(E \mid B) = \frac{P(E \cap B)}{P(B)} = \frac{\frac{16}{100}}{\frac{40}{100}} = 0.4$$

$P(E) = P(E \mid B)$이므로 사상 E와 B는 독립이다.

예제 2.23

흉부내과에서 폐결핵을 진단하기 위해 X-선 검사와 객담(가래) 검사를 한다. 이때 폐결핵이 있는 환자가 양성반응을 나타낼 가능성이 각각 90%와 80%이고, 검사는 서로 독립적이라 한다면 폐결핵 환자가 두 검사 모두에서 양성반응을 나타낼 확률은 얼마인가?

사상 $A = \{X$-선 검사의 양성반응$\}$, $B = \{$객담검사의 양성반응$\}$이라 하면 구하는 확률은 $P(A \cap B)$이고, A와 B가 독립이므로 $P(A \cap B) = P(A) \cdot P(B) = 0.9 \times 0.8 = 0.72$이다.

두 사상의 독립의 개념을 둘 이상의 사상에 확장할 수 있다. 이는 조건부확률을 이용하지 않고 보다 쉽고 명백하게 곱사상의 확률이 각각의 확률의 곱으로 표현된다는 정리를 이용하여 정의한다.

정의

사상 $A_1, A_2, \cdots, A_n$이 **상호독립(mutually independent)**이기 위한 필요충분 조건은 임의의 k $(= 2, 3, \cdots, n)$와 $\{1, 2, \cdots, n\}$의 임의의 부분집합 $\{i_1, i_2, \cdots, i_k\}$에 대하여

$$P(A_{i_1} \cap A_{i_2} \cap \cdots \cap A_{i_k}) = P(A_{i_1}) \cdot P(A_{i_2}) \cdots P(A_{i_k})$$

이 성립할 때이다.

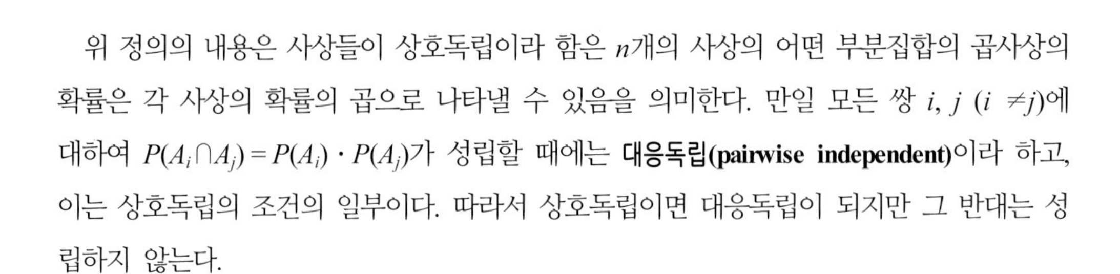

위 정의의 내용은 사상들이 상호독립이라 함은 n개의 사상의 어떤 부분집합의 곱사상의 확률은 각 사상의 확률의 곱으로 나타낼 수 있음을 의미한다. 만일 모든 쌍 i, j $(i \neq j)$에 대하여 $P(A_i \cap A_j) = P(A_i) \cdot P(A_j)$가 성립할 때에는 **대응독립(pairwise independent)**이라 하고, 이는 상호독립의 조건의 일부이다. 따라서 상호독립이면 대응독립이 되지만 그 반대는 성립하지 않는다.

연습문제

01 1부터 20까지의 숫자가 각각 적힌 20장의 빨간 카드와 20장의 파란 카드로 구성된 카드 한 벌로부터 1장의 카드를 뽑는다고 가정하자. A를 홀수가 적힌 카드를 뽑는 사건, B를 파란 카드를 뽑는 사건 그리고 C를 10보다 작은 숫자가 적힌 카드를 뽑는 사건이라 한다. 이때 표본공간 S를 기술하고, 다음의 각 사건을 S의 부분집합으로 기술하여라.

(1) $A,\ B,\ C$

(2) $A \cap B \cap C$

(3) $A \cup B \cup C$

(4) $B \cap C'$

(5) $A \cap (B \cup C)$

(6) $A' \cap B' \cap C'$

02 실수의 집합 S로부터 하나의 수 x를 뽑는다고 가정하자. $A,\ B,\ C$를 다음과 같이 정의된 사건이라 한다.

$$A = \{x : 2 \le x \le 7\}, B = \{x : 3 < x \le 9\}, C = \{x : x \le 1\}$$

이때 다음의 각 사건을 S의 부분집합으로 기술하여라.

(1) A', B', C'

(2) $A \cup B$

(3) $B \cap C'$

(4) $(A \cup B) \cap C$

03 공정한 주사위를 세 번 던질 때 나오는 눈의 곱이 100보다 클 확률을 구하여라.

04 여덟 장의 카드에 1, 2, ⋯, 8의 숫자가 각각 적혀있다. 이 중에서 동시에 네 장을 뽑았을 때 뽑은 카드의 숫자 중 두 번째로 큰 수가 5가 될 확률을 구하여라.

05 어떤 고교생이 A 대학과 B 대학에 입학원서를 제출했다. 만일 그 학생이 A 대학에 합격할 확률은 0.7, B 대학에 합격할 확률은 0.5, A 대학, B 대학 어느 곳에도 불합격될 확률이 0.2일 때 어느 한 대학에 합격할 확률을 구하여라.

06 불량품 3개와 우량품 7개가 들어있는 상자에서 2개를 꺼내는 실험의 표본공간 S를 구하여라. 또한 비복원추출을 할 때 다음 확률을 구하여라.

(1) 첫 번째 꺼낸 것이 불량품일 확률

(2) 첫 번째 꺼낸 것이 불량품일 때 두 번째 꺼낸 것이 불량품일 확률

07 A 상자에는 4개의 검은 구슬과 5개의 흰 구슬이 들어있고, B 상자에는 5개의 검은 구슬과 4개의 흰 구슬이 들어있다. B 상자에서 임의로 한 개의 구슬을 꺼내 A 상자로 옮긴 다음에 A 상자에서 한 개의 구슬을 꺼낼 때 그것이 검은 구슬일 확률을 구하여라.

08 5명의 손님이 식당에 도착할 때 그들의 모자를 맡기고, 떠날 때 무작위로 돌려받는다고 하자. 이때 아무도 자기의 모자를 돌려받지 못할 확률을 구하여라.

09 프로야구 한국시리즈에 출전한 A 팀과 B 팀 중에 먼저 네 번의 시합을 이기는 팀이 그 시리즈의 승자가 된다. A 팀이 어느 특별한 시합에서 B 팀을 이길 확률이 2/5일 때 A 팀이 한국시리즈의 승자가 될 확률을 구하여라.

10 두 사건 A와 B가 서로 독립이면 A'과 B'도 서로 독립임을 보여라.

11 사상 A_1, A_2, A_3가 표본공간 S의 부분집합일 때

$$P(A_1 \cup A_2 \cup A_3) = P(A_1) + P(A_2) + P(A_3) - P(A_1 \cap A_2) - (A_1 \cap A_3) \\ - P(A_2 \cap A_3) + P(A_1 \cap A_2 \cap A_3)$$

임을 보이고, 이것을 사상이 n개 있을 경우로 확장해 보아라.

12 상자 A에는 검은 공 3개와 흰 공 7개, 상자 B에는 검은 공 6개와 흰 공 4개가 들어있다. 공정한 주사위를 던져 1, 2 중 어느 하나가 나오면 상자 A에서 3, 4, 5, 6, 중 어느 하나가 나오면 상자 B에서 공 하나를 임의로 집어낸다. 집어낸 공은 다시 넣지 않을 때

(1) 첫 번째 검은 공이 나올 확률을 구하여라.

(2) 첫 번째 흰 공이 나온다는 조건하에서 두 번째는 검은 공이 나올 확률을 구하여라.

13 어떤 대학의 1학년 학생 가운데 30%는 재수 경험이 없고, 나머지 70%는 재수 경험이 있다고 한다. 전자의 20%, 후자의 30%가 기말고사 성적이 A이다. 어떤 학생의 성적이 A였다. 그 학생이 재수경험자일 확률을 구하여라.

3장 이산형 확률변수와 분포

통계적 실험 또는 조사의 결과는 정량적일 수도 있고 정성적일 수도 있다. 예를 들어, 신생아의 체중이나 키를 측정할 때에는 그 결과가 정량적이고, 혈액형을 조사할 때는 그 결과가 O, A, B, AB와 같이 정성적이다. 실험의 결과가 정량적이든 정성적이든 통계분석 방법은 자료의 수리적인 측면에 초점을 맞춘다. 확률변수는 실험결과를 수리적 함수에 대응시켜 통계분석을 가능하게 하는 도구이다. 이산 확률변수와 연속 확률변수 두 가지의 다른 확률변수가 있으며, 이 장에서는 이산 확률변수의 기본 성질 및 예제들을 논의하고 4장에서 연속 확률변수에 대하여 생각해 보자.

3.1 확률변수

확률실험에서 우리는 여러 가지 특성을 관찰하거나 측정한다. 이때 확률실험의 결과가 정성적일 때에는 표본공간과 확률을 나타내는 것이 매우 복잡해진다. 이런 경우 표본공간 S의 원소가 어떻게 숫자와 결합될 수 있을 것인가에 대해 논의해 보자.

예제 3.1

예제 2.2에서 태어나는 세 명의 아기의 성별을 조사할 때 표본공간 $S = \{BBB, BBG, BGB, GBB, BGG, GBG, GGB, GGG\}$이다. 이제 X를 태어난 세 명의 아기 중 남자 아기의 수 라고 하면 X는 표본공간 S에서 정의된 함수이며, $X(BBB)=3$, $X(BGG)=1$ 등의 성질을 갖는다. 그러면 X는 표본공간 S를 정의역으로 하고 실수공간 $\{x \mid x=0, 1, 2, 3\}$을 치역으로 하는 실수치 함수이다. 이때 함수 X를 **확률변수(random variable)**라 한다.

확률변수의 정의

표본공간이 S인 확률실험에서 S의 각 원소 s에 대해 실숫값 $X(s)=x$를 부여하는 함수 X를 확률변수(random variable)라고 한다.

표본공간 S는 때때로 그 원소 자체가 실수인 경우도 있다. 그런 경우에는 $X(s)=s$로 나타낼 수 있으며, 즉 X는 항등함수가 된다. 또한 표본공간에서 정의된 확률변수 X가 취할 수 있는 모든 값이 유한개(finite) 또는 셀 수 있는 무한개(countably infinite)일 경우, X를 **이산형 확률변수(discrete random variable)**라고 한다.

예제 3.2

주사위를 던져서 윗면에 나오는 숫자를 관찰하는 확률실험을 생각해 보자. 표본공간 $S=\{1, 2, 3, 4, 5, 6\}$이고, 확률변수 $X(s)=s$라 하면 X의 공간도 역시 $\{1, 2, 3, 4, 5, 6\}$이다. 이때 X의 공간의 개수가 유한개이므로 X는 이산형 확률변수이다.

예제 3.3

만일 임의로 결혼한 부부를 선택하여 부부가 같은 혈액형을 가진 쌍을 찾을 때까지 혈액형 검사를 한다고 하자. 이 확률실험에서 확률변수 X= '혈액형 검사를 한 횟수'라고 정의하면 X의 공간은 $\{2, 4, 6, 8, \cdots\}$이다. 이는 셀 수 있는 무한개를 갖는 공간이므로 X는 이산형 확률변수이다.

3.2 이산 확률분포

이산형 확률변수 X가 취할 수 있는 값 x에 대하여 확률 $P(X=x)$를 대응시켜 주는 관계를 X의 **확률분포(probability distribution)**라고 한다. 즉, 확률분포는 전체 확률 1을 여러 가지 가능한 X값에게 어떻게 할당해 주는가를 말한다. 이때 X의 확률분포를 표시하는 방법으로

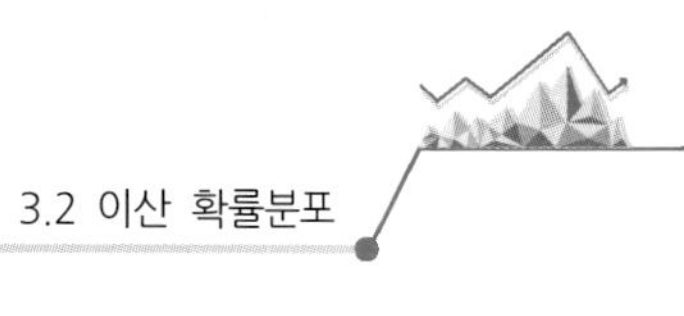

분포표, 분포 그래프 또는 **확률밀도함수(probability density function)**를 이용한다.

이산형 확률분포의 정의

이산형 확률변수의 확률분포 또는 확률밀도함수는 모든 실수 x에 대하여

$$f(x) = P(X = x) = P(X(s) = x \text{인 모든 } s \in S)$$

로 정의한다.

확률변수의 모든 가능한 값 x에 대하여 확률밀도함수 $f(x)$는 확률실험이 수행됐을 때 관측된 값의 확률로 지정하며, 모든 확률밀도함수 $f(x)$는 $f(x) \geq 0$이고 가능한 모든 x에서의 합이 $1(\sum f(x) = 1)$이라는 조건을 만족한다.

예제 3.4

다섯 명의 혈액공급자 중 두 명이 O형의 혈액을 가지고 있다. 한 사람씩 혈액검사를 하여 O형을 찾을 때까지 계속 검사를 진행한다. 이때 확률변수 Y = ‘O형을 찾을 때까지의 혈액검사 횟수’라고 하면 Y의 확률밀도함수는

$$f(1) = P(Y = 1) = \frac{2}{5} = 0.4$$

$$f(2) = P(Y = 2) = \frac{3}{5} \cdot \frac{2}{4} = 0.3$$

$$f(3) = P(Y = 3) = \frac{3}{5} \cdot \frac{2}{4} \cdot \frac{2}{3} = 0.2$$

$$f(4) = P(Y = 4) = \frac{3}{5} \cdot \frac{2}{4} \cdot \frac{1}{3} \cdot \frac{2}{2} = 0.1$$

$$f(y) = 0 \qquad y \neq 1,\ 2,\ 3,\ 4$$

이며 이를 분포표와 분포 그래프를 이용하면 다음 표 3.1과 그림 3.1과 같다.

표 3.1 **예제 3.4의 확률분포표**

y	1	2	3	4	계
$f(y)$	0.4	0.3	0.2	0.1	1

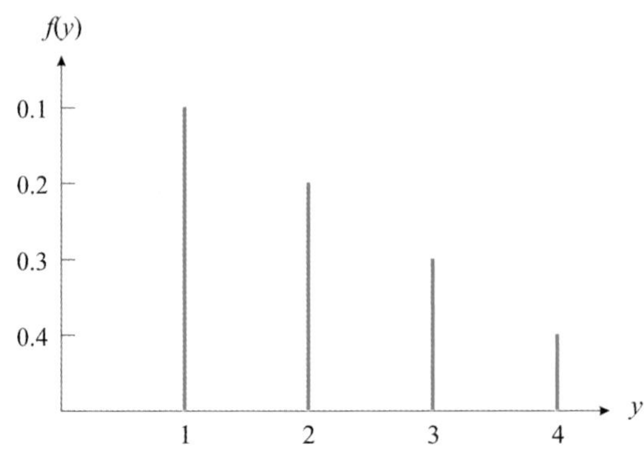

그림 3.1 **예제 3.4의 확률밀도함수의 분포 그래프**

때로는 어떤 x에 대하여 확률변수 x가 x보다 작거나 같은 확률을 계산할 필요가 있다. 예를 들어, 다음과 같은 확률밀도함수를 고려해 보자.

$$f(x) = \begin{cases} \frac{1}{6} & x = 2 \\ \frac{1}{3} & x = 3 \\ \frac{1}{2} & x = 4 \\ 0 & x \neq 2, 3, 4 \end{cases}$$

그러면 $P(X \leq 3) = f(2) + f(3) = \frac{1}{6} + \frac{1}{3} = \frac{1}{2}$이다. 이 예에서 $\{X \leq 3.5\}$와 $\{X \leq 3\}$은 같은 사상이므로 $P(X \leq 3.5) = P(X \leq 3) = \frac{1}{2}$이다. 같은 방법으로 $P(X \leq 2) = P(X \leq 2.75) = P(X = 2) = \frac{1}{6}$이며, 2가 확률변수 X의 가장 작은 가능한 값이므로 $P(X \leq 1.7) = P(X \leq 1.999) = 0$이다. 또한 가장 큰 가능한 값은 4이므로 $P(X \leq 4) = 1$이고, $P(X \leq 5) = P(X \leq 10.23) = 1$이다. 그러나 $P(X < 4) = \frac{1}{2} \neq P(X \leq 4)$이므로 주의가 필요하다. X가 이산형 확률변수일 경우 가능한 값 x에 대하여 $P(X < x) < P(X \leq x)$가 성립한다.

누적확률분포함수

이산형 확률변수 X가 $f(x)$라는 확률밀도함수를 가질 때 **누적확률분포함수(cumulative distribution function)** $F(x)$는 모든 실수 x에 대하여

$$F(x) = P(X \leq x) = \sum_{y \leq x} f(y)$$

로 정의한다.

예제 3.5

예제 3.4에서 확률변수 Y의 확률밀도함수는 다음과 같다.

y	1	2	3	4
$f(y)$	0.4	0.3	0.2	0.1

먼저 Y의 가능한 값의 집합 $\{1, 2, 3, 4\}$에서 누적확률분포함수 $F(y)$를 구하면

$$F(1) = P(Y \le 1) = f(1) = 0.4$$
$$F(2) = P(Y \le 2) = f(1) + f(2) = 0.7$$
$$F(3) = P(Y \le 3) = f(1) + f(2) + f(3) = 0.9$$
$$F(4) = P(Y \le 4) = f(1) + f(2) + f(3) + f(4) = 1$$

그러므로 Y의 누적확률분포함수 $F(y)$는

$$F(y) = \begin{cases} 0 & y < 1 \\ 0.4 & 1 \le y < 2 \\ 0.7 & 2 \le y < 3 \\ 0.9 & 3 \le y < 4 \\ 1 & y \geqq 4 \end{cases}$$

이고 그림으로 나타내면 그림 3.2와 같다.

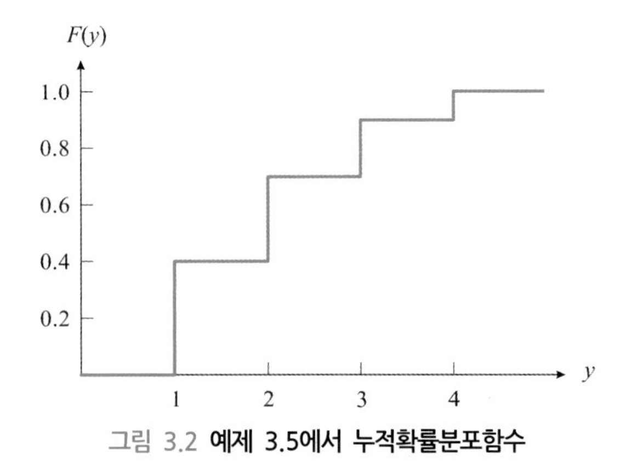

그림 3.2 **예제 3.5에서 누적확률분포함수**

이산형 확률변수 X에 대하여 $F(x)$의 그래프는 항상 X의 모든 가능한 값에서 뛴다는 사실을 알 수 있다. 이러한 그래프를 **계단함수(step function)**라 부른다.

지금까지는 확률밀도함수를 가지고 누적확률분포함수를 유도하였다. 이제 역으로 누적확률분포함수를 가지고 확률밀도함수를 구해 보자. 예를 들어, 만일 X가 6개의 제품 중 불량품의 개수라 하면 X의 가능한 값은 0, 1, 2, 3, 4, 5, 6이다. 그러면

$$\begin{aligned} f(3) &= P(X=3) \\ &= [f(0)+f(1)+f(2)+f(3)]-[f(0)+f(1)+f(2)] \\ &= P(X \leq 3)-P(X \leq 2)=\mathrm{F}(3)-F(2) \end{aligned}$$

이다. 일반적으로 X가 특정한 구간에 있을 확률은 누적확률분포함수로 쉽게 구할 수 있다. 즉,

$$\begin{aligned} P(2 \leq X \leq 4) &= f(2)+f(3)+f(4) \\ &= [f(0)+\cdots+f(4)]-[f(0)+f(1)] \\ &= P(X \leq 4)-P(X \leq 1)=F(4)-F(1) \end{aligned}$$

이다. $P(2 \leq X \leq 4) \neq F(4)-F(2)$임에 주의할 필요가 있다. 그러나 $P(2 < X \leq 4)=F(4)-F(2)$이다.

▌확률의 계산

임의의 두 숫자 a, b $(a \leq b)$에서

$$P(a \leq X \leq b)=F(b)-F(a\text{-})$$

이다.

여기서 'a-'의 의미는 a 보다 작은 숫자 중 X의 가능한 값의 제일 큰 값을 말한다. 만일 X의 가능한 값이 정수일 경우에는 a, b가 정수일 때

$$P(a \leq X \leq b)=F(b)-F(a-1)$$

이고 $a=b$일 때

$$P(X=a)=f(a)=F(a)-F(a-1)$$

이 된다.

3.3 기댓값과 그의 성질

1장에서 주어진 자료의 중심 위치에 대한 측도로 자료의 평균을 다루었고, 산포에 대한 측도로 자료의 분산을 다루었다. 이제 확률분포의 특성을 나타내는 측도에 대하여 생각해 보자.

예를 들어, 15,000명이 등록된 대학에서 수강하는 과목수를 조사한 결과, 다음 표와 같은 확률밀도함수를 얻었다. $f(1) = 0.01$이므로 이는 $0.01 \times 15000 = 150$명의 학생이 한 과목을 수강하고, 다른 x값에 대해서도 마찬가지로 등록 학생수를 구할 수 있다.

x	1	2	3	4	5	6	7
$f(x)$	0.01	0.03	0.13	0.25	0.39	0.17	0.02
등록 학생수	150	450	1950	3750	5850	2550	300

학생당 평균 수강 과목수 또는 모집단에서 확률변수 X의 평균값은 총 수강 과목수를 총 학생수로 나누어 계산한다.

$$\frac{1 \times 150 + 2 \times 450 + \cdots + 7 \times 300}{15000} = 4.57$$

그런데 이 식을 변형하면

$$1 \times \frac{150}{15000} + 2 \times \frac{450}{15000} + \cdots + 7 \times \frac{300}{15000}$$
$$= 1 \times f(1) + 2 \times f(2) + \cdots + 7 \times f(7)$$

이 됨을 알 수 있다. 이는 X 모집단의 평균은 X의 가능한 값에 그 확률을 곱하고, 이를 합하여 구할 수 있다. 특히 모집단의 크기를 모를 때에도 확률밀도함수를 이용하여 평균을 구할 수 있다.

확률변수의 기댓값

가능한 값의 집합이 D이고 확률밀도함수가 $f(x)$인 이산형 확률변수 X의 **기댓값 (expected value)** 또는 **평균값(mean value)**은 $E(X)$ 또는 μ_X로 표기하고

$$E(X) = \mu_X = \sum_{x \in D} x \cdot f(x).$$

예제 3.6

신생아의 건강상태를 알려주는 아프카 측도(Apgar scale)는 피부색, 근육의 세기, 호흡정도, 심장박동 등 10가지 항목을 종합적으로 평가하여 0, 1, ⋯, 10까지 점수를 매긴다. 점수가 높을수록 건강상태가 양호하다. 이때 확률변수 X를 일 년 동안 특정 병원에서 태어날 아기의 아프카 측도라 하고, 다음과 같은 확률밀도함수를 갖는다 하자.

x	0	1	2	3	4	5	6	7	8	9	10
$f(x)$	0.002	0.001	0.002	0.005	0.02	0.04	0.18	0.37	0.25	0.12	0.01

X의 기댓값은

$$E(X) = \mu_X = 0 \times 0.002 + 1 \times 0.001 + \cdots + 10 \times 0.01 = 7.15$$

$E(X)$는 확률변수 X의 가능한 값이 아닐 수도 있다. 또한 변수는 앞으로 태어날 아기들의 측도이므로 모집단이 개념적이고 그 크기도 알 수 없다. 그러므로 확률밀도함수는 개념적 모집단의 모형으로 생각할 수 있고, 확률변수 X의 확률분포가 통계조사의 대상인 모집단의 분포에 대한 이론적 모형으로 사용될 때 $E(X)$를 **모평균(population mean)**이라 한다.

예제 3.7

이산형 확률변수 X가 확률밀도함수

$$f(x) = \begin{cases} \dfrac{k}{x^2} & x = 1, 2, 3, \cdots \\ 0 & x \neq \text{자연수} \end{cases}$$

를 가진다. 이때 k는 $\sum_{x=1}^{\infty} \left(\frac{k}{x^2} \right) = 1$을 만족하는 값이다(무한급수의 성질에 따라 $\sum_{x=1}^{\infty} \frac{1}{x^2}$은 유한한 값을 가지므로 k를 정할 수 있고, k의 정확한 값은 여기서 관심의 대상이 아니다).

X의 기댓값은

$$E(X) = \sum_{x=1}^{\infty} x \cdot \frac{k}{x^2} = k \cdot \sum_{x=1}^{\infty} \frac{1}{x}$$

그런데 $\sum_{x=1}^{\infty} \frac{1}{x}$은 무한하므로 $E(X)$는 존재하지 않는다. 즉, 기댓값은 모든 확률밀도함수에서 존재하는 것은 아니고, 이는 x의 큰 값에 대하여 상대적으로 큰 확률을 갖는다는 뜻이다.

확률변수 X의 기댓값보다 X의 함수 $h(X)$의 기댓값에 더 관심이 있을 수 있다. 예를 들어, 대학 구내 서점에서는 10권의 책을 5,000원씩 사와 10,000원에 판다. 팔리지 않는 책에 대하여는 2,000원의 가치가 있는 것으로 생각하고 팔린 책의 수를 확률변수 X라 하면 서점의 총 수입은 $h(X) = 10000X + 2000(10 - X) - 50000 = 8000X - 30000$이다. 이런 경우 우리는 X의 기댓값보다 $h(X)$의 기댓값(예상수입)에 관심이 더 많을 수 있다.

함수의 기댓값

가능한 값의 집합이 D이고 확률밀도함수가 $f(x)$인 이산형 확률변수 X에서 함수 $h(X)$의 기댓값은 $E[h(X)]$로 표기하고

$$E[h(X)] = \sum_{x \in D} h(x) \cdot f(x)$$

예제 3.8

동전을 2회 던지는 실험에서 표면의 개수를 X라 하면 X의 확률분포는 $f(0) = \frac{1}{4}$, $f(1) = \frac{1}{2}$, $f(2) = \frac{1}{4}$이다. 이때 $h(X) = (X - 1)^2$의 기댓값은

$$\begin{aligned} E[h(X)] &= \sum_{x=0}^{2} (x-1)^2 \cdot f(x) \\ &= (-1)^2 \times \frac{1}{4} + 0^2 \times \frac{1}{2} + 1^2 \times \frac{1}{4} = \frac{1}{2} \end{aligned}$$

이다.

이산형 확률변수의 경우에 Σ의 수학적 성질에 의해 다음의 기댓값에 관한 성질을 쉽게 증명할 수 있으며, 이는 매우 유용하게 쓰인다.

기댓값의 성질

a와 b가 임의의 상수일 때

1. $E(aX + b) = aE(X) + b$
2. $E[ah_1(X) + bh_2(X)] = aE[h_1(X)] + bE[h_2(X)]$

확률변수 X의 기댓값은 확률분포의 중심을 의미한다. 2장에서 보았듯이 중심이 같더라도 산포가 다른 경우가 흔히 있다. 확률변수에서도 산포에 대한 측도를 나타내는 양으로 **분산(variance)**에 대해 알아보자.

확률변수의 분산

가능한 값의 집합이 D이고 확률밀도함수가 i인 이산형 확률변수 X의 분산(variance)은 $\mathrm{Var}(X)$ 또는 σ_X^2으로 표기하고

$$\mathrm{Var}(X) = \sum_D (x-\mu_X)^2 \cdot f(x) = E[X-\mu_X)^2]$$

또한 X의 표준편차(standard deviation)은

$$\sigma_X = \sqrt{\mathrm{Var}(X)}$$

분산의 정의에서 $h(X) = (X-\mu_X)^2$은 확률분포 X의 기댓값으로부터의 제곱편차이므로 $\mathrm{Var}(X)$는 제곱편차의 기댓값으로 해석할 수 있다. 만일 확률변수 X의 확률이 μ_X에 가까운 x값에서 클 때 σ_X^2의 값은 상대적으로 적을 것이다.

예제 3.9

예제 3.8에서 확률변수 X의 기댓값은

$$E(X) = 0 \cdot \frac{1}{4} + 1 \cdot \frac{1}{2} + 2 \cdot \frac{1}{4} = 1$$

이므로 확률변수 X의 분산을 구하여 보면

$$\begin{aligned}\mathrm{Var}(X) = \sigma_X^2 &= \sum_{x=0}^{2} (x-1)^2 \cdot f(x) \\ &= (0-1)^2 \cdot \frac{1}{4} + (1-1)^2 \cdot \frac{1}{2} + (2-1)^2 \cdot \frac{1}{4} \\ &= \frac{1}{2} = 0.5\end{aligned}$$

또한 $\sigma_X = \sqrt{0.5} = 0.707$.

확률밀도함수 $f(x)$가 모집단의 분포에 대한 이론적 모형으로 사용될 때는 σ_X^2과 σ_X는 모집단의 산포를 나타내는 측도로서 각각 **모분산(population variance)**과 **모표준편차(population standard deviation)**라 부른다.

기댓값의 성질을 이용하여 분산은 쉽게 계산할 수 있다.

$$\begin{aligned}\mathrm{Var}(X) &= E[(X-\mu_X)^2] \\ &= E(X^2 - 2\mu_X \cdot X + \mu_X^2) \\ &= E(X^2) - 2\mu_X \cdot E(X) + \mu_X^2 \\ &= E(X^2) - \mu_X^2\end{aligned}$$

또한 분산의 정의와 Σ의 성질로부터 다음과 같은 성질을 쉽게 증명할 수 있으며, 이는 매우 유용하게 쓰일 것이다.

분산의 간편 계산법과 성질

1. $\mathrm{Var}(X) = E(X^2) - \mu_X^2$
2. a와 b가 임의의 실수이면

$$\mathrm{Var}(aX+b) = a^2 \cdot \mathrm{Var}(X)$$
$$\sigma_{aX+b} = |a| \cdot \sigma_X$$

예제 3.10

조그만 약국 가판대에서 주간지를 팔고 있다. 일주일 동안 팔리는 주간지의 부수를 확률변수 X라 하면 X의 확률밀도함수는

x	1	2	3	4	5
$f(x)$	0.1	0.3	0.4	0.1	0.1

이다. 이때

$$E(X) = 1 \times 0.1 + 2 \times 0.3 + \cdots + 5 \times 0.1 = 2.8$$
$$E(X^2) = 1^2 \times 0.1 + 2^2 \times 0.3 + \cdots + 5^2 \times 0.1 = 9.0$$
$$\mathrm{Var}(X) = E(X^2) - \mu_X^2 = 9.0 - (2.8)^2 = 1.16$$

이다. 약국주인이 200원에 주간지를 사와 800원에 판매하고 일주일 후 판매하지 못한 주간지는 가치가 없다고 한다. 만일 5권의 주간지를 사온다면 약국주인의 실제수입 $Y = 800 \cdot X - 1000$원이다. 그러면 실제수입의 기댓값과 분산은 성질에 의해

$$E(Y) = E(800 \cdot X - 1000) = 800 \cdot E(X) - 1000$$
$$= 2240 - 1000 = 1240\text{원}$$

$$\text{Var}(Y) = \text{Var}(800 \cdot X - 1000) = (800)^2 \cdot \text{Var}(X)$$
$$= 742400$$

$$\sigma_Y = 861.63\text{원}$$

이 된다.

3.4 베르누이 시행과 이항분포

확률실험이 두 가지의 가능한 결과만을 가질 때 이를 **베르누이 시행(Bernoulli trial)**이라 한다. 예를 들어, 동전을 던지는 실험은 그 결과가 표면(H) 또는 이면(T)이 되는 베르누이 시행이고 특정 병에 걸린 환자의 생존도 그 결과가 생존 또는 사망이 되는 베르누이 시행이 될 것이다. 베르누이 시행의 결과를 일반적으로 "성공(s)"과 "실패(f)"로 나타내면 표본공간 $S = \{s, f\}$이 된다. 이때 베르누이 확률변수 Y를 $Y(s) = 1$ $Y(f) = 0$으로 정의하면 베르누이 확률분포는 성공확률이 p인 확률실험에서

y	0	1
$f(y)$	$1-p$	p

와 같다. 이때 p는 0과 1 사이의 값이다.

베르누이 확률변수의 평균과 분산을 구하면

$$E(Y) = 1 \cdot p + 0 \cdot (1-p) = p$$
$$E(Y^2) = 1^2 \cdot p + 0^2 \cdot (1-p) = p$$
$$\text{Var}(Y) = E(Y^2) - [E(Y)]^2 = p - p^2 = p(1-p)$$

이다.

많은 경우에 우리는 베르누이 시행이 여러 번 반복되는 실험을 접하게 된다. 이 중 몇 가지 조건을 만족하는 실험을 **이항실험(binomial experiment)**이라 한다.

이항실험의 정의

다음 1-4를 만족하는 실험을 이항실험이라 한다.

1. 실험은 n번의 시행으로 구성된다.
2. 각 시행은 동일하며 각 시행의 가능한 결과는 성공(s)과 실패(f) 두 가지 뿐이다.
3. 각 시행이 다른 시행에 영향을 미치지 않는다. 즉, 각 시행은 독립적이다.
4. 각 시행에서의 성공률은 p로서 일정하다($0 < p < 1$).

예제 3.11

같은 동전을 연속적으로 n번 던지는 실험에서 표면이 나온 것을 성공이라 하고, 이면이 나온 것을 실패라 하면 이 실험은 1-4의 조건을 모두 만족한다.

예제 3.12

완두콩의 색깔은 유전적 성질에 의해 결정된다. 100개의 씨를 재배하여 노란색 완두콩이 나온 것을 성공이라 하면, 이 확률실험은 1-4의 조건을 모두 만족하므로 이항실험이 된다.

이항실험에 있어서의 관심은 성공의 결과가 정확히 몇 번째 시행에서 일어났는가 보다는 총 n번의 시행 중 몇 번 성공을 하였는가에 있다.

이항확률변수의 정의

n번의 시행으로 구성된 이항실험에서 이항확률변수(binomial random variable) X는

$$X = \text{'}n\text{번 시행 중 성공한 횟수'}$$

로 정의한다.

예를 들어, $n=3$일 때 이항실험의 모든 가능한 결과는

$$sss,\quad ssf,\quad sfs,\quad fss,\quad sff,\quad fsf,\quad ffs,\quad fff$$

의 8가지이며, 정의로부터 $X(ssf)=2$, $X(fsf)=1$이다. 일반적으로 n번의 시행으로 구성된 이항확률변수의 가능한 값은 $x=0, 1, 2, \cdots, n$이 된다. 이때 성공률이 p이고 n번 시행으로 구성된 이항확률변수를 $X \sim B(n, p)$라고 표기한다.

이제 이항확률변수의 분포를 구하여 보자. 예를 들어 $n=3$일 경우 X의 값에 따라 다음과 같이 시행결과를 정리할 수 있다.

시행결과	sss	ssf sfs fss	sff fsf ffs	fff
X의 값 각 결과의 확률 경우의 수	3 p^3 ${}_3C_3=1$	2 $p^2(1-p)$ ${}_3C_2=3$	1 $p(1-p)^2$ ${}_3C_1=3$	0 $(1-p)^3$ ${}_3C_0=1$

예를 들면, $X=2$가 되는 각 결과의 확률은 $p^2(1-p)$로서 같으며, 경우의 수는 ${}_3C_2=3$가지이므로 $P(X=2)={}_3C_2\, p^2(1-p)$이다. 이와 같이 모든 X의 값에 대한 확률을 구하면 다음과 같다.

x	0	1	2	3
$P(X=x)$	${}_3C_0(1-p)^3$	${}_3C_1\, p(1-p)^2$	${}_3C_2\, p^2(1-p)$	${}_3C_3\, p^3$

일반적으로 n번의 시행을 갖는 이항확률변수 X에서 x회의 성공과 $(n-x)$회의 실패가 있을 경우의 수는 ${}_nC_x$가지이며, 각 경우의 확률은 $p^x(1-p)^{n-x}$이다. 따라서

$$P(X=x)={}_nC_x\, p^x(1-p)^{n-x},\quad x=0, 1, 2, \cdots, n$$

이 되며, 이것이 **이항확률분포(Binomial probability distribution)**의 **확률밀도함수**이다.

▌이항분포의 확률밀도함수

시행횟수 n이고, 성공확률 p인 이항확률변수 X가 있을 때 확률분포는 $X \sim B(n, p)$라고 표기하고 확률밀도함수 $b(x\,;n, p)$는

$$b(x\,;n, p)=P(X=x)={}_nC_x\, p^x(1-p)^{n-x},\quad x=0, 1, 2, \cdots, n\ .$$

이항분포에 대한 여러 가지 확률을 알고자 하는 경우 확률밀도함수를 이용하여 계산하여도 무방하나, 이는 매우 번거로운 일이므로 부표 1에 있는 이항분포의 누적확률표를 이용하면 매우 간편하다. 이 표에는

$$P(X \le c) = \sum_{x=0}^{c} b(x\,;n,\,p)$$

의 값들이 여러 가지의 n, p, c들의 경우에 대하여 주어져 있다. 이 누적확률분포표를 이용하면 X에 관한 다른 확률들도 누적확률분포함수의 성질에 의해 쉽게 구할 수 있다.

예제 3.13

무우 씨의 발아확률이 0.7이고, 무우 씨가 발아하는 것을 성공이라 가정할 때, 10개의 씨를 뿌리고 각 씨가 발아하는 것이 독립적이라면 발아한 씨의 개수 X는 $n=10$, $p=0.7$인 이항분포를 한다. 이때 X가 6이하일 확률은 부표 1에 의해

$$P(X \le 6) = \sum_{x=0}^{6} b(x\,;10,\,0.7) = 0.350$$

이다. 또한 8개의 씨가 발아할 확률은

$$\begin{aligned} P(X=8) &= P(X \le 8) - P(X \le 7) \\ &= \sum_{x=0}^{8} b(x\,;10,\,0.7) - \sum_{x=0}^{7} b(x\,;10,\,0.7) \\ &= 0.851 - 0.617 = 0.234 \end{aligned}$$

이다.

예제 3.14

오지선다형 문제가 15개 있다. 만일 각 질문에 임의로 답을 써넣을 때 5개가 정답인 확률과 4개와 7개 사이의 정답을 낼 확률을 구해 보자. 여기서 X= '정답을 낸 문제수'라 정의하면 X는 $n=15$, $p=\frac{1}{5}$인 이항분포를 한다. 그러므로

$$\begin{aligned} P(X=5) &= P(X \le 5) - P(X \le 4) \\ &= 0.939 - 0.836 = 0.103 \end{aligned}$$

$$P(4 \le X \le 7) = P(X \le 7) - P(X \le 3)$$
$$= 0.996 - 0.648 = 0.348$$

이다.

이항분포에서 $n=1$이면 이는 베르누이 시행의 분포가 된다. 베르누이 시행에서 평균은 $\mu = p$이므로 각 시행에서 성공이 기대되는 값은 p가 된다. 이항실험은 서로 독립인 n개의 시행으로 구성되므로 직관적으로 $X \sim B(n, p)$이면 $E(X) = np$, 즉 시행횟수에 각 시행의 성공확률을 곱함으로써 얻을 수 있다.

이항확률변수의 평균과 분산

$X \sim B(n, p)$이면 X의 평균과 분산은

$$E(X) = np$$
$$\text{Var}(X) = np(1-p)$$

분산의 식은 직관적으로 쉽지 않으나 확률밀도함수로부터 $E[X(X-1)]$을 구하여 $\text{Var}(X) = E(X^2) - [E(X)]^2$ 식에 대입함으로써 얻을 수 있다. 이는 연습문제로 독자들에게 남긴다.

예제 3.15

예제 3.13의 무우 씨 발아에 있어 $n=10$, $p=0.7$이므로 평균과 분산은 각각

$$E(X) = np = 10 \times 0.7 = 7$$
$$\text{Var}(X) = np(1-p) = 10 \times 0.7 \times (1-0.7) = 2.1$$

이다.

3.5 포아송분포

이항분포와 함께 이산형 확률분포로 자주 응용되는 것이 **포아송분포**이다. 이는 단위시간이나 단위공간에서 희귀하게 일어나는 사건의 횟수에 유용하게 사용될 수 있다. 예를 들어,

단위시간 내의 전화 통화수, 특정 지역의 1일 교통사고 사망자수, 병원 응급실의 1일 밤의 환자수 등에 포아송분포를 적용할 수 있다. 포아송분포에 적합한 확률변수는 존재하지 않고, 다만 특정한 모집단의 모형으로 또는 극한개념에서 근사적으로 **포아송 확률변수**를 이용한다.

포아송분포의 확률밀도함수

이산형 확률변수 X가 포아송분포(Poisson distribution)를 하면 $X \sim \mathscr{P}(\lambda)$라 표기하고 확률밀도함수는 $\lambda > 0$에 대하여

$$\mathscr{P}(x\,;\lambda) = \frac{e^{-\lambda}\lambda^x}{x!}, \quad x = 0,\ 1,\ 2,\ \cdots .$$

단위시간 또는 단위공간에서 평균적 발생빈도를 λ라 하며 e는 자연로그의 밑으로 근사적으로 2.71828인 상수이다. 모든 가능한 값 x에 대하여 $\mathscr{P}(x\,;\lambda)$는 $\lambda > 0$이면 항상 양이 되므로 확률밀도함수의 조건을 만족시키기 위하여 $\sum_{x=0}^{\infty} \mathscr{P}(x\,;\lambda) = 1$이 되어야 한다. 대부분의 미적분학 교과서에 실려있는 e^{λ}의 맥로린 무한급수(Maclaurin infinite series)가

$$e^{\lambda} = 1 + \lambda + \frac{\lambda^2}{2!} + \cdots = \sum_{x=0}^{\infty} \frac{\lambda^x}{x!}$$

이므로

$$\sum_{x=0}^{\infty} e^{-\lambda} \cdot \frac{\lambda^x}{x!} = 1$$

이 성립한다.

예제 3.16

어떤 병원 응급실에 하루저녁 내원한 환자수를 X라 하자. 만일 X가 $\lambda = 5$인 포아송분포를 따른다면 특정한 날에 2명의 환자가 내원할 확률은

$$P(X=2) = \mathscr{P}(2\,;5) = \frac{e^{-5}\,5^2}{2!} = 0.084$$

이며 많아야 2명의 내원할 확률은

$$P(X \le 2) = \mathscr{P}(0\,;5) + \mathscr{P}(1\,;5) + \mathscr{P}(2\,;5)$$
$$= e^{-5}\,(1+5\ + \frac{5^2}{2!}) = 0.125$$

이다.

이항분포 $B(n,\ p)$에서 평균 $np = \lambda$로 일정하게 하고 n을 충분히 크게 하는 경우의 근사분포에 대하여 알아보자. 이때 0 이상의 정수 x에 대하여

$$\begin{aligned} {}_nC_x\, p^x (1-p)^{n-x} &= \frac{n!}{x!(n-x)!} p^x (1-p)^{n-x} \\ &= \frac{1}{x!}\, n(n-1) \cdots (n-x+1) \cdot (\frac{\lambda}{n})^x (1-\frac{\lambda}{n})^{n-x} \\ &= \frac{\lambda^x}{x!} (1-\frac{\lambda}{n})^n (1-\frac{\lambda}{n})^{-x} (1-\frac{1}{n}) \cdots (1-\frac{x-1}{n}) \end{aligned}$$

이고 n이 충분히 클 때

$$(1-\frac{\lambda}{n})^n \approx e^{-\lambda}$$

이므로 n이 x에 비해 충분히 클 때

$${}_nC_x\, p^x (1-p)^{n-x} \approx \frac{e^{-\lambda}\lambda^x}{x!}$$

이 성립한다. 이와 같이 n이 충분히 크고 p가 0에 가까운 경우에 이항분포 $B(n,\ p)$를 따르는 이산형 확률변수 X는 근사적으로 $\lambda = np$인 포아송분포를 따른다.

▌이항분포의 포아송 근사

$$X \sim B(n,\ p),\ n \to \infty,\ p \to 0,\ np = \lambda \text{일 경우}$$

$$b(x\,;n,\ p) \to \mathscr{P}(x\,;\lambda)$$

위의 정리에 따라 시행횟수 n이 크고 성공률 p가 작은 모든 이항확률변수는 포아송 확률변수로 근사시킬 수 있다. 일반적으로 $n \ge 100$, $p \le 0.01$ 그리고 $np \le 20$일 때 좋은 근삿값을 얻을 수 있다.

예제 3.17

특정 출판사에서는 오자가 없는 책을 만들기 위해 노력한다. 한 면당 적어도 하나 이상의 오자가 있을 확률이 0.005이고 면과 면의 오자는 서로 독립이라 한다. 만일 400면인 책을 만들었다면 한 면만 오자가 있을 확률과 많아야 3면이 오자가 있을 확률을 구해 보자. 오자가 있는 면의 숫자를 X라 하면 $X \sim B(400,\ 0.005)$이므로 n이 충분히 크고 p가 충분히 작다. 이를 계산 편의상 X가 근사적으로 $\lambda = np = 400 \times 0.005 = 2$인 포아송분포에 근사시키면

$$P(X=1) = b(1 : 400,\ 0.005) \approx \mathscr{P}(1;\ 2) = 0.271$$

$$P(X \le 3) \approx \sum_{x=0}^{3} \mathscr{P}(x\,;2) = \sum_{x=0}^{3} e^{-2} \cdot \frac{2^x}{x!} = 0.857$$

이다. 0.857은 포아송분포의 누적확률분포표 부표 2에서 찾은 것으로 표에는 여러 가지 λ와 x에 대하여 누적확률을 만들었다.

포아송분포의 평균과 분산은 이항분포의 포아송근사에서 쉽게 구할 수 있다. $n \to \infty$, $p \to 0$, $np \to \lambda$일 때 이항분포의 평균과 분산이 포아송분포의 평균과 분산에 각각 접근한다. 그 극한값은 $np = \lambda$와 $np(1-p) \to \lambda$이다. 이 결과는 확률밀도함수로부터 직접 구할 수도 있다.

포아송분포의 평균과 분산

$X \sim \mathscr{P}(\lambda)$일 때 평균과 분산은

$$E(X) = \mathrm{Var}(X) = \lambda$$

예제 3.18

예제 3.16에서 하루 저녁 평균 내원자수와 그 분산은 $\lambda = 5$이고 표준편차 $\sigma_X = \sqrt{\lambda} = \sqrt{5} = 2.24$이다.

연습문제

01 다음과 같이 정의된 확률변수에서 발생가능한 모든 값의 집합을 쓰고, 이산형인지 연속형 확률변수인지를 말하여라.

(1) X='달걀 한 꾸러미(10개)에서 깨진 달걀의 개수'

(2) Y='테니스 라켓에서 줄의 장력(p.s.i)'

(3) Z='흙에 대한 산성도(pH)'

(4) U='골프선수가 공을 치기 전에 연습 스윙을 하는 횟수'

(5) V='6면 주사위와 4면 주사위를 동시에 던질 때 각각 나타나는 눈의 수'

02 임의로 뽑은 승용차에서 압력이 정상보다 적은 바퀴의 개수를 확률변수 X라 할 때 다음 물음에 답하여라.

(1) 다음 세 개의 함수 중에 확률밀도함수로서 적합한 것을 고르고, 나머지 두 개는 왜 적합하지 않은가를 말하여라.

x	0	1	2	3	4
$f_1(x)$	0.3	0.2	0.1	0.05	0.05
$f_2(x)$	0.4	0.1	0.1	0.1	0.3
$f_3(x)$	0.1	0.1	0.2	0.1	0.3

(2) (1)에서 적합한 확률밀도함수에 대하여 $P(2 \le X \le 4)$, $P(X \le 2)$와 $P(X \ne 0)$을 계산하여라.

(3) $f(x) = c(5-x)$, $x = 0, 1, 2, 3, 4$가 적합한 확률밀도함수가 될 때 상수 c의 값을 정하여라.

03 한 통신판매회사가 6대의 전화를 가지고 있다. 특정한 시간에 사용하고 있는 전화의 수를 확률변수 X라 하고 확률밀도함수가 다음과 같다.

x	0	1	2	3	4	5	6
$f(x)$	0.10	0.15	0.20	0.25	0.20	0.06	0.04

이때 다음 사건들의 확률을 계산하여라.

(1) $A=${많아야 세 전화가 사용 중}

(2) $B=${적어도 세 전화가 사용 중}

(3) $C=${두 전화 이상 5전화 이하가 사용 중}

(4) $D=${적어도 4전화가 사용하고 있지 않음}

04 보험회사에서 보험 납입금을 여러 가지 방법으로 납입한다. 확률변수 $X=$'두 연속적인 납입 사이의 달수'라 한다. X의 분포함수 $F(x)$는

$$F(x)=\begin{cases} 0 & x<1 \\ 0.3 & 1\le x<3 \\ 0.4 & 3\le x<4 \\ 0.45 & 4\le x<6 \\ 0.60 & 6\le x<12 \\ 1 & 12\le x \end{cases}$$

(1) X의 확률밀도함수 $f(x)$를 구하여라.

(2) 분포함수를 이용하여 $P(3\le X\le 6)$과 $P(X\ge 4)$를 계산하여라.

05 분포함수 $F(x)$가 단조증가 함수임을 보여라(즉, $x_1<x_2$이면 $F(x_1)\le F(x_2)$). 또한 어떤 조건에서 $F(x_1)\le F(x_2)$를 만족하는가?

06 가구당 텔레비전의 수를 확률변수 X라 할 때 서울시민의 확률밀도함수가 다음과 같다.

x	0	1	2	3	4
$f(x)$	0.08	0.15	0.45	0.27	0.05

(1) 분포함수 $F(x)$를 구하여라.

(2) $E(X)$, $Var(X)$를 구하여라.

07 가전제품 대리점에서 세 가지 용량(180ℓ, 250ℓ, 410ℓ)의 냉장고를 판매한다. 확률변수 $X=$'소비자가 사는 냉장고의 용량'이라 한다. 만일 X의 분포가 다음과 같을 때

x	180	250	410
$f(x)$	0.2	0.5	0.3

(1) 분포함수 $F(x)$를 구하여라.

(2) $E(X), E(X^2)$ 그리고 $Var(X)$를 구하여라.

(3) 만일 냉장고의 가격이 용량에 비례하여 $2700X - 35000$이라면 냉장고를 살 소비자가 지불해야 되는 냉장고의 기대 가격은 얼마인가? 냉장고 가격의 분산은 얼마인가?

08 확률변수 X가 n개의 정수 1, 2, 3, ..., n 위에서 균일분포를 한다고 할 때 X의 기댓값과 분산을 구하여라.

09 확률변수 X 이항분포 $B(n, p)$를 따를 때 다음이 성립함을 보여라.

$$E(X) = np, \quad Var(X) = np(1-p)$$

10 부표 1을 이용하여 $X \sim B(10, 0.6)$일 때 다음 확률을 구하여라.

(1) $b(3; 10, 0.6)$

(2) $b(5; 10, 0.6)$

(3) $P(2 \le X \le 4)$

(4) $P(X \le 1)$

(5) $P(X > 5)$

(6) $P(2 < X < 7)$

11 어떤 질병으로부터 회복될 확률이 0.4라고 하자. 15명이 이 질환에 감염되었고, 이를 확률 표본이라고 간주할 경우 다음의 확률을 구하여라.

(1) 3명 이상이 회복될 확률

(2) 4명 이상이 회복될 확률

(3) 5명 이하가 회복될 확률

(4) 3명 미만이 회복될 확률

12 편두통을 앓고 있는 어떤 사람이 한 특정 약품을 복용하여 치유될 확률은 0.9이다. 편두통을 역시 앓고 있는 3사람을 임의로 뽑아 그 약품을 복용하도록 하였다. 치유될 사람의 숫자가 다음과 같을 때의 확률을 구하여라.

(1) 정확하게 0일 때

(2) 정확하게 한 사람일 때

(3) 한 사람보다 많을 때

(4) 두 명 또는 그 이하일 때

(5) 두 명 또는 세 명일 때

(6) 정확하게 세 명일 때

13 어느 공정의 불량률을 추정하기 위해서 $n=20$개의 표본을 임의로 추출한 결과 $X=6$개의 불량품이 있었다.

(1) 이항분포표에서 $p=0.1$, 0.2, 0.3, 0.4, 0.5, 0.6, 0.7, 0.8, 0.9에 대한 $b(6;20,p)$를 찾은 다음 이들을 그래프로 나타내어 부드러운 곡선으로 연결하여라.

(2) p의 값이 얼마일 때 곡선이 최댓값을 갖는가?

(이와 같이 $b(6;20,p)$를 최대로 하는 p의 값 $\hat{p}$를 p에 대한 추정값으로 결정하는 방법을 최대우도추정법(maximum likelihood estimation)이라 한다. 이항분포의 경우 최대우도추정량은 $\hat{p}=X/n$임을 보일 수 있다.)

14 X는 포아송분포를 따른다. 다음을 구하여라.

(1) $\lambda=4$일 때 $P(X=3)$과 $P(X\le 5)$

(2) $\lambda=0.2$일 때 $P(X=0)$과 $P(X>1)$

(3) $\lambda=3$일 때 $P(X=2)$와 $P(3\le X\le 7)$

15 어느 지역에 구충제를 살포하고 그 구충제의 효과를 조사해 보기로 하였다. 일정 시간이 경과한 후 해충이 어느 정도 살았는지를 보기 위하여 임의로 한 지역을 뽑아서 살아있는 해충수를 세었다. 과거의 경험으로 보면 그 구충제 살포 후 한 부분당 살아있는 해충의 수는 평균 0.5였다. 살아있는 해충의 수가 포아송분포를 한다면 추출된 부분에서 다음과 같은 사상의 확률은 얼마인가?

(1) 꼭 1마리가 살아있을 경우

(2) 모두가 죽었을 경우

(3) 꼭 4마리가 살아있을 경우

(4) 1마리 또는 그 이상이 살아있을 경우

16 어느 인구집단에서 평균 15명의 식도암환자가 매년 발견되고 있다. 식도암환자의 연간 발생률이 포아송분포를 따른다고 하면 매년 발견되는 식도암환자의 숫자가 다음과 같을 확률을 구하여라.

(1) 정확하게 10명

(2) 적어도 8명

(3) 12명을 초과하지 않음

(4) 9명에서 15명까지(경계 포함)

(5) 7명보다 적음

17 어느 학교에 IQ가 130 이상인 학생이 3%였다. 이 학교에서 100명을 임의로 추출했을 때 "$X=$IQ가 130 이상인 학생수"라 하자. 포아송근사를 이용하여 $P(X=2)$와 $P(X \geq 5)$을 구하여라.

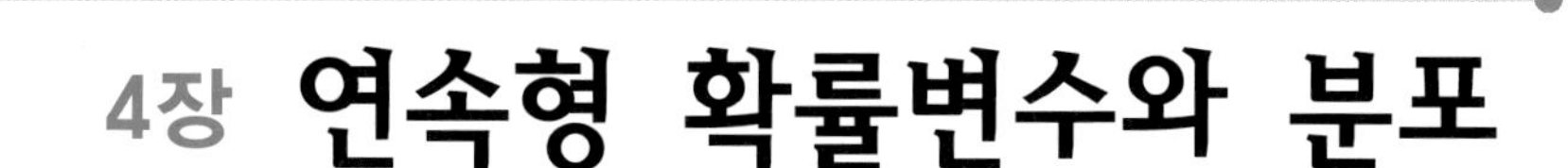

4장 연속형 확률변수와 분포

4.1 연속형 확률변수와 확률분포

앞장에서 배운 이산형 확률변수는 모든 가능한 값의 집합이 유한하거나 또는 셀 수 있는 무한 집합이다. 확률변수에서 모든 가능한 값의 집합이 구간에 포함된 모든 값일 경우 이는 이산형이 아니다.

▌연속형 확률변수의 정의

확률변수 X가 **연속형 확률변수(continuous random variable)**란 것은 X의 모든 가능한 값이 구간에 포함된 모든 값일 경우이다. 즉, 어떤 실수 A와 B가 존재하여 A와 B 사이에 있는 모든 수가 확률변수 X의 발생 가능한 값일 경우이다.

예제 4.1

어떤 호수의 생태학을 연구하기 위해 임의로 뽑은 위치의 수심을 측정하였다면 수심 X는 연속형 확률변수이고, A는 호수에서의 최소 수심이고 B는 최대 수심이다.

예제 4.2

임의로 뽑은 화합물의 pH X를 측정하였다. X는 0과 14 사이의 모든 값이 가능하므로 연속형 확률변수이다. 만일 화합물들의 pH가 [0, 14]의 부분집합, 예를 들어 $5.5 \le X \le 6.5$이라면 X는 여전히 연속형 확률변수이다.

연속형 확률변수의 정의에서 실수 A와 B는 $\pm\infty$를 포함한다. 또한 키, 몸무게, 온도, 압력 등은 본질적으로 연속형이나 실제적으로는 측정기구의 한계로 이산형이라 생각할 수도 있다. 그러나 연속형 모형이 자연현상을 훨씬 잘 근사시키고, 연속형 확률변수에 대한 계산이 이산형 변수의 계산에 비해 쉽기 때문에 측정여부와 관계없이 연속형 확률변수로 생각한다.

만일 확률변수 X를 임의로 뽑은 장소에서의 호수의 수심이라 하자. M을 호수의 최대 수심이라 하면 X는 구간 $[0, M]$의 어떤 값도 취할 수 있다. X를 측정할 때 가장 가까운 미터 단위로 측정하면 이산형 확률변수로 간주할 수 있고 이를 히스토그램으로 그리면 그림 4.1(a)와 같이 된다. 이때 직사각형들의 넓이의 합은 1이다. 또한 측정단위를 가장 가까운 센티미터까지 측정하여 히스토그램을 그리면 그림 4.1(b)와 같다. 이는 (a) 보다 더욱 좁게 나타나지만 직사각형들의 넓이의 합은 여전히 1이다. 이렇게 측정단위를 점점 세분화하면 히스토그램의 폭은 점점 좁아지고 그림 4.1(c)와 같은 곡선으로 접근하게 될 것이다. 또한 직사각형들의 넓이의 합이 1인 것처럼 접근된 곡선 아래의 면적도 1이 된다. 임의로 뽑은 장소의 수심이 a와 b 사이에 있을 확률이 접근된 곡선과 a, b가 이루는 도형의 넓이가 된다. 그림 4.1(c)와 같이 히스토그램의 점근 곡선을 연속형 확률분포로 생각하게 된다.

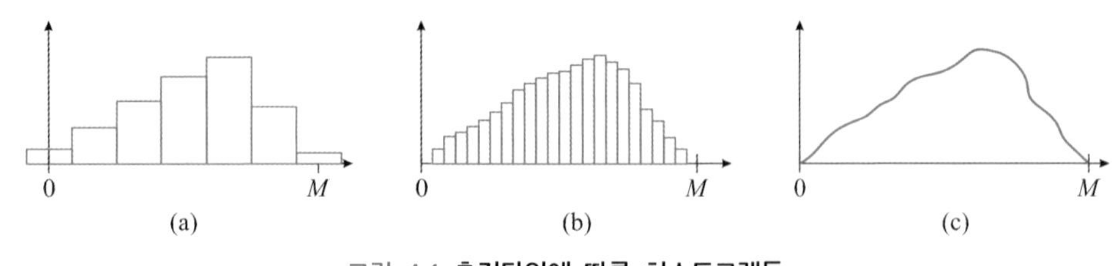

그림 4.1 **측정단위에 따른 히스토그램들**

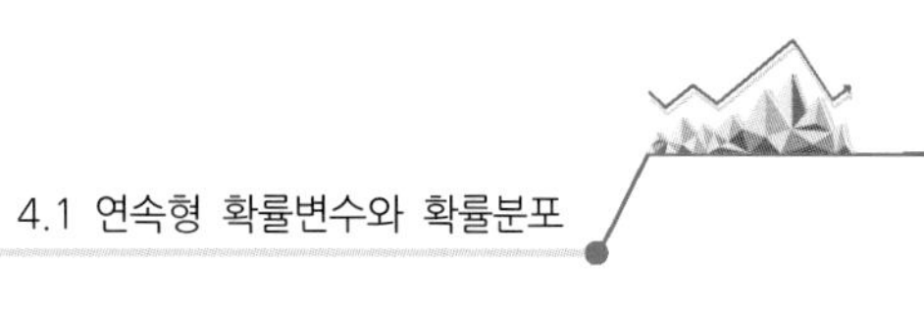

연속형 확률분포의 정의

연속형 확률변수 X의 확률분포(probability distribution) 또는 확률밀도함수(probability density function)는 $f(x)$로 표기하고, 이는 다음 세 가지 조건을 만족한다.

1. 모든 실수 x에 대하여 $f(x) \geq 0$
2. $\int_{-\infty}^{\infty} f(x)\,dx =$ '$f(x)$ 그래프 아래의 면적' $= 1$
3. 임의의 실수 a, b에 대하여

$$P(a \leq X \leq b) = \int_a^b f(x)\,dx$$

예제 4.3

배차시간이 5분인 지하철을 타고 통근하는 회사원이 있다. 이 회사원이 역에 도착하는 시간이 랜덤하다고 할 때 이 회사원이 지하철을 타기 위하여 기다리는 시간 X는 연속확률변수이고, X는 [0, 5]의 모든 값을 가질 수 있다. X의 확률밀도함수는 모든 가능한 값에 같은 비율로 나타나기 때문에

$$f(x) = \begin{cases} \dfrac{1}{5} & 0 \leq x \leq 5 \\ 0 & x < 0 \text{ 또는 } x > 5 \end{cases}$$

로 나타낼 수 있고 이 회사원의 기다리는 시간이 1분과 3분 사이일 확률은

$$P(1 \leq X \leq 3) = \int_1^3 f(x)\,dx = \int_1^3 \frac{1}{5}\,dx = \frac{2}{5}$$

이고, 2분과 4분일 확률은 같은 방법으로 $\frac{2}{5}$가 된다. $P(a \leq X \leq b)$의 확률이 길이 $(b-a)$에만 의존하여 변할 때 연속형 확률변수 X는 **균일분포(uniform distribution)**라고 한다.

이산형 확률변수에서는 각 가능한 값에 양의 확률을 할당하였다. 그러나 연속형 확률변수인 경우에는 하나의 가능한 값에는 확률을 부여할 수 없다. 만일 이산형과 마찬가지로 각 가능한 값에 양의 확률을 할당한다면 가능한 값이 셀 수 없는 무한개이므로 그 확률을 모두 합하면 아무리 작은 값을 주었다 하더라도 1이 넘을 것이다(실제로는 ∞). 그러므로 특정한 하나의 값의 확률은 0이다.

연속형 확률변수에서 한 점의 확률

연속형 확률변수 X에서 임의의 점 c에 대하여

$$P(X=c)=0$$

이고 $a<b$인 두 점 a, b에 대하여

$$\begin{aligned}P(a\le X\le b)&=P(a<X\le b)\\&=P(a\le X<b)=P(a<X<b)\end{aligned}$$

이다

예제 4.4

어떤 질병에서 치료 후의 병세의 호전기간(remission times, 단위: 주) X의 분포는 지수분포(exponential distribution), 상수 λ에 대하여

$$f(x)=\lambda e^{-\lambda x} \qquad \lambda>0, \qquad 0<x<\infty$$

를 따르는 것으로 생각된다. 이때

$$\int_0^\infty f(x)\,dx=\int_0^\infty \lambda e^{-\lambda x}\,dx=-e^{-\lambda x}\mid_0^\infty=1$$

으로 확률밀도함수의 정의에 부합된다. 또한 호전기간이 4주 이하일 확률은

$$P(X\le 4)=\int_0^4 \lambda e^{-\lambda x}\,dx=-e^{-\lambda x}\mid_0^4=1-e^{-4\lambda}$$

이고 $\lambda=1$일 때 $1-e^{-4}=0.982$이다.

이항분포 등 이산형 확률분포와는 달리 주어진 연속형 확률분포는 단순한 확률적 논리에 의하여 유도할 수 없다. 그 대신에 사전지식과 얻을 수 있는 자료를 토대로 확률밀도함수를 선택한다. 확률변수 X를 한 개체로 생각하기보다는 관심의 대상이 되는 모집단으로 생각하여 확률밀도함수를 모집단에 대한 확률적 모형으로 간주한다. 또한 이 모형으로부터 여러 가지 모집단의 성격을 계산할 수 있다. 다행히 여러 가지 확률실험에서 적용할 수 있는 확률밀도함수, 즉 균일분포(uniform distribution), 지수분포(exponential distribution), 정규분포(normal distribution) 등의 여러 모형들이 있다.

4.2 누적확률분포함수와 기댓값

3장에서 도입된 여러 가지 개념들이 연속형 확률변수에서도 중요한 역할을 하고, 그 정의는 합의 기호를 적분기호로 고침으로써 이산형과 유사한 정의를 한다.

누적확률분포함수의 정의

연속형 확률변수 X가 $f(x)$라는 확률밀도함수를 갖는다면 **누적확률분포함수(cumulative distribution function)** $F(x)$는 임의의 x에 대하여

$$F(x) = P(X \le x) = \int_{-\infty}^{x} f(y)dy$$

로 정의된다.

예제 4.5

연속형 확률변수 X가 $[A, B]$에서 균일분포를 한다면 정의에 의해 $x < A$에 대하여 $F(x) = 0$이고 $x \ge B$에 대하여 $F(x) = 1$이다. 또한 $[A, B]$에 포함된 x에 대하여 확률밀도함수 $f(x) = \frac{1}{B-A}$이므로

$$F(x) = \int_{-\infty}^{x} f(y)dy = \int_{A}^{x} \frac{1}{B-A} dy = \frac{x-A}{B-A}$$

이다. 즉 누적확률분포함수는

$$F(x) = \begin{cases} 0 & x < A \\ \frac{x-A}{B-A} & A \le x < B \\ 1 & x \ge B \end{cases}$$

이다. 누적확률분포함수는 그림 4.2에서 보듯이 X의 값 왼쪽에 있는 확률밀도함수의 넓이로 표

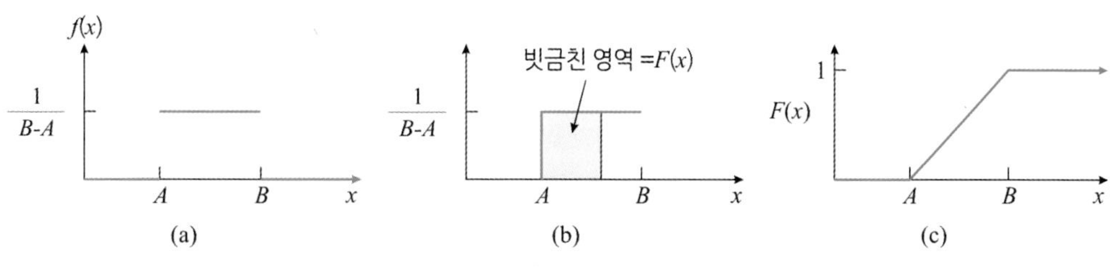

그림 4.2 **균일분포의 확률밀도함수와 누적확률분포함수**

현된다.

확률의 계산

확률밀도함수 $f(x)$와 누적확률분포함수 $F(x)$를 갖는 연속형 확률변수 X가 있을 때 $a<b$인 두 상수 a, b에 대하여

$$P(a \le X \le b) = F(b) - F(a)$$

그림 4.3에 나타낸 바와 같이 원하는 확률은 빗금친 부분의 넓이이고 이는 두 빗금친 넓이의 차이로 나타낼 수 있다.

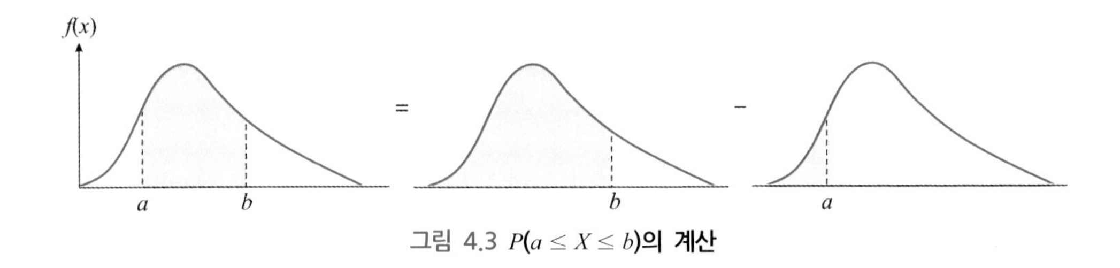

그림 4.3 $P(a \le X \le b)$의 계산

예제 4.6

Y는 연속형 확률변수이고 그 확률밀도함수가 $f(y) = 2y\ (0 < y < 1)$이다. 그러면 Y의 누적확률분포함수는 다음과 같다.

$$F(y) = \begin{cases} 0 & y < 0 \\ \int_0^y 2t\,dt = y^2 & 0 \le y < 1 \\ 1 & y \ge 1 \end{cases}$$

이때

$$P\left(\frac{1}{2} < Y \le \frac{3}{4}\right) = F\left(\frac{3}{4}\right) - F\left(\frac{1}{2}\right) = \left(\frac{3}{4}\right)^2 - \left(\frac{1}{2}\right)^2 = \frac{5}{16}$$

$$P\left(\frac{1}{4} \le Y < 2\right) = F(2) - F\left(\frac{1}{4}\right) = 1 - \left(\frac{1}{4}\right)^2 = \frac{15}{16}$$

이다. 확률의 계산은 확률밀도함수를 적분함으로써 얻을 수도 있지만, 누적확률분포함수를 이용하면 간단하게 계산할 수 있다.

이산형의 경우 누적확률분포함수로부터 확률밀도함수를 유도할 때는 두 $F(x)$의 값의 차로 계산한다. 연속형에서는 차이 대신 미분을 이용한다. 다음 정리는 미적분학의 기본정리(Fundamental Theorem of Calculus)에 의한 결과이다.

▌$f(x)$와 $F(x)$의 관계

누적확률분포함수 $F(x)$가 모든 x에서 미분가능하면 확률밀도함수 $f(x)$는 $F(x)$의 도함수와 같다. 즉

$$\frac{d}{dx}F(x) = f(x)$$

연속형 확률변수에서 모집단의 특성을 나타내는 몇 가지 측도를 정의해 보자. 중심의 측도로 사용되는 기댓값과 산포의 측도로 사용되는 분산을 앞장과 유사한 방법으로 정의하고 또 다른 중심의 측도인 중앙값에 대하여 생각해 보자.

▌연속형 확률변수의 기댓값과 분산

연속형 확률변수 X가 확률밀도함수 $f(x)$를 갖는다면

1. X의 **기댓값(expected value)** 또는 **평균(mean value)**은

$$E(X) = \mu_X = \int_{-\infty}^{\infty} x \cdot f(x)\,dx$$

2. $h(X)$가 X의 함수이면 $h(X)$의 기댓값은

$$E[h(X)] = \mu_{h(X)} = \int_{-\infty}^{\infty} h(x) \cdot f(x)\,dx$$

3. X의 분산(variance)과 표준편차(standard deviation)는 각각

$$\mathrm{Var}(X) = \sigma_X^2 = \int_{-\infty}^{\infty} (x - \mu_X)^2 \cdot f(x)\,dx$$

$$= E[(X-\mu)^2] = E(X^2) - [E(X)]^2$$

$$\sigma_X = \sqrt{Var(X)}$$

예제 4.7

특정한 약품원료 공급회사에서 일주일에 팔리는 약품원료의 양(단위: 톤)의 분포가 확률밀도함수

$$f(x) = \begin{cases} \frac{3}{2}(1-x^2) & 0 \le x \le 1 \\ 0 & x < 0 \text{ 또는 } x > 1 \end{cases}$$

이다. 이때 일주일에 팔리는 양의 기댓값과 분산은

$$E(X) = \int_{-\infty}^{\infty} x \cdot f(x)\,dx = \int_0^1 x \cdot \frac{3}{2}(1-x^2)\,dx$$

$$= \frac{3}{2}\int_0^1 (x - x^3)\,dx = \frac{3}{8}$$

$$\mathrm{Var}(X) = E(X^2) - [E(X)]^2$$

$$= \int_{-\infty}^{\infty} x^2 f(x)\,dx - \left(\frac{3}{8}\right)^2$$

$$= \int_0^1 x^2 \cdot \frac{3}{2}(1-x^2)\,dx - \left(\frac{3}{8}\right)^2$$

$$= \frac{1}{5} - \left(\frac{3}{8}\right)^2 = 0.059$$

백분위수와 중앙값의 정의

0과 1 사이의 임의의 상수 p에 대하여 연속형 확률변수 X의 제 $100p$ 백분위수는 $\eta(p)$라 표기하고

$$p = F(\eta(p)) = \int_{-\infty}^{\eta(p)} f(x)\,dx$$

로 정의하며, 특히 $p = 0.5$일 때 제 50 백분위수를 **중앙값(median)**이라 한다.

백분위수의 정의에 의해, $f(x)$의 그래프의 $100p\%$의 면적은 $\eta(p)$의 왼쪽에 있고, $100(1-p)\%$는 오른쪽에 놓이게 된다. 그림 4.4는 정의의 한 예제이다.

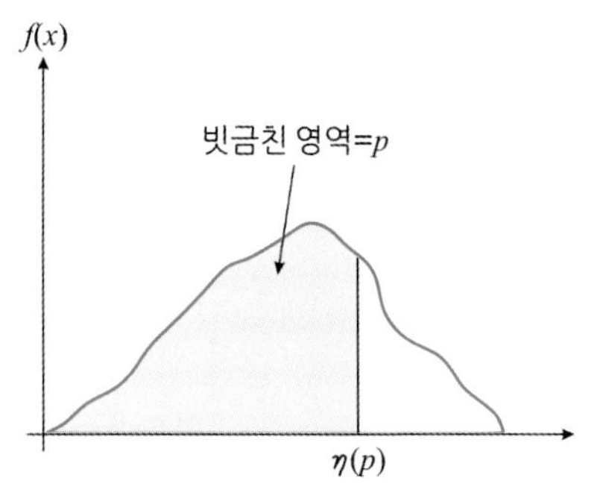

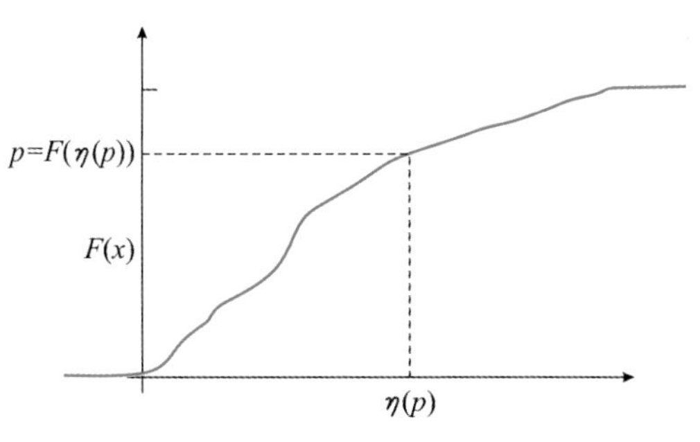

그림 4.4 **연속형 확률변수의 100p 백분위수**

예제 4.8

예제 4.7에서 누적확률분포함수 $F(x)$는 0과 1 사이의 x에 대하여

$$F(x) = \int_0^x \frac{3}{2}(1 - y^2)dy = \frac{3}{2}(x - \frac{x^3}{3})$$

이므로 이 분포의 100p 백분위수 $\eta(p)$는

$$p = F(\eta(p)) = \frac{3}{2}\left(\eta(p) - \frac{(\eta(p))^3}{3}\right)$$

즉, $(\eta(p))^3 - 3\eta(p) + 2p = 0$을 만족하는 값이다. $p = 0.5$일 때 $\eta(0.5)$는 $\eta^3 - 3\eta + 1 = 0$을 만족하는 해인 0.347이다. 이는 특히 이 분포의 중앙값이라 한다.

중앙값은 정의에 의해 $P(X <$ '중앙값'$) = P(X >$ '중앙값'$) = 0.5$이며 위의 예제에서 판매량의 분포가 오랫동안 지속된다면 50%의 주에서 0.347톤 이하가 팔리고, 나머지 50%의 주에서 0.347톤 이상이 팔릴 것이라 해석한다.

4.3 정규분포

▌정규분포의 정의

연속형 확률변수 X가 평균 μ, 분산 σ^2인 **정규분포(normal distribution)**를 갖는다는 것은 X의 확률밀도함수가 다음과 같을 때이다.

$$f(x\,;\mu,\sigma^2) = \frac{1}{\sqrt{2\pi\sigma^2}}\,e^{-\frac{(x-\mu)^2}{2\sigma^2}}, \quad -\infty < x < \infty$$

$$-\infty < \mu < \infty, \quad \sigma^2 > 0$$

e는 자연로그의 밑으로 대략 2.71828인 상수이며, π는 대략 3.141592의 값을 갖는 원주율이다. X가 평균 μ, 분산 σ^2인 정규분포를 한다는 것은 보통 $X \sim N(\mu,\ \sigma^2)$으로 표시한다.

당연히 $f(x\,;\mu,\ \sigma^2)$은 모든 x값에서 0보다 크지만 $\int_{-\infty}^{\infty} f(x\,;\mu,\ \sigma^2)\,dx = 1$ 임은 극좌표계를 이용한 적분으로 증명할 수 있다. 또한 평균 $E(X)=\mu$이고 분산 $\text{Var}(X)=\sigma^2$임을 보일 수 있다. 그림 4.5는 여러 가지 $(\mu,\ \sigma^2)$에 대하여 $f(x\,;\mu,\ \sigma^2)$의 그래프를 그린 것이다. 각 그래프는 종 모양으로 좌우 대칭이며 대칭의 중심은 평균과 중앙값이 동시에 된다. σ^2은 산포의 측도로서 σ^2이 크면 그래프가 넓게 퍼지며 작으면 좁게 분포한다.

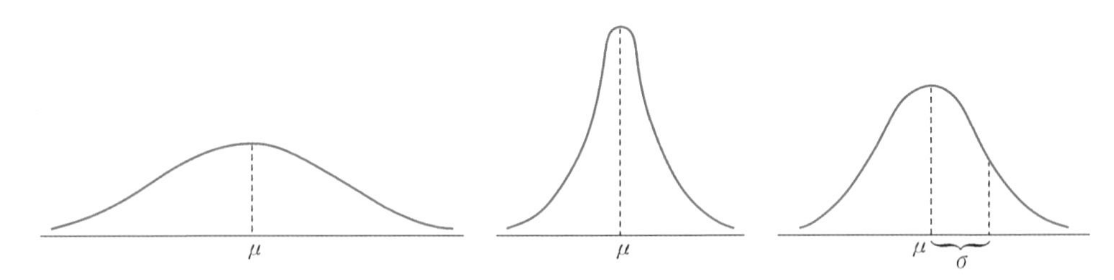

그림 4.5 **여러 가지 정규분포 그래프**

정규분포는 확률론과 통계학의 모든 영역에서 가장 중요한 분포이다. 많은 모집단들이 적절한 μ와 σ^2의 값의 정규분포에 매우 근접한 형태를 보인다. 예를 들어, 신장, 체중 등 신체적 특성, 실험의 측정오차, 심리적 실험의 반응시간, 여러 가지 평가시험의 성적, 많은 경제학적 측도 등의 분포가 정규분포에 근사하며, 모집단이 이산형인 경우에도 정규분포에 근사시킬 수 있다. 또한 각 확률변수들이 정규분포를 하지 않더라도 확률변수들의 합과 평균은 적절한 가정 하에서 근사적으로 정규분포를 한다. 이는 다음 장에서 논의할 중심극한

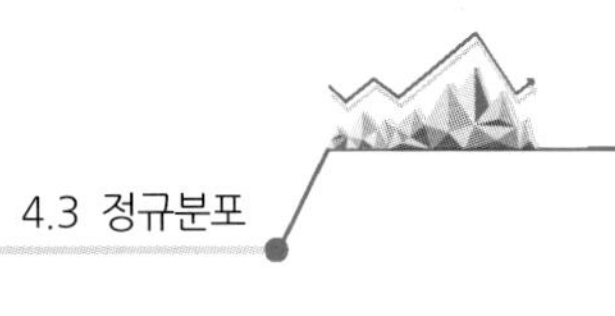

정리의 중요내용이다.

확률변수 X가 평균 μ와 분산 σ^2을 갖는 정규분포를 따를 때 확률 $P(a \le X \le b)$를 구하기 위하여 $\int_a^b \frac{1}{\sqrt{2\pi\sigma^2}} e^{-\frac{(x-\mu)^2}{2\sigma^2}} dx$를 계산하여야 한다. 이와 같은 정규분포의 확률밀도함수의 적분은 초등적인 방법으로 할 수 없으며, 그 대신에 $\mu = 0$, $\sigma^2 = 1$인 경우 여러 가지 a, b 값에 대해 적분값을 계산하여 수표로 만들었다. 부록에 있는 부표 3을 이용하여 a와 b^2의 다른 값에 대하여 확률을 구할 수 있다.

표준정규분포의 정의

평균 0, 분산 1인 정규분포를 표준정규분포(standard normal distribution)라 하고, 이때 확률변수를 Z라 표기하며 확률밀도함수는

$$f(z\,;0,1) = \frac{1}{\sqrt{2\pi}} e^{-\frac{z^2}{2}}, \qquad -\infty < z < \infty$$

Z의 누적확률분포함수를 $\Phi(z)$로 표기하고

$$\Phi(z) = P(Z \le z) = \int_{-\infty}^{z} f(y\,;0,1)\,dy$$

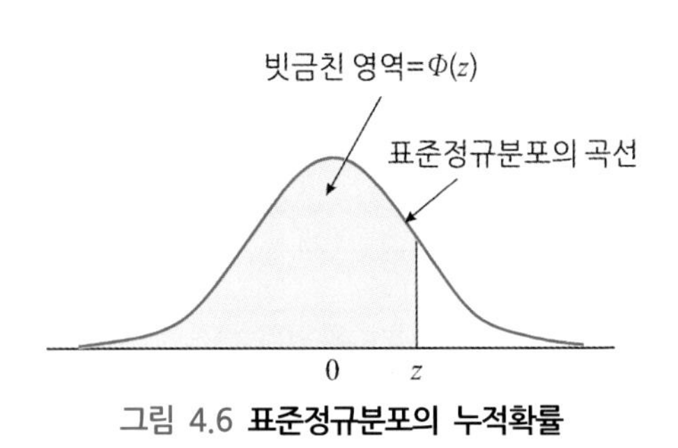

그림 4.6 **표준정규분포의 누적확률**

부표 3은 여러 가지 z값에 대하여 $\Phi(z)$를 나타낸 것이며 그림 4.6은 누적확률의 한 예이다.

예제 4.9

확률변수 Z가 표준정규분포를 가질 때 다음 확률을 구하여라.

(1) $P(Z \le 1.25) = \Phi(1.25)$이므로 부표 3에 의하여 0.8944이다.

(2) $P(Z > 1.25) = 1 - P(Z \le 1.25) = 1 - \Phi(1.25) = 1 - 0.8944 = 0.1056$이다.

(3) $P(Z \le -1.25) = \Phi(-1.25)$이므로 부표 3으로부터 0.1056임을 구할 수 있다. 또한 정규분포의 대칭성을 이용하면 $P(Z \le -1.25) = P(Z \ge 1.25)$이므로 (2)에 구한 값과 같다는 사실을 알 수 있다. 그림 4.7을 보면 쉽게 이해할 수 있다.

(4) $P(-0.38 \le Z \le 1.25) = P(Z \le 1.25) - P(Z \le -0.38)$이므로 부표 3으로부터 $0.8944 - 0.3520 = 0.5424$이다.

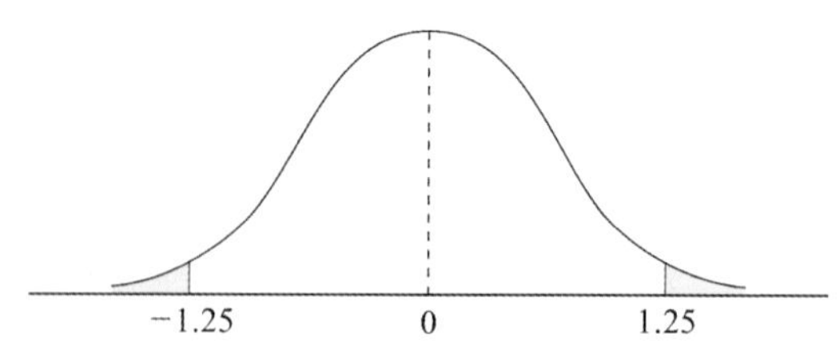

그림 4.7 **정규분포의 대칭성**

표준정규분포에서 $100p$ 백분위수를 구하여 보자. 백분위수의 정의에 의해서 $P(Z \le \eta(p)) = p$인 $\eta(p)$를 찾는데 이를 특히 z_p로 나타내기로 한다. 그림 4.8은 z_p와 p의 관계를 예시한 그림이다.

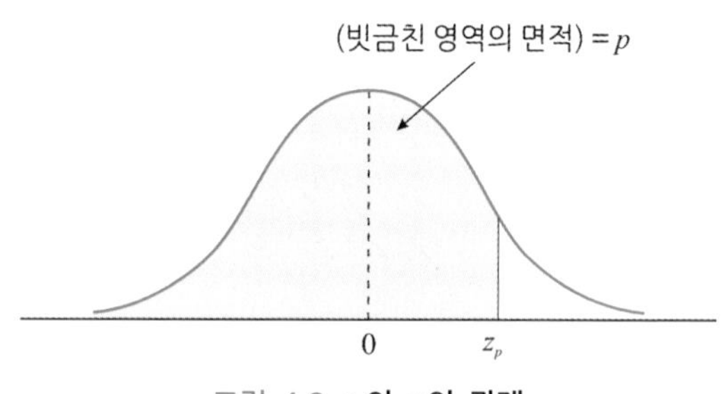

그림 4.8 **z_p와 p의 관계**

예제 4.10

$z_{0.975}$를 구하려면 부표 3에서 z값이 1.9행과 0.06열이 만나는 곳이 0.975이므로 $z_{0.975} = 1.96$이다. 또한 $z_{0.025}$는 정규분포의 대칭성을 이용하여 -1.96임을 알 수 있다.

일반적인 정규분포에 대한 확률은 다음의 정규분포의 성질을 이용하여 표준정규분포로 표준화한 후 표준정규분포의 확률표로부터 구할 수 있다.

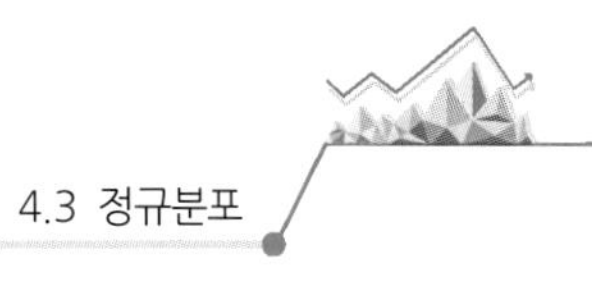

정규분포의 표준화

$X \sim N(\mu,\ \sigma^2)$이면 $Z=\dfrac{X-\mu}{\sigma}$로 표준화시키면 Z는 표준정규분포를 따른다. 즉 $Z \sim N(0,\ 1)$. 이때 임의의 상수 $a,\ b$에 대하여

$$P(X \le b) = P\left(\frac{X-\mu}{\sigma} \le \frac{b-\mu}{\sigma}\right) = P\left(Z \le \frac{b-\mu}{\sigma}\right)$$

$$\begin{aligned} P(a \le X \le b) &= P\left(\frac{a-\mu}{\sigma} \le \frac{X-\mu}{\sigma} \le \frac{b-\mu}{\sigma}\right) \\ &= P\left(\frac{a-\mu}{\sigma} \le Z \le \frac{b-\mu}{\sigma}\right) \end{aligned}$$

로서 표준정규분포의 확률표를 이용하여 확률을 구한다.

예제 4.11

X가 $N(3,\ 16)$일 때 확률변수 X에 대한 몇 가지 경우의 확률을 구해 보자.

$$\begin{aligned} P(X \le 8) &= P\left(\frac{X-3}{4} \le \frac{8-3}{4}\right) = P(Z \le 1.25) \\ &= \Phi(1.25) = 0.8944 \end{aligned}$$

$$\begin{aligned} P(0 \le X \le 5) &= P\left(\frac{0-3}{4} \le \frac{X-3}{4} \le \frac{5-3}{4}\right) = P(-0.75 \le Z \le 0.5) \\ &= \Phi(0.5) - \Phi(-0.75) = 0.4649 \end{aligned}$$

예제 4.12

약품회사에서 생산되는 약품의 표시 중량이 20g이다. 실제 약품의 무게가 근사적으로 $N(22,\ 4)$이라 한다. 표시 중량보다 작은 약품을 불량품이라 한다면 불량품의 비율은 다음 식에 의해 구할 수 있다.

$$\begin{aligned} P(X \le 20) &= P\left(\frac{X-22}{2} \le \frac{20-22}{2}\right) \\ &= P(Z \le -1) = \Phi(-1) = 0.1587 \end{aligned}$$

15.87%의 불량품일 것이다.

정규분포의 확률변수 X의 표준화된 변수 $Z=\frac{X-\mu}{\sigma}$는 X에서 평균의 차이를 표준편차로 나눈 것이다. 예를 들어, 예제 4.12처럼 $\mu=22$, $\sigma^2=4$인 경우 $x=26$은 $z=2$이고, 이는 평균으로부터 위로 2배의 표준편차만큼 떨어진 값이며 $x=18$은 $z=-2$로 아래로 2배의 표준편차만큼 떨어진 값이다. 이때 $P(-2\le Z\le 2)=0.9544$이고 이 확률은 μ와 σ에 관계없이 평균으로부터 2σ안에 X가 들어갈 확률이다. 마찬가지로 $P(-1\le Z\le 1)=0.6826$, $P(-3\le Z\le 3)=0.9974$이므로 평균으로부터 각각 1σ, 3σ 안에 X가 들어갈 확률은 0.6826과 0.9974이다. 즉, 정규분포를 따르는 확률변수는 근사적으로 각각 68%, 95%, 99.7%의 값이 μ와 σ에 관계없이 평균 μ로부터 1σ, 2σ, 3σ 안에 놓이게 된다.

4.4 이항분포의 정규근사

성공률이 p로 일정한 독립적인 n회의 베르누이 시행에서 성공 횟수의 분포는 이항분포 $B(n,\ p)$를 따른다. 3.4절에서 p가 0에 가깝고 n이 충분히 큰 경우에 이항분포가 $\lambda=np$인 포아송분포에 의해 근사가 가능하다는 사실을 밝혔다. 이 절에서는 n이 충분히 크고 p가 0이나 1에 가깝지 않은 경우의 이항분포의 근사분포에 대하여 알아보자.

이산형 확률변수 X가 $B(n,\ p)$를 따를 때 평균과 표준편차는 각각 $\mu=np$, $\sigma=\sqrt{np(1-p)}$이다. 이때 n이 크고 p가 0 또는 1에 가깝지 않을 경우 이항확률변수 X에 대하여

$$\frac{X-\mu}{\sigma}=\frac{X-np}{\sqrt{np(1-p)}}$$

의 분포는 근사적으로 표준정규분포 $N(0,\ 1)$에 가까워진다. 이것의 수리적인 증명은 다음 장에서 살펴보기로 하고, 여기서는 근사과정의 적용에 대하여 생각해 보자.

그림 4.9는 이항분포 $B(15,\ 0.4)$를 정규분포 $N(6,\ 3.6)$으로 근사하는 것을 나타낸다. 이 그림에서 n이 그리 크지 않더라도 상당히 좋은 근사정도를 보여 준다.

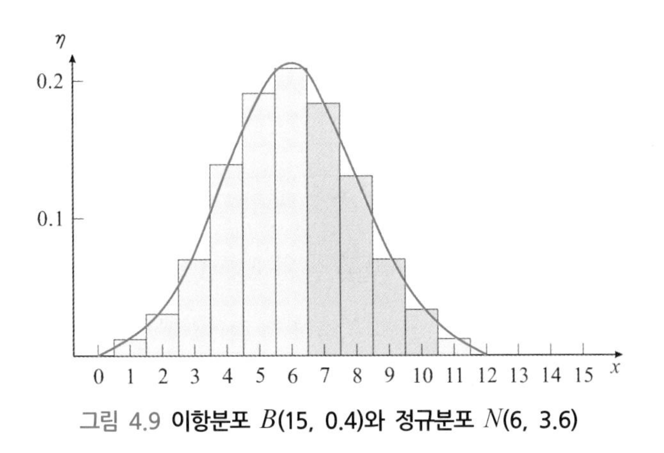

그림 4.9 **이항분포 B(15, 0.4)와 정규분포 N(6, 3.6)**

이때 X가 7과 10 사이의 값을 가질 확률을 이항분포표로부터 구하면

$$P(7 \leq X \leq 10) = 0.991 - 0.610 = 0.381$$

의 정확한 값을 얻을 수 있고, 정규분포 N(6, 3.6)을 이용한 근삿값은

$$P(7 \leq X \leq 10) \approx P\left(\frac{7-6}{\sqrt{3.6}} \leq Z \leq \frac{10-6}{\sqrt{3.6}}\right)$$
$$= P(0.53 \leq Z \leq 2.11)$$
$$= 0.9826 - 0.7019 = 0.2807$$

를 얻게 된다. 그림 4.9에서는 이항분포의 정규분포 근사가 매우 정밀한 것처럼 보였는데, 확률계산에서는 차이가 심한 것으로 나타났다. 그 이유를 살펴보면 $P(7 \leq X \leq 10)$은 빗금친 부분의 면적으로 6.5에서 10.5까지의 직사각형의 면적이 정확한 확률이다. 그 반면 정규분포로 근사할 때 7에서 10까지의 정규분포 그래프의 면적을 계산했기 때문에 (6.5, 7)과 (10, 10.5)의 확률은 근사값에 포함되지 않았다. 이렇듯 이산형 분포를 연속형 분포에 근사시킬 때에는 이산형 확률변수의 직전과 직후의 가능한 값의 중간까지 사상의 범위를 넓혀주는 것이 합리적이다. 이러한 사상의 수정은 이산형 분포를 연속형 분포로 근사계산할 때 필요한 **연속성 수정(continuity correction)**이라 한다. 즉,

$$P(7 \leq X \leq 10) = P(6.5 \leq X \leq 10.5)$$
$$\approx P\left(\frac{6.5-6}{\sqrt{3.6}} \leq Z \leq \frac{10.5-6}{\sqrt{3.6}}\right)$$
$$= P(0.26 \leq Z \leq 2.37)$$
$$= 0.9911 - 0.6026 = 0.3885$$

로서 정확한 값 0.381에 상당히 가깝다.

▌이항분포의 정규근사

이항분포 $B(n, p)$를 따르는 확률변수 X에 대하여 n이 충분히 크고, p가 0 또는 1에 가깝지 않다면 확률변수 $\dfrac{X-np}{\sqrt{np(1-p)}}$의 분포는 근사적으로 표준정규분포를 따른다. 즉, a, b가 집합 $\{0, 1, 2, \cdots, n\}$에 속할 때

$$P(a \le X \le b) \approx P\left(\frac{a-0.5-np}{\sqrt{np(1-p)}} \le Z \le \frac{b+0.5-np}{\sqrt{np(1-p)}}\right)$$
$$= \Phi\left(\frac{b+0.5-np}{\sqrt{np(1-p)}}\right) - \Phi\left(\frac{a-0.5-np}{\sqrt{np(1-p)}}\right)$$

예제 4.13

전염성이 강한 질환의 사망률(mortality rate)이 0.2라고 한다. 어떤 지역에서 100명이 이 전염병에 감염되었을 때 15명이 사망할 확률은 X를 100명 중 사망한 수라고 할 때

$$P(X=15) = P(14.5 \le X \le 15.5)$$
$$\approx P\left(\frac{14.5-20}{4} \le Z \le \frac{15.5-20}{4}\right)$$
$$= P(-1.38 \le Z \le -1.13)$$
$$= 0.1292 - 0.0838 = 0.0454$$

이고 15명 이상 25명 이하가 사망할 확률은

$$P(15 \le X \le 25) \approx P\left(\frac{14.5-20}{4} \le Z \le \frac{25.5-20}{4}\right)$$
$$= P(-1.38 \le Z \le 1.38)$$
$$= 0.9162 - 0.0838 = 0.8324$$

이다. 일반적으로 이러한 근사계산은 $np > 5$이고 $n(1-p) > 5$일 때 정확한 값과 상당히 비슷한 것으로 알려져 있다.

연습문제

01 연속확률변수 X의 확률밀도함수가 다음과 같을 때 물음에 답하여라.

$$f(x)=\begin{cases} k(1-x^2) & |x| \le 1 \\ 0 & |x| > 1 \end{cases}$$

(1) 상수 k의 값을 정하여라.

(2) 누적확률분포함수 $F(x)$를 구하여라.

(3) $P\left(|X| \le \frac{1}{4}\right)$을 구하여라.

(4) $E(X)$, $Var(X)$를 구하여라.

02 연속확률변수 X의 확률밀도함수가 다음과 같을 때 물음에 답하여라.

$$f(x)=\begin{cases} kx & 0 \le x \le 5 \\ 0 & x < 0 \text{ 또는 } x > 5 \end{cases}$$

(1) 상수 k의 값을 정하여라.

(2) 누적확률분포함수 $F(x)$를 구하여라.

(3) $E(X)$, $Var(X)$를 구하여라.

(4) $E[(2X-1)^2]$를 구하여라.

03 연속확률변수 X의 확률밀도함수가 다음과 같을 때 물음에 답하여라.

$$f(x\,;\theta)=\begin{cases} \frac{x}{\theta^2}e^{-\frac{x^2}{2\theta^2}} & x > 0 \\ 0 & x \le 0 \end{cases}$$

(1) $f(x\,;\theta)$가 적합한 확률밀도함수임을 보여라.

(2) $\theta=100$일 경우 X가 200보다 클 확률과 100과 200 사이에 있을 확률을 구하여라.

(3) 누적확률분포함수 $F(x)$를 구하여라.

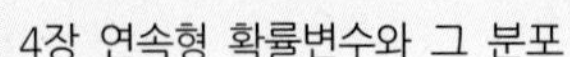

04 확률변수 X의 확률밀도함수가 다음과 같다고 가정하자.

$$f(x)=\begin{cases}\frac{1}{8}x & 0 \le x \le 4 \\ 0 & \text{기타}\end{cases}$$

(1) $P(X \le t)=\frac{1}{4}$인 t의 값을 구하여라.

(2) $P(X \ge t)=\frac{1}{2}$인 t의 값을 구하여라.

(3) 제 20백분위수를 구하여라.

05 확률변수 X의 확률밀도함수가 다음과 같다고 가정하자.

$$f(x)=\begin{cases}ke^{-3x} & x > 0 \\ 0 & \text{기타}\end{cases}$$

(1) 상수 k를 구하고 그 확률밀도함수의 그래프를 그려라.

(2) $P(1 < X < 2)$를 구하여라.

(3) $E(X)$, $Var(X)$를 구하여라.

06 확률변수 X의 확률밀도함수가 다음과 같다고 가정하자.

$$f(x)=\begin{cases}\frac{1}{\pi(1+x^2)} & -\infty < x < \infty \\ 0 & \text{기타}\end{cases}$$

이때 X의 기댓값이 존재하지 않음을 보여라.

07 표준정규분포를 따르는 확률변수 Z에 대해 다음을 구하여라.

(1) $P(Z > 2.17)$

(2) $P(Z > -2.17)$

(3) $P(|Z| > 1.64)$

(4) $P(-1.4 < Z < 2.3)$

08 표준정규분포를 따르는 확률변수 Z에 대해 다음 각 경우의 b값을 구하여라.

(1) $P(Z \geq b) = 0.95$

(2) $P(Z \geq b) = 0.01$

(3) $P(Z \leq b) = 0.05$

(4) $P(|Z| > b) = 0.05$

(5) $P(0 \leq Z \leq b) = 0.45$

(6) $P(-b \leq Z \leq 0) = 0.49$

09 평균 $\mu = 80$이고, 표준편차 $\sigma = 10$인 정규분포를 하는 확률변수 X에 대해 다음을 구하여라.

(1) $P(X \leq 100)$

(2) $P(80 \leq X \leq 100)$

(3) $P(X \geq 70)$

(4) $P(100 \leq X \leq 125)$

(5) $P(70 \leq X \leq 105)$

(6) $P(X \geq 110)$

10 평균 $\mu = 60$이고, 표준편차 $\sigma = 8$인 정규분포를 하는 확률변수 X에 대해 다음 각 경우의 b값을 구하여라.

(1) $P(X \leq b) = 0.975$

(2) $P(X > b) = 0.025$

11 한 가정에서 아침식사로 빵과 우유 한잔을 먹는다고 가정하자. 빵에서 섭취하는 열량은 평균 200, 표준편차 15인 정규분포를 따르고, 우유 한잔으로부터 섭취하는 열량은 평균 80, 표준편차 5인 정규분포를 따른다.

(1) 이 가정에서 아침식사에 일인당 섭취하는 열량의 평균과 표준편차를 구하여라.

(2) 이 가정에서 매일 아침식사에서 300칼로리 이상을 섭취하려고 목표한다면 1년 중 몇 %에 해당하는 날에 목표에 달성되겠는가?

12 어떤 질환이 발병하는 연령의 분포는 근사적으로 평균 11.5세, 표준편차 3세의 정규분포를 한다고 한다. 한 어린이가 이 질병으로 병원에 찾아왔을 때 그의 연령이 다음 범위에 있을 확률을 구하여라.

(1) 8.5세와 14.5세 사이

(2) 10세 이상

(3) 12세 미만

13 어떤 만성질환 환자의 입원일수의 평균은 60일, 표준편차는 15일이라고 한다. 입원일수의 분포를 정규분포 근사시킬 수 있다면 이 집단에서 랜덤하게 뽑은 사람의 입원일수가 다음 범위에 있을 확률을 구하여라.

(1) 50일 이상

(2) 30일 이하

(3) 30일과 60일 사이

(4) 90일 이상

14 어떤 제약회사에서 만든 페니실린(penicillin) 주사약의 앰플(ampule) 함유량의 평균치와 표준편차는 각각 10000, 500(국제단위)이라고 한다. 이 제품 중에서 25개의 앰플을 뽑아서 검사할 때 평균함유량이 9930과 10020 사이에 있을 확률을 구하여라.

15 한 농구선수의 자유투 성공률이 75%이다. 이 선수가 200번의 자유투를 시도하는 경우에 다음의 확률을 구하여라.

(1) 140번 미만의 성공확률

(2) 160번 이상 성공할 확률

(3) 꼭 150번 성공할 확률

16 한 텔레비전 방송국에서 시청률이 20%로 알려진 연속극이 있다. 프로그램의 편성을 새로이 한 후에 500명의 시청자를 임의추출하여 이 연속극의 시청 여부를 물었다.

(1) 그동안 이 연속극에 대한 시청률이 바뀌지 않았다면 500명의 시청자 중 90명 미만이 이를 시청하고 있을 확률은?

(2) 만약 조사결과 105명 미만이 이 연속극을 시청하고 있는 것으로 나타났다면 이로부터 그동안 시청률이 떨어졌다고 할 수 있는가?

5장 확률표본의 분포

3장과 4장에서 하나의 확률변수의 확률모형에 대하여 살펴보았다. 확률과 통계의 많은 문제들은 두 개 이상의 확률변수들이 서로 확률적 관계를 가지면서 관측되는 경우이다. 예를 들어, 신생아의 신장과 체중을 동시에 측정한다든지 혹은 학생들의 영어와 수학 성적간의 관계를 살펴보고자 할 경우를 생각해 볼 수 있다.

이 장에서는 두 개 이상의 확률변수들에 대한 확률모형을 살펴보고, 또한 여러 확률변수의 함수의 기댓값과 두 확률변수의 연관 정도의 측도인 **공분산(covariance)**과 **상관계수(correlation coefficient)**를 정의한다.

대부분의 통계적 방법은 확률변수들의 선형함수에 의존한다. 특히 합 $X_1 + X_2 + \cdots + X_n$과 평균$(X_1 + X_2 + \cdots + X_n) / n$이 흔히 이용되며, 이들의 성질과 분포에 대하여 알아보고 선형함수와 정규분포의 관계에 초점을 맞춘다. 중요한 결과로서는 대표본 통계적 방법에서 많이 이용되는 **중심극한정리(Central Limit Theorem)**가 있다. 마지막 절에서는 정규모집단으로부터 유도되는 몇 가지 분포들에 대하여 살펴본다.

5.1 결합확률분포

우리가 행하는 여러 가지의 확률실험에서 하나 이상의 확률변수에 관심이 있는 경우가 있다. 우선 두 개의 이산확률변수의 **결합확률분포**에 대하여 알아보고, 두 개의 연속확률변수

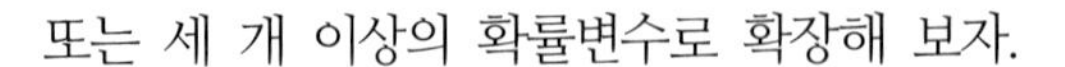
또는 세 개 이상의 확률변수로 확장해 보자.

하나의 이산형 확률변수 X의 확률밀도함수는 모든 가능한 값 x에 대하여 확률을 정해준 것이다. 이와 마찬가지로 두 개의 이산형 확률변수 X, Y의 **결합확률밀도함수**에서도 모든 가능한 값의 쌍 (x, y)에 대하여 확률을 할당하여 준다.

▌두 개의 이산형 확률변수의 결합확률밀도함수

두 개의 이산형 확률변수 X, Y가 표본공간 S에서 정의될 때 결합확률밀도함수 (joint probability density function) $f(x, y)$는 다음과 같은 성질을 갖는다.

1. $0 \le f(x, y) \le 1$
2. $\sum\sum_{(x,y)\in S} f(x, y) = 1$
3. $A \subset S$일 때, $P[(X, Y) \in A] = \sum\sum_{(x,y)\in A} f(x, y)$

예제 5.1

큰 보험회사에서 소비자에게 의료보험과 자동차보험을 판매한다. 각 보험상품에서 소비자는 공제액을 선택할 수 있다. 의료보험에서는 3만 원과 5만 원의 공제상품이 있고, 자동차보험에서는 3만 원, 5만 원 및 10만 원의 공제상품이 있다. 두 상품을 모두 산 소비자들 중에서

$$X = \text{의료보험의 공제액}$$
$$Y = \text{자동차보험의 공제액}$$

이라 하면 X, Y는 이산형 확률변수이고, 한 소비자의 가능한 (X, Y) 쌍은 (3, 3), (3, 5), (3, 10), (5, 3), (5, 5) 및 (5, 10)이다(단위 : 만 원). 결합확률밀도함수는 위의 가능한 쌍에 확률을 할당함으로써 결정된다. X, Y의 결합확률밀도함수가 과거의 보험회사의 자료로부터 다음 표와 같다고 한다.

$f(x, y)$		y		
		3	5	10
x	3	0.20	0.10	0.20
	5	0.05	0.15	0.30

이때 $f(5, 5) = P(X = 5,\ Y = 5) = P$(두 상품 모두 5만 원의 공제액) $= 0.15$이고, 확률 $P(Y \ge 5)$은 $y \ge 5$인 모든 (x, y)쌍의 확률을 더하여 구한다. 즉,

$$P(Y \geq 5) = f(3,\ 5) + f(3,\ 10) + f(5,\ 5) + f(5,\ 10)$$
$$= 0.10 + 0.20 + 0.15 + 0.30 = 0.75$$

한 확률변수만의 확률밀도함수를 결합확률밀도함수로부터 구하는 방법을 생각해 보자. 위의 예제에서 $X = 3$의 확률을 구하려면 $f(3,\ y)$의 모든 가능한 y값의 확률을 더함으로써 얻을 수 있다. 즉, $P(X = x) = \sum_{y} f(x,\ y)$가 되며, 이를 Y와 관계없는 X의 **주변확률밀도함수**라 한다.

주변확률밀도함수

X와 Y의 주변확률밀도함수(marginal probability density function)를 각각 $f_X(x)$, $f_Y(y)$라 표기하며

$$f_X(x) = \sum_{y} f(x,\ y), \quad f_Y(y) = \sum_{x} f(x,\ y)$$

예제 5.2

예제 5.1에서 X의 가능한 값은 $x = 3$과 $x = 5$이다. 행의 합으로서 X의 주변확률밀도함수는

$$f_X(3) = f(3,\ 3) + f(3,\ 5) + f(3,\ 10) = 0.5$$
$$f_X(5) = f(5,\ 3) + f(5,\ 5) + f(5,\ 10) = 0.5$$

이므로

$$f_X(x) = \begin{cases} 0.5 & x = 3,\ 5 \\ 0 & x \neq 3,\ 5 \end{cases}$$

같은 방법으로 Y의 주변확률밀도함수를 열의 합으로써

$$f_Y(y) = \begin{cases} 0.25 & y = 3,\ 5 \\ 0.5 & y = 10 \\ 0 & y \neq 3,\ 5,\ 10 \end{cases}$$

이며 $P(Y \geq 5) = f_Y(5) + f_Y(10) = 0.75$로 앞에서 구한 것과 같다.

두 개의 연속형 확률변수의 결합확률밀도함수에 대하여 알아보자. 하나의 확률변수의 경우와 마찬가지로 이산형 결합확률밀도함수에서 합산기호 대신에 적분기호를 사용한다는

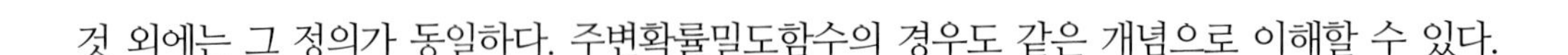

것 외에는 그 정의가 동일하다. 주변확률밀도함수의 경우도 같은 개념으로 이해할 수 있다.

▌두 개의 연속형 확률변수의 결합확률밀도함수

두 개의 연속형 확률변수 X, Y가 이차원 표본공간 S에서 정의될 때 결합확률밀도함수(joint probability density function) $f(x, y)$는 다음과 같은 성질을 갖는다.

1. $f(x, y) \geq 0$
2. $\iint_S f(x,y)\, dxdy = 1$
3. $A \subset S$일 때, $P[(X, Y) \in A] = \iint_A f(x, y)\, dxdy$

또한 X와 Y의 주변확률밀도함수(marginal probability density function)는 각각 $f_X(x)$, $f_Y(y)$라 표기하고

$$f_X(x) = \int f(x, y)dy, \quad f_Y(y) = \int f(x, y)dx$$

예제 5.3

어떤 대학교에서 1학년 학생의 학력을 평가하기 위하여 영어와 수학시험을 치루었다. 임의로 한 학생을 선택하여 X = 영어성적, Y = 수학성적이라 하면 X와 Y는 0에서 1(백분율)의 값을 갖는 연속형 확률변수이고, 이차원 표본공간 $S = \{(x, y) ; 0 \leq x \leq 1,\ 0 \leq y \leq 1\}$이다. 만일 (X, Y)의 결합확률밀도함수가

$$f(x, y) = \begin{cases} \frac{6}{5}(x + y^2) & (x, y) \in S \\ 0 & (x, y) \notin S \end{cases}$$

이라면 $f(x, y) \geq 0$이므로 조건 2를 만족하면 결합확률밀도함수가 된다.

$$\begin{aligned} \int_{-\infty}^{\infty}\int_{-\infty}^{\infty} f(x, y)dxdy &= \int_0^1\int_0^1 \frac{6}{5}(x+y^2)dxdy \\ &= \int_0^1\int_0^1 \frac{6}{5}xdxdy + \int_0^1\int_0^1 \frac{6}{5}y^2dxdy \\ &= \int_0^1 \frac{6}{5}xdx + \int_0^1 \frac{6}{5}y^2dy = \frac{6}{10} + \frac{6}{15} = 1 \end{aligned}$$

이때 두 과목의 성적이 각각 25% 이하일 확률은

$$P(0 \le X \le \frac{1}{4},\quad 0 \le Y \le \frac{1}{4}) = \int_0^{\frac{1}{4}} \int_0^{\frac{1}{4}} \frac{6}{5}(x+y^2)\,dx\,dy = 0.0109$$

확률변수 X와 Y의 주변확률밀도함수는 각각

$$f_X(x) = \int_{-\infty}^{\infty} f(x,\,y)\,dy = \int_0^1 \frac{6}{5}(x+y^2)\,dy = \frac{6}{5}x + \frac{2}{5}$$

$$f_Y(y) = \int_{-\infty}^{\infty} f(x,\,y)\,dx = \int_0^1 \frac{6}{5}(x+y^2)\,dx = \frac{6}{5}y^2 + \frac{3}{5}$$

이며 X와 Y의 가능한 값의 범위는 0에서 1 사이이다.

또한 $P(\frac{1}{4} \le Y \le \frac{3}{4}) = \int_{\frac{1}{4}}^{\frac{3}{4}} f_Y(y)\,dy = \frac{37}{80} = 0.4625$이다.

두 사상의 독립성에 대하여는 2.4절에서 언급한 바 있다. 이 개념을 확률변수의 경우로 확장하면 두 이산형 확률변수 X와 Y가 서로 독립(independent)이라는 것은 모든 x와 y에 대하여 $\{X=x\}$인 사상과 $\{Y=y\}$인 사상이 서로 독립임을 뜻한다. 두 연속형 확률변수에서는 점이 아닌 임의의 구간에서 사상이 서로 독립임을 의미한다.

▌두 확률변수의 독립성

두 확률변수 X와 Y의 결합확률분포에서 모든 $(x,\ y)$에 대하여

$$f(x,\,y) = f_X(x) \cdot f_Y(y)$$

가 성립할 때 X와 Y는 서로 **독립(independent)**이라 한다. X와 Y가 서로 독립이 아니면 서로 **종속(dependent)**이라 한다.

독립성의 정의에서 두 확률변수가 서로 독립이라는 것은 결합확률밀도함수가 두 주변확률밀도함수의 곱으로 표시된다는 것을 의미한다.

예제 5.4

예제 5.1의 보험문제에 있어서 $f(3,\ 3) = 0.20$이며, $f_X(3) = 0.5$, $f_Y(3) = 0.25$이므로 $f(3,\ 3) \neq f_X(3) \cdot f_Y(3)$이다. 즉, X와 Y는 서로 종속이다. X와 Y가 서로 독립이 되기 위해서는 결합확률표의 값이 그 값이 속한 열의 주변확률과 그 값이 속한 행의 주변확률을 곱한 수치와 같아야

하며, 결합확률표의 모든 값들에 대해 성립해야 한다.

예제 5.5

하나의 동전을 세 번 던질 때 X와 Y를

X = 처음 두 번에서 나오는 앞면의 개수

Y = 세 번째 나오는 앞면의 개수

로 정의하면 X와 Y의 결합확률분포는 다음 표와 같다.

y \ x	0	1	2	행의 합
0	$\frac{1}{8}$	$\frac{2}{8}$	$\frac{1}{8}$	$\frac{1}{2}$
1	$\frac{1}{8}$	$\frac{2}{8}$	$\frac{1}{8}$	$\frac{1}{2}$
열의 합	$\frac{1}{4}$	$\frac{1}{2}$	$\frac{1}{4}$	1

위의 표에서 모든 (x, y)에 대하여 $f(x, y) = f_X(x) \cdot f_Y(y)$가 성립함을 알 수 있다. 따라서 X와 Y는 서로 독립이다.

두 확률변수의 독립성은 확률실험에서 X와 Y가 서로 결과에 영향을 주지 않을 때 유용하게 이용된다. 각각의 확률변수의 확률밀도함수가 주어졌을 때 결합확률밀도함수는 두 개의 주변확률밀도함수의 곱으로 구할 수 있고, 임의의 사상에 대한 확률은

$$P(a \le X \le b,\quad c \le Y \le d) = P(a \le X \le b) \cdot P(c \le Y \le d)$$

로서 구할 수 있다.

예제 5.6

컴퓨터 내부의 두 가지 부품의 수명은 서로 독립이고 첫 번째 부품의 수명 X와 두 번째 부품의 수명 Y는 각각 모수 λ_1과 λ_2를 갖는 지수분포(exponential distribution)를 따른다. 이때 결합확률밀도함수는 X와 Y가 서로 독립이므로

$$f(x, y) = f_X(x) \cdot f_Y(y)$$

$$= \begin{cases} \lambda_1 e^{-\lambda_1 x} \cdot \lambda_2 e^{-\lambda_2 y} & x > 0, y > 0 \\ 0 & x \le 0 \text{ 또는 } y \le 0 \end{cases}$$

만일 $\lambda_1 = \frac{1}{10000}$, $\lambda_2 = \frac{1}{12000}$, 즉 부품의 기대수명이 각각 10,000시간과 12,000시간이라면 두 부품이 모두 적어도 15,000시간 이상 사용할 수 있을 확률은

$$
\begin{aligned}
P(X \geq 15000,\ Y \geq 15000) &= P(X \geq 15000) \cdot P(Y \geq 15000) \\
&= \left(\int_{15000}^{\infty} \lambda_1 e^{-\lambda_1 x} dx\right)\left(\int_{15000}^{\infty} \lambda_2 e^{-\lambda_2 y} dy\right) \\
&= e^{-\lambda_1(15000)} \cdot e^{-\lambda_2(15000)} \\
&= (0.2231) \cdot (0.2865) = 0.0639
\end{aligned}
$$

두 확률변수의 결합확률밀도함수의 개념은 n개의 확률변수의 경우로 확대될 수 있다. n개의 확률변수 $X_1, X_2, \cdots, X_n$의 결합확률밀도함수는 이산형인 경우 표본공간에 속한 모든 점 $(x_1, x_2, \cdots, x_n)$에 확률을 할당하여 주고, 연속형인 경우 표본공간의 모든 부분집합의 확률을 생성하는 함수 $f(x_1, x_2, \cdots, x_n)$으로 정의되며, 두 확률변수의 결합확률밀도함수 $f(x, y)$와 유사한 성질을 만족시킨다. 또한 n개의 변수 중의 하나인 X_k의 주변확률밀도함수는 x_k을 제외한 $x_1, x_2, \cdots, x_{k-1}, x_{k+1}, \cdots, x_n$에 대해 $f(x_1, x_2, \cdots, x_n)$을 합산 또는 적분함으로써 구할 수 있다.

▌세 개 이상의 확률변수의 결합확률밀도함수

n개의 확률변수 $X_1, X_2, \cdots, X_n$이 n차원 표본공간 S에서 정의될 때 결합확률밀도함수 $f(x_1, x_2, \cdots, x_n)$은 다음과 같은 성질을 갖는다.

1. $0 \leq f(x_1, x_2, \cdots, x_n) \leq 1$ (이산형)

   $0 \leq f(x_1, x_2, \cdots, x_n)$ (연속형)

2. $\sum\sum_S \cdots \sum f(x_1, x_2, \cdots, x_n) = 1$ (이산형)

   $\int\int_S \cdots \int f(x_1, x_2, \cdots, x_n) dx_1 dx_2 \cdots dx_n = 1$ (연속형)

3. $A \subset S$일 때

$$
\begin{aligned}
P[(X_1, X_2, \cdots, X_n) \in A] &= \sum\sum_A \cdots \sum f(x_1, x_2, \cdots, x_n) \text{ (이산형)} \\
&= \int\int_A \cdots \int f(x_1, x_2, \cdots, x_n) dx_1 dx_2 \cdots dx_n \text{ (연속형)}
\end{aligned}
$$

또한 임의의 $k=1, 2, \cdots, n$에 대하여 X_k의 주변확률밀도함수는

$$f_{X_k}(x) = \sum_{x_1}\cdots\sum_{x_{k-1}}\sum_{x_{k+1}}\cdots\sum_{x_n} f(x_1, x_2, \cdots, x_n) \text{ (이산형)}$$

$$= \int_{x_1}\cdots\int_{x_{k-1}}\int_{x_{k+1}}\cdots\int_{x_n} f(x_1, x_2, \cdots, x_n)dx_1\cdots dx_{k-1}dx_{k+1}\cdots dx_n$$

(연속형)

예제 5.7

통계학의 첫 번째 과정을 끝낸 200명의 학생 중에서 40명은 A를, 60명은 B를, 70명은 C를, 20명은 D를 그리고 10명은 F를 받았다. 이 200명에서 임의로 25명을 뽑아 A, B, C, D를 받은 학생의 수를 각각 X_1, X_2, X_3, X_4라 하면 F를 받은 학생의 수는 $25 - X_1 - X_2 - X_3 - X_4$이다. 그러면 (X_1, X_2, X_3, X_4)의 표본공간 S는 $x_1+x_2+x_3+x_4 \le 25$의 관계를 만족시키는 음이 아닌 정수로 이루어진 순서쌍 (x_1, x_2, x_3, x_4)의 집합으로 정의되며, X_1, X_2, X_3, X_4의 결합확률밀도함수는 $(x_1, x_2, x_3, x_4) \in S$일 때

$$f(x_1, x_2, x_3, x_4) = \frac{{}_{40}C_{x_1} \cdot {}_{60}C_{x_2} \cdot {}_{70}C_{x_3} \cdot {}_{20}C_{x_4} \cdot {}_{10}C_{25-x_1-x_2-x_3-x_4}}{{}_{200}C_{25}}$$

이다. 그리고 실제로 합산하여 보지 않아도 X_3의 주변확률밀도함수는

$$f_3(x_3) = \frac{{}_{70}C_{x_3} \cdot {}_{130}C_{25-x_3}}{{}_{200}C_{25}} \qquad x_3 = 0, 1, 2, \cdots, 25$$

가 된다는 것을 알 수 있다.

세 개 이상의 확률변수의 독립성도 두 확률변수의 경우와 마찬가지로 결합확률밀도함수가 주변확률밀도함수의 곱으로 표시될 때로 확장시킬 수 있다.

세 개 이상의 확률변수의 독립성

n개의 확률변수 $X_1, X_2, \cdots, X_n$의 결합확률분포에서 모든 $(x_1, x_2, \cdots, x_n)$에 대하여

$$f(x_1, x_2, \cdots, x_n) = f_{X_1}(x_1)\cdot f_{X_2}(x_2)\cdots f_{X_n}(x_n)$$

이 성립할 때 $X_1, X_2, \cdots, X_n$은 서로 독립이라 하며, 서로 독립이 아니면 종속이라 한다.

예제 5.8

n개의 부품으로 이루어진 컴퓨터에서 $X_1, X_2, \cdots, X_n$이 각 부품의 수명이라 하고, 각 수명의 분포는 모수 λ를 갖는 지수분포를 한다고 하자. 만일 n개의 부품 수명이 서로 독립이라면 $X_1, X_2, \cdots, X_n$의 결합확률밀도함수는 표본공간 $S=\{(x_1, x_2, \cdots, x_n) \mid x_i>0,\ i=1, 2, \cdots, n\}$에서

$$\begin{aligned} f(x_1, x_2, \cdots, x_n) &= f_{X_1}(x_1) \cdot f_{X_2}(x_2) \cdots f_{X_n}(x_n) \\ &= (\lambda e^{-\lambda x_1}) \cdot (\lambda e^{-\lambda x_2}) \cdots (\lambda e^{-\lambda x_n}) \\ &= \lambda^n e^{-\lambda \sum x_i} \end{aligned}$$

이고, 하나의 부품이 고장날 경우 컴퓨터를 사용할 수 없다면 컴퓨터의 수명이 t시간보다 클 확률은

$$\begin{aligned} P(X_1>t,\ X_2>t,\ \cdots,\ X_n>t) &= \int_t^\infty \cdots \int_t^\infty f(x_1, x_2, \cdots, x_n) dx_1 dx_2 \cdots dx_n \\ &= \left(\int_t^\infty \lambda e^{-\lambda x_1} dx_1\right) \cdots \left(\int_t^\infty \lambda e^{-\lambda x_n} dx_n\right) \\ &= e^{-n\lambda t} \end{aligned}$$

그러므로 $t \geq 0$에 대하여 $P(\text{컴퓨터 수명} \leq t) = 1 - e^{-n\lambda t}$이다.

5.2 기댓값, 공분산과 상관계수

하나의 확률변수 X의 함수 $h(X)$도 확률변수가 됨을 앞에서 보았다. 그러나 $E[h(X)]$를 계산하기 위하여 $h(X)$의 확률분포를 구하지 않고 X의 확률밀도함수 $f(x)$에 대한 $h(x)$의 가중평균으로 기댓값을 얻었다. 두 개의 확률변수 X, Y의 함수 $h(X, Y)$에 대하여도 비슷한 결과가 성립한다.

두 개의 확률변수의 기댓값

결합확률밀도함수 $f(x, y)$를 갖는 확률변수 X, Y에 대하여 임의의 함수 $h(X, Y)$의 기댓값은 $E[h(X, Y)]$라고 표기하고

$$E[h(X, Y)] = \begin{cases} \sum_x \sum_y h(x, y) \cdot f(x, y) & (\text{이산형}) \\ \int_{-\infty}^\infty \int_{-\infty}^\infty h(x, y) \cdot f(x, y) dx dy & (\text{연속형}) \end{cases}$$

예제 5.9

5명의 친구가 음악회의 표를 구입하여 1번에서 5번까지 좌석을 임의로 나누어 가졌을 때 특정한 두 명 갑과 을이 얼마나 떨어져 앉을 것으로 기대되는가를 알아보자. X와 Y를 각각 갑과 을의 좌석번호라 하면 가능한 (X, Y) 쌍은 $\{(1, 2), (1, 3), \cdots, (5, 4)\}$이고, X와 Y의 결합확률밀도함수는

$$f(x, y) = \frac{1}{20} \qquad x = 1, 2, \cdots, 5 \qquad y = 1, 2, \cdots, 5 \qquad x \neq y$$

이때 두 사람의 떨어진 좌석수는 $h(X, Y) = |X - Y| - 1$이므로 기댓값은

$$\begin{aligned} E[h(X, Y)] &= \sum_{(x,y)}\sum h(x, y) \cdot f(x, y) \\ &= \sum_{\substack{x=1 \\ x \neq y}}^{5} \sum_{y=1}^{5} (|x - y| - 1) \cdot \frac{1}{20} = 1 \end{aligned}$$

확률변수 $X_1, X_2, \cdots, X_n$의 함수 $h(X_1, X_2, \cdots, X_n)$의 기댓값을 계산하는 방법은 두 확률변수의 경우와 유사하다. 만일 X_i가 이산형 확률변수이면 $E[h(X_1, X_2, \cdots, X_n)]$은 n 차원 합이고 연속형이면 n차원 적분이다.

두 확률변수 X와 Y가 서로 독립이 아닐 때, 변수들이 얼마나 관계가 있는가에 대한 측도가 필요하다. 만일 X와 Y가 강한 양의 상관관계, 즉 X가 커질 때 Y도 커지며, X가 작을 때 Y도 작아지는 경향이 있다면 $X - \mu_X$와 $Y - \mu_Y$의 곱은 양의 값을 가질 가능성이 커지게 된다. 반대로 강한 음의 상관관계를 갖는다면 $(X - \mu_X)(Y - \mu_Y)$는 음의 값을 가질 가능성이 커진다. 이와 같이 확률변수 X의 증감에 따른 확률변수 Y의 증감의 경향에 대한 측도로서 $(X - \mu_X)(Y - \mu_Y)$의 기댓값을 X와 Y의 **공분산(covariance)**이라 하고, 기호로 $\text{Cov}(X, Y)$로 나타낸다. 한편 공분산은 X와 Y의 단위에 의존하는 측도이므로 공분산을 X와 Y의 표준편차로 나누어서 얻은 값을 보면 이는 단위에 무관한 측도가 된다. 이 측도를 X와 Y의 **상관계수(correlation coefficient)**라 하고 기호로 $\text{Corr}(X, Y)$로 나타낸다. 즉, 상관계수는 단위와 무관한 X와 Y의 선형관계의 강도를 나타내는 측도이다.

공분산과 상관계수

두 확률변수 X와 Y의 공분산(covariance)과 상관계수(correlation coefficient)는 각각 $\mathrm{Cov}(X, Y)$, $\mathrm{Corr}(X, Y)$로 표기하고 다음과 같이 정의한다.

$$\mathrm{Cov}(X, Y) = E[(X-\mu_X)(Y-\mu_Y)] = E(XY) - \mu_X \cdot \mu_Y$$

$$= \begin{cases} \sum_x \sum_y xy\, f(x, y) - \mu_X \cdot \mu_Y & (\text{이산형}) \\ \int_{-\infty}^{\infty} \int_{-\infty}^{\infty} xy\, f(x, y)\,dxdy - \mu_X \cdot \mu_Y & (\text{연속형}) \end{cases}$$

$$\mathrm{Corr}(X, Y) = \frac{\mathrm{Cov}(X, Y)}{\sigma_X \cdot \sigma_Y}$$

예제 5.10

예제 5.1에서 X = 의료보험의 공제액과 Y = 자동차보험 공제액의 결합확률밀도함수와 주변확률밀도함수는 다음 표와 같다.

$f(x, y)$		y = 3	5	10
x	3	0.20	0.10	0.20
	5	0.05	0.15	0.30

x	3	5
$f_X(x)$	0.5	0.5

y	3	5	10
$f_Y(y)$	0.25	0.25	0.5

$$\mu_X = E(X) = \sum_x x f_X(x) = 3 \times 0.5 + 5 \times 0.5 = 4$$

$$\mu_Y = E(Y) = \sum_y y f_Y(y) = 3 \times 0.25 + 5 \times 0.25 + 10 \times 0.5 = 7$$

$$E(XY) = \sum\sum_{(x,y)} xy\, f(x, y) = 3 \times 3 \times 0.20 + 3 \times 5 \times 0.10 + \cdots + 5 \times 10 \times 0.30 = 28.8$$

$$\sigma_X^2 = \mathrm{Var}(X) = 3^2 \times 0.5 + 5^2 \times 0.5 - 4^2 = 1$$

$$\sigma_Y^2 = \mathrm{Var}(Y) = 3^2 \times 0.25 + 5^2 \times 0.25 + 10^2 \times 0.5 - 7^2 = 9.5$$

그러므로

$$\mathrm{Cov}(X, Y) = E(XY) - \mu_X \cdot \mu_Y = 28.8 - 4 \times 7 = 0.8$$

$$\mathrm{Corr}(X, Y) = \frac{\mathrm{Cov}(X, Y)}{\sigma_X \cdot \sigma_Y} = \frac{0.8}{\sqrt{1}\sqrt{9.5}} = 0.26$$

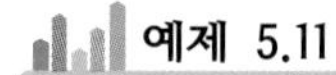

예제 5.11

예제 5.3에서 X= 영어성적과 Y= 수학성적의 결합확률밀도함수는 표본공간 $S=\{(x, y) : 0 \le x \le 1,\ 0 \le y \le 1\}$에서 $f(x, y)=\frac{6}{5}(x+y^2)$을 갖는다. 또한 주변확률밀도함수는 $f_X(x)=\frac{6}{5}x+\frac{2}{5}$와 $f_Y(y)=\frac{6}{5}y^2+\frac{3}{5}$임을 알고 있다. 이때 $\mu_X=\frac{3}{5}$, $\mu_Y=\frac{3}{5}$, $\sigma_X^2=\frac{3}{50}$와 $\sigma_Y^2=\frac{2}{25}$이므로

$$\begin{aligned}\mathrm{Cov}(X, Y) &= E(XY)-\mu_X\mu_Y \\ &= \int_0^1\int_0^1 xy\cdot\frac{6}{5}(x+y^2)dxdy-\frac{3}{5}\cdot\frac{3}{5}=-\frac{1}{100}\end{aligned}$$

$$\mathrm{Corr}(X, Y)=\frac{\mathrm{Cov}(X, Y)}{\sigma_X\cdot\sigma_Y}=\frac{-\frac{1}{100}}{\sqrt{\frac{3}{50}}\sqrt{\frac{2}{25}}}=-0.14$$

상관계수의 성질

1. 상수 a와 c가 같은 부호일 때

$$\mathrm{Corr}(aX+b, cY+d)=\mathrm{Corr}(X, Y)$$

2. $-1 \le \mathrm{Corr}(X, Y) \le 1$
3. X와 Y가 서로 독립일 때 $\mathrm{Corr}(X, Y)=0$이다. 그러나 역은 성립하지 않는다.
4. $\mathrm{Corr}(X, Y)=+1$ 또는 -1은 상수 $a \ne 0$, b가 존재하여 $Y=aX+b$이기 위한 필요충분조건이다.

첫 번째 성질은 상관계수는 측정의 단위를 선형으로 변화시키는 것에 영향을 받지 않는다는 것을 말한다. 예를 들어, 섭씨로 온도를 측정한 변수를 X라 하면 화씨인 $\frac{9}{5}X+32$로 선형변환되었을 때도 상관계수에는 영향을 미치지 못한다. 이 성질은 기댓값의 성질에 의해 쉽게 증명이 되고, 연습문제를 참조하기 바란다. 상관계수의 최댓값과 최솟값이 각각 +1, −1이다. 기술적인 목적으로 $|\mathrm{Corr}(X, Y)| \ge 0.8$이면 강한 선형관계, 중간 정도의 선형관계는 $0.5<|\mathrm{Corr}(X, Y)|<0.8$으로, 그리고 $|\mathrm{Corr}(X, Y)| \le 0.5$이면 약한 선형관계가 있다고 말한다. 그러나 상관계수 $\mathrm{Corr}(X, Y)$는 다른 비선형관계를 밝혀내는 측도는 아니다. 상관

계수 Corr(X, Y)가 확률변수 X, Y의 선형관계의 측도가 되는 것은 네 번째 성질에서 보듯이 완전한 선형관계를 가졌을 경우이다. 만일 $|\text{Corr}(X, Y)| < 1$이면 완전한 선형관계가 아니라는 것을 알려줄 뿐이며, 다른 비선형관계가 존재할 수도 있다. 또한 Corr(X, Y) = 0이 X와 Y의 독립성을 보장하지 못하고, 단지 X와 Y가 선형관계가 전혀 없다는 것만을 뜻한다.

예제 5.12

이산형 확률변수 X와 Y가 다음과 같은 결합확률밀도함수를 갖는다.

$$f(x, y) = \frac{1}{4} \qquad (x, y) = (-4, 1), (4, -1), (2, 2), (-2, -2)$$

양의 확률을 갖는 점은 (x, y) 좌표의 네 점으로 X값이 결정되면 Y의 값은 정해지고, 반대의 경우도 성립하므로 X와 Y는 완전하게 종속된다. 그러나 $\mu_X = \mu_Y = 0$이고

$$E(XY) = (-4) \cdot \frac{1}{4} + (-4) \cdot \frac{1}{4} + 4 \cdot \frac{1}{4} + 4 \cdot \frac{1}{4} = 0$$

이므로 $\text{Cov}(X, Y) = \text{Corr}(X, Y) = 0$이다. X와 Y는 서로 독립이 아니지만 선형관계는 전혀 없다.

5.3 확률표본과 표본평균의 분포

통계학의 여러 문제에서 모집단으로부터 추출된 표본은 모집단의 모형으로 생각할 수 있는 하나의 확률변수로부터 생성된 수열의 관측된 값으로 간주될 수 있다. 이 절에서는 $X_1, X_2, \cdots, X_n$이라는 확률변수의 수열을 정의하고 이 수열로부터 유도된 새로운 확률변수에 대하여 논의한다.

확률표본의 정의

n개의 확률변수로 이루어진 수열이, 크기 n의 **확률표본(random sample)**을 이룬다는 것은 다음 두 가지 성질을 만족할 때이다.

1. $X_1, X_2, \cdots, X_n$은 서로 독립인 확률변수이다.

2. $X_1, X_2, \cdots, X_n$은 같은 확률분포를 가진다.

복원추출이거나 무한개의 개념 모집단으로부터 추출된 표본은 위의 두 가지 성질을 만족시킨다. 그러나 유한한 모집단으로부터 비복원추출된 표본은 확률표본이 되지 못한다. 만일 유한 모집단의 원소의 개수가 표본크기 n에 비해 매우 클 경우에는 비복원추출된 표본이라 할지라도 위의 성질을 근사적으로 만족시킨다. 그러므로 실제적인 문제에서는 이런 경우의 X_i들도 확률표본으로 간주한다. 확률표본은 같은 모집단으로부터 얻은 관측값의 집합으로 해석될 수 있으며, $X_1, X_2, \cdots, X_n$의 관측값을 $x_1, x_2, \cdots, x_n$으로 나타낸다.

통계조사에서 확률표본 $X_1, X_2, \cdots, X_n$을 이용하여 모집단의 분포에 대한 추측을 하게 된다. 따라서 모집단의 특성을 나타내는 모수를 추측하는데, 그에 대응되는 확률표본의 함수를 생각하게 된다. 예를 들어, 모평균 μ의 추론에 **표본평균(sample mean)** $\overline{X} = \frac{\sum_{i=1}^{n} X_i}{n}$을 정의하여 사용한다. 일반적으로 모집단의 어떤 특성에 관심이 있는가에 따라 여러 가지를 생각할 수 있다. 모분산 σ^2에 관심이 있는 경우 **표본분산(sample variance)** $S^2 = \frac{\sum_{i=1}^{n} (X_i - \overline{X})^2}{n-1}$을 추론에 가장 널리 사용한다.

통계량의 정의와 표본평균, 표본분산

확률표본 $X_1, X_2, \cdots, X_n$의 함수를 **통계량(statistic)**이라 하고 표본평균과 표본분산을 각각 $\overline{X}$와 S^2으로 표기하고

$$\overline{X} = \frac{\sum_{i=1}^{n} X_i}{n}$$

$$S^2 = \frac{\sum_{i=1}^{n} (X_i - \overline{X})^2}{n-1}$$

통계량은 확률표본의 관측값이 변함에 따라 그의 함수인 통계량의 관측치도 변하는 확률변수이다. 그러므로 통계량은 그 자신의 확률분포를 갖게 된다. 이를 **표본분포(sampling distribution)**라고 한다. 통계량이 어떤 값을 어느 정도의 빈도로 택하는가는 표본분포에 의해 결정되므로 통계적추론에서 표본분포는 상당히 중요한 역할을 한다.

예제 5.13

모집단의 분포가 아래 표와 같을 때 이 모집단에서 크기 2인 확률표본 X_1, X_2를 추출하려고 한다. 이때

x	0	1	2
$f(x)$	0.3	0.5	0.2

표본평균 $\overline{X} = \dfrac{X_1 + X_2}{2}$의 확률분포를 구해 보자. 확률표본의 경우에 따라 X_1과 X_2는 서로 독립이고 각각의 확률분포가 위의 표와 같다. 따라서 X_1과 X_2의 결합확률은 각각의 주변확률의 곱으로 주어진다. 다음 표는 가능한 표본의 값 (x_1, x_2)의 쌍과 그때의 $\overline{x}$와 확률을 계산한 표이다.

x_1	x_2	$f(x_1, x_2)$	$\overline{x}$
0	0	0.09	0
0	1	0.15	0.5
0	2	0.06	1
1	0	0.15	0.5
1	1	0.25	1
1	2	0.10	1.5
2	0	0.06	1
2	1	0.10	1.5
2	2	0.04	2

이제 $\overline{X}$의 확률분포를 구하기 위해 $\overline{x}$의 가능한 값을 고려하여 그때의 확률을 계산한다. 예를 들어, $\overline{x} = 0.5$가 되는 경우는 (0, 1), (1, 0)의 두 경우이고, 각 경우의 확률은 0.15이므로 $P(\overline{X} = 0.5) = 0.15 + 0.15 = 0.3$이다. 이와 같은 방법으로 표본평균 $\overline{X}$의 분포를 구하면 아래 표와 같다.

$\overline{x}$	0	0.5	1	1.5	2
$f_{\overline{X}}(x)$	0.09	0.3	0.37	0.2	0.04

여기서 원래의 모집단에서의 평균 $\mu = E(X) = 0 \times 0.3 + 1 \times 0.5 + 2 \times 0.2 = 0.9$이고, 표본평균 $\overline{X}$의 기댓값 $E(\overline{X}) = 0 \times 0.09 + 0.5 \times 0.3 + \cdots + 2 \times 0.04 = 0.9$가 됨을 알 수 있다. 같은 방법으로 분산을 구하여 보면 모집단의 분산 $\sigma^2 = 0.49$이지만 표본평균 $\overline{X}$의 분산은 $\sigma^2_{\overline{X}} = 0.245 = \dfrac{\sigma^2}{2}$ 임을 알 수 있다. 그림 5.1은 모집단의 분포와 표본평균의 분포를 히스토그램으로 나타낸 것이다. 이는 중심의 위치는 두 분포의 것이 서로 같으나 산포는 표본평균의 것이 적음을 알 수 있다.

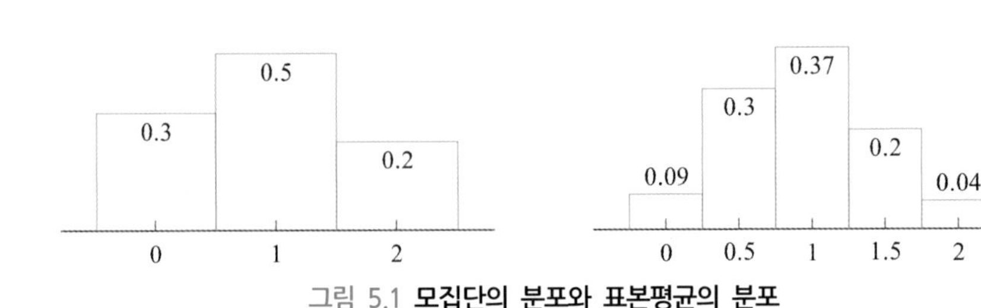

그림 5.1 **모집단의 분포와 표본평균의 분포**

예제 5.13은 통계량의 확률분포를 구하는 예시를 보였으나 이는 표본크기 n이 커지면 어렵고 시간이 많이 걸리는 일이다. 실제로 통계량의 확률분포는 수리통계학의 방법을 이용하면 쉽게 구할 수 있다. 그러나 이는 이 책의 수준을 벗어나므로 몇 가지 결과만을 이용할 것이다. 우선 이 절에서는 표본 X_i들의 확률밀도함수가 주어져 있을 때 X_i들의 함수의 평균과 분산은 어떻게 구할 수 있는가를 알아보자.

확률변수들의 선형조합

확률변수 $X_1, X_2, \cdots, X_n$과 상수 $a_1, a_2, \cdots, a_n$이 주어졌을 때 X들의 선형조합 (linear combination) Y는

$$Y = a_1X_1 + a_2X_2 + \cdots + a_nX_n = \sum_{i=1}^{n} a_iX_i$$

로 정의한다.

만일 $a_1 = a_2 = \cdots = a_n = 1$이라면 선형조합 $Y = X_1 + X_2 + \cdots + X_n$, 즉 확률변수의 총합이 되고, $a_1 = a_2 = \cdots = a_n = \frac{1}{n}$로 하면 $Y = \overline{X}$, 즉 확률변수의 평균이 된다.

선형조합의 기댓값과 분산

확률변수 $X_1, X_2, \cdots, X_n$의 선형조합에 대하여 기댓값과 분산은 각각

$$E(a_1X_1 + a_2X_2 + \cdots + a_nX_n) = a_1E(X_1) + a_2E(X_2) + \cdots + a_nE(X_n)$$

$$\mathrm{Var}(a_1X_1 + a_2X_2 + \cdots + a_nX_n) = \sum_{i=1}^{n}\sum_{j=1}^{n} a_i a_j \mathrm{Cov}(X_i, X_j)$$

만일 $X_1, X_2, \cdots, X_n$이 서로 독립이라면 분산은

$$\begin{aligned}&\mathrm{Var}(a_1X_1 + a_2X_2 + \cdots + a_nX_n)\\&= a_1^2\,\mathrm{Var}(X_1) + a_2^2\,\mathrm{Var}(X_2) + \cdots + a_n^2\,\mathrm{Var}(X_n)\end{aligned}$$

선형조합의 기댓값 계산은 확률변수의 독립성에 무관하게 성립한다. 분산의 경우에는 $\mathrm{Cov}(X_i, X_i) = \mathrm{Var}(X_i)$이고 서로 독립일 경우 $i \neq j$이라면 $\mathrm{Cov}(X_i, X_j) = 0$이므로 선형조합 분산이 간단하게 정리됨을 알 수 있다. 이 정리의 증명은 기댓값의 성질에 의해 할 수 있으며, $n=2$인 경우 연습문제로 독자들에게 남겨 놓는다.

예제 5.14

대학 구내서점에서 만 원, 이만 원, 삼만 원에 파는 영어사전이 있다. X_1, X_2, X_3를 각각 만 원, 이만 원, 삼만 원에 파는 사전의 일정 기간 동안의 판매량이라 한다면 이 서점의 총 수입은 $Y = X_1 + 2X_2 + 3X_3$(만 원)이다. 만일 $E(X_1) = 7$, $E(X_2) = 10$, $E(X_3) = 5$, $\mathrm{Var}(X_1) = \mathrm{Var}(X_2) = \mathrm{Var}(X_3) = 8$, $\mathrm{Cov}(X_1, X_2) = 3$, $\mathrm{Cov}(X_1, X_3) = \mathrm{Cov}(X_2, X_3) = 0$이라 하면 총 수입 Y의 기댓값과 분산은

$$\begin{aligned}E(Y) &= E(X_1 + 2X_2 + 3X_3) = E(X_1) + 2E(X_2) + 3E(X_3)\\&= 7 + 2\times 10 + 3\times 5 = 42\ (\text{만 원})\end{aligned}$$

$$\begin{aligned}\mathrm{Var}(Y) &= \mathrm{Var}(X_1 + 2X_2 + 3X_3)\\&= \mathrm{Var}(X_1) + 2^2\mathrm{Var}(X_2) + 3^2\mathrm{Var}(X_3) + 2\cdot 1\cdot 2\,\mathrm{Cov}(X_1, X_2)\\&\quad + 2\cdot 1\cdot 3\,\mathrm{Cov}(X_1, X_3) + 2\cdot 2\cdot 3\,\mathrm{Cov}(X_2, X_3)\\&= 8 + 32 + 72 + 12 + 0 + 0 = 124\end{aligned}$$

표본평균의 기댓값과 분산

크기 n인 확률표본으로부터 표본평균 $\overline{X}$에 대하여 모평균이 μ이고 모분산이 σ^2이면

$$E(\overline{X}) = \mu$$

$$\mathrm{Var}(\overline{X}) = \frac{\sigma^2}{n}$$

이 결과는 선형조합의 기댓값과 분산에서 $a_1 = a_2 = \cdots = a_n = \frac{1}{n}$이고 $E(X_i) = \mu$, $\mathrm{Var}(X_i) = \sigma^2$ 그리고 확률표본이므로 X_i들은 서로 독립이라는 사실을 이용하면 쉽게 증명될 수 있다. 또한 $\mathrm{Var}(\overline{X}) = \frac{\sigma^2}{n}$이라는 사실은 매우 중요하고 유용하다. 만일 모집단의 분산이 σ^2이고 표본의 크기 n이 커지면 표본평균의 기댓값은 원래 모집단의 평균과 같지만 분산은 작아진다. 이는 예제 5.13에서 언급한 것의 일반적인 결과이다. 그림 5.2는 표본크기에 따른 표본평균의 분포의 예시이다.

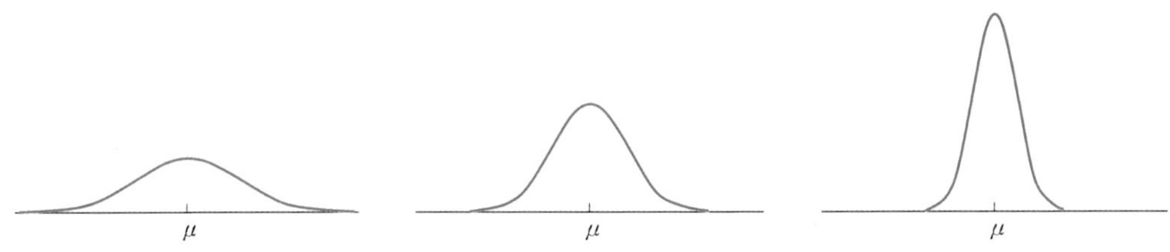

그림 5.2 **모집단의 분포와 $n = 10$, $n = 25$일 때 표본평균의 분포**

그림 5.2에서 표본크기 n이 증가하면 표본평균 $\overline{X}$의 빈도가 점점 더 μ에 가깝게 몰려 있음을 알 수 있다. 직관적으로 많은 표본을 추출하여 표본평균을 구하면 이는 모집단의 평균과 매우 가깝다고 할 수 있을 것이다.

예제 5.15

건강한 성인 남자에서 혈청칼슘 농도는 평균 10 mg/dl, 표준편차는 2 mg/dl이다. 이때 10명의 성인남자의 혈청칼슘 농도를 측정한 확률표본 $X_1, X_2, \cdots, X_{10}$의 표본평균 $\overline{X}$의 기댓값과 분산은

$$E(\overline{X}) = \mu = 10$$

$$\mathrm{Var}(\overline{X}) = \frac{\sigma^2}{n} = \frac{2^2}{10} = 0.4$$

5.4 중심극한정리

앞절에서 언급했듯이 통계량의 확률분포를 구하는 것은 어렵고 지루한 일이다. 이 절에서는 정규확률변수의 선형조합의 분포에 대하여 알아보고자 한다.

▌정규확률변수의 선형조합의 분포

평균과 분산이 각각 μ_i와 σ_i^2이고, 서로 독립인 정규확률변수 $X_1, X_2, \cdots, X_n$(즉, $X_i \sim N(\mu_i, \sigma_i^2)$)에서 선형조합 $Y = a_1X_1 + a_2X_2 + \cdots + a_nX_n$은

$$Y \sim N(\sum a_i\mu_i,\ \sum a_i^2\sigma_i^2)$$

이며, 특히 X_i들이 동일평균 μ, 동일분산 σ^2인 정규모집단에서 추출된 확률표본이라면 표본평균 $\overline{X}$는 평균 μ, 분산 $\frac{\sigma^2}{n}$인 정규분포를 한다. 즉,

$$\overline{X} \sim N\left(\mu, \frac{\sigma^2}{n}\right)$$

이 정리는 **적률생성함수(moment generating function)**라는 수리통계학적 기법을 이용하여 증명할 수 있다. 관심있는 독자는 참고문헌을 보기 바란다. 또한 선형조합이 정규분포한다는 것은 통계량의 확률을 표준화하여 4.3절에서와 같이 계산할 수 있다.

예제 5.16

임의로 선택된 흰 쥐 5마리가 미로를 벗어나는데 걸리는 시간이 각각 평균 $\mu = 1.5$분, 표준편차 $\sigma = 0.35$분인 정규분포를 한다면, 5마리 쥐가 모두 미로를 벗어나는데 걸리는 시간 $T = X_1 + X_2 + \cdots + X_5$는 평균 $\mu_T = 5 \times 1.5 = 7.5$, 분산 $\sigma_T^2 = 5 \times (0.35)^2 = 0.6125$인 정규분포를 한다. 즉, T의 분포는 $T \sim N(7.5, (0.783)^2)$이다. 이때 T가 6분과 8분 사이에 있을 확률은 표준화하여 계산하면

$$\begin{aligned} P(6 \le T \le 8) &= P\left(\frac{6-7.5}{0.783} \le Z \le \frac{8-7.5}{0.783}\right) \\ &= P(-1.92 \le Z \le 0.64) = \Phi(0.64) - \Phi(-1.92) \\ &= 0.7115 \end{aligned}$$

또한 표본평균 $\overline{X}$가 2분 이하일 확률은 $\overline{X} \sim N(1.5, (0.1565)^2)$이므로

$$P(\overline{X} \le 2.0) = P\left(Z \le \frac{2.0-1.5}{0.1565}\right) = \Phi(3.19) = 0.9993$$

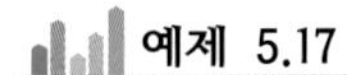

예제 5.17

자동차 엔진에 사용할 피스톤과 실린더를 생산하는 공장이 있다. 이 공장에서 생산되는 피스톤의 직경은 평균 22.40, 표준편차 0.03이고 실린더의 직경은 평균 22.50, 표준편차 0.04인 정규분포를 따른다. 이때 임의로 뽑은 피스톤과 실린더가 적합하게 될 확률을 구해 보자. X_1과 X_2를 각각 피스톤의 직경과 실린더의 직경이라 하면 $X_1 < X_2$일 경우 피스톤은 실린더에 적합된다. 즉, $X_1 - X_2 < 0$이다. 서로 독립인 정규확률변수의 선형조합 $Y = X_1 - X_2$는 정규분포를 하고 그 평균과 분산은

$$E(X_1 - X_2) = E(X_1) - E(X_2) = 22.40 - 22.50 = -0.10$$

$$\mathrm{Var}(X_1 - X_2) = \mathrm{Var}(X_1) + \mathrm{Var}(X_2) = (0.03)^2 + (0.04)^2 = (0.05)^2$$

이다. 그러므로 원하는 확률은

$$P(Y < 0) = P(X_1 - X_2 < 0) = P\left(Z < \frac{0-(-0.1)}{0.05}\right)$$
$$= P(Z < 2.00) = \Phi(2) = 0.9772$$

정규모집단에서 추출된 확률표본의 평균은 정규분포를 따른다. 만일 모집단의 분포가 정규분포를 따르지 않는다면 확률표본의 평균은 어떤 분포를 할 것인가? 그림 5.3은 몇 가지 예시를 나타낸 것이다. 이 그림에서 모집단의 분포가 정규분포와 전혀 가깝지 않더라도 표본평균의 분포는 종 모양의 상호대칭 한다는 사실을 알 수 있다. 합리적인 추측은 만일 표본크기 n이 크다면 $\overline{X}$의 분포는 적절한 정규곡선에 근사시킬 수 있다는 것이다. 이것이 **중심극한정리(Central Limit Theorem)**의 내용이며 확률 및 통계이론에서 가장 중요한 정리이다.

중심극한정리(CLT)

확률변수 $X_1, X_2, \cdots, X_n$이 평균 μ, 분산 σ^2인 모집단으로부터 추출된 확률표본이고 표본크기 n이 충분히 크다면 표본평균 $\overline{X}$는 근사적으로 평균 μ, 분산 $\frac{\sigma^2}{n}$인 정규분포를 따른다.

$$\overline{X} \doteq N\left(\mu, \frac{\sigma^2}{n}\right)$$

'$\doteq$'는 근사적으로 어떤 분포를 따른다는 기호로 정의한다.

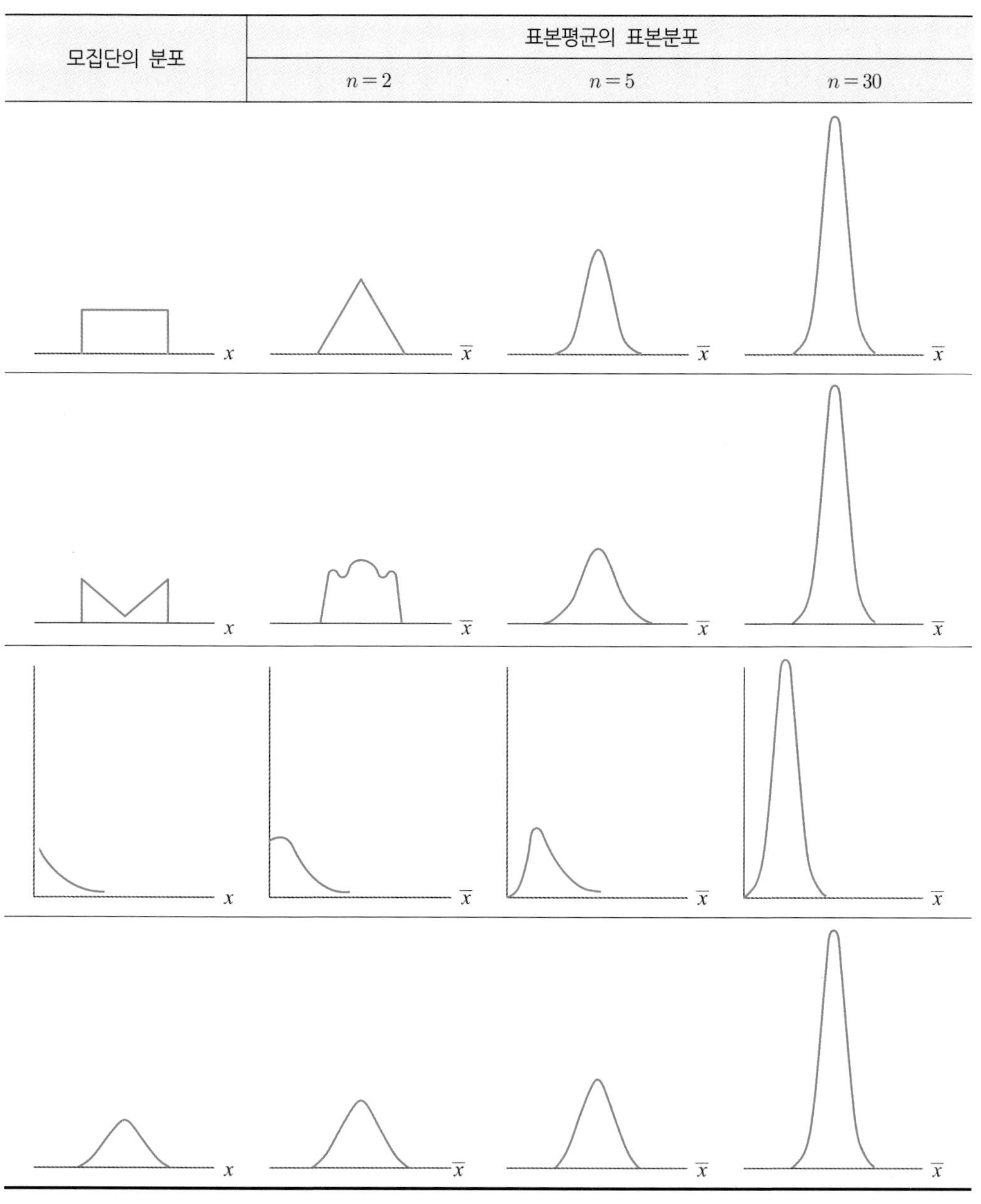

모집단의 분포
표본평균의 표본분포
$n=2$
$n=5$
$n=30$
x
$\overline{x}$

그림 5.3 **다른 모집단, 다른 크기의 $\overline{X}$의 분포**

중심극한정리는 모집단의 분포에 대한 어떤 가정도 내포하지 않는다. 모집단의 분포가 연속적이든 이산적이든, 비스듬하게 치우친 형태이든 간에 표본크기가 클 때 표본평균 $\overline{X}$의 분포가 근사적으로 정규분포를 따른다. 이러한 점이 정규분포가 통계학적 추론에서 중추적 역할을 하는 이유이다.

중심극한정리에 따라 n이 클 때, $P(a \le \overline{X} \le b)$를 구하고자 할 때 우리는 $\overline{X}$를 정규분

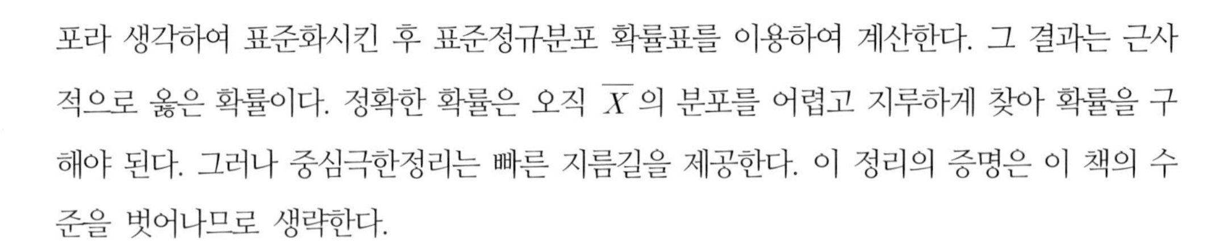
포라 생각하여 표준화시킨 후 표준정규분포 확률표를 이용하여 계산한다. 그 결과는 근사적으로 옳은 확률이다. 정확한 확률은 오직 $\overline{X}$의 분포를 어렵고 지루하게 찾아 확률을 구해야 된다. 그러나 중심극한정리는 빠른 지름길을 제공한다. 이 정리의 증명은 이 책의 수준을 벗어나므로 생략한다.

예제 5.18

특정 상표의 담배 한 개비에 포함되어 있는 니코틴의 양은 평균 $\mu = 0.8$ mg, 표준편차 $\sigma = 0.1$ mg이다. 만일 5갑의 담배를 조사할 경우 한 개비당 적어도 0.82 mg 이상 니코틴을 함유할 확률은 얼마인가?

이 경우 정규분포를 가정하고 있지 않지만 5갑은 $n = 100$개비의 담배이므로 n이 충분히 크다. 그러므로 중심극한정리를 이용하여 $\{\overline{X} \geq 0.82\}$인 확률을 구하면 $\overline{X} \div N(0.8, \frac{(0.1)^2}{100})$이므로

$$\begin{aligned} &P(\overline{X} \geq 0.82) \\ &\qquad \approx P\left(Z \geq \frac{0.82-0.8}{0.1/10}\right) = P(Z \geq 2) \\ &\qquad = 0.0228 \end{aligned}$$

예제 5.19

한 도시에서 하루에 평균 1.3회, 표준편차 1.7회로 범죄가 일어난다. 임의로 50일 동안을 범죄 횟수를 관찰할 경우 하루 평균 범죄횟수가 많아야 1회일 확률은 얼마인가?

범죄횟수는 이산형 확률변수이므로 모집단의 분포는 이산형일 것이다. 그러나 $n = 50$으로 충분히 크므로 중심극한정리를 이용한 근사계산이 가능하다. 50일 동안 범죄횟수의 평균 $\overline{X}$는 근사적으로 평균 1.3회, 표준편차 $\frac{1.7}{\sqrt{50}} = 0.24$인 정규분포를 하므로

$$\begin{aligned} P(\overline{X} \leq 1) &\approx P\left(Z \leq \frac{1-1.3}{0.24}\right) = P(Z \leq -1.25) \\ &= 0.1056 \end{aligned}$$

따라서 범죄횟수가 하루 평균 많아야 1회인 근사확률은 0.1056이다.

중심극한정리를 적용하기 위한 실질적인 어려움은 표본크기 n이 얼마나 커야 충분한가를 아는 것이다. 근사의 정확도는 표본크기 n과 어떤 모집단에서 추출되었는가에 따라 다

르다. 표본크기의 경우는 n이 커지면 커질수록 정확도는 높아진다. 또한 원래 모집단의 분포가 종 모양의 대칭이라면 적은 n에서도 좋은 근사치를 보이는 반면, 비스듬하든가 종모양에서 멀어진 분포라면 매우 큰 표본을 요구하게 된다. 일반적으로 표본크기 n이 25~30 이상인 경우 중심극한정리를 적용하는 데 무리가 없다.

5.5 정규모집단에서의 표본분포

여러 가지 통계적 추론에서 다양하게 사용되는 정규모집단에서 몇 가지 중요한 표본분포에 대해 알아보자.

정규분포 $N(\mu, \sigma^2)$으로부터 추출된 확률표본을 $X_1, X_2, \cdots, X_n$이라 할 때 표본분산 S^2의 표본분포는 σ^2의 추론에 유용하게 쓰인다. 이때 S^2에 관계되는 분포로서 **카이제곱분포(Chi-square distribution)**가 있다.

▌카이제곱분포의 정의

확률변수 $Z_1, Z_2, \cdots, Z_k$가 서로 독립인 표준정규분포 $N(0, 1)$을 따른다면

$$Z_1^2 + Z_2^2 + \cdots + Z_k^2$$

의 분포는 **자유도(degree of freedom)** k인 카이제곱분포라 한다. 이때 기호로서

$$Z_1^2 + Z_2^2 + \cdots + Z_k^2 \sim \chi^2(k)$$

로 나타낸다.

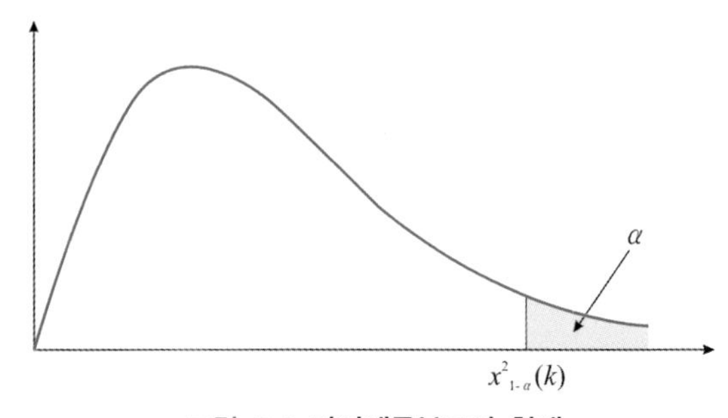

그림 5.4 **카이제곱분포의 형태**

카이제곱분포의 확률밀도함수를 구하는 것은 이 책의 수준을 벗어나므로 생략하고 자유도에 따라 확률밀도함수의 그래프는 다르지만 대략적인 형태를 그림 5.4에 나타내었다.

부록의 부표 4에 여러 가지 자유도에 대한 카이제곱분포의 확률표가 주어져 있으므로 이 표를 이용하여 카이제곱분포의 여러 가지 확률들을 계산할 수 있다.

예제 5.20

확률변수 Y가 자유도 5인 카이제곱분포를 따른다면 $P(Y \geq y) = 0.05$를 성립하는 y의 값은 부표 4에서 자유도 5, $\alpha = 0.05$인 경우이므로 $y = 11.070$이다.

이와 같이 $Y \sim \chi^2(k)$일 때 $P(Y \geq y) = \alpha$가 성립하는 y의 값을 자유도 k인 카이제곱분포의 $100(1-\alpha)\%$ 백분위수라 하며 $\chi^2_{1-\alpha}(k)$로 나타낸다(그림 5.4 참조). 예를 들면, $\chi^2_{0.005}(5) = 0.412$, $\chi^2_{0.025}(5) = 0.831$, $\chi^2_{0.975} = 12.832$ 등과 같이 나타낸다. 이러한 카이제곱분포에는 다음과 같은 중요한 성질이 있다.

카이제곱분포의 가법성

$Y_1 \sim \chi^2(k_1)$, $Y_2 \sim \chi^2(k_2)$이고, Y_1과 Y_2가 서로 독립이면

$$Y_1 + Y_2 \sim \chi^2(k_1 + k_2)$$

이제 정규모집단에서의 표본분산 분포에 대하여 생각해 보자. 확률변수 $X_1, \cdots, X_n$을 정규분포 $N(\mu, \sigma^2)$에서의 확률표본이라 할 때,

$$\frac{X_i - \mu}{\sigma} \sim N(0, 1) \text{이고 서로 독립 } (i = 1, \cdots, n)$$

이므로 카이제곱분포의 정의로부터

$$\sum_{i=1}^{n} \left(\frac{X_i - \mu}{\sigma} \right)^2 \sim \chi^2(n)$$

이 성립한다. 그런데

$$\sum_{i=1}^{n}\left(\frac{X_i-\mu}{\sigma}\right)^2=\sum_{i=1}^{n}\left(\frac{X_i-\overline{X}}{\sigma}\right)^2+n\left(\frac{\overline{X}-\mu}{\sigma}\right)^2$$

에서 표본분산 $S^2=\sum_{i=1}^{n}(X_i-\overline{X})^2/(n-1)$이므로

$$\sum_{i=1}^{n}\left(\frac{X_i-\mu}{\sigma}\right)^2=\left(\frac{(n-1)S^2}{\sigma^2}\right)+\left(\frac{\overline{X}-\mu}{\sigma/\sqrt{n}}\right)^2$$

이다. 여기에서 $\sum_{i=1}^{n}\left(\frac{X_i-\mu}{\sigma}\right)^2\sim\chi^2(n)$이고 $\left(\frac{\overline{X}-\mu}{\sigma/\sqrt{n}}\right)^2\sim\chi^2(1)$이므로, 카이제곱분포의 가법성으로부터

$$\frac{(n-1)S^2}{\sigma^2}\sim\chi^2(n-1)$$

이 성립함을 직관적으로 알 수 있다.

▌정규모집단에서의 표본분산의 분포

확률변수 $X_1, X_2, \cdots, X_n$을 정규분포 $N(\mu, \sigma^2)$으로부터 추출된 확률표본이라 할 때, 표본분산 $S^2=\frac{\sum_{i=1}^{n}(X_i-\overline{X})^2}{n-1}$에 대하여

$$\frac{(n-1)S^2}{\sigma^2}\sim\chi^2(n-1)$$

다음에는 분산이 동일한 두 정규모집단의 경우에 대하여 생각해 보자. $X_1, \cdots, X_m$과 $Y_1, \cdots, Y_n$을 각각 $N(\mu, \sigma^2)$에서의 서로 독립인 확률표본이라 하고

$$S_1^2=\sum_{i=1}^{m}(X_i-\overline{X})^2/(m-1),\quad S_2^2=\sum_{i=1}^{n}(Y_i-\overline{Y})^2/(n-1)$$

이라 하면, 위의 성질로부터 $\frac{(m-1)S_1^2}{\sigma^2}$과 $\frac{(n-1)S_2^2}{\sigma^2}$은 각각 자유도 $m-1$, $n-1$인 카이제곱분포를 따르고, 이들은 서로 독립이므로 카이제곱분포의 가법성에 의하여

$$\frac{(m-1)S_1^2+(n-1)S_2^2}{\sigma^2} \sim \chi^2(m+n-2)$$

가 성립함을 알 수 있다.

분산이 동일한 두 정규모집단에서의 표본분산의 분포

확률변수 $X_1, X_2, \cdots, X_m$과 $Y_1, Y_2, \cdots, Y_n$ 이 각각 $N(\mu_1, \sigma^2)$, $N(\mu_2, \sigma^2)$에서 추출된 서로 독립인 확률표본이고

$$S_1^2=\frac{\sum_{i=1}^{m}(X_i-\overline{X})^2}{m-1}, \quad S_2^2=\frac{\sum_{i=1}^{n}(Y_i-\overline{Y})^2}{n-1}$$

이라 하면

$$\frac{(m+n-2)S_P^2}{\sigma^2} \sim \chi^2(m+n-2)$$

단 $S_P^2=[(m-1)S_1^2+(n-1)S_2^2]\,/\,(m+n-2)$

정규모집단 $N(\mu, \sigma^2)$으로부터 추출된 확률표본의 표본평균 $\overline{X}$는

$$\overline{X} \sim N(\mu, \frac{\sigma^2}{n}) \text{ 또는 } \frac{\overline{X}-\mu}{\sigma/\sqrt{n}} \sim N(0, 1)$$

이 성립함을 앞절에서 다룬 바 있다. 일반적으로 모집단의 μ와 분산 σ^2은 미지의 상수이므로 μ에 관한 통계적 추론에서 σ 대신에 표본표준편차 $S=\sqrt{\frac{\sum(X_i-\overline{X})^2}{n-1}}$을 대입하여 사용한다. 이때 **스튜던트화(studentized)**된 확률변수

$$\frac{\overline{X}-\mu}{S/\sqrt{n}}$$

의 분포를 알아야 하는 경우가 많다. 다음 정의되는 ***t* 분포(t-distribution)**는 이러한 확률변수의 분포를 잘 나타낸다.

▌t 분포의 정의

표준정규분포 $N(0,\ 1)$을 따르는 확률변수를 Z라 하고 자유도 k인 카이제곱분포를 따르는 확률변수를 V라 하고 Z와 V가 서로 독립일 때, 확률변수

$$T = \frac{Z}{\sqrt{V/k}}$$

의 분포를 자유도 k인 t-분포라 한다. 이때 기호로서 $T \sim t(k)$로 나타낸다.

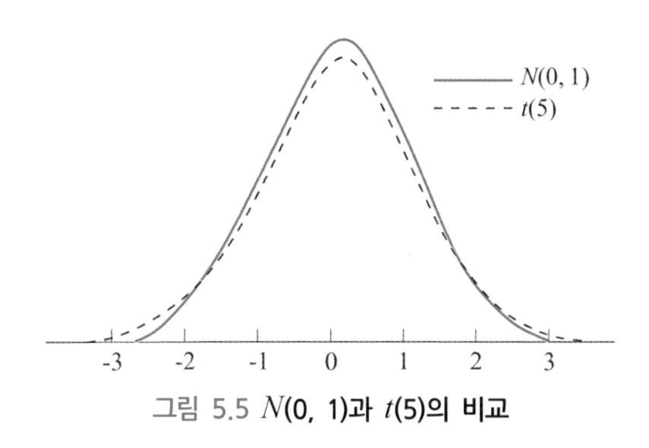

그림 5.5 $N(0,\ 1)$과 $t(5)$의 비교

이 분포는 1927년 영국인 William Gosset(1876~1937)가 'Student'라는 익명으로 발표하였고, 이를 기념하기 위해 'student의 t-분포'라고 부르기도 한다. 그림 5.5는 자유도 5인 t 분포와 표준정규분포의 모양을 비교한 것으로서, t 분포는 0을 중심으로 대칭형이지만 표준정규분포에 비하여 두터운 꼬리를 갖고 있는 것이 특징이다.

부록의 부표 5에는 여러 가지 자유도에 대한 t 분포의 확률표가 주어져 있어 이 표를 이용하여 t 분포의 여러 가지 확률들을 계산할 수 있다.

예제 5.21

확률변수 T가 자유도 5인 t 분포를 따른다면 $P(T \geq t) = 0.05$를 성립하는 t의 값은 부표 5에서 자유도 5, $\alpha = 0.05$인 경우이므로 $t = 2.015$이다.

이와 같이 $T \sim t(k)$일 때 $P(T \geq t) = \alpha$가 성립하는 t의 값을 자유도 k인 t 분포의 $100(1-\alpha)\%$ 백분위수라 하며, 기호로 $t_{1-\alpha}(k)$로 나타낸다.

이제 앞에서 언급한 $X_1,\ X_2,\ \cdots,\ X_n$이 정규모집단 $N(\mu,\ \sigma^2)$으로부터 추출된 확률표본

일 때 $\dfrac{\overline{X}-\mu}{S/\sqrt{n}}$의 분포에 대하여 알아보자. 여기서

$$\frac{\overline{X}-\mu}{S/\sqrt{n}}=\frac{(\overline{X}-\mu)/\dfrac{\sigma}{\sqrt{n}}}{\sqrt{\dfrac{(n-1)S^2}{\sigma^2}/(n-1)}}$$

이고, $\dfrac{\overline{X}-\mu}{\dfrac{\sigma}{\sqrt{n}}}\sim N(0,1)$, $\dfrac{(n-1)S^2}{\sigma^2}\sim\chi^2(n-1)$이며 $\overline{X}$와 S^2은 서로 독립임이 알려져 있으므로 t 분포의 정의에 의해 $\dfrac{\overline{X}-\mu}{S/\sqrt{n}}$은 자유도 $(n-1)$인 t 분포를 따른다.

▌스튜던트화된 확률변수의 분포

정규분포 $N(\mu,\sigma^2)$으로부터 추출된 확률표본 $X_1, X_2, \cdots, X_n$에 대하여

$$T=\frac{\overline{X}-\mu}{S/\sqrt{n}}\sim t(n-1)$$

다음에는 분산이 동일한 두 정규모집단의 경우에 대하여 생각해 보자. $X_1, X_2, \cdots, X_m$과 $Y_1, Y_2, \cdots, Y_n$을 각각 $N(\mu_1,\sigma^2)$, $N(\mu_2,\sigma^2)$에서의 서로 독립인 확률표본이라 하고, S_1^2, S_2^2, S_P^2을 각각

$$S_1^2=\frac{\sum_{i=1}^{m}(X_i-\overline{X})^2}{m-1},\qquad S_2^2=\frac{\sum_{i=1}^{n}(Y_i-\overline{Y})^2}{n-1},\qquad S_P^2=\frac{(m-1)S_1^2+(n-1)S_2^2}{(m+n-2)}$$

라 하면

$$\frac{(\overline{X}-\overline{Y})-(\mu_1-\mu_2)}{S_P\sqrt{\dfrac{1}{m}+\dfrac{1}{n}}}$$

$$=\frac{[(\overline{X}-\overline{Y})-(\mu_1-\mu_2)]/\left(\sigma\sqrt{\dfrac{1}{m}+\dfrac{1}{n}}\right)}{\sqrt{\dfrac{(m+n-2)S_P^2}{\sigma^2}/(m+n-2)}}$$

가 되고

$$\frac{(\overline{X}-\overline{Y})-(\mu_1-\mu_2)}{\sigma\sqrt{\frac{1}{m}+\frac{1}{n}}} \sim N(0,1)$$

$$\frac{(m+n-2)S_P^2}{\sigma^2} \sim \chi^2(m+n-2)$$

가 성립하고 이들은 서로 독립임이 알려져 있으므로, t 분포의 정의에 의해

$$\frac{(\overline{X}-\overline{Y})-(\mu_1-\mu_2)}{S_P\sqrt{\frac{1}{m}+\frac{1}{n}}} \sim t(m+n-2)$$

임을 알 수 있다.

▌분산이 동일한 두 정규모집단에서의 표본평균의 차이

앞의 가정 아래 다음이 성립한다.

$$T=\frac{(\overline{X}-\overline{Y})-(\mu_1-\mu_2)}{S_P\sqrt{\frac{1}{m}+\frac{1}{n}}} \sim t(m+n-2)$$

두 정규모집단의 분산의 비교에 대한 추론에 사용되는 ***F* 분포(F distribution)**에 대하여 알아보자.

▌*F* 분포의 정의

U와 V를 각각 자유도 k_1, k_2인 카이제곱분포를 따르는 서로 독립인 확률변수라 할 때

$$F=\frac{U/k_1}{V/k_2}$$

의 분포를 **자유도** (k_1, k_2)인 F 분포라 하며 기호로서 $F \sim F(k_1, k_2)$로 나타낸다.

F 분포 역시 자유도에 따라 그 모양이 다르지만 대체적인 형태는 그림 5.6과 같다. 부록의 부표 6에는 여러 가지 자유도에 대한 F 분포의 확률표가 주어져 있다.

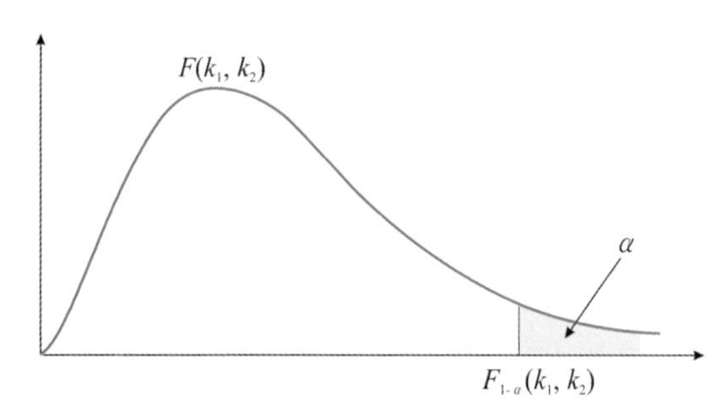

그림 5.6 F **분포의 형태**

예제 5.22

확률변수 $F \sim F(3, 4)$일 때 $P(F \geq f) = 0.05$인 f 값을 구하면 부표 6에 의하여 $f = 6.59$임을 알 수 있다.

이와 같이 $F \sim F(k_1, k_2)$에서 $P(F \geq f) = \alpha$가 성립하는 f 값을 F 분포의 $100(1-\alpha)\%$ 백분위수라 하며 $F_{1-\alpha}(k_1, k_2)$로 나타낸다.

▌F 분포의 성질

확률변수 $F \sim F(k_1, k_2)$일 때

$$\frac{1}{F} \sim F(k_2, k_1)$$

위의 성질은 F 분포의 정의에서 확률변수 F의 역수를 취함으로써 쉽게 얻어진다. 이 성질로부터

$$F_{\alpha}(k_2, k_1) = \frac{1}{F_{1-\alpha}(k_1, k_2)}$$

임을 알 수 있다. 예를 들어, $F_{0.95}(3, 4) = 6.59$이므로 $F_{0.05}(4, 3) = \dfrac{1}{6.59} = 0.15$이다. 이런 이유로 F 분포의 확률표 부표 6에는 $F_{0.05}$, $F_{0.01}$의 값이 주어지지 않은 것이며, 이 성질은 8장에서 언급할 표본분산의 비율에 관한 신뢰구간을 구하는 데 이용된다.

이제 두 정규모집단에서 표본분산의 비율에 대한 분포를 구해 보자. $X_1, X_2, \cdots, X_m$과 $Y_1, Y_2, \cdots, Y_n$을 각각 $N(\mu_1, \sigma_1^2)$, $N(\mu_2, \sigma_2^2)$에서의 서로 독립인 확률표본이라 하고, S_1^2

과 S_2^2을 각각 확률표본에서 표본분산이라 하면

$$\frac{(m-1)S_1^2}{\sigma_1^2} \sim \chi^2(m-1), \quad \frac{(n-1)S_2^2}{\sigma_2^2} \sim \chi^2(n-1)$$

이고 이들이 서로 독립이므로 $\frac{\sigma_2^2}{\sigma_1^2} \cdot \frac{S_1^2}{S_2^2}$은 자유도 $(m-1,\ n-1)$인 F 분포를 따른다.

▌두 정규모집단에서 표본분산의 비에 대한 분포

앞의 가정 아래 다음이 성립한다.

$$\frac{\sigma_2^2}{\sigma_1^2} \cdot \frac{S_1^2}{S_2^2} \sim F(m-1,\ n-1)$$

끝으로 확률변수 $T \sim t(k)$이면

$$T = \frac{Z}{\sqrt{V/k}}, \quad Z \sim N(0, 1), \quad V \sim \chi^2(k)$$

으로 서로 독립인 확률변수 Z, V로서 나타낼 수 있으므로

$$T^2 = \frac{Z^2/1}{V/k}$$

로 쓸 수 있다. 이때 $Z^2 \sim \chi^2(1)$이므로 $T^2 \sim F(1, k)$이다.

▌F 분포와 t 분포의 관계

확률변수 T가 자유도 k인 t 분포를 따른다면

$$T^2 \sim F(1,\ k)$$

연습문제

01 확률변수 X와 Y의 결합분포가 다음 표와 같다고 가정하자. 이때 다음을 구하여라.

y \ x	0	1	2
0	0.10	0.04	0.02
1	0.08	0.20	0.06
2	0.06	0.14	0.30

(1) $P(X=1,\ Y=1)$

(2) $P(X \leq 1,\ Y \leq 1)$

(3) X와 Y의 주변확률분포

(4) $X+Y$의 분포

(5) $E(X), E(Y), Var(X), Var(Y)$

(6) $Cov(X,\ Y), Corr(X,\ Y)$

02 A와 B 두 종류의 곤충에 대한 공존상태를 연구하는 실험에서, 한 나무에서 서식하는 곤충, A, B의 수를 각각 X와 Y라 하자. 많은 관찰을 통하여 다음과 같은 X, Y의 결합확률분포를 얻었다고 한다.

y \ x	1	2	3	4
0	0	0.05	0.05	0.10
1	0.08	0.15	0.10	0.10
2	0.20	0.12	0.05	0

(1) 한 나무에서 서식하는 B의 수가 A의 수보다 많을 확률을 구하여라.

(2) $\mu_X, \mu_Y, \sigma_X, \sigma_Y, Cov(X, Y)$를 구하여라.

(3) $Corr(X, Y)$를 구하고, 그 의미를 설명하여라.

03 특정 승용차 바퀴의 공기압은 26 p.s.i.가 정상이라고 알려져 있다. 오른쪽 앞바퀴와 왼쪽 앞바퀴의 실제 공기압을 각각 확률변수 X, Y라 할 때 X와 Y의 결합확률밀도함수는 다음과 같이 주어진다고 가정하자.

$$f(x, y) = \begin{cases} k(x^2 + y^2) & 20 \le x \le 30, 20 \le y \le 30 \\ 0 & \text{기타} \end{cases}$$

(1) 적합한 확률밀도함수가 되기 위한 상수 k의 값을 정하여라.

(2) 두 타이어 모두 정상 이하의 공기압을 가질 확률을 구하여라.

(3) 두 타이어의 공기압 차이가 2 p.s.i. 이하일 확률을 구하여라.

(4) X와 Y의 주변확률밀도함수를 구하여라.

(5) X와 Y는 서로 독립인 확률변수인가? 그 이유를 설명하여라.

04 A와 B 두 사람이 어떤 장소에서 정오와 오후 1시 사이에 만나기로 약속하였다. A의 도착시간을 X, B의 도착시간을 Y라 할 때 X와 Y는 서로 독립이고, 확률밀도함수는 각각

$$f_X(x) = \begin{cases} 3x^2 & 0 \le x \le 1 \\ 0 & \text{기타} \end{cases}$$

$$f_Y(y) = \begin{cases} 2y & 0 \le y \le 1 \\ 0 & \text{기타} \end{cases}$$

(1) A와 B 두 사람이 10분 넘게 기다리지 않기로 동의한다면 그들이 만날 확률은 얼마인가?

(2) X와 Y의 결합확률밀도함수를 구하여라.

(3) 일찍 온 한 사람이 다른 사람을 만날 때까지 기다리는 시간의 기댓값은 얼마인가? ($h(X, Y) = |X - Y|$)

05 확률변수 X, Y의 결합확률밀도함수가 다음과 같을 때 다음을 구하여라.

$$f(x, y) = \begin{cases} 24xy & 0 \le x \le 1, 0 \le y \le 1, x + y \le 1 \\ 0 & \text{기타} \end{cases}$$

(1) X와 Y의 주변확률밀도함수

(2) $P\left(X \le \frac{1}{2}, Y \le \frac{1}{2}\right)$

(3) $E(X), E(Y), Var(X), Var(Y)$

(4) $Cov(X, Y), Corr(X, Y)$

06 확률변수 X와 Y의 결합분포가 다음 표와 같다고 가정하자.

x \ y	−1	0	1
0	0	1/3	0
1	1/3	0	1/3

이때 X와 Y는 서로 독립이 아니지만 $Corr(X, Y) = 0$ 임을 보여라.

07 $Var(X) = 9$, $Var(Y) = 16$, $Cov(X, Y) = -7$일 때 다음을 구하여라.

(1) $Corr(X, Y)$

(2) $Var(5X + 1)$

(3) $Corr(5X + 1, 2Y - 3)$

08 $E(X) = 7$, $Var(X) = 8$, $E(Y) = 5$, $Var(Y) = 14$이며, X와 Y는 서로 독립이다. 다음을 구하여라.

(1) $E(XY)$, $E(X + 3Y)$, $E(10 - 2X)$

(2) $Var(X - Y)$, $Var(X + 3Y)$, $Var(10 - 2X)$

(3) $Cov(X, Y)$, $Cov(X, 3Y)$, $Corr(X, Y)$

09 확률변수 X_1과 X_2는 서로 독립이고 다음과 같은 확률분포를 갖는다.

x	1	2	3	4
$f(x)$	0.2	0.3	0.4	0.1

(1) 합 $T = X_1 + X_2$와 평균 $\overline{X}$의 확률분포를 구하여라.

(2) X_1, T, $\overline{X}$의 확률 히스토그램을 그려라. 이 그림에서 중심 위치에 대하여 어떤 사실을 알 수 있는가? 또한 어느 것이 산포가 제일 적은가?

(3) $E(X_1)$을 구하고 이를 이용하여 $E(T)$와 $E(\overline{X})$를 구하여라.

(4) $Var(X_1)$을 구하고 이를 이용하여 $Var(T)$와 $Var(\overline{X})$를 구하여라.

10 한 질병에 대한 수술 후 회복될 때까지 입원해 있는 날짜의 수를 X라 하고, X의 확률분포가 다음과 같다고 하자.

x	1	2	3
확률 $f(x)$	0.3	0.4	0.3

(1) 평균 $\mu = E(X)$와 분산 $\sigma^2 = Var(X)$를 구하여라.

(2) 세 명의 환자를 표본으로 하여 이들의 평균 입원일수를 $\overline{X} = \dfrac{X_1 + X_2 + X_3}{3}$라 하자. $\overline{X}$의 분포를 유도하여라. 또한 분포로부터 평균과 표준편차는 각각 μ와 $\sigma / \sqrt{3}$임을 밝혀라.

11 확률변수 X와 Y에 대하여 a와 b가 상수일 때

$$Var(aX + bY) = a^2 Var(X) + b^2 Var(Y) + 2ab\,Cov(X, Y)$$

임을 증명하여라.

12 건강한 사람들의 특정 자극에 대한 반응시간은 평균 10초, 분산이 9인 정규분포를 따른다고 한다. 25명으로 구성된 확률표본의 표본평균 $\overline{X}$에 대하여 다음 물음에 답하여라.

(1) 표본평균 $\overline{X}$는 어떤 분포를 따르는가?

(2) 평균반응시간이 9초에서 10.5초 사이일 확률을 구하여라.

13 구두를 제조하는 공장에서 구두밑창에 쓰일 고무를 잘라내는 기계가 있다. 이 기계에 의해 잘라지는 밑창의 두께는 표준편차 $\sigma = 0.2$ mm인 정규분포를 한다. 구두밑창의 기준이 되는 $\mu = 25$ mm로부터 평균두께가 다른 경우가 있다. 이 기계의 작업을 관리하기 위해 5개의 표본을 택하여 두께의 평균값 $\overline{X}$가 $24.8 \le \overline{X} \le 25.2$이면 이 기계는 관리상태에 있고, 그렇지 않은 경우에는 기계의 작업을 중단하고 이를 재조정하려고 한다.

(1) 실제 평균두께가 $\mu = 25$ mm인데도 관리상태에 있지 않다고 할 확률을 구하여라.

(2) 실제 평균두께가 $\mu = 25.3$ mm일 때 관리상태에 있지 않다고 할 확률을 구하여라.

14 어느 회사에서 생산되는 건전지의 수명은 평균이 45시간이고 표준편차가 9시간인 정규분포를 따른다고 한다. 이 회사에서 생산된 건전지 20개를 임의로 추출했을 때 그 평균 수명이 다음과 같을 확률을 구하여라.

(1) 50시간 이상

(2) 40시간에서 50시간 사이

15 어느 모집단의 혈청알부민 함량의 평균이 4.2 g/100 ml이고, 표준편차가 0.5로서 정규분포를 하고 있다고 한다. 어떠한 경구 스테로이드제제를 복용 중인 9명을 임의로 뽑아 혈청알부민 함량을 조사한 결과 평균이 3.8 g/100 ml이었다. 이 결과로서 그 경구용 스테로이드제제가 혈청알부민 함유량을 줄였다고 볼 수 있는가?

16 어느 큰 기업체에서 60%의 직원들이 작년 동안 3일 또는 그 이상 질병으로 인해 결근하였다. 이들 중 150명의 확률표본을 구하여 조사한다면 질병으로 인하여 3일 또는 그 이상 결근을 할 비율이 0.50에서 0.65 사이일 확률은 얼마인가?

17 생산공장에서 사기 그릇을 직접 구입하여 판매하는 지방상인이 운반과정에서 10%가 파손된다고 한다. 만일 100개의 사기그릇을 구입하여 지방상점까지 운반할 때 12% 이상이 파손될 확률은 얼마인가?

18 우리나라 한 가구당 월소득은 평균 150만 원, 표준편차가 30만 원이라고 하면 임의로 50가구를 표본으로 뽑았을 때 그들의 평균이 160만 원 이상이 될 확률을 구하여라.

19 새로운 합금의 용해점을 알기 위한 실험을 반복하려 한다. 이에 사용될 측정기기의 측정오차의 표준편차가 5도라고 알려져 있다. 만약 용해점을 알기 위한 측정이 100회 반복된다면 표본평균과 실제 용해점의 차가 1.25도 이내일 확률은 얼마인가?

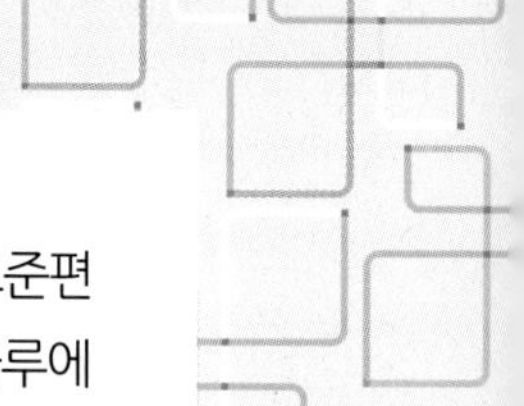

20 어느 기계를 조립하는 공장에서 한 기계를 조립하는데 소요되는 시간은 평균 30분, 표준편차 8분이라고 알려져 있다. 작업반의 감독관이 작업 상황을 감독하기 위해 특정한 하루에 60명의 작업자를 표본으로 택하여 소요시간을 기록하고자 한다.

(1) 표본평균이 32분 이상일 확률은?

(2) 만약 표본평균이 33분으로 나타난다면 감독관은 이를 작업반의 태만이라고 여겨야 하는가?

21 부록의 χ^2의 분포표를 이용하여 다음을 구하여라.

(1) 자유도 4일 때 상위 5% 백분위수

(2) 자유도 7일 때 상위 1% 백분위수

(3) 자유도 12일 때 하위 2.5% 백분위수

(4) 자유도 15일 때 하위 10% 백분위수

22 부록의 t분포표를 이용하여 다음을 구하여라.

(1) 자유도 6일 때 상위 5% 백분위수

(2) 자유도 9일 때 상위 2.5% 백분위수

(3) 자유도 15일 때 상위 1% 백분위수

(4) 자유도 20일 때 상위 10% 백분위수

23 부록의 F분포표를 이용하여 다음을 구하여라.

(1) 자유도가 (3, 4)일 때 상위 5% 백분위수

(2) 자유도가 (4, 7)일 때 상위 1% 백분위수

(3) 자유도가 (10, 5)일 때 하위 5% 백분위수

(4) 자유도가 (6, 9)일 때 하위 1% 백분위수

24 다음을 증명하여라.

$$F_{\alpha}(k_2, k_1) = \frac{1}{F_{1-\alpha}(k_1, k_2)}$$

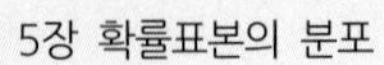

25 확률변수들 $X_1, \ldots, X_5$를 표준정규분포를 따르는 모집단으로부터의 크기 $n=5$인 한 확률표본이라 하자. 새로운 확률변수

$$\frac{c(X_1+X_2)}{\sqrt{X_3^2+X_4^2+X_5^2}}$$

가 t분포를 따르기 위한 상수 c값을 구하여라.

26 S_1^2을 평균이 1이고, 분산이 4인 정규분포를 따르는 모집단으로부터의 크기 $n=10$인 확률표본의 표본분산, S_2^2을 평균이 2이고, 분산이 9인 정규분포를 따르는 모집단으로부터의 크기 $n=10$인 확률표본의 표본분산이라 하자. 이때

$$P(S_1^2 \le kS_2^2) = 0.95$$

가 성립하는 k값을 구하여라.

6장 추정

실험 또는 조사를 통하여 얻어진 표본에 의거하여 모집단에 관한 일반적인 결론을 이끌어내는 과정을 **통계적 추측(statistical inference)**이라고 한다. 통계적 추측은 모집단의 특성인 **모수(parameter)**의 **추정(estimation)**과 **가설검정(hypothesis testing)**으로 나눌 수 있고, 추정에는 모수를 특정한 값으로 추측하는 **점추정(point estimation)**과 모수가 어떤 구간 내에 있으리라고 예측하는 **구간추정(interval estimation)**이 있다. 이 장에서는 추정의 일반적인 개념을 설명하고 한 모집단에서 추출된 표본을 이용한 추정법에 대하여 알아보도록 한다.

6.1 점추정

통계적 추론은 하나 또는 둘 이상의 모수에 대하여 어떤 형태의 결론을 유추하는 것이다. 그러기 위하여 연구자는 모집단으로부터 표본자료를 구하여 여러 가지 측정치의 계산된 수치에 의하여 결론을 내린다. 점추정이란 이러한 측정치를 이용하여 미지인 모수의 참값으로 하나의 수 값을 일정한 방법에 따라 선택하는 과정이다. 이때 하나의 수 값을 정해주는 일정한 방법을 **점추정량(point estimator)** 또는 추정량이라 하고, 특정한 측정치에 대하여 정해진 추정량의 수 값을 **추정값(estimate)**라고 한다. 예를 들면, 미지의 모수 θ에 의해 특정지어지는 모집단으로부터 추출된 확률표본을 $X_1, X_2, \cdots, X_n$이라 하면 모수 θ를 추정하기 위하여 관측값 $x_1, x_2, \cdots, x_n$을 얻어 지정된 방법 W에 의하여 하나의 수 값 W

$(x_1, x_2, \cdots, x_n)$을 계산하고, 이를 θ의 참값으로 추측하게 된다. 이때 통계량 $W(X_1, X_2, \cdots, X_n)$은 θ의 추정 방법이므로 θ의 추정량이라 하고, $\hat{\theta}(X_1, X_2, \cdots, X_n)$ 또는 $\hat{\theta}$로 나타내며, 관측값 $x_1, x_2, \cdots, x_n$에 대한 추정량의 계산된 값 $\hat{\theta}(x_1, x_2, \cdots, x_n)$을 θ의 추정값이라고 한다.

점추정의 정의

미지의 모수 θ의 추정에 사용되는 통계량 $\hat{\theta}(X_1, X_2, \cdots, X_n)$을 θ의 추정량이라 하고, 그의 실현값 $\hat{\theta}(x_1, x_2, \cdots, x_n)$을 θ의 추정값이라고 한다.

예제 6.1

소비자보호협회에서 시중에 판매되는 볼펜의 평균 수명을 알고자 하여 10개의 볼펜의 수명을 조사하였다. $X_1, X_2, \cdots, X_{10}$을 볼펜의 수명이라 하고 이 확률표본은 평균 μ, 분산 σ^2인 정규모집단으로부터 나왔다고 가정하자. 또한 관측값은 $x_1=26.3$, $x_2=35.1$, $x_3=23.0$, $x_4=28.4$, $x_5=31.6$, $x_6=30.9$, $x_7=25.2$, $x_8=28.0$, $x_9=27.3$, $x_{10}=29.2$였다. 이때 볼펜의 평균수명 μ에 대한 추정량으로 다음 세 가지를 생각했다.

$$\hat{\mu}_1 = \text{표본평균} = \overline{X} = 28.50$$

$$\hat{\mu}_2 = \text{표본중앙값} = \widetilde{X} = \frac{28.0 + 28.4}{2} = 28.20$$

$$\hat{\mu}_3 = \text{중심값} = \frac{\min(X_i) + \max(X_i)}{2}$$

$$= \frac{23.0 + 35.1}{2} = 29.05$$

세 가지 추정량은 서로 다른 측도이지만 전부 합리적인 추정방법이다. μ가 모집단의 평균과 중앙값이므로 표본평균이나 표본중앙값으로 추측할 수 있으며, $\hat{\mu}_3$는 최솟값과 최댓값의 평균이므로 중심위치를 말해줄 수 있는 추정량이며 중심값(midrange)이라고 부르기도 한다.

위의 예제에서 한 모수를 추정하는 방법이 여러 가지가 있을 수 있음을 보았다. 그러면 우리는 '어떤 추정값이 모수의 참값에 가까울 것인가?'하는 질문을 하게 되는데, 이는 모수의 참값을 알지 못하는 상태에서는 대답할 수 없다. 그 대신 '어떤 추정방법(추정량)이 모수

의 참값에 가까운 추정값을 줄 것인가?'에 대답할 수 있을 것이다. 즉, 추정방법의 좋고 나쁨을 특정한 하나의 추정값으로부터는 알 수 없고 동일한 추정방법의 반복적인 사용으로 추정값들이 모수의 참값 주위에 얼마나 가까이 분포되는가에 따라 추정방법의 좋고 나쁨이 결정된다. 즉, 추정량 $\hat{\theta}$의 표본분포가 참값 θ 주위에 어떤 형태로 나타나는가에 따라 결정된다. 이와 같이 일반적으로 좋은 추정량은 어떤 성질이 요구되는가에 대하여 알아보자.

두 가지의 측정기가 있는데 하나는 정확하게 보정되어 있고, 다른 하나는 체계적인 오차를 수반한다. 각 측정도구로 같은 물체를 반복적으로 측정하면 측정오차로 인하여 측정값이 모두 같지는 않을 것이다. 그러나 첫 번째 도구로 측정한 측정치들은 참값 근처에서 분포를 할 것이고, 그 측정치들의 평균은 참값이라고 말할 수 있을 것이다. 즉, 편의(偏倚)가 없는 도구이다. 반면에 두 번째 도구는 체계적인 오차, 즉 편의를 수반한 측정값을 준다.

불편추정량의 정의

점추정량 $\hat{\theta}$에 대하여 $E(\hat{\theta})=\theta$가 성립하면 $\hat{\theta}$는 θ의 **불편추정량(unbiased estimator)**이라고 한다. 또한 $E(\hat{\theta})-\theta$를 θ의 **편의(bias)**라 하고, 편의가 0이 아닌 경우의 $\hat{\theta}$를 θ의 **편의추정량(biased estimator)**이라고 한다.

점추정량 $\hat{\theta}$의 분포가 참값인 θ를 중심으로 분포하는 경우 불편추정량이라 한다. 여기서 중심은 기댓값을 의미한다. 그림 6.1은 여러 가지 불편추정량과 편의추정량을 나타낸 예시이다.

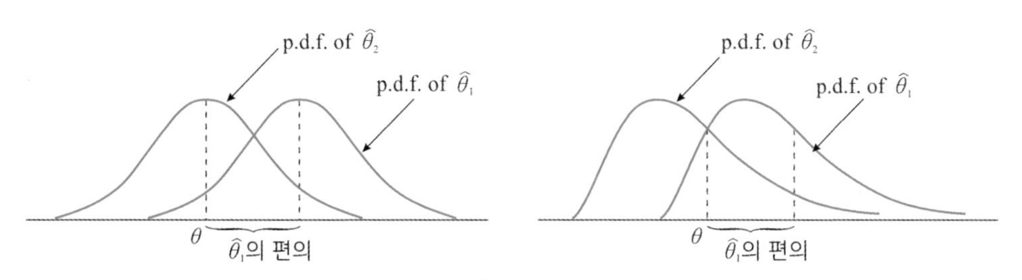

그림 6.1 **편의추정량**($\hat{\theta}_1$) **및 불편추정량**($\hat{\theta}_2$)**의 분포**

예제 6.2

확률표본 X_1, X_2, X_3, X_4가 평균 μ와 분산 σ^2인 모집단으로부터 추출되었을 때 다음 세 가지의 μ의 추정량을 생각해 보자.

$$\hat{\mu}_1 = \frac{X_1 + X_2 + X_3 + X_4}{4}, \quad \hat{\mu}_2 = \frac{X_1 + 2X_2 + 2X_3 + X_4}{6}, \quad \hat{\mu}_3 = \frac{X_1 + X_2 + X_3 + X_4}{3}$$

이때 $E(\hat{\mu}_1) = E(\hat{\mu}_2) = \mu$이나 $E(\hat{\mu}_3) = \frac{4}{3}\mu$이다. 즉, $\hat{\mu}_1$와 $\hat{\mu}_2$는 μ의 불편추정량이고 $\hat{\mu}_3$는 편의추정량이다. $\hat{\mu}_3$의 편의는 $E(\hat{\mu}_3) - \mu = \frac{4}{3}\mu - \mu = \frac{1}{3}\mu$이다.

불편성은 추정량의 중심위치에 대하여 요구되는 성질로서 바람직하지만 산포의 정도를 나타내지 못한다. 그림 6.2는 모수 θ에 대한 두 불편추정량 $\hat{\theta}_1$와 $\hat{\theta}_2$의 분포를 나타내고 있다. 이때 $\hat{\theta}_1$의 분포가 $\hat{\theta}_2$의 분포에 비해 θ에 더욱 밀집해 있으므로 θ에 가까워질 확률이 더 높다. 이와 같이 산포의 측도로서 추정량의 표준편차를 사용하고, 이를 추정량의 **표준오차(standard error)**라 하며, 표준오차가 작은 추정량을 **유효(efficient)**하다고 한다.

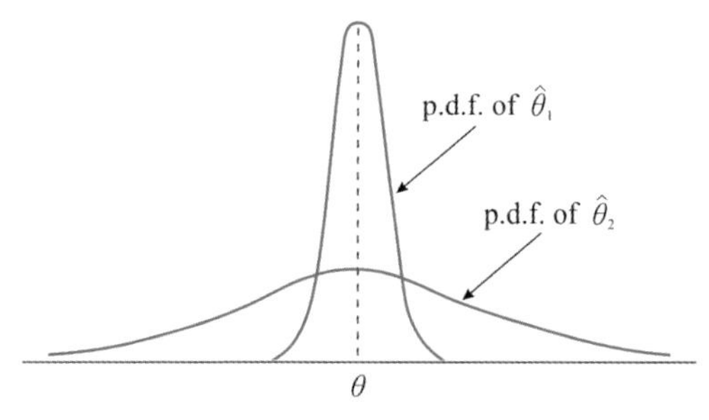

그림 6.2 **두 불편추정량의 분포**

추정량의 표준오차와 유효성

추정량 $\hat{\theta}$의 표준편차를 $\hat{\theta}$의 표준오차라 하고

$$SE(\hat{\theta}) = \sqrt{\mathrm{Var}(\hat{\theta})}$$

으로 나타내며 두 불편추정량 $\hat{\theta}_1, \hat{\theta}_2$에 대하여

$$SE(\hat{\theta}_1) < SE(\hat{\theta}_2)$$

이면 $\hat{\theta}_1$가 $\hat{\theta}_2$보다 유효하다고 한다.

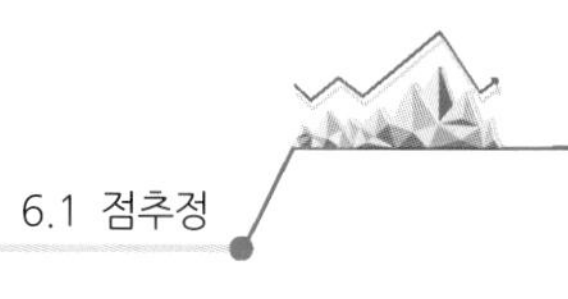

예제 6.3

예제 6.2에서 $\widehat{\mu_1}$와 $\widehat{\mu_2}$는 불편추정량이고 각각의 표준오차는

$$SE(\widehat{\mu_1}) = \frac{\sigma}{2}, \quad SE(\widehat{\mu_2}) = \frac{\sqrt{10}}{6}\sigma$$

이고 $SE(\widehat{\mu_1}) < SE(\widehat{\mu_2})$이므로 $\widehat{\mu_1}$는 $\widehat{\mu_2}$보다 유효한 추정량이다.

불편성과 유효성을 동시에 이용하여 가장 좋은 추정량을 찾는 방법을 **최소분산불편추정법(minimum variance unbiased estimation)**이라 한다. 추정량에 요구되는 다른 성질로서 표본크기가 상당히 커질 때 추정량이 매우 큰 확률로 모수에 가까워진다는 **일치성(consistency)**과 추정량이 표본에 들어있는 모수에 관한 정보를 모두 이용한다는 **충분성(sufficiency)**이 있다. 이러한 추정법과 추정량의 성질을 입증하는 것은 이 책의 수준을 넘으므로 생략하기로 하고, 관심의 대상이 되는 몇 가지 모수의 추정에 대하여 알아보자.

성인의 평균 혈청칼슘 농도, 대학신입생의 평균신장, 가구당 평균수입 등 실질적인 통계문제에서 모평균에 대해 관심을 갖는 경우가 많다. 이때 모평균 μ의 추정량으로 표본평균, 표본중앙값 등 여러 가지를 생각할 수 있고, 각각 장・단점이 있지만 가장 일반적으로 표본평균을 사용한다. 정규모집단의 평균의 추정량으로는 표본평균이 가장 좋은 것으로 알려져 있다.

모평균이 μ, 모표준편차 σ인 모집단으로부터 추출된 확률표본이 $X_1, X_2, \cdots, X_n$이라 할 때 표본평균 $\overline{X} = \frac{\sum X_i}{n}$을 μ의 추정량으로 사용하면 5장에서 언급하였듯이

$$E(\overline{X}) = \mu, \quad \mathrm{Var}(\overline{X}) = \frac{\sigma^2}{n}$$

이므로 $\overline{X}$는 μ의 불편추정량이고 표준오차는 $\frac{\sigma}{\sqrt{n}}$이다. 모표준편차 σ는 일반적으로 미지이므로 추정하여 표준오차의 추정값을 제시하는 것이 좋다. σ의 추정량은 이 절 뒤에서 취급할 내용이지만 결과만 인용하면 표본표준편차 S를 사용한다. 따라서 표준오차의 추정량은 $\frac{S}{\sqrt{n}}$가 된다.

모평균 μ의 추정

평균 μ, 분산 σ^2인 모집단으로부터 추출된 확률표본 $X_1, X_2, \cdots, X_n$ 이 있을 때 모평균 μ의 추정은

$$\text{추정량 } \hat{\mu} = \overline{X}$$

$$\text{표준오차 } SE(\hat{\mu}) = \frac{\sigma}{\sqrt{n}}$$

$$\text{표준오차의 추정량 } \widehat{SE}(\hat{\mu}) = \frac{S}{\sqrt{n}}$$

예제 6.4

연령 40~59세 사이의 성인 남자에 대한 혈청 콜레스트롤 농도의 평균을 추정하기 위하여 16명을 검사하여 평균 $\overline{x} = 225$(mg/100 ml), 표본표준편차 $s = 56$을 얻었다. 따라서 모평균 μ의 추정값은 $\hat{\mu} = \overline{x} = 225$이고 표준오차의 추정값은 $\frac{s}{\sqrt{16}} = \frac{56}{4} = 14$이다.

사망률, 생존율, 찬성률과 같이 모집단에서 특정한 속성을 갖는 비율 p에 대한 추정을 하고자 한다. 이때 크기 n인 확률표본에서 특정한 속성을 갖는 표본의 개수를 Y라 하면 Y는 이항분포 $B(n, p)$를 따르고

$$E(Y) = np, \qquad \mathrm{Var}(Y) = np(1-p)$$

이므로 표본비율 $\hat{p} = \frac{Y}{n}$를 p의 추정량으로 생각할 수 있다. 또한 $E(\hat{p}) = p$, $\mathrm{Var}(\hat{p}) = \frac{p(1-p)}{n}$이므로 표본비율은 p의 불편추정량이고, 표준오차는 $\sqrt{\frac{p(1-p)}{n}}$이며, 표준오차의 추정량은 표본비율을 p 대신 대입하여 추정한다.

모비율의 추정

확률변수 Y를 크기 n인 확률표본에서 특정한 속성을 갖는 표본의 개수라면 모비율 p의 추정은

$$\text{추정량 } \hat{p} = \frac{Y}{n}$$

$$\text{표준오차 } SE(\hat{p}) = \sqrt{\frac{p(1-p)}{n}}$$

예제 6.5

어떤 지역에서 3492명의 아동을 조사한 결과 척추가 옆으로 굽은 병인 척추측만(scoliosis)으로 474명이 판정되었다. 이 지역의 유병률(prevalence rate)를 추정하면 $\hat{p} = \frac{474}{3492} = 0.136$이고 표준오차의 추정값은 $\widehat{SE}(\hat{p}) = \sqrt{\frac{\hat{p}(1-\hat{p})}{n}} = \sqrt{\frac{0.136 \times 0.864}{3492}} = 0.006$이다.

마지막으로 모분산 σ^2의 추정에 대하여 알아보자. σ^2은 모집단의 분포가 흩어진 정도를 나타내는 측도이므로 확률표본 $X_1, X_2, \cdots, X_n$으로부터 여러 가지 통계량을 생각할 수 있으나, 일반적으로 계산이 편하고 정규모집단의 경우 가장 좋은 추정량인 표본분산을 사용한다. 즉,

$$\widehat{\sigma^2} = S^2 = \frac{\sum_{i=1}^{n}(X_i - \overline{X})^2}{n-1}$$

이다. 또한 $E(X_i) = \mu$라면

$$\begin{aligned}
E(S^2) &= \frac{1}{n-1} E\left\{\sum X_i^2 - \frac{(\sum X_i)^2}{n}\right\} \\
&= \frac{1}{n-1}\left\{\sum E(X_i^2) - \frac{1}{n} E[(\sum X_i)^2]\right\} \\
&= \frac{1}{n-1}\left\{\sum(\sigma^2 + \mu^2) - \frac{1}{n}\{\mathrm{Var}(\sum X_i) + [E(\sum X_i)]^2\}\right\} \\
&= \frac{1}{n-1}\left\{n\sigma^2 + n\mu^2 - \frac{1}{n}\cdot n\sigma^2 - \frac{1}{n}\cdot(n\mu)^2\right\} \\
&= \frac{1}{n-1}\{n\sigma^2 - \sigma^2\} = \sigma^2
\end{aligned}$$

즉, S^2은 σ^2의 불편추정량이다. 한편 모표준편차 σ의 추정량으로 표본표준편차 $S = \sqrt{S^2}$을 사용한다. 이때 $E(S) < \sigma$인 편의추정량임이 알려져 있으나 표본크기 n이 커짐에 따라 이러한 편의는 무시해도 될 정도이다.

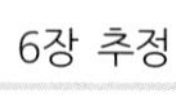

모분산과 모표준편차의 추정

분산 σ^2인 모집단으로부터 추출된 확률표본 $X_1, X_2, \cdots, X_n$이 있을 때 모분산 σ^2과 모표준편차 σ의 추정량은 각각

$$\hat{\sigma^2} = S^2 = \frac{\sum_{i=1}^{n}(X_i - \overline{X})^2}{n-1}$$

$$\hat{\sigma} = \sqrt{S^2} = S$$

예제 6.6

예제 6.4의 예제에서 모분산 σ^2의 추정값은 $s^2 = 56^2 = 3136$이며, 모표준편차 σ의 추정값은 $s = 56$이다.

6.2 구간추정

미지의 모수를 한 값으로 추정하는 점추정량의 경우 한 표본에서 구한 추정값이 모수와 일치한다고 기대하기는 힘들다. 이러한 연유로 오직 추정값만을 보고하는 것은 만족스럽지 못하고, 추정값과 더불어 추정값이 모수의 참값에 근접한 정도의 측도가 요구된다. 이를 해결하기 위한 한 가지 방법이 6.1절에서 언급했듯이 표준오차를 제시하는 것이며, 다른 방법은 미지의 모수를 한 값으로 추정하기보다 한 구간을 생각하여 이 구간 안에 모수가 들어 있다고 추정하는 **구간추정(interval estimation)**이 있다. 구간추정은 표본에서 얻어지는 정보를 이용하여 모수의 참값이 속할 것으로 기대되는 범위를 일정한 방법에 따라 정하는 과정이다.

미지의 모수 θ를 특성으로 가지는 모집단으로부터 추출된 확률표본을 $X_1, X_2, \cdots, X_n$이라 하고 θ의 구간추정을 생각해 보자. 이때 구간의 상한과 하한을 구할 일정한 방법, 즉 통계량이 필요하며, 이를 각각 $\hat{\theta_U}(X_1, X_2, \cdots, X_n)$, $\hat{\theta_L}(X_1, X_2, \cdots, X_n)$으로 나타내고, 구간$(\hat{\theta_L}(X_1, X_2, \cdots, X_n), \hat{\theta_U}(X_1, X_2, \cdots, X_n))$을 θ의 **구간추정량(interval estimator)** 또는 **신뢰구간(confidence interval)**이라 한다. 확률표본의 관측값 $x_1, x_2, \cdots, x_n$에 대한 구간추정량의 관측값 $(\hat{\theta_L}(x_1, x_2, \cdots, x_n), \hat{\theta_U}(x_1, x_2, \cdots, x_n))$을 θ의 **구간추정값(interval estimate)**이라

하고, 구간추정량과 혼동이 되지 않을 때 이를 역시 신뢰구간이라 하며, $(\widehat{\theta_L}, \widehat{\theta_U})$로 나타낸다.

점추정과 마찬가지로 한 모수에 관하여 여러 가지 구간추정방법이 있을 수 있으며, 이들의 좋고 나쁨은 하나의 구간추정값에 의존할 수는 없다. 동일한 구간추정방법을 반복적으로 사용할 때 얻어지는 신뢰구간들이 모수의 참값을 포함할 횟수와 신뢰구간의 길이 등을 이용하여 구간추정방법의 효율성을 결정한다. 일반적으로 동일한 구간추정방법을 반복적으로 사용하여 얻어지는 신뢰구간들이 모수의 참값을 포함할 횟수가 미리 정해진 한계 이상이 되도록 한다. 즉, 미리 정해진 확률 $1-\alpha$에 대하여

$$P\{\theta \in (\widehat{\theta_L}(X_1, X_2, \cdots, X_n), \widehat{\theta_U}(X_1, X_2, \cdots, X_n))\} \geq 1-\alpha$$

가 성립하도록 신뢰구간 $(\widehat{\theta_L}, \widehat{\theta_U})$를 정한다. 이때 미리 정해진 확률 $1-\alpha$를 **신뢰수준(confidence level)**이라 하고, 신뢰구간 $(\widehat{\theta_L}, \widehat{\theta_U})$를 θ의 $100(1-\alpha)\%$ 신뢰구간이라 한다.

이제 미지의 모수 θ에 대한 신뢰구간을 유도하는 일반적인 방법을 생각해 보자. 먼저 다음 두 가지의 성질을 만족하는 확률변수 H가 존재한다고 가정하자.

- 확률변수 H는 확률표본 $X_1, X_2, \cdots, X_n$과 θ의 함수이다.
- 확률변수 H의 분포는 모수 θ와 다른 미지의 모수에 의존하지 않는다.

예를 들어, 만일 모집단의 분포가 분산 σ^2을 알고 있는 정규분포라 하면 $H(X_1, X_2, \cdots, X_n ; \mu) = \dfrac{\overline{X} - \mu}{\sigma / \sqrt{n}}$는 확률표본과 미지의 모수 μ의 함수이며, H의 분포는 표준정규분포로 미지의 모수에 의존하지 않으므로 위의 두 가지 성질을 만족한다. 일반적으로 확률변수 H는 모수 θ의 점추정량 $\hat{\theta}$의 분포를 이용하여 제안하게 된다. 이때 H의 분포를 알고 있으므로 0과 1 사이의 임의의 α에 대하여

$$P(a < H(X_1, X_2, \cdots, X_n ; \theta) < b) = 1-\alpha$$

를 만족하는 상수 a, b를 찾을 수 있다. 이 확률식과 부등식의 조작에 의해

$$P\{\widehat{\theta_L}(X_1, X_2, \cdots, X_n) < \theta < \widehat{\theta_U}(X_1, X_2, \cdots, X_n)\} = 1-\alpha$$

를 만족하는 신뢰구간의 상한 $\widehat{\theta_U}$와 하한 $\widehat{\theta_L}$을 구할 수 있다. 즉, $(\widehat{\theta_L}, \widehat{\theta_U})$는 θ의 $100(1-\alpha)\%$ 신뢰구간이다.

모집단에서 관심의 대상이 되는 모평균, 모비율, 모분산의 구간추정에 대하여 알아보자. 모평균의 구간추정은 표본평균 $\overline{X}$ 에 의존하게 되는데, 이미 5장에서 다루었듯이 $\overline{X}$ 의 분포가 모분산 σ^2을 알고 있을 경우와 그렇지 않은 경우가 다르고 모집단의 분포형태에 따라 다르므로 다음 세 가지의 경우로 나누어 각각 신뢰구간을 추정하기로 한다.

- 경우 1 : 모분산 σ^2을 알고 있는 정규모집단의 확률표본
- 경우 2 : 모분산 σ^2을 모르는 정규모집단의 확률표본
- 경우 3 : 표본크기가 큰 임의의 모집단

경우 1 모분산 σ^2을 알고 있는 정규모집단 $N(\mu,\ \sigma^2)$의 모평균 μ에 대한 구간추정은 확률표본의 평균 $\overline{X}$에 대하여

$$\frac{\overline{X}-\mu}{\sigma/\sqrt{n}} \sim N(0,\ 1)$$

이 성립함을 5장에서 다루었으므로 이를 이용하여 추정한다. 따라서 그림 6.3에서처럼 양 끝 면적이 각각 $\frac{\alpha}{2}$ 또는 중앙면적이 $(1-\alpha)$가 되는 a, b를 찾는다.

$$P\left(-z_{1-\frac{\alpha}{2}} \le \frac{\overline{X}-\mu}{\sigma/\sqrt{n}} \le z_{1-\frac{\alpha}{2}}\right)=1-\alpha$$

$$\text{즉, } P\left(\overline{X}-z_{1-\frac{\alpha}{2}}\cdot\frac{\sigma}{\sqrt{n}} \le \mu \le \overline{X}+z_{1-\frac{\alpha}{2}}\cdot\frac{\sigma}{\sqrt{n}}\right)=1-\alpha$$

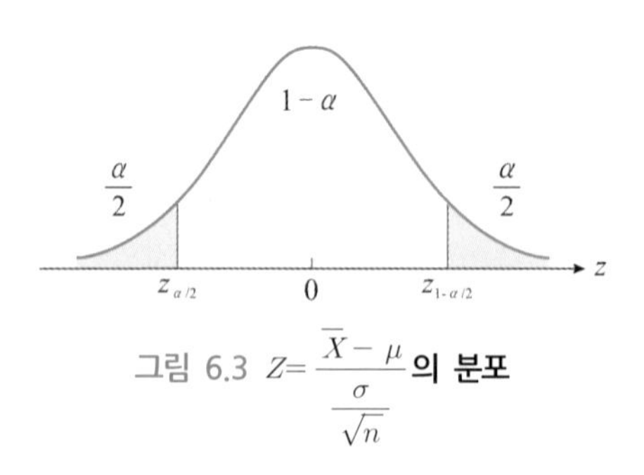

그림 6.3 $Z=\dfrac{\overline{X}-\mu}{\frac{\sigma}{\sqrt{n}}}$**의 분포**

이므로 모평균 μ의 $100(1-\alpha)\%$ 신뢰구간은 $\left(\overline{X}-z_{1-\frac{\alpha}{2}}\cdot\frac{\sigma}{\sqrt{n}},\ \overline{X}+z_{1-\frac{\alpha}{2}}\cdot\frac{\sigma}{\sqrt{n}}\right)$로 주어진다.

경우 [2] 모분산 σ^2을 모르는 경우에는 모분산을 표본분산 S^2으로 추정하여 대입하여 얻은 통계량 T가

$$T = \frac{\overline{X} - \mu}{S/\sqrt{n}} \sim t(n-1)$$

임을 5.5절에서 언급하였다. 그러므로

$$P\left(-t_{1-\frac{\alpha}{2}}(n-1) \le \frac{\overline{X} - \mu}{S/\sqrt{n}} \le t_{1-\frac{\alpha}{2}}(n-1)\right) = 1 - \alpha$$

즉, $P\left(\overline{X} - t_{1-\frac{\alpha}{2}}(n-1) \cdot \frac{S}{\sqrt{n}} \le \mu \le \overline{X} + t_{1-\frac{\alpha}{2}}(n-1) \cdot \frac{S}{\sqrt{n}}\right) = 1 - \alpha$이므로 모평균 μ의 $100(1-\alpha)\%$ 신뢰구간은 $\left(\overline{X} - t_{1-\frac{\alpha}{2}}(n-1) \cdot \frac{S}{\sqrt{n}},\ \overline{X} + t_{1-\frac{\alpha}{2}}(n-1) \cdot \frac{S}{\sqrt{n}}\right)$로 주어진다.

경우 [3] 표본크기 n이 충분히 큰 경우에는 임의의 모집단에 대하여 중심극한정리에 의하여 표본평균 $\overline{X}$의 분포가 근사적으로 정규분포를 한다. 즉,

$$\frac{\overline{X} - \mu}{\sigma/\sqrt{n}} \doteq N(0, 1)$$

이므로 정규모집단의 모평균에 대한 신뢰구간의 유도과정은 근사적으로 성립한다. 이때 모분산 σ^2을 모르는 경우는 표본크기 n이 클 때 표본표준편차 S와 σ가 가까우리라고 생각할 수 있으므로 σ 대신 S를 대입하여도 성립하게 된다. 즉,

$$\lim_{n\to\infty} P\left(\overline{X} - z_{1-\frac{\alpha}{2}} \cdot \frac{S}{\sqrt{n}} \le \mu \le \overline{X} + z_{1-\frac{\alpha}{2}} \cdot \frac{S}{\sqrt{n}}\right) = 1 - \alpha$$

이므로 모평균 μ의 $100(1-\alpha)\%$ 근사 신뢰구간은 $\left(\overline{X} - z_{1-\frac{\alpha}{2}} \cdot \frac{S}{\sqrt{n}},\ \overline{X} + z_{1-\frac{\alpha}{2}} \cdot \frac{S}{\sqrt{n}}\right)$로 주어진다.

모평균의 구간추정

확률표본 $X_1, X_2, \cdots, X_n$이 평균 μ, 분산 σ^2인 모집단으로부터 추출되었을 때 모평균 μ의 $100(1-\alpha)\%$ 신뢰구간은 다음과 같다.

1. σ^2이 알려져 있는 정규모집단

$$\left(\overline{X} - z_{1-\frac{\alpha}{2}} \cdot \frac{\sigma}{\sqrt{n}},\ \overline{X} + z_{1-\frac{\alpha}{2}} \cdot \frac{\sigma}{\sqrt{n}}\right)$$

2. σ^2이 알려지지 않은 정규모집단

$$\left(\overline{X} - t_{1-\frac{\alpha}{2}}(n-1) \cdot \frac{S}{\sqrt{n}},\ \overline{X} + t_{1-\frac{\alpha}{2}}(n-1) \cdot \frac{S}{\sqrt{n}}\right)$$

3. 표본크기가 충분히 큰 임의의 모집단 (근사 신뢰구간)

$$\left(\overline{X} - z_{1-\frac{\alpha}{2}} \cdot \frac{S}{\sqrt{n}},\ \overline{X} + z_{1-\frac{\alpha}{2}} \cdot \frac{S}{\sqrt{n}}\right)$$

예제 6.7

(1) 화공약품 공장에서 하루 생산량은 표준편차 $\sigma = 21$(톤)인 정규분포를 따른다고 한다. 하루 생산량의 평균 μ에 대한 90% 신뢰구간을 구하기 위하여 9일간 생산량을 기록한 결과 평균 $\overline{x} = 870$(톤)이었다. 그러면 표준정규분포로부터 $\alpha = 0.1$, $z_{0.95} = 1.645$이므로 위의 공식에 의하여 μ의 90% 신뢰구간은

$$\left(870 - 1.645 \cdot \frac{21}{\sqrt{9}},\ 870 + 1.645 \cdot \frac{21}{\sqrt{9}}\right) = (858.48, 881.52)$$

(2) 예제 6.4에서 성인남자의 혈청콜레스테롤 농도가 정규분포를 한다면 모평균 μ의 95% 신뢰구간은 모분산 σ^2이 알려지지 않은 경우이므로 t 분포를 이용해야 한다. 여기서 $\overline{x} = 225$, $s = 56$, $n = 16$, $t_{0.975}(15) = 2.1315$이므로 위의 공식에 의하여 μ의 95% 신뢰구간은

$$\left(225 - 2.1315 \cdot \frac{56}{\sqrt{16}},\ 225 + 2.1315 \cdot \frac{56}{\sqrt{16}}\right) = (195.16, 254.84)$$

(3) (2)에서 만일 혈청콜레스테롤 농도의 분포를 모르고 표본의 크기 $n = 64$라면 표본크기가 충분히 크므로 위의 공식에서 근사적 신뢰구간을 이용할 수 있다. μ의 99% 근사 신뢰구간을 구하면 $\alpha = 0.01$, $z_{0.995} = 2.58$이므로

$$\left(225-2.58 \cdot \frac{56}{\sqrt{64}},\ 225+2.58 \cdot \frac{56}{\sqrt{64}}\right)=(206.94, 243.06)$$

신뢰수준으로는 흔히 99%, 95%, 90%를 많이 사용하며, 이에 대응되는 z의 값은 $z_{0.995} = 2.58$, $z_{0.975} = 1.96$, $z_{0.95} = 1.645$이다. 위의 각 경우에서 모평균 μ의 신뢰구간은 신뢰수준이 $1-\alpha$인 신뢰구간 중 그 길이가 최소인 성질을 갖는 것으로 알려져 있다.

신뢰구간과 신뢰수준에 대한 경험적인 해석을 하기 위하여 한 모집단으로부터 같은 크기의 표본을 여러 번 뽑아서 95% 신뢰구간을 만들어 보자. 만 12세 이상의 건강한 남자의 헤모글로빈값(g/100 ml)은 $\mu = 14.5$, $\sigma = 1.2$의 정규분포를 따른다고 알려져 있다. 표 6.1은 이 모집단에서 크기 $n=4$인 표본을 20번 뽑아서 95% 신뢰구간을 구한 결과이다. 그림 6.4는 각 표본마다의 신뢰구간을 선분으로 나타낸 것이다. 신뢰구간의 위치가 표본에 따라 랜덤하게 변동하고 있으며, 20개의 신뢰구간 중에서 18개의 구간이 $\mu = 14.5$를 포함한 것으로 나타났다. 즉, 신뢰수준의 의미는 똑같은 크기의 표본을 수없이 반복추출하여 계산된 신뢰구간들 중 약 $100(1-\alpha)\%$의 구간들이 모수 μ의 참값을 포함할 것으로 해석된다. 하나의 표본으로부터 계산된 신뢰구간에 모수의 참값이 포함될 확률이 $1-\alpha$라는 것이 아님에 주의해야 한다. 따라서 예제 6.7 (1)에서 구해진 신뢰구간(858.48, 881.52)에 대하여 μ가

표 6.1 헤모글로빈의 모평균에 관한 95% 신뢰구간

표본의 번호	표본평균 : $\bar{x}$	신뢰하한	신뢰상한
1	14.41	13.23	15.59
2	14.53	13.35	15.71
3	13.83	12.65	15.01
4	14.88	13.70	16.06
5	12.91	11.73	14.09
6	14.91	13.73	16.09
7	14.08	12.90	15.26
8	14.18	13.00	15.36
9	14.45	13.27	15.63
10	16.20	15.02	17.38
11	14.52	13.34	15.70
12	15.11	13.93	16.29
13	13.95	12.77	15.13
14	15.27	14.09	16.45
15	13.89	12.71	15.07
16	14.54	13.36	15.72
17	15.03	13.85	16.21
18	13.79	12.61	14.97
19	13.51	12.47	14.55
20	15.02	13.29	16.75

이 구간에 포함될 확률이 0.9라고 하는 것은 옳은 표현이 아니다. 우리가 언급할 수 있는 것은 사용된 구간추정방법에 의한 $\left(\overline{X}-1.645\cdot\frac{\sigma}{\sqrt{n}},\ \overline{X}+1.645\cdot\frac{\sigma}{\sqrt{n}}\right)$가 참값을 포함하는 신뢰구간을 만들 가능성이 100번 중 90번 정도이므로 관측된 신뢰구간도 참값을 포함할 것으로 기대한다는 뜻이다.

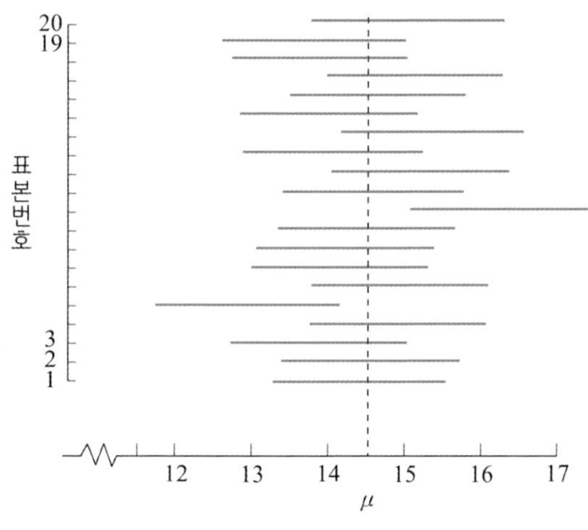

그림 6.4 **20회 추출된 표본의 95% 신뢰구간**

모비율이 p인 모집단에서 추출한 크기 n인 확률표본에서 특정한 속성을 갖는 표본의 개수를 Y라 할 때 $Y \sim B(n, p)$를 따르고, p의 점추정량으로 표본비율 $\hat{p}=\frac{Y}{n}$를 사용함을 앞에서 다루었다. 여기서 모비율의 정확한 신뢰구간을 구하는 것은 생략하고, 표본크기 n이 큰 경우에 p의 구간추정에 대하여 알아보자. 표본크기가 큰 경우 중심극한정리에 의하여 표본비율 $\hat{p}$의 분포는 근사적으로 정규분포를 한다. 즉,

$$\frac{\hat{p}-p}{\sqrt{\frac{p(1-p)}{n}}} \div N(0,\ 1)$$

한편 표본크기가 클 때 $\hat{p}$와 p는 매우 비슷하리라 생각하여

$$\frac{\hat{p}-p}{\sqrt{\frac{\hat{p}(1-\hat{p})}{n}}} \div N(0,\ 1)$$

이 성립한다. 그러므로

$$\lim_{n\to\infty} P\left\{-z_{1-\frac{\alpha}{2}} \le \frac{\hat{p}-p}{\sqrt{\frac{\hat{p}(1-\hat{p})}{n}}} \le z_{1-\frac{\alpha}{2}}\right\} = 1-\alpha$$

즉, $\left(\hat{p}-z_{1-\frac{\alpha}{2}}\sqrt{\frac{\hat{p}(1-\hat{p})}{n}},\ \hat{p}+z_{1-\frac{\alpha}{2}}\sqrt{\frac{\hat{p}(1-\hat{p})}{n}}\right)$는 모비율 p의 $100(1-\alpha)\%$ 근사 신뢰구간임을 알 수 있다.

모비율의 구간추정

표본크기 n이 클 경우 모비율 p의 $100(1-\alpha)\%$ 근사 신뢰구간은

$$\left(\hat{p}-z_{1-\frac{\alpha}{2}}\sqrt{\frac{\hat{p}(1-\hat{p})}{n}},\ \hat{p}+z_{1-\frac{\alpha}{2}}\sqrt{\frac{\hat{p}(1-\hat{p})}{n}}\right)$$

이와 같이 근사결과는 이항분포의 정규근사에서 지적된 바와 같이 $n\hat{p}\ge 5$, $n(1-\hat{p})\ge 5$인 경우에 사용하는 것이 좋다.

예제 6.8

한 도시의 취업적령인 사람들 중 1600명을 랜덤하게 추출하여 조사한 결과 96명이 실업자였다. 이 도시에서의 실업률 p의 점추정값은 $\hat{p}=\frac{96}{1600}=0.06$이고 표본크기 $n=1600$, $n\hat{p}=96\ge 5$, $n(1-\hat{p})=1504\ge 5$이므로 정규근사를 이용하여 도시 실업률 p의 95% 근사 신뢰구간을 구하면, $z_{0.975}=1.96$이므로

$$\left(0.06-1.96\sqrt{\frac{0.06\times 0.94}{1600}},\ 0.06+1.96\sqrt{\frac{0.06\times 0.94}{1600}}\right)=(0.048, 0.072)$$

마지막으로 모평균 μ와 모분산 σ^2을 모르는 정규모집단 $N(\mu,\ \sigma^2)$의 분산 σ^2에 대한 신뢰구간을 구해 보자. 표본크기 n인 확률표본으로부터 σ^2의 추정량은 표본분산

$$S^2=\frac{\sum_{i=1}^{n}(X_i-\overline{X})^2}{n-1}$$

이며

$$\frac{(n-1)S^2}{\sigma^2} \sim \chi^2(n-1)$$

이 성립하므로

$$P\left\{\chi^2_{\frac{\alpha}{2}}(n-1) \le \frac{(n-1)S^2}{\sigma^2} \le \chi^2_{1-\frac{\alpha}{2}}(n-1)\right\} = 1-\alpha$$

즉,

$$P\left\{\frac{(n-1)S^2}{\chi^2_{1-\frac{\alpha}{2}}(n-1)} \le \sigma^2 \le \frac{(n-1)S^2}{\chi^2_{\frac{\alpha}{2}}(n-1)}\right\} = 1-\alpha$$

이므로 모분산 σ^2의 신뢰구간은 다음과 같다.

▌모분산의 구간추정

정규모집단 $N(\mu,\ \sigma^2)$에서 추출된 확률표본에서 모분산 σ^2의 $100(1-\alpha)\%$ 신뢰구간은

$$\left(\frac{(n-1)S^2}{\chi^2_{1-\frac{\alpha}{2}}(n-1)},\ \frac{(n-1)S^2}{\chi^2_{\frac{\alpha}{2}}(n-1)}\right)$$

예제 6.9

어떤 모집단에서 11명을 뽑아서 혈장의 응고시간(분)을 측정하여 표본분산을 계산하였더니 $s^2 = 3.95$였다. 모집단이 정규분포를 따른다고 가정하고 모분산 σ^2의 90% 신뢰구간을 구하면 자유도 $n-1=10,\ \alpha=0.1\ \ \chi^2_{0.05}(10)=3.940,\ \chi^2_{0.95}(10)=18.307$이므로

$$\left(\frac{10\times 3.95}{18.307},\ \frac{10\times 3.95}{3.940}\right) = (2.16,\ 10.03)$$

또한 모표준편차 σ의 90% 신뢰구간은 각 항의 제곱근을 취하여 (1.47, 3.17)임을 알 수 있다.

위의 예제에서 σ^2의 점추정값 $s^2=3.95$는 모평균 μ의 신뢰구간의 경우와는 달리 σ^2의 신뢰구간의 중심이 아니다. 그 이유는 카이제곱분포는 정규분포 또는 t 분포와는 달리 대칭형이 아니기 때문이다. 또한 모평균의 신뢰구간은 중심극한정리에 의해 표본크기가 큰

경우 정규모집단이라는 가정의 의존도가 약화되었으나 모분산의 신뢰구간은 모집단의 분포가 정규분포라는 가정에 크게 의존하는 점에 주의해야 한다.

6.3 신뢰구간의 정밀도와 표본크기의 결정

구간추정에서 신뢰수준을 정하는 것은 신뢰구간의 **정밀도(precision)**와 깊은 관계가 있다. 모분산 σ^2이 알려져 있는 경우에 모평균 μ의 신뢰구간은 $(\overline{X} - z_{1-\frac{\alpha}{2}} \cdot \frac{\sigma}{\sqrt{n}},\ \overline{X} + z_{1-\frac{\alpha}{2}} \cdot \frac{\sigma}{\sqrt{n}})$이며 신뢰구간의 길이 L은

$$L = (\overline{X} + z_{1-\frac{\alpha}{2}} \cdot \frac{\sigma}{\sqrt{n}}) - (\overline{X} - z_{1-\frac{\alpha}{2}} \cdot \frac{\sigma}{\sqrt{n}})$$
$$= 2 \cdot z_{1-\frac{\alpha}{2}} \cdot \frac{\sigma}{\sqrt{n}}$$

로 정의한다. 여기서 신뢰구간의 정밀도를 신뢰구간의 길이가 짧은 것으로 생각한다면 신뢰수준 $1-\alpha$가 커지면 $z_{1-\frac{\alpha}{2}}$의 값이 커지므로 신뢰구간의 길이는 길어지며 결국 신뢰구간의 정밀도는 작아진다. 즉, 신뢰수준이 커지면 정밀도는 떨어진다. '어떤 것을 얻으려면 다른 것을 포기해야 한다'라는 속담이 여기서 잘 적용된다. 그러나 신뢰구간의 길이는 신뢰수준 이외에 모집단의 변이성과 표본의 크기에도 연관이 있다. 모분산 σ^2이 크면 길이는 커지며 표본크기 n이 커지면 길이는 작아진다. 즉, 높은 신뢰수준으로 정밀도가 높은 신뢰구간을 구하려면 적절한 크기의 표본을 뽑아야 한다. 만일 신뢰수준 $1-\alpha$로 신뢰구간의 길이가 미리 정해진 상수 L 이하로 하기 위해서는 표본크기를 다음 식과 같이 결정해야 한다.

$$L \geq 2 z_{1-\frac{\alpha}{2}} \cdot \frac{\sigma}{\sqrt{n}}$$
$$n \geq \left(\frac{2 z_{1-\frac{\alpha}{2}} \cdot \sigma}{L} \right)^2$$

이는 모집단의 분포가 정규분포인 경우에 정확한 것이나, 결과적으로 주어지는 표본크기가 큰 경우에는 임의의 모집단에 대하여 근사적으로 적용될 수 있다.

모평균의 추정에서 표본크기의 결정

모분산 σ^2이 알려져 있는 경우에 $100(1-\alpha)\%$ 신뢰구간의 길이를 L 이하로 하는 데 필요한 표본크기 n은

$$n \geq \left(\frac{2\, z_{1-\frac{\alpha}{2}} \cdot \sigma}{L} \right)^2$$

표본크기 n을 결정하기 위해서는 모분산 σ^2을 알아야 하는데 실질적인 문제에서는 σ^2을 모르는 경우가 많다. 이런 경우에는 과거의 자료를 사용하거나 작은 크기의 예비표본을 추출하여 얻어지는 표본분산으로 σ^2을 추정하여 사용한다.

예제 6.10

예제 6.7 (1)의 예제에서 하루 생산량의 평균 μ의 90% 신뢰구간을 길이 10 이하로 하기 위해 필요한 표본크기 n은 표준편차 $\sigma = 21$, $z_{0.95} = 1.645$이므로

$$n \geq \left(\frac{2 \times 1.645 \times 21}{10} \right)^2 = 47.73$$

즉, 표본크기가 48개 이상이어야 한다.

표본크기가 큰 경우에 모비율 p의 구간추정에서는 신뢰수준 $1-\alpha$인 신뢰구간의 길이가 미리 정해진 상수 L 이하로 하기 위해 필요한 표본크기는

$$n \geq \left(\frac{2 \cdot z_{1-\frac{\alpha}{2}} \sqrt{p(1-p)}}{L} \right)^2$$

로 주어진다. 여기서 p는 모르는 모비율이므로 p의 예상치 또는 예비표본을 뽑아 표본비율로 추정하여 대입하면 된다. 또한 p에 대한 추정값을 구할 수 없는 경우에는 $\sqrt{p(1-p)}$의 최댓값인 $\frac{1}{2}$을 대입하면 가장 큰 표본크기를 구할 수 있다.

모비율의 추정에서 표본크기의 결정

모비율 p의 추정에서 $100(1-\alpha)\%$ 신뢰구간의 길이를 L 이하로 하는데 필요한 표본크기 n은

(1) p의 예상치가 p^*인 경우 $$n \geq \left(\frac{2 z_{1-\frac{\alpha}{2}} \sqrt{p^*(1-p^*)}}{L} \right)^2$$

(2) p에 대한 지식이 없는 경우 $$n \geq \left(\frac{z_{1-\frac{\alpha}{2}}}{L} \right)^2$$

예제 6.11

프로야구 선수들이 사용하는 헬멧에 대하여 37개를 뽑아 충격실험을 한 결과 24개가 손상되었다. p를 헬멧의 충격실험에서의 모 손상률이라 하면 위의 자료에 의한 95% 신뢰구간의 길이는 $\hat{p} = \frac{24}{37} = 0.649$이므로 $L = 2 \times 1.96 \times \sqrt{\frac{0.649 \times 0.351}{37}} = 0.31$이다. 이 길이는 p가 너무 부정확하게 추정되었다는 것을 뜻한다. 따라서 95% 신뢰수준으로 신뢰구간의 길이가 0.1 이하가 되게 하기 위한 표본크기 n은 $p^* = 0.649$를 사용하여

$$n \geq \left(\frac{2 \times 1.96 \times \sqrt{0.649 \times 0.351}}{0.1} \right)^2 = 350.045$$

최소로 필요한 표본크기 n은 351개 이상이다. 만일 p에 대한 지식이 없다고 가정하면

$$n \geq \left(\frac{1.96}{0.1} \right)^2 = 384.16$$

으로 필요한 표본크기 n은 385개 이상이다.

연습문제

01 크기가 n인 확률표본 $X_1, X_2, \dots, X_n$이 확률밀도함수

$$f(x;\theta) = \frac{1}{\theta} e^{-\frac{x}{\theta}}, \quad 0 < x < \infty, \quad 0 < \theta < \infty$$

를 가진 분포로부터 추출되었다고 한다.

(1) $E(X_i)$, $Var(X_i)$를 구하여라.

(2) 표본평균 $\overline{X}$가 θ의 불편추정량임을 보여라.

(3) 표본평균 $\overline{X}$를 θ의 추정량으로 사용할 때 $\overline{X}$의 표준오차를 구하여라.

02 X_1, X_1, X_3를 평균 μ와 분산 σ^2인 모집단으로부터의 크기 $n=3$인 한 확률표본이라 하자. 이때 μ에 대한 세 추정량으로서 다음을 생각해 보자.

$$T_1 = \frac{X_1 + X_2 + X_3}{3}, \quad T_2 = \frac{3X_1 + X_2 + X_3}{5}, \quad T_3 = \frac{2X_1 + X_2 + 2X_3}{5},$$

(1) 위 추정량들 중 μ에 대한 불편추정량을 모두 골라라.

(2) 위 추정량의 표준오차를 각각 구하여라.

(3) 어느 추정량이 가장 유효한지를 말하여라.

03 어느 전구회사에서 생산되는 전구의 수명은 평균 μ와 표준편차 σ인 정규분포를 따른다고 하자. 실제 μ와 σ에 대해 알기 위하여 판매되는 전구 중에 9개를 임의로 추출하여 그 수명 시간을 관측한 결과 다음과 같은 자료를 얻었다.

1570, 1840, 1310, 1450, 1550, 1650, 1530, 1790, 1260

(1) 모평균 μ와 모표준편차 σ의 점추정값을 구하여라.

(2) $\sigma = 180$일 때, 모평균 μ의 95% 신뢰구간을 구하여라.

(3) σ를 모를 때, 모평균 μ의 95% 신뢰구간을 구하여라.

(4) 모분산 σ^2의 95% 신뢰구간을 구하여라.

04 탈수 단백질 5 g의 농축물에 있는 수분은 평균 μ, 표준편차 σ인 정규분포를 따른다고 한다. 5 g짜리 16개를 표본으로 하여 수분의 평균값과 표준편차가 각각 1.75 g, 0.25 g이었다고 한다.

(1) 모평균 μ와 모표준편차 σ의 점추정값과 표준오차를 각각 구하여라.

(2) 모평균 μ의 90% 신뢰구간을 구하여라.

(3) 모분산 σ^2의 90% 신뢰구간을 구하여라.

05 어느 대학에서 남학생의 평균신장 μ를 추정하기 위해 50명을 임의로 추출한 결과 $\overline{X}=173$ cm, $S=3$ cm를 얻었다고 한다.

(1) 남학생의 평균신장 μ에 대한 99% 신뢰구간을 구하여라.

(2) μ에 대한 99% 신뢰구간의 길이를 1 cm 이하로 하려면 최소한 몇 명의 표본이 필요한가?

06 고속도로의 부분적 보수에 쓰이는 새로운 시멘트 혼합물이 굳을 때까지의 평균시간을 추정하고자 한다. 100군데의 보수공사 기록으로부터 평균과 표준편차가 32분과 4분으로 나타났다.

(1) 평균시간의 95% 신뢰구간을 구하여라.

(2) 평균시간에 대한 95% 신뢰구간의 길이를 1분 이내로 하려고 할 때 필요한 최소 표본의 크기를 구하여라.

07 옥수수의 수확에 해를 미치는 곰팡이에서 나오는 독소에 대한 조사를 하기 위해 10번에 걸쳐 곰팡이를 배양하여 유기물에 용해한 후 독성을 mg 단위로 측정한 결과가 다음과 같다.

1.2, 0.8, 0.6, 1.1, 1.2, 0.9, 0.9, 1.5, 0.9, 1.0

(1) 표본평균 $\overline{x}$와 표본표준편차 s를 구하여라.

(2) 모집단에 대한 적절한 가정을 하고, 모평균 및 모표준편차에 대하 90% 신뢰구간을 각각 구하여라.

08 다음은 20명의 건강한 대학생들을 대상으로 측정한 최대호흡량(ml)이다.

132, 103, 91, 108, 167, 119, 154, 200, 109, 133

196, 93, 187, 121, 163, 166, 84, 110, 157, 138

(1) 표본평균 $\overline{x}$와 표본표준편차 s를 구하여라.

(2) 모집단에 대한 적절한 가정을 하고, 모평균 및 모표준편차에 대한 95% 신뢰구간을 각각 구하여라.

09 고혈압 치료를 받고 있는 환자 12명의 수축기 혈압(mmHg)이 다음과 같다.

183, 152, 178, 157, 194, 163, 144, 114, 178, 152, 118, 158

(1) 표본평균 $\overline{x}$와 표본표준편차 s를 구하여라.

(2) 모집단에 대한 적절한 가정을 하고, 모평균 및 모표준편차에 대한 99% 신뢰구간을 각각 구하여라.

10 한 도시의 실업률 p를 추정하기 위해 2000명의 취업적령자를 임의로 추출하여 조사한 결과 실업자는 165명이었다. 이때

(1) 모실업률 p의 점추정값을 구하여라.

(2) 모실업률 p에 대한 95% 신뢰구간을 구하여라.

11 텔레비전 방송국에서 특정 프로그램의 시청률 p를 추정하기 위해 400명의 시청자를 임의로 추출하여 시청 여부를 물었더니 이 중 105명이 시청하였다.

(1) 모시청률 p의 점추정값과 표준오차를 구하여라.

(2) 모시청률 p에 대한 90% 신뢰구간을 구하여라.

12 어떤 모집단의 모비율 p를 추정하기 위해 크기 $n(n \geq 30)$인 확률표본을 추출하여 p에 대한 95% 근사신뢰구간을 구한 결과 (0.1, 0.2)를 얻었다. 다음의 각 명제에 대하여 진위 여부를 밝히고 그 이유를 설명하여라.

(1) (0.1, 0.2)는 p에 대한 95% 근사신뢰구간이므로, 이 구간이 미지의 모비율 p를 포함할 확률은 대략 0.95이다.

(2) (0.1, 0.2)가 미지의 모비율 p를 포함할 확률은 0 또는 1 중의 하나이지만, 과연 이 구간이 p를 포함하는지 안하는지를 알 수 없다.

(3) (0, 1)은 무조건 p에 대한 95% 신뢰구간이다.

(4) (0, 0.95)는 무조건 p에 대한 95% 신뢰구간이다.

13 심리학 실험에서 개인이 흥분하는 경우에 그 반응으로써 A, B 두 가지 중에 하나를 택하도록 되어 있다. A라는 반응을 나타내는 사람들의 비율을 p라 하자. 모비율 p에 대한 90% 신뢰구간의 길이가 0.08이 되도록 다음 각 경우에 필요한 표본크기를 구하여라.

(1) p값을 약 0.2라고 알 때

(2) p에 대해 전혀 모를 때

14 어떤 도시에서 연령 30~50세의 부인을 상대로 건강관리에 관한 설문조사를 하였다. 300명을 면접조사하였더니 123명이 1년에 한 번씩 산부인과의 정기진단을 받는다고 하였다. 모비율의 95% 신뢰구간을 구하여라.

15 어린이 150명을 조사하였더니 45명이 간염에 대한 면역성을 가지고 있었다. 모비율의 99% 신뢰구간을 구하여라.

16 천식환자 중에서 어느 정도의 사람들이 가정 내 분진에 알러지 반응을 일으키는가를 조사하였다. 140명의 천식환자 표본에서 35%는 가정 분진에 양성 피부반응을 일으키고 있었다. 모비율의 90% 신뢰구간을 구하여라.

17 어느 대도시 지역에서 산업위생조사를 실시하였다. 어떤 형태의 산업장 70개를 방문한 결과 21지역은 안전성에 있어 취약한 것으로 나타났다.

(1) 취약률에 대한 모비율의 95% 신뢰구간을 구하여라.

(2) 취약률에 대한 모비율의 95% 신뢰구간의 길이가 0.05 이내로 추정하고자 할 때 최소한의 표본의 크기를 구하여라.

18 유해물질에 폭로된 16마리의 실험동물에서 헤모글로빈(hemoglobin)을 측정하여 다음 결과를 얻었다. σ^2에 관한 95% 신뢰구간을 구하여라.

15.6, 14.8, 14.4, 16.6, 13.8, 14.0, 17.3, 17.4

18.6, 16.2, 14.7, 15.7, 16.4, 13.9, 14.8, 17.5

7장 통계적 가설검정

7.1 가설검정의 원리

확률표본으로부터 주어지는 정보를 이용하여 모집단의 특성을 나타내는 모수에 대한 추론으로 점추정과 구간추정에 대하여 앞장에서 배웠다. 이제 추정과 더불어 모수에 대한 추론으로 가장 많이 쓰이는 **통계적 가설검정(statistical hypothesis testing)**에 대하여 알아보자. 이는 간단히 **검정(test)**이라 한다. 검정이란 미지의 모수에 대한 예상, 주장 또는 추측 등의 옳고 그름을 판정하는 과정이다.

예를 들어, 어떤 제약회사에서 생산하고 있는 진통제는 진통효과가 나타나는 시간이 평균 30분 미만이라고 주장하고 있다. 랜덤하게 50명의 환자에게 투약하여 진통효과가 나타나는 시간의 평균이 32분이었다. 이때 제약회사의 주장이 옳은가 그른가를 생각해 보자. 우리는 $32 > 30$이라는 결과만 보고 회사의 주장이 틀렸다고 할 수 없다. 검사한 환자는 진통제를 필요로 하는 환자의 일부분이고, 50개의 자료는 모집단으로부터 추출된 표본이기 때문이다. 모집단의 평균을 μ라고 할 때 비록 $\mu < 30$분이라는 주장이 옳더라도 표본평균의 값이 반드시 30분과 같지 않다 하며 이 회사의 주장이 아직 틀린다고 할 수 없다. 그러나 표본평균의 값이 30분에서 너무 많이 떨어질 때에는 $\mu < 30$분이라는 주장은 의심할 만하다. 이리하여 표본평균이 어느 정도 30분에 가까우면 회사의 주장이 옳고 어느 정도 멀면 틀리다고 말할 수 있는가가 문제로 된다. 즉, $\mu < 30$분을 채택할 것인가 기각할 것인가를 판정하는 과정, 즉 통계적 가설검정의 문제이다.

진통제의 효과가 나타나는 평균시간을 μ라고 하면 제약회사의 주장은 '$\mu < 30$분'과 같이 나타낼 수 있다. 이와 같이 모수에 대한 예상, 주장 또는 추측 등을 **통계적 가설(statistical hypothesis)** 또는 가설이라 한다. 특히 자료로부터 강력한 증거에 의하여 입증하고자 하는 가설을 **대립가설(alternative hypothesis)**이라 하며, 기호로 H_1이라 표현한다. 이에 상반되는 가설을 **귀무가설(null hypothesis)** 또는 **영가설(zero hypothesis)**이라 하며, 기호로 H_0라고 표현한다. 일반적으로 어떤 새로운 주장이나 생각을 대립가설로 하고 반대되는 것을 귀무가설로 세운 다음, 표본에서 대립가설을 입증할 만한 충분한 증거가 있는가를 판단하게 된다. 이때 귀무가설과 대립가설 중 어느 하나를 택하는데 사용되는 통계량을 **검정통계량(test statistic)**이라 한다. 검정통계량의 관측값에 따라 대립가설 H_1을 택할 때는 '귀무가설 H_0를 기각한다'고 하며, 귀무가설 H_0를 택할 때는 '귀무가설 H_0를 기각할 수 없다'고 표현하는 것이 관례이다. H_0를 기각할 수 없는 경우는 그 실험이나 조사에서 얻은 자료로서는 귀무가설을 부정하고, 대립가설을 주장할 만한 근거가 충분치 못하다는 것을 의미한다. 또한 검정통계량의 관측값에 따라 H_0를 기각하는가 또는 기각하지 못하는가가 결정되므로, 귀무가설 H_0를 기각하게 되는 검정통계량의 관측값의 영역을 **기각역(critical region)**이라 한다. 통계적 가설검정의 방법은 검정통계량과 기각역에 의하여 결정된다.

모집단의 특성을 나타내는 모수는 미지이므로 두 가설 H_0와 H_1 중 어느 하나가 옳은가를 수리적으로 증명할 수 없다. 그러므로 검정결과에 따른 결정에 대하여 다음과 같은 두 가지의 오류를 범할 수 있다.

검정결과 \ 미지의 현상	귀무가설 H_0가 사실	대립가설 H_1 이 사실
H_0를 채택	옳은 결정	제 2종 오류
H_0를 기각	제 1종 오류	옳은 결정

귀무가설 H_0가 사실인데 기각되는 오류는 **제 1종 오류(type I error)**라 한다. 이 오류를 범할 확률의 최대 허용한계를 검정의 **유의수준(significance level)**이라 하며 α로 나타낸다. H_0가 거짓일 때 이를 받아들이는 오류를 **제 2종 오류(type II error)**라 하며, 이 오류를 범할 확률을 β로 나타낸다. 이와 같은 오류를 범할 확률을 가능한 한 작게 해 주는 것이 바람직한 검정법일 것이다. 그러나 두 가지 오류를 범할 확률을 동시에 최소로 하여 주는 검정법은 존재하지 않는다. 따라서 통계학의 전통적인 형식으로 채택 여부가 실제적으로 중요한 의미를 줄 때, 예를 들어 새로운 약을 생산할 공장 등 여러 가지 변화가 일어나므로 잘못 판단하는 오류로 여러 가지 손실을 감수할 확률을 미리 지정된 값 이하로 하여 주는 검정법

을 찾는다. 즉, H_1을 택할 경우가 실제적으로 중요한 의미를 주므로 제 1종 오류를 범할 확률을 미리 지정된 확률 이하로 하는 검정법을 찾는 것이다. 흔히 미리 지정된 확률, 유의수준 α를 $\alpha = 0.01$, $\alpha = 0.05$, $\alpha = 0.1$과 같이 나타낸다. 따라서 유의수준 α인 검정법이란 제 1종 오류를 범할 확률이 α 이하인 검정법을 뜻한다.

예제 7.1

앞의 본문 예제에서 진통제의 진통효과가 나타나는 시간의 분포가 표준편차 $\sigma = 5$인 정규분포라고 하자. 제약회사는 모평균 μ가 30분 미만이라고 주장하므로 귀무가설과 대립가설은

$$H_0 : \mu \geq 30, \qquad H_1 : \mu < 30$$

이때 검정통계량과 기각역을 각각 표본평균 $\overline{X}$, $\overline{X} \leq 28$인 검정법을 사용한다면 이는 유의수준 5%인 검정법인가를 확인해 보자. 제 1종 오류를 범할 확률은 $\mu \geq 30$일 때 H_0를 기각하는 확률이므로, $n = 50$, $\sigma = 5$와 표준정규 확률변수 Z를 이용하여

$$\begin{aligned} P(\overline{X} \leq 28 \mid \text{실제평균 } \mu) &= P\left(\frac{\overline{X} - \mu}{5/\sqrt{50}} \leq \frac{28 - \mu}{5/\sqrt{50}}\right) \\ &= P\left(Z \leq \frac{28 - \mu}{5/\sqrt{50}}\right) \end{aligned}$$

따라서 제 1종 오류를 범할 확률은 μ에 관하여 감소하므로 $\mu = 30$에서 최댓값을 갖는다.

$$P\left(Z \leq \frac{28 - 30}{5/\sqrt{50}}\right) = \mathrm{P}(\mathrm{Z} \leq -2.83) = 0.023$$

이므로 이 검정법은 유의수준 5%인 검정법이다.

예제 7.1에서 제 1종 오류를 범할 확률은 모르는 모수 μ에 의존하는 함수였다. 이와 같이 미지의 실제 현상에 따라 귀무가설 H_0를 기각하는 확률의 변화를 나타내는 함수를 **검정력 함수(power function)**라고 하며, 검정력 함수의 값을 **검정력(power)**이라 한다. 예제 7.1의 검정력 함수는

$$\gamma(\mu) = P(\overline{X} \leq 28 \mid \mu) = P\left(Z \leq \frac{28 - \mu}{5/\sqrt{50}}\right)$$

으로 주어진다.

오류의 종류와 검정력

제 1종 오류 : 귀무가설 H_0가 참일 때 H_0를 기각하는 오류

제 2종 오류 : 대립가설 H_1이 참일 때 H_1을 기각하는 오류

유의수준 : 제 1종 오류를 범할 확률의 최대허용한계

검정력 함수 : 검정법에 의해 귀무가설 $H_0 : \theta \in \Theta_0$를 기각할 확률을 나타내는 모수 θ의 함수

$\gamma(\theta) = P$(검정통계량 $\in$ 기각역 $| \, \theta$)

제 1종 오류를 범할 확률 $= \gamma(\theta), \ \theta \in \Theta_0$

제 2종 오류를 범할 확률 $= 1 - \gamma(\theta), \ \theta \notin \Theta_0$

검정력 $= \gamma(\theta), \ \theta \notin \Theta_0$

예제 7.2

혈청칼슘 농도는 정상인인 경우 평균 10 mg/dl, 표준편차 3 mg/dl인 정규분포를 한다고 알려져 있다. 의학자가 부갑상선 기능항진 환자의 혈청칼슘 농도는 평균이 정상인보다 높다고 예측하여 25명의 환자를 검사하였다. 이때 환자의 혈청칼슘 농도의 모평균을 μ라고 할 때 귀무가설과 대립가설은

$$H_0 : \mu \le 10 \text{ mg/dl} \qquad H_1 : \mu > 10 \text{ mg/dl}$$

이며, 표본평균을 검정통계량으로 하는 다음 세 가지 기각역을 갖는 검정법을 생각해 보자.

검정법 $A : \overline{X} \ge 11.176$ $\qquad B : \overline{X} \ge 10.987$ $\qquad C : \overline{X} \ge 10.725$

기각역이 '$\overline{X} \ge c$'이므로 각 검정법에 대한 검정력 함수는

$$\gamma(\mu) = P(\overline{X} \ge c \mid \mu) = P\left(Z \ge \frac{c-\mu}{3/\sqrt{25}}\right)$$

로 주어진다. 여기에 여러 가지 μ값을 대입하면 표 7.1과 같은 세 검정법의 검정력을 구할 수 있고, 그림 7.1은 검정력 곡선을 나타내고 있다.

표 7.1 **검정법 *A*, *B*, *C*의 검정력**

μ	8	9	9.5	10	10.5	11	12
(A) $\gamma_A(\mu) = P(\overline{X} \ge 11.176 \mid \mu)$	0.0000	0.0001	0.0026	0.0250	0.1299	0.3896	0.9152
(B) $\gamma_B(\mu) = P(\overline{X} \ge 10.987 \mid \mu)$	0.0000	0.0005	0.0066	0.0500	0.2085	0.5086	0.9573
(C) $\gamma_C(\mu) = P(\overline{X} \ge 10.725 \mid \mu)$	0.0000	0.0020	0.0201	0.1135	0.3538	0.6766	0.9832

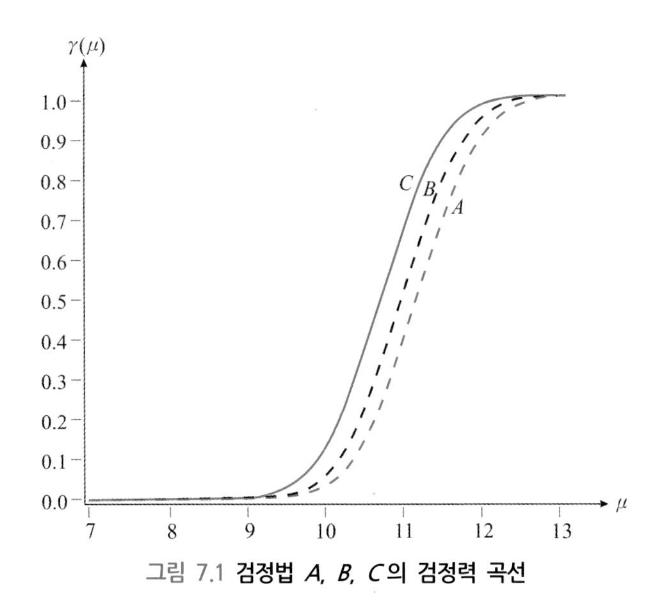

그림 7.1 **검정법 *A, B, C*의 검정력 곡선**

여기서 유의수준 $\alpha = 0.05$로 주어졌다면, 검정법 C는 이를 만족하지 못하고 검정법 A와 B는 $\alpha = 0.05$인 검정법이라 할 수 있다. 한편 제 2종 오류를 범할 확률은 검정법 B가 검정법 A보다 작으므로 검정법 B가 더 좋은 검정법이 된다. 일반적으로 유의수준 α를 정하여 놓고 제 2종 오류를 범할 확률을 최소로 하여 주는 검정법이 가장 좋은 검정법이다.

예제 7.3

예제 7.2에서 25명의 환자를 랜덤하게 추출하여 검사한 결과 표본평균 $\bar{x} = 11.2$ mg/dl이었다면 유의수준 $\alpha = 0.05$로 의학자의 주장이 옳은가 검정해 보자. 예제 7.2에서 유의수준 $\alpha = 0.05$인 검정법 중 검정법 B가 가장 좋은 검정법이므로 기각역은

$$\text{기각역} : \overline{X} \geq 10.987$$

검사결과 $\bar{x} = 11.2$는 기각역에 속하므로, 자료에 의하여 부갑상선 기능항진 환자의 혈청칼슘 농도는 정상인보다 높다는 뚜렷한 증거가 있다고 말할 수 있다. 이때 유의수준 $\alpha = 0.05$의 의미는 이같은 검정법을 무수히 많이 반복 사용한다면 H_0가 참일 때 H_0를 기각하는 경우가 전체의 5%이하일 것이라는 뜻이다.

예제 7.3에서와 같이 검정의 결과는 'H_0를 채택'과 'H_0를 기각'의 두 가지 형태로 나타날 것이다. 만일 예제 7.3에서 검사결과 표본평균이 $\bar{x} = 11.5$ mg/dl이었다 해도 결론은 $\bar{x} = 11.2$ mg/dl인 때와 마찬가지로 H_0를 유의수준 5%에서 기각하게 된다. 즉, 같은 결론에

도달할 것이다. 그러나 $\bar{x}=11.5$인 경우는 $\bar{x}=11.2$인 경우보다 대립가설에 대한 증거가 더욱 뚜렷하다. 이러한 사실을 반영하기 위하여 주어진 관측값을 이용하여 H_0를 기각할 수 있는 최소의 유의수준이 얼마인가 생각할 수 있다. 작은 유의수준에서 H_0를 기각할수록 관측값은 H_1에 대한 뚜렷한 증거가 될 것이다. 이를 **p값(p-value)**이라 하며 다음과 같이 정의된다.

p값과 유의수준 α의 관계

검정통계량 Y의 관측값 y에 대한 p값(p-value)은 관측값 y에 대한 귀무가설을 기각할 수 있는 최소의 유의수준을 뜻한다. 또한 주어진 유의수준 α에 대하여

$p>\alpha$이면 귀무가설 H_0를 기각할 수 없고

$p\le\alpha$이면 귀무가설 H_0를 기각한다.

예제 7.4

예제 7.3에서 검사결과의 p값은 $\bar{x}=11.2$이므로

$$p(11.2)=P(\bar{X}\ge 11.2 \mid \mu=10)=P\left(Z\ge\frac{11.2-10}{3/\sqrt{25}}\right)=0.0228$$

이고, 만일 검사결과가 $\bar{x}=11.5$이었다면 p값은

$$p(11.5)=P(\bar{X}\ge 11.5 \mid \mu=10)=P\left(Z\ge\frac{11.5-10}{3/\sqrt{25}}\right)=0.0062$$

로 주어진다. 일반적으로 검정문제에서 p값을 직접 제시하는 것이 관측결과의 유의성을 더욱 잘 나타내 주는 것이다.

7.2 모평균의 검정

우리는 실험에서 얻은 자료의 평균값을 과거의 문헌이나 경험으로 알려져 있는 기준값과 비교하려는 경우가 흔히 있다. 즉, 한 모집단으로부터 추출된 확률표본을 이용하여 모평균이 기준값과 차이가 있는가를 알아보고자 한다. 모평균을 μ, 기준값을 알려진 상수 μ_0

라 한다면 다음과 같은 세 가지 형태의 가설이 있을 수 있다.

(a) $H_0 : \mu \le \mu_0, \quad H_1 : \mu > \mu_0$

(b) $H_0 : \mu \ge \mu_0, \quad H_1 : \mu < \mu_0$

(c) $H_0 : \mu = \mu_0, \quad H_1 : \mu \ne \mu_0$

이때 A와 B를 **단측가설(one-sided hypothesis)**이라 하고, C를 **양측가설(two-sided hypothesis)**이라 한다. 이는 연구자의 주장에 따라 선택할 수 있다.

한 모집단에서 관심의 대상이 되는 모평균의 가설검정은 표본평균 $\overline{X}$에 의존하게 되는데 6장에서의 구간추정과 마찬가지 이유로 다음 세 가지 경우로 나누어 알아보자.

- 경우 1 : 모분산 σ^2을 알고 있는 정규모집단
- 경우 2 : 모분산 σ^2을 모르는 정규모집단
- 경우 3 : 표본크기가 큰 임의의 모집단

경우 1 모분산 σ^2을 알고 있는 정규모집단의 모평균 μ에 대한 단측가설

$$H_0 : \mu \le \mu_0, \qquad H_1 : \mu > \mu_0$$

의 가설검정을 생각해 보자. 크기 n인 확률표본에서 표본평균 $\overline{X}$가 μ의 점추정량이므로 $\overline{X}$의 값이 클수록 H_1이 사실이라는 것이 직관적으로 당연하다. 따라서 검정의 기각역은

$$\text{기각역} : \overline{X} \ge c$$

의 형태가 되며 c는 유의수준 α가 되도록 정해주어야 한다.

이 검정법의 검정력 함수는 $\overline{X}$의 분포가 정규분포이므로

$$\begin{aligned}\gamma(\mu) &= P(\overline{X} \ge c \mid \mu) \\ &= P\left(\frac{\overline{X}-\mu}{\sigma/\sqrt{n}} \ge \frac{c-\mu}{\sigma/\sqrt{n}}\right) \\ &= P\left(Z \ge \frac{c-\mu}{\sigma/\sqrt{n}}\right)\end{aligned}$$

제 1종 오류를 범할 확률은 실제 평균 μ가 커질수록 높아지므로 귀무가설하에서 μ_0일 때 최대가 된다. 유의수준 α이려면

$$\gamma(\mu_0) = \alpha, \qquad \frac{c-\mu_0}{\sigma/\sqrt{n}} = z_{1-\alpha}$$

그러므로 유의수준 α인 기각역은

$$\text{기각역} : \frac{\overline{X} - \mu_0}{\sigma / \sqrt{n}} \geq z_{1-\alpha}$$

로 주어진다.

같은 방법으로 귀무가설과 대립가설이 각각

$$H_0 : \mu \geq \mu_0, \qquad H_1 : \mu < \mu_0$$

일 때의 유의수준 α인 기각역은

$$\text{기각역} : \frac{\overline{X} - \mu_0}{\sigma / \sqrt{n}} \leq -z_{1-\alpha}$$

로 주어진다.

또한 가설이

$$H_0 : \mu = \mu_0, \qquad H_1 : \mu \neq \mu_0$$

일 경우에는 표본평균 $\overline{X}$가 μ_0로부터 멀리 떨어질수록, 즉 $|\overline{X} - \mu_0|$이 클수록 H_1이 사실임이 당연하므로 기각역의 형태는

$$\text{기각역} : |\overline{X} - \mu_0| \geq c$$

이며 제 1종 오류를 범할 확률은

$$\begin{aligned} \gamma(\mu_0) &= P(|\overline{X} - \mu_0| \geq c \mid \mu_0) \\ &= P\left(\frac{|\overline{X} - \mu_0|}{\sigma / \sqrt{n}} \geq \frac{c}{\sigma / \sqrt{n}} \right) \\ &= P\left(|Z| \geq \frac{c}{\sigma / \sqrt{n}} \right) \end{aligned}$$

로 주어지므로 유의수준 α인 기각역은

$$\text{기각역} : \left| \frac{\overline{X} - \mu_0}{\sigma / \sqrt{n}} \right| \geq z_{1-\frac{\alpha}{2}}$$

로 주어진다.

앞에서 설명된 검정법은 정규분포를 이용한 검정법이므로 **정규검정법** 또는 **Z 검정법(normal test or Z-test)**이라 하며, 이를 정리하면 다음과 같다.

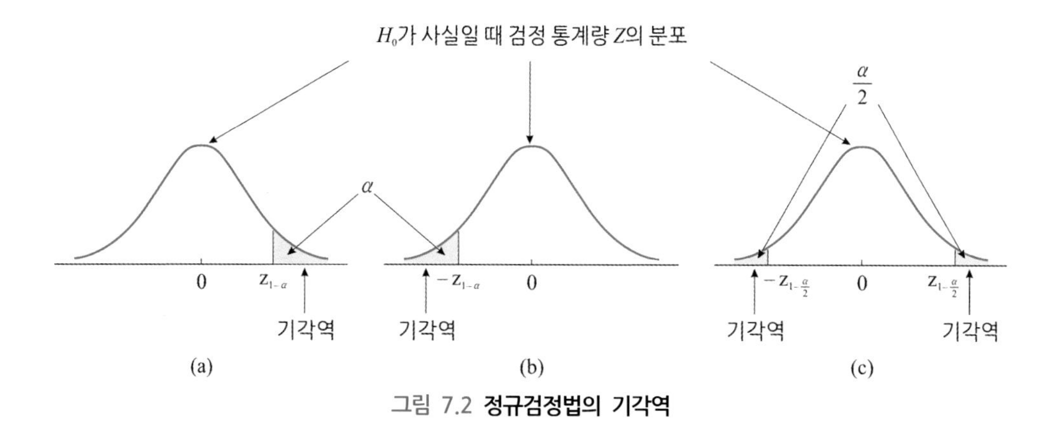

그림 7.2 **정규검정법의 기각역**

정규검정법

모분산 σ^2이 기지인 정규모집단에서 모평균의 가설검정에 대한 검정통계량은

$$Z = \frac{\overline{X} - \mu_0}{\sigma / \sqrt{n}}$$

이며 세 가지 가설에 대한 유의수준 α인 기각역은 다음과 같다.

(a) $H_0 : \mu \le \mu_0$, $H_1 : \mu > \mu_0$; 기각역 : $Z \ge z_{1-\alpha}$

(b) $H_0 : \mu \ge \mu_0$, $H_1 : \mu < \mu_0$; 기각역 : $Z \le -z_{1-\alpha}$

(c) $H_0 : \mu = \mu_0$, $H_1 : \mu \ne \mu_0$; 기각역 : $|Z| \ge z_{1-\frac{\alpha}{2}}$

예제 7.5

한 질병에 대한 기존 치료법의 치료기간은 평균 10일, 표준편차 3일인 정규분포를 따른다고 알려져 있다. 새로운 치료법을 개발한 의료진들은 새로운 치료법이 치료기간을 단축한다고 주장하여 25명의 환자의 치료기간을 측정하여 평균치 $\overline{x} = 9$일을 얻었다. 새로운 치료법에 의한 치료기간도 표준편차 3일인 정규분포를 따른다고 가정하고, 의료진의 주장이 옳은가를 검정해 보자.

환자의 치료기간의 모평균을 μ라 하면 귀무가설과 대립가설을 각각

$$H_0 : \mu \ge 10, \qquad H_1 : \mu < 10$$

으로 세울 수 있다. 25명의 환자의 치료기간의 평균을 $\overline{X}$라 하면 유의수준 $\alpha = 0.05$인 정규검정법의 기각역은

$$\text{기각역} : Z = \frac{\overline{X} - 10}{3/\sqrt{25}} \le z_{1-\alpha} = 1.645$$

이며 검정통계량의 계산된 값은

$$z = \frac{9-10}{3/\sqrt{25}} = -1.666$$

으로 기각역에 속하므로 귀무가설 H_0를 기각하고 대립가설 $H_1 : \mu < 10$을 주장할 수 있다. 즉, 새로운 치료법은 치료기간을 단축한다는 의료진의 주장을 뒷받침해 준다. 또한 이 검정의 p값을 계산하면 다음과 같다.

$$\begin{aligned} p(9) &= P(\overline{X} \le 9 \mid \mu = 10) \\ &= P(Z \le -1.666) = 0.048 \end{aligned}$$

경우 2 모분산 σ^2을 모르는 정규모집단의 모평균 μ에 관한 가설검정은 경우 1과 마찬가지로 표본평균 $\overline{X}$를 이용한다. 그러나 모분산 σ^2을 모르므로 그 대신 S^2을 대입하여 유의수준 α인 기각역은 5.5절에서 언급한 바와 같이 정규분포가 아닌 t 분포를 사용하여 구한다. 즉,

$$\frac{\overline{X}-\mu}{S/\sqrt{n}} \sim t(n-1)$$

이므로 경우 1과 같은 방법으로 기각역을 구하여 정리하면 다음과 같다. 이때의 검정법은 t 분포를 사용하므로 ***t* 검정법(t-test)**이라 한다.

t 검정법

모분산 σ^2이 미지인 정규모집단에서 모평균의 가설검정에 대한 검정통계량은

$$T = \frac{\overline{X}-\mu_0}{S/\sqrt{n}}$$

이며 세 가지 가설에 대한 유의수준 α인 기각역은 다음과 같다.

(a) $H_0 : \mu \le \mu_0,\ \ H_1 : \mu > \mu_0$; 기각역 : $T \ge t_{1-\alpha}(n-1)$

(b) $H_0 : \mu \ge \mu_0,\ \ H_1 : \mu < \mu_0$; 기각역 : $T \le -t_{1-\alpha}(n-1)$

(c) $H_0 : \mu = \mu_0,\ \ H_1 : \mu \ne \mu_0$; 기각역 : $|T| \ge t_{1-\frac{\alpha}{2}}(n-1)$

예제 7.6

어떤 질환이 혈장 포타슘(potassium)농도에 영향을 주는가를 알아보기 위하여 10명의 환자에 대하여 측정한 결과 $\bar{x}=3.4$, $s=0.5$이었다. 건강한 사람의 혈장 포타슘 농도는 평균이 4.5인 정규분포를 따른다고 할 때 이 질환에 걸린 사람의 포타슘 농도는 정상인과 다르다고 할 수 있는가를 검정해 보자.

대립가설은 '환자의 포타슘 농도의 평균 μ는 정상치 4.5와 다르다'이므로

$$H_0 : \mu = 4.5, \qquad H_1 : \mu \neq 4.5$$

이다. 모집단의 분산을 모르므로 t 검정법의 검정통계량

$$T=\frac{\overline{X}-\mu_0}{S/\sqrt{n}}$$

을 사용한다. 유의수준 $\alpha=0.01$로 정하면 기각역은

$$\text{기각역 : } |T| \geq t_{1-\frac{\alpha}{2}}(n-1)=3.250$$

으로 주어진다. 검정통계량을 계산하면

$$t=\frac{3.4-4.5}{0.5/\sqrt{10}}=-6.957$$

이므로 기각역에 속한다. 즉, H_0를 기각하고 환자의 혈장 포타슘 농도는 정상인과 다르다고 말할 수 있다. 여기서 환자의 혈장 포타슘 농도 μ의 95% 신뢰구간은

$$\left(\overline{X}-t_{1-\frac{\alpha}{2}}(n-1)\cdot\frac{S}{\sqrt{n}},\ \overline{X}+t_{1-\frac{\alpha}{2}}(n-1)\cdot\frac{S}{\sqrt{n}}\right)$$
$$=\left(3.4-3.250\times\frac{0.5}{\sqrt{10}},\ 3.4+3.250\times\frac{0.5}{\sqrt{10}}\right)=(2.89,\ 3.91)$$

이다. 따라서 95%의 신뢰도로서 μ는 2.89와 3.91 사이에 있다고 할 수 있다. 다시 말하면 $\mu=4.5$라는 주장은 신뢰구간 밖에 있으므로 적절치 않은 것으로 보인다. 일반적으로 양측가설의 검정에서 설정하는 모수의 값이 $100(1-\alpha)\%$ 신뢰구간에 속하지 않을 때 이 가설은 유의수준 α로 기각하고 신뢰구간에 속하면 가설은 기각하지 못한다. 그러나 단측가설의 검정은 이와는 다르다는 것은 염두에 두어야 한다.

경우 3 표본크기 n이 충분히 큰 경우에는 임의의 모집단에 대하여 중심극한정리에 의하여 표본평균 $\overline{X}$의 분포가 근사적으로 정규분포를 따른다. 즉,

$$\frac{\overline{X}-\mu}{\sigma/\sqrt{n}} \doteq N(0,1)$$

이므로 경우 1의 모평균에 대한 검정법의 유도과정은 근사적으로 성립한다. 이때 모분산 σ^2을 모르는 경우는 표본크기 n이 클 때 표본표준편차 S와 σ가 가까울 것이라고 생각할 수 있으므로 σ 대신 S를 대입해도 성립하게 된다. 즉,

$$\frac{\overline{X}-\mu}{S/\sqrt{n}} \doteq N(0,1)$$

따라서 이 경우의 검정법은 다음과 같이 정리할 수 있다.

표본크기가 큰 경우의 모평균 검정(근사 정규검정법)

표본크기가 충분히 큰 확률표본에서 모평균의 가설검정에 대한 검정통계량은

$$Z=\frac{\overline{X}-\mu_0}{S/\sqrt{n}}$$

이며 세 가지 가설에 대한 유의수준 α인 기각역은 다음과 같다.

(a) $H_0: \mu \le \mu_0,\quad H_1: \mu > \mu_0$; 기각역 : $Z \ge z_{1-\alpha}$

(b) $H_0: \mu \ge \mu_0,\quad H_1: \mu < \mu_0$; 기각역 : $Z \le -z_{1-\alpha}$

(c) $H_0: \mu = \mu_0,\quad H_1: \mu \ne \mu_0$; 기각역 : $|Z| \ge z_{1-\frac{\alpha}{2}}$

예제 7.7

한 담배 종류의 한 개비당 니코틴 함유량이 0.6 mg 이하라고 표시되어 있다. 이 담배에서 임의로 100개비를 임의추출하여 니코틴 함유량을 조사한 결과 평균 함유량 0.63 mg, 표준편차 0.11 mg으로 나타났다. 이는 실제 평균 니코틴 함유량이 표시된 양보다 많은 것을 의미하는지 알아보자.

표본크기가 $n=100$으로 충분히 크므로 근사 정규검정법을 적용할 수 있다. 이때 귀무가설과 대립가설이 실제 평균 니코틴 함유량이 μ일 때

$$H_0: \mu \le 0.6\text{ mg},\qquad H_1: \mu > 0.6\text{ mg}$$

으로 주어지므로, 검정통계량의 계산치는 다음과 같다.

$$z=\frac{\overline{x}-0.6}{s/\sqrt{n}}=\frac{0.63-0.6}{0.11/\sqrt{100}}=2.727$$

이 검정의 유의수준 $\alpha = 0.05$인 기각역은

$$Z \geq z_{1-\alpha} = 1.645$$

으로 검정통계량의 계산치를 포함하므로 H_0를 기각한다. 즉, 주어진 자료에 의하면 담배의 실제 니코틴 함유량은 표시된 양 0.6 mg보다 많다고 할 수 있다.

7.3 모비율의 검정

특정한 속성을 갖는 비율이 p인 모집단으로부터 추출된 크기 n인 확률표본에서 특정한 속성을 갖는 표본의 개수를 Y라 하면, $Y \sim B(n, p)$이고 p의 점추정량으로 표본비율 $\hat{p} = \frac{Y}{n}$를 사용함을 6장에서 다루었다. 여기서 모비율의 가설검정에 대하여 알아보자. 이때 모비율 p에 대한 단측가설

$$H_0 : p \leq p_0, \qquad H_1 : p > p_0$$

의 가설검정은 표본비율 $\hat{p}$의 값이 클수록 H_1이 사실이라는 것이 직관적으로 당연하다. 따라서 검정의 기각역은

$$\text{기각역} : \hat{p} \geq c \text{ 또는 } Y \geq c$$

의 형태가 되며, c는 유의수준 α가 되도록 정해주어야 한다. 제 1종 오류를 범할 확률은 7.2절에서 언급하였듯이 귀무가설하에서 p_0일 때 최대가 되며 $Y \sim B(n, p)$이므로

$$\begin{aligned} P(\text{제 1종 오류}) &\leq P(Y \geq c \mid Y \sim B(n, p_0)) \\ &= 1 - P(Y \leq c-1 \mid Y \sim B(n, p_0)) \\ &= 1 - \sum_{k=0}^{c-1} b(k\,;\, n,\ p_0) \end{aligned}$$

이때 이항분포는 이산형이므로 제 1종 오류를 범할 확률을 원하는 유의수준 α에 정확하게 만족하는 c값은 보통 구할 수 없다. 그러므로 c는 조건 $1 - \sum_{k=0}^{c-1} b(k\,;\, n,\ p_0) \leq \alpha$를 만족하는 최소의 정수로 사용한다.

표본크기가 큰 경우에는 중심극한정리에 의하여 표본비율 $\hat{p}$의 분포는 근사적으로 정규

분포를 한다. 즉,

$$\frac{\hat{p}-p}{\sqrt{\frac{p(1-p)}{n}}} \doteq N(0,\,1)$$

이를 이용하여 유의수준 α인 근사 검정법의 기각역을 구하면

$$\begin{aligned} P(\text{제 1종의 오류}) &\le P(\hat{p} \ge c \mid Y \sim B(n,\ p_0)) \\ &= P\left(\frac{\hat{p}-p_0}{\sqrt{\frac{p_0(1-p_0)}{n}}} \ge \frac{c-p_0}{\sqrt{\frac{p_0(1-p_0)}{n}}} \,\middle|\, Y \sim B(n,\ p_0) \right) \\ &\approx P\left(Z \ge \frac{c-p_0}{\sqrt{\frac{p_0(1-p_0)}{n}}} \right) \end{aligned}$$

이므로 유의수준이 근사적으로 α이려면

$$\frac{c-p_0}{\sqrt{\frac{p_0(1-p_0)}{n}}} = z_{1-\alpha}$$

이고 유의수준 α인 검정법의 기각역은

$$\text{기각역} : \hat{p} \ge p_0 + z_{1-\alpha}\sqrt{\frac{p_0(1-p_0)}{n}}$$

로 주어진다.

같은 방법으로 다른 방향의 단측가설과 양측가설의 검정법을 구할 수 있으며, 표본크기가 작을 경우는 **이항검정법(binomial test)**이라 하는 이항분포를 이용한 정확한 검정을, 표본크기가 충분히 큰 경우에는 정규분포를 이용한 근사 검정법을 사용한다. 이를 정리하면 다음과 같다.

▌모비율의 검정(표본크기가 작은 경우) – 이항 검정법

Y가 이항분포 $B(n,\,p)$를 따를 때 모비율 p에 관한 세 가지 형태의 가설에 관한 유의수준 α인 검정법은 다음과 같다.

(a) $H_0 : p \le p_0$, $\;H_1 : p > p_0$: 기각역 : $Y \ge c$

단 c는 $1-\sum_{k=0}^{c-1} b(k\,;\,n,\ p_0) \le \alpha$를 만족하는 최소정수

(b) $H_0: p \ge p_0$, $H_1: p < p_0$; 기각역 : $Y \le c$

단 c는 $1-\sum_{k=0}^{c} b(k\,;\,n,\ p_0) \le \alpha$를 만족하는 최대정수

(c) $H_0: p = p_0$, $H_1: p \ne p_0$; 기각역 : $Y \le c_1$ 또는 $Y \ge c_2$

단 c_1은 $\sum_{k=0}^{c_1} b(k\,;\,n,\ p_0) \le \frac{\alpha}{2}$를 만족하는 최대정수

단 c_2는 $1-\sum_{k=0}^{c_2-1} b(k\,;\,n,\ p_0) \le \frac{\alpha}{2}$를 만족하는 최소정수

예제 7.8

외과의사가 새로운 방식으로 수술한 결과 8명 중 5명을 치유할 수 있었다고 한다. 지금까지의 치유율은 30%라고 한다. 새로운 수술법에 의하면 치유율이 높아진다고 할 수 있는가를 유의수준 $\alpha = 0.05$로서 검정해 보자.

새 수술법에 의한 치유율을 p라고 하면 귀무가설과 대립가설은 각각

$$H_0: p \le 0.30, \qquad H_1: p > 0.30$$

이므로 기각역의 형태는 $Y \ge c$가 된다. 유의수준 $\alpha = 0.05$로 $n = 8$과 이항분포의 확률분포표(부록 표 1)을 이용하면

$$1-\sum_{k=0}^{c-1} b(k\,;\,8,\ 0.3) \le 0.05$$

를 만족하는 최소정수 c는 $\sum_{k=0}^{4} b(k\,;\,8,\ 0.3) = 0.942$, $\sum_{k=0}^{5} b(k\,;\,8,\ 0.3) = 0.989$이므로 $c-1=5$이다. 따라서 기각역은

$$\text{기각역} : Y \ge 6$$

이므로 귀무가설을 기각할 수 없다. 즉, 새 수술법이 효과가 높다고 단정하기에는 근거가 충분하지 못하다.

여기서 만약 미리 주어진 유의수준이 $\alpha = 0.011$이었더라도 같은 검정방법이 얻어지게 된다는 것에 유의해야 된다. 따라서 이산형분포를 이용하는 검정법의 경우에는 p값을 계산하여 유의수준 α와 비교하는 것이 더 효율적이다. 이 예제의 p값은

$$P(Y \geq 5) = \sum_{y=5}^{8} {}_8C_y (0.3)^y (0.7)^{8-x}$$
$$= 0.058$$

이므로 유의수준 $\alpha = 0.05$보다 크므로 귀무가설을 기각할 수 없다고 결론지을 수 있다.

모비율의 검정(표본크기가 큰 경우) – 근사적 정규검정법

Y가 이항분포 $B(n, p)$를 따르고 표본크기 n이 크며 $np_0 \geq 5$, $n(1-p_0) \geq 5$일 때 모비율 p에 관한 검정통계량은

$$Z = \frac{Y - np_0}{\sqrt{np_0(1-p_0)}} = \frac{\hat{p} - p_0}{\sqrt{\frac{p_0(1-p_0)}{n}}}$$

이며 세 가지 가설에 대한 근사적으로 유의수준 α인 기각역은 다음과 같다.

(a) $H_0 : p \leq p_0$, $H_1 : p > p_0$; 기각역 : $Z \geq z_{1-\alpha}$

(b) $H_0 : p \geq p_0$, $H_1 : p < p_0$; 기각역 : $Z \leq -z_{1-\alpha}$

(c) $H_0 : p = p_0$, $H_1 : p \neq p_0$; 기각역 : $|Z| \geq z_{1-\frac{\alpha}{2}}$

예제 7.9

예제 6.5에서 어떤 지역에서 3492명의 아동을 조사한 결과 척추가 옆으로 굽은 병인 척추측만으로 474명이 판정되었다. 이 지역의 유병률을 추정하면 $\hat{p} = \frac{474}{3492} = 0.136$이다. 만일 전국적으로 유병률이 10%라고 하면 이 지역의 유병률은 다른 지역과 다르다고 할 수 있는가를 유의수준 $\alpha = 0.01$로 검정해 보자.

이 지역의 유병률을 p라고 하면 귀무가설과 대립가설은 각각

$$H_0 : p = 0.1, \qquad H_1 : p \neq 0.1$$

이며 $np_0 = 3492 \times 0.1 > 5$, $n(1-p_0) = 3492 \times 0.9 > 5$이므로 근사 검정법을 이용할 수 있다. 이때 검정통계량의 계산값은

$$z = \frac{0.136 - 0.1}{\sqrt{\frac{0.1 \times 0.9}{3492}}} = 7.09$$

이며 유의수준 $\alpha = 0.01$인 기각역은

$$\text{기각역} : |Z| \geq z_{1-\frac{\alpha}{2}} = 2.58$$

이므로 계산된 Z의 값은 기각역에 포함되므로 귀무가설을 기각하고 대립가설을 주장할 수 있다. 즉, 이 지역의 유병률이 다른 지역과 다르다고 말할 수 있다.

표본크기 n이 클 때에도 $np_0 \geq 5$, $n(1-p_0) \geq 5$의 조건을 충족시키지 못할 경우도 있다. 보통 p_0가 0이나 1에 가까운 경우인데 이런 경우에는 3장에서 언급한 이항분포의 포아송분포로의 근사를 이용하는 것이 좋다. 포아송분포도 이산형 확률분포이므로 기각역의 경계값을 계산할 때 이항분포와 같은 방법으로 정한다. 단 확률계산에 이용되는 분포만 $\mathscr{P}(\lambda = np_0)$를 사용한다. 이에 대하여는 연습문제로 독자들에게 남겨 놓는다.

7.4 모분산의 검정

모평균 μ와 모분산 σ^2이 모르는 정규모집단 $N(\mu, \sigma^2)$의 모분산 σ^2에 관하여 미리 주어진 기준치 σ_0^2와의 비교에 관한 가설검정을 생각해 보자.

$$H_0 : \sigma^2 \leq \sigma_0^2, \qquad H_1 : \sigma^2 > \sigma_0^2$$

이때 크기 n인 확률표본으로부터의 표본분산 $S^2 = \dfrac{\sum_{i=1}^{n}(X_i - \overline{X})^2}{n-1}$의 값이 클수록 대립가설 H_1이 사실이라는 증거가 명백해짐은 당연하므로 다음과 같은 형태의 기각역을 생각할 수 있다.

$$\text{기각역} : S^2 \geq c$$

표본분산 S^2에 대하여

$$\frac{(n-1)S^2}{\sigma^2} \sim \chi^2(n-1)$$

이므로 자유도 $(n-1)$인 카이제곱분포를 따르는 확률변수를 W라고 하면 이 검정의 검정력 함수는

$$\begin{aligned}\gamma(\sigma^2) &= P(S^2 \geq c \mid \sigma^2) \\ &= P\left(\frac{(n-1)S^2}{\sigma^2} \geq \frac{(n-1)c}{\sigma^2}\right) \\ &= P\left(W \geq \frac{(n-1)c}{\sigma^2}\right)\end{aligned}$$

이며 검정력 함수는 σ^2이 커질수록 증가하므로, $H_0 : \sigma^2 \leq \sigma_0^2$에서 제 1종 오류를 범할 확률은 $\sigma^2 = \sigma_0^2$에서 최대가 된다. 따라서 유의수준을 α로 하려면

$$\gamma(\sigma_0^2) = \alpha, \qquad \frac{(n-1)c}{\sigma_0^2} = \chi^2_{1-\alpha}(n-1)$$

에 의하여 c를 정하면 된다. 유의수준 α인 기각역은

$$S^2 \geq \frac{\sigma_0^2 \cdot \chi^2_{1-\alpha}(n-1)}{n-1} \text{ 또는 } \frac{(n-1)S^2}{\sigma_0^2} \geq \chi^2_{1-\alpha}(n-1)$$

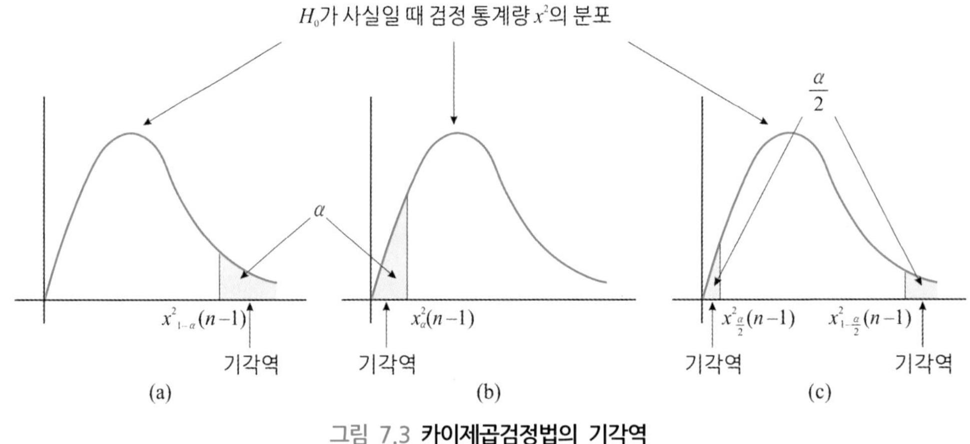

그림 7.3 **카이제곱검정법의 기각역**

같은 방법으로 방향이 다른 단측가설과 양측가설의 기각역을 구할 수 있다. 이와 같은 검정법을 **카이제곱검정법(χ^2-test)**이라 하고 다음과 같이 정리할 수 있다.

▌모분산의 검정(카이제곱검정법)

정규모집단으로부터 추출된 확률표본에서 모분산의 가설검정에 대한 검정통계량은

$$\chi^2 = \frac{(n-1)S^2}{\sigma_0^2}$$

이며 세 가지 가설에 대한 유의수준 α인 기각역은 다음과 같다.

(a) $H_0 : \sigma^2 \le \sigma_0^2,\quad H_1 : \sigma^2 > \sigma_0^2$; 기각역 : $\chi^2 \ge \chi^2_{1-\alpha}(n-1)$

(b) $H_0 : \sigma^2 \ge \sigma_0^2,\quad H_1 : \sigma^2 < \sigma_0^2$; 기각역 : $\chi^2 \le \chi^2_{\alpha}(n-1)$

(c) $H_0 : \sigma^2 = \sigma_0^2,\quad H_1 : \sigma^2 \ne \sigma_0^2$; 기각역 : $\chi^2 \ge \chi^2_{1-\frac{\alpha}{2}}(n-1)$

또는 $\chi^2 \le \chi^2_{\frac{\alpha}{2}}(n-1)$

모평균의 가설검정은 중심극한정리에 의해 표본크기가 클 때에는 정규모집단의 가정이 어느 정도 무시될 수 있었다. 그러나 구간추정과 마찬가지로 모분산에 대한 카이제곱검정은 정규모집단의 가정에 크게 의존하는 점에 유의해야 한다.

예제 7.10

제약회사에서 1캡슐에 20 mg의 약을 넣어 포장하는 기계가 있다. 과거의 경험으로 볼 때 이 기계가 캡슐에 넣는 약의 양은 정규분포를 따른다고 한다. 약의 특성상 약의 양의 평균도 중요하지만 그 산포정도 또한 관심의 대상이 된다. 예를 들어 평균 20 mg이라 하여도 분산이 커지면 약을 복용하는 환자는 적게는 10 mg에서 30 mg까지 먹을 수도 있다. 이런 이유로 포장기계가 정상적으로 가동하는 기준을 표준편차 1 mg 이하일 때로 회사에서 정하였다. 만일 가동 중인 기계에서 임의로 15캡슐을 추출하여 약의 양을 측정하였더니 표본분산 $s^2 = 1.2$였다면 이 기계는 현재 정상가동한다고 말할 수 있는가 알아보자.

기계가 정상적이지 않다는 대립가설은 모분산 σ^2 이 1 이상인 것이므로 귀무가설과 대립가설은 각각

$$H_0 : \sigma^2 \le 1, \qquad H_1 : \sigma^2 > 1$$

이며 $s^2 = 1.2,\ n = 15$이므로 검정통계량의 계산값과 유의수준 $\alpha = 0.05$인 기각역은

$$\chi^2 = \frac{14 \times 1.2}{1} = 16.8$$

$$\text{기각역} : \chi^2 \ge \chi^2_{0.95}(14) = 23.685$$

로 주어진다. $16.8 < 23.685$이므로 검정통계량의 계산값은 기각역에 속하지 않는다. 즉, 대립가설을 입증할만한 충분한 증거가 없으므로 포장기계가 정상적으로 가동한다고 말할 수 있다.

연습문제

01 다음 용어들의 정의를 기술하여라.

(1) 귀무가설과 대립가설

(2) 기각역과 채택역

(3) 제 1종 오류와 제 2종 오류

(4) 유의수준

(5) 검정력 함수

(6) p값

02 과거 자료에 의하면 연령 40~50세 건강한 남자들의 혈청 콜레스테롤 농도(mg/100 ml)는 평균 240, 표준편차 56인 정규분포를 따른다고 한다. 최근 한 의사가 건강한 남자의 혈청 콜레스테롤 농도가 증가하였다고 주장한다. 이를 확인하기 위해 64명을 임의로 추출하여 평균농도 $\overline{X}$를 측정하였다.

(1) 모평균 μ에 대한 가설을 세우고, 유의수준 $\alpha = 0.05$인 기각역을 정하여라.

(2) (1)에서 구한 검정법의 검정력 함수를 구하고, 그 그래프를 그려라.

(3) $\overline{x} = 255$이었다고 할 때 (1)의 가설을 검정하여라. 또 p값은 얼마인가?

(4) 만일 $\mu = 250$이라 하면 (1)에서 구한 검정법의 제 2종 오류를 범할 확률은 얼마인가?

03 예제 7.2에서 기각역이 $c \leq \overline{X} \leq 11$의 형태로 주어지는 검정법 D를 생각해 보자.

(1) 검정법 D의 유의수준이 0.05가 되도록 c값을 구하여라.

(2) 그림 7.1과 같이 검정법 D의 검정력 함수의 그래프를 그리고, 검정법 B의 그것과 비교하여라.

(3) (2)의 결과로부터 왜 검정법 D가 검정법 B와 마찬가지로 유의수준 0.05이면서도 검정법 B보다 나쁜 검정법이 되는가를 설명하여라.

04 한 비티민의 종류에 대해 제조회사측은 습기나 열을 받은 후에도 그 평균 효능이 적어도 65는 된다고 한다. 이를 구입 판매하려는 측에서는 회사측의 주장에 대해 검사를 하고자 하고, 이들은 실제 주장보다 효능이 좋은 것을 사지 않는 오류를 범하는 것이 주장하는 것보다 나쁜 것을 구입하는 실수보다 낫다고 생각한다. 유사한 비타민들에 대한 종전의 검사로부터 비타민의 효능은 근사적으로 표준편차 $\sigma = 6$인 정규분포를 따른다고 한다. 많은 비타민들 중 9개를 임의추출하여 습기나 열을 받은 후의 효능에 대해 측정하고자 한다.

(1) 이 회사의 비타민 평균효능 μ에 대한 검정을 하기 위한 가설을 세우고 $\alpha = 0.05$인 검정 방법의 기각역을 정하여라.

(2) 만약 $\mu = 67$이라면 (1)에서 구한 검정 방법이 제 2종 오류를 범할 확률은?

(3) 평균 μ의 63과 70 사이의 몇 개의 값을 택하여 (1)의 검정 방법에 대한 검정력을 구하고 검정력 곡선을 그려라.

(4) 자료가 63, 72, 64, 69, 59, 65, 66, 64, 65로 주어진 경우에 가설을 검정하고 결론을 내려라.

(5) 실제 평균 효능이 68일 때 이를 구입하지 않는 오류를 범할 확률을 0.1 미만으로 하고자 한다. 이때 (1)에서의 검정 방법은 이러한 목적에 맞는가?

(6) (5)와 같은 목적 달성을 위해서는 표본의 크기와 기각역을 어떻게 결정해야 하는가?

05 어떤 병원에서 작년에 출산한 산모 중 모유를 수유하는 비율이 30%뿐이었다. 금년에는 모유수유에 대한 계몽운동을 실시한 후에 이 운동이 효과적이었는가를 알기 위해 20명의 산모를 임의로 추출하여 모유수유 산모의 수 X를 조사하였다.

(1) 모유수유 산모의 모비율 p에 대한 가설을 세우고, 유의수준 $\alpha = 0.1$인 기각역을 정하여라.

(2) (1)에서 구한 검정법에 대해 $p = 0.3, 0.4, 0.5, 0.6, 0.7$인 경우의 검정력을 구하고, 그 그래프를 그려라.

(3) X의 관측값이 10이라 할 때, (1)의 가설을 검정하여라. 또 H_0가 기각될 최소의 값은 얼마인가?

(4) 만일 $p = 0.4$라고 하면 그때 H_0를 기각하지 않게 될 확률은 얼마인가?

06 물리학적인 이론에 의하면 압축기의 냉각액으로 사용되는 물의 평균 온도 증가는 5℃ 이하여야 한다. 실제 압축기의 냉각액 온도를 8번에 걸쳐 독립적으로 측정해 본 결과는 다음과 같다.

6.4, 4.3, 5.7, 4.9, 6.5, 6.4, 5.1, 5.9

모집단에 대해 적절한 가정을 하고, 물리학적인 이론이 옳은가를 유의수준 5%로 검정하여라.

07 어느 텔레비전 방송사의 조사에 의하면 전국 가구의 주당 텔레비전 시청 시간은 평균 25시간, 표준편차 4시간이라고 한다. 서울시의 36가구를 임의로 추출하여 조사한 결과 주당 평균시청시간은 27시간이었다. 단 서울시 가구의 주당 텔레비전 시청 시간의 표준편차도 4시간이라고 가정하자.

(1) 유의수준 $\alpha = 0.01$로 서울시 가구의 주당 시청 시간이 전국 가구의 주당 시청 시간과 차이가 있는지를 검정하여라.

(2) 서울시 가구의 주당 평균 시청 시간을 μ라고 할 때 μ에 대한 99% 신뢰구간을 구하여라.

(3) (1)과 (2)를 이용하여 신뢰구간과 양측검정의 채택역과의 관계를 설명하여라.

08 어떤 모집단에서 11명을 뽑아서 혈장 응고시간(clotting time of plasma : 분)을 측정하여 다음 자료를 얻었다.

7.9, 10.9, 11.3, 11.9, 15.0, 12.7, 12.3, 8.6, 9.4, 11.3, 11.5

응고시간 분포의 표준편차 σ는 1.87분임을 알고 있을 때

(1) 응고시간의 모평균에 관한 95% 신뢰구간을 구하여라.

(2) 모평균에 관한 가설 $H_0: \mu = 10$, $H_1: \mu \neq 10$을 유의수준 5%로 검정하여라.

(3) (1)과 (2)를 이용하여 신뢰구간과 양측검정의 채택역과의 관계를 설명하여라.

09 과거의 경험과 기록에 의하면 수술에 의하여 치료되는 암환자는 2%밖에 안 된다고 알려져 있다. 화학요법에 의한 치료를 주장하는 측에서는 수술보다 화학요법에 의한 치료가 더 효과적이라고 주장한다. 이들 실험을 통해 확인하기 위해 200명의 환자들에게 화학요법을 실시한 결과 6명이 치료되었다. 이 실험결과에 따라 화학요법가는 이와 같은 많은 환자를 대상으로 하여 3%의 치유율이 나타난 것은 화학요법이 우수함을 보여주는 증거라고 주장하고 있다.

(1) 200명의 환자 중 치유되는 평균환자수 m을 모수로 하여 가설을 세워라.

(2) α값이 근사적으로 0.05가 되도록 기각역을 결정하고, 화학요법가의 주장이 믿을만한가 결정하여라.

(3) 실제 화학요법의 치료율이 4.5%일 때 (2)에서 구한 검정 방법이 더 효과적이라는 주장을 뒷받침하게 하는 확률을 구하여라.

10 기존의 약은 3일 내 회복률이 75%라 한다. 150명에게 새로이 개발한 약을 투여한 결과 회복된 사람이 97명이라면 새로운 약은 기존의 약보다 효과가 떨어진다고 볼 수 있는가를 유의수준 1%로 검정하여라.

11 5년 전에 20%의 가구가 적어도 구성원 중 1명 이상이 대기오염으로 인해 질병을 앓았다고 응답했다. 최근에 150명의 가구주를 대상으로 같은 질문을 한 결과 27%가 그렇다고 했다면 이는 과거보다 높은 비율이라 할 수 있는가를 유의수준 5%로 검정하여라.

12 다음은 배양 중에 있는 세포 부유물이 흡수한 산소량(ml)이다.

14.0, 14.1, 14.5, 13.2, 11.2, 14.0, 14.1, 12.2,

11.1, 13.7, 13.2, 16.0, 12.8, 14.4, 12.9

이들 모집단의 평균이 12 ml라고 할 수 있는가를 모집단에 대한 적절한 가정을 하고, 유의수준 5%로 검정하여라.

13 어떤 제약회사에서 만든 페니실린의 역가는 평균 900이라 한다. 이 회사에서 만든 제품으로 1년이 지난 것 64병을 뽑아서 그 역가를 검사하였더니 $\overline{x}=890,\, s=16$이었다. 1년 후의 페니실린 역가는 저하했는가를 유의수준 5%로 검정하여라.

14 건강진단을 위해 병원을 찾은 사람들이 접수한 후부터 실제 진단을 받기까지 기다리는 시간은 평균 23분, 표준편차 10분이었다. 최근 병원에 온 100명을 대상으로 같은 조사를 한 결과 평균 대기 시간이 20분, 표준편차 8분이었다면 과거보다 기다리는 시간이 짧아졌다고 할 수 있는가를 유의수준 1%로 검정하여라.

15 정상인의 응혈소(prothrombin ; mg/100 ml) 수준은 평균이 20.0이고, 표준편차가 4.0으로 알려져 있다. 그런데 비타민 K 결핍증 환자 50명을 표본으로 한 조사에서 응혈소의 수준은 평균이 18.5, 표준편차 3.8로 나타났다. 응혈소의 수준이 정상인보다 낮다고 얘기할 수 있는가를 유의수준 1%로 검정하여라.

16 어느 사관학교 생도 전체의 DMFS(썩거나, 떨어져 나가거나, 때웠던 치아표면들의 수)를 측정한 결과, 평균이 27.2, 표준편차가 15.5로 나타났다. 그런데 생도 중 진료소에서 5번 이상 진료를 받은 사람 75명을 대상으로 조사한 결과는 평균 31.3, 표준편차 16.3이었다. 일반적인 건강 상태와 구강의 질병 사이에 관련이 있는지 유의수준 5%로 검정하여라.

17 어느 집단의 엔자임 수준(enzyme : IU)은 평균이 25, 분산이 45로 알려져 있다. 10명을 대상으로 한 조사에서 평균 엔자임 수준이 22였다면 엔자임 수준이 떨어졌다고 할 수 있는가를 유의수준 5%로 검정하여라.

18 평균 μ와 분산 σ^2인 정규분포를 따르는 모집단으로부터 크기 $n = 21$인 한 표본을 임의로 추출하여 $s^2 = 10$을 얻었다.

(1) 유의수준 $\alpha = 0.05$에서 가설 $H_0 : \sigma^2 = 15,\ H_1 : \sigma^2 \neq 15$를 검정하여라.

(2) $\sigma^2 = 15$는 σ^2에 대한 95% 신뢰구간에 포함되는가?

(3) (2)의 결과가 의미하는 사실은 무엇인가?

19 기계에 의하여 자동적으로 생산되는 플라스틱판은 그 두께에 있어서 약간의 변이 정도는 당연한 것으로 간주되지만, 두께의 표준편차가 1.5 mm를 상회하면 생산 공정에 이상이 있는 것으로 생각한다. 10개의 플라스틱판을 무작위로 추출하여 mm 단위로 그 두께를 측정한 결과 다음 자료를 얻었다.

226, 229, 227, 225, 224, 228, 227, 229, 225, 230

이 자료로부터 공정에 이상이 있다고 할 수 있는가? 단 유의수준은 0.05로 하고 플라스틱판의 두께는 정규분포를 따른다고 가정하자.

20 시계를 생산하는 공장에서 완성된 시계 성능의 변이도에 대해 알고자 하여 최종 품질검사를 통과한 많은 시계들 중 10개를 임의추출하여 한달 후의 시각을 표준시계와 비교하여 그 차이를 기록한 결과, $\bar{x} = 0.7$초, $s = 0.4$초로 나타났다. 다음 물음에 답하여라.

(1) 귀무가설을 $H_0 : \sigma^2 \le 0.09,\ H_1 : \sigma^2 > 0.09$로 하여 유의수준 0.05로 검정하여라.

(2) 귀무가설을 $H_0 : \sigma^2 = 0.09,\ H_1 : \sigma^2 \neq 0.09$로 하여 유의수준 0.05로 검정하여라.

8장 두 모집단의 추론

하나의 모집단으로부터 추출된 확률표본을 이용하여 모집단의 특성인 모평균, 모비율 및 모분산의 추론에 대하여 6장과 7장에서 알아보았다. 이 장에서는 서로 다른 두 모집단에서 추출된 확률표본들을 이용하여 모수들을 비교하는 추론방법에 대하여 살펴보기로 하자.

두 모집단의 비교에 대한 다음의 예를 생각해 보자. 한 유가공 회사에서 유산균의 효과를 평가하기 위하여 한 집단에게는 유산균이 포함된 요구르트를, 다른 집단에게는 유산균이 포함되지 않은 요구르트를 일정 기간 음용하게 한 후 혈중 콜레스테롤 값을 측정한다. 이때 비교하려는 대상을 통계용어로 **처리(treatment)**라고 하며, 두 처리를 비교하는 방법은 다음 두 가지가 있다. 첫째로 두 모집단 또는 처리에서 각각 독립된 확률표본을 추출하여 각각의 처리의 반응값을 이용하여 두 모집단을 비교할 수 있다. 즉, n개의 실험단위를 임의로 두 집단으로 나눈 다음에 첫 번째 집단에 처리 1을 적용시키고 나머지 집단에 처리 2를 적용시켜 처리효과를 비교할 수 있다. 이러한 표본을 **독립표본**이라 부르며, 8.1절과 8.2절에서 독립표본의 모평균 비교에 대하여 알아보기로 한다. 둘째로 실험단위를 동질적인 쌍으로 선택하여 각 쌍에서 임의로 한 실험단위에는 처리 1을, 나머지에는 처리 2를 적용시켜서 각 쌍에서 두 처리효과의 차를 관측하여 두 처리를 비교할 수 있다. 이러한 표본을 **쌍체표본**이라 부르며, 8.3절에서 쌍체표본의 모평균 비교에 대하여 알아보기로 한다.

모평균의 비교에 있어서 독립표본의 경우 앞장에서와 마찬가지로 표본크기가 작은 경우에는 모집단의 정규성을 가정하며, 대표본일 경우는 중심극한정리를 이용한 근사적 추론방법을 알아보기로 한다. 또한 소표본일 경우에는 분산을 알고 있을 때의 Z통계량을 이용한

추론을 8.1절에서, 분산을 모르고 있을 때의 t통계량을 이용한 추론을 8.2절에서 살펴보기로 한다.

8.1 독립표본의 두 모집단의 모평균 비교를 위한 정규검정법과 신뢰구간

이 절에서는 서로 다른 두 모집단의 평균들의 차이 $\mu_1 - \mu_2$의 추론에 대하여 알아보자. 그 하나의 가설로 $\mu_1 - \mu_2 = 0$을 검정하여 모평균의 차이를 비교할 수도 있고, $\mu_1 - \mu_2$의 $100(1-\alpha)\%$ 신뢰구간을 적절한 방법에 의해 추정함으로써 평가할 수도 있다.

기본가정

1. $X_1, X_2, \cdots, X_m$은 평균 μ_1, 분산 σ_1^2인 모집단 1에서의 확률표본이다.
2. $Y_1, Y_2, \cdots, Y_n$은 평균 μ_2, 분산 σ_2^2인 모집단 2에서의 확률표본이다.
3. 두 모집단의 확률표본은 서로 독립이다.

모평균의 차 $\mu_1 - \mu_2$의 직관적인 추정량은 표본평균의 차이인 $\overline{X} - \overline{Y}$이다. 또한 $\overline{X}$와 $\overline{Y}$의 기댓값과 분산은 각각

$$E(\overline{X}) = \mu_1,\ \ E(\overline{Y}) = \mu_2,\ \ \mathrm{Var}(\overline{X}) = \frac{\sigma_1^2}{m},\ \ \mathrm{Var}(\overline{Y}) = \frac{\sigma_2^2}{n}$$

이므로 5.3절의 선형조합의 기댓값과 분산의 정리를 이용하여 모평균의 차 $\mu_1 - \mu_2$의 추정량의 기댓값과 분산을 구하면 다음과 같다.

$$E(\overline{X} - \overline{Y}) = E(\overline{X}) - E(\overline{Y}) = \mu_1 - \mu_2$$

$$\mathrm{Var}(\overline{X} - \overline{Y}) = \mathrm{Var}(\overline{X}) + \mathrm{Var}(\overline{Y}) = \frac{\sigma_1^2}{m} + \frac{\sigma_2^2}{n}$$

만일 모수 $\mu_1 - \mu_2$를 θ로 생각한다면 θ의 추정량과 표준편차는

$$\hat{\theta} = \overline{X} - \overline{Y}, \qquad \sigma_{\hat{\theta}} = \sqrt{\frac{\sigma_1^2}{m} + \frac{\sigma_2^2}{n}}$$

이다. 모분산 σ_1^2과 σ_2^2을 알고 있을 경우에는 검정통계량으로 $\dfrac{\hat{\theta}-(\text{가설값})}{\sigma_{\hat{\theta}}}$의 형태를 이용할 수 있다. 이때 모집단의 분포가 정규분포라면 검정통계량도 정규분포를 하므로 6장과 7장에서와 같은 방법으로 모평균의 차에 대한 신뢰구간과 검정법을 구할 수 있으며, 표본의 크기 m과 n이 크다면 중심극한정리를 이용한 근사추론을 할 수 있으므로 정규분포 가정이 꼭 필요하지 않다.

만일 σ_1^2과 σ_2^2을 모르는 경우에는 표본분산들을 이용하여 $\sigma_{\hat{\theta}}$를 추정해야 하며, 모집단의 분포가 정규분포일 때 $\sigma_{\hat{\theta}}$를 추정하여 대입한 검정통계량이 t분포를 따르므로 이를 이용하여 모평균의 차에 대한 추론을 할 수 있다. 이는 8.2절에서 살펴보기로 하자.

경우 [1] 두 모집단의 분포가 각각 모분산 σ_1^2, σ_2^2을 알고 있는 정규분포 모집단의 분포를 각각의 모분산 σ_1^2과 σ_2^2을 알고 있는 정규분포라고 가정하면 $\overline{X}$와 $\overline{Y}$가 서로 독립인 정규분포를 하므로 $\overline{X}-\overline{Y}$의 분포는 평균 $\mu_1-\mu_2$, 분산 $\dfrac{\sigma_1^2}{m}+\dfrac{\sigma_2^2}{n}$인 정규분포를 한다. 즉,

$$Z=\frac{\overline{X}-\overline{Y}-(\mu_1-\mu_2)}{\sqrt{\dfrac{\sigma_1^2}{m}+\dfrac{\sigma_2^2}{n}}}\sim N(0,1)$$

이를 이용하여 6장에서와 같은 방법으로

$$\begin{aligned}1-\alpha&=P\left(-z_{1-\frac{\alpha}{2}}\le\frac{(\overline{X}-\overline{Y})-(\mu_1-\mu_2)}{\sqrt{\dfrac{\sigma_1^2}{m}+\dfrac{\sigma_2^2}{n}}}\le z_{1-\frac{\alpha}{2}}\right)\\&=P\left((\overline{X}-\overline{Y})-z_{1-\frac{\alpha}{2}}\sqrt{\frac{\sigma_1^2}{m}+\frac{\sigma_2^2}{n}}\le\mu_1-\mu_2\le(\overline{X}-\overline{Y})+z_{1-\frac{\alpha}{2}}\sqrt{\frac{\sigma_1^2}{m}+\frac{\sigma_2^2}{n}}\right)\end{aligned}$$

이므로 $\mu_1-\mu_2$의 $100(1-\alpha)\%$ 신뢰구간을 구할 수 있다.

또한 가설검정의 문제에서 귀무가설을 $\mu_1-\mu_2$가 이미 알려진 기준치의 비교로서 $H_0:\mu_1-\mu_2=\Delta_0$라고 놓을 수 있으며, Δ_0는 알려진 상수로서 보통 0을 사용한다. 이 경우는 $\mu_1=\mu_2$를 검정하는 것이다. 유의수준 α인 검정의 기각역은 7장의 정규검정법과 같은 방법으로 구하여 정리하면 다음과 같다.

정규모집단에서 모평균의 비교(모분산이 알려져 있는 경우)

두 정규모집단에서 기본가정을 만족하는 확률표본을 추출하였을 경우 모평균의 차 $\mu_1 - \mu_2$의 추론은 다음과 같다.

1. $100(1-\alpha)\%$ 신뢰구간

$$\mu_1 - \mu_2 \in (\overline{X} - \overline{Y}) \pm z_{1-\frac{\alpha}{2}} \cdot \sqrt{\frac{\sigma_1^2}{m} + \frac{\sigma_2^2}{n}}$$

2. 유의수준 α인 가설검정

$$\text{검정통계량 } Z = \frac{(\overline{X} - \overline{Y}) - \Delta_0}{\sqrt{\frac{\sigma_1^2}{m} + \frac{\sigma_2^2}{n}}}$$

(a) $H_0: \mu_1 - \mu_2 \le \Delta_0, \quad H_1 : \mu_1 - \mu_2 > \Delta_0$; 기각역 : $Z \ge z_{1-\alpha}$

(b) $H_0: \mu_1 - \mu_2 \ge \Delta_0, \quad H_1 : \mu_1 - \mu_2 < \Delta_0$; 기각역 : $Z \le -z_{1-\alpha}$

(c) $H_0: \mu_1 - \mu_2 = \Delta_0, \quad H_1 : \mu_1 - \mu_2 \ne \Delta_0$; 기각역 : $|Z| \ge z_{1-\frac{\alpha}{2}}$

예제 8.1

병속에 $1l$의 수액을 주입하는 A, B 두 대의 자동주입설비가 있다. 병속에 주입되는 제품의 용량은 대략 정규분포를 따르며, $\sigma_A^2 = 0.04$, $\sigma_B^2 = 0.09$임을 알고 있다. 두 설비에서 주입되는 제품의 평균용량에 차이가 있나 알아보기 위하여 A, B에서 각각 10개의 표본을 추출하여 다음과 같은 자료를 얻었다.

A 설비 : $m = 10$ $\quad \overline{x} = 1.07 \quad \sigma_A^2 = 0.04$

B 설비 : $n = 10$ $\quad \overline{y} = 0.98 \quad \sigma_B^2 = 0.09$

(1) 이때 A, B 설비의 주입 평균용량을 각각 μ_A, μ_B라 하면 $\mu_A - \mu_B$의 95% 신뢰구간은

$$(\overline{x} - \overline{y}) \pm z_{1-\frac{\alpha}{2}} \cdot \sqrt{\frac{\sigma_A^2}{m} + \frac{\sigma_B^2}{n}} = (1.07 - 0.98) \pm 1.96\sqrt{\frac{0.04}{10} + \frac{0.09}{10}}$$

$$= 0.09 \pm 0.22 = (-0.13, 0.31)$$

(2) 두 평균 용량에 차이가 있는지를 검정하기 위한 귀무가설과 대립가설은

$$H_0 : \mu_A = \mu_B, \quad H_1 : \mu_A \ne \mu_B$$

이며 검정통계량의 관측값은

$$z = \frac{(\bar{x}-\bar{y}) - \Delta_0}{\sqrt{\frac{\sigma_A^2}{m} + \frac{\sigma_B^2}{n}}} = \frac{(1.07-0.98) - 0}{\sqrt{\frac{0.04}{10} + \frac{0.09}{10}}} = \frac{0.09}{0.22} = 0.41$$

양측검정에서 유의수준 $\alpha = 0.05$의 기각역은 $|Z| \geq z_{1-\frac{\alpha}{2}} = 1.96$이므로 귀무가설을 기각할 수 없다. 즉, A, B 설비의 평균주입 용량이 차이가 있다는 증거로서 불충분하다.

예제 8.2

하버드 의과대학 출신 의사들의 졸업 후 수명을 알아보기 위하여 1974년 11월부터 1977년 10월까지 3년간 조사한 결과 사망한 졸업생이 215명이었다. 이 중 125명은 개업의로서 졸업 후 평균 48.9년을 살았고, 90명은 대학교수로 생활하였는데 그들은 졸업 후 평균 43.2년을 살았다(자료출처 : Journal of American Medical Association, 1987). 이 자료로부터 개업의가 대학교수보다 평균수명이 높은가에 대하여 알아보도록 하자.

개업의의 평균수명과 대학교수의 평균수명을 각각 μ_1, μ_2라 하면 우리가 원하는 귀무가설과 대립가설은 각각

$$H_0: \mu_1 - \mu_2 \leq 0, \qquad H_1: \mu_1 - \mu_2 > 0$$

이 된다. 이때 125명과 90명의 의사를 각각 개업의와 대학교수의 모집단으로부터 추출된 확률표본이라 가정하고, 모집단의 분포는 각각 표준편차 $\sigma_1 = 14.6$, $\sigma_2 = 14.4$인 정규분포를 따른다고 하자(모집단은 하버드의대를 졸업한 개업의와 대학교수로 생각하는 것이 합리적이다). 그러면 정규검정법의 검정통계량의 계산값은

$$z = \frac{48.9 - 43.2}{\sqrt{\frac{(14.6)^2}{125} + \frac{(14.4)^2}{90}}} = 2.85$$

이고, 이때 p값은

$$p(2.85) = P(Z \geq 2.85) = 0.0022$$

이며, 유의수준 $\alpha = 0.01$로 할 경우 $p < \alpha$이므로 귀무가설을 기각한다. 즉, 하버드의대를 졸업한 의사인 경우 개업의가 대학교수보다 더 오래 산다는 사실을 말해준다.

연구자는 일반적으로 두 가지 서로 다른 처리(treatment)의 효과를 비교하거나 한 가지 처리를 받는 것과 받지 않은 것의 효과를 비교하는 데 관심이 많다. 만일 개체들이나 개인

이 연구자의 의도와 관계없이 서로 다른 두 가지 조건으로 나뉘어 비교된다면 이 연구를 **관찰연구(observational study)**라고 한다. 예제 8.2의 자료는 **후향적(retrospective)** 관찰연구의 자료이다. 즉, 연구자가 의사의 모집단으로부터 임의로 두 집단을 추출하여 한 집단은 개업의로 살게 하고, 다른 집단은 교수가 되어 살도록 하여 시작한 것이 아니라 과거의 기록으로부터 어느 집단에 속하는가를 현재에 분류한 것이다.

관찰연구로부터 결론을 유도하는데는 통계적으로 반응값의 유의한 차이가 있다하더라도 그것이 처리에 의한 것인지 아니면 조정되기 힘든 다른 원인에 의하여 차이가 난 것인지 알아내기는 무척 힘들다. 예제 8.2의 결론이 개업의와 대학교수의 직업적 차이인지 아니면, 예를 들어 대학교수들의 평균 졸업 당시 연령이 개업의에 비해 높았는지는 알기 힘들다. 흡연과 폐암간의 관계에 대한 관찰연구도 오랫동안 논란의 대상이 되었다. 많은 연구가 흡연하는 사람이 폐암에 걸릴 가능성이 높다고 결론을 내린다. 그러나 어떤 개인이 흡연을 하는가, 하지 않는가의 결정은 연구자가 연구를 시작하기 훨씬 오래 전의 일이며, 또한 이런 결정을 하는 원인들은 폐암에 걸리는데 우연적인 역할을 할지도 모르기 때문이다.

연구자가 개체나 개인을 임의로 두 집단으로 나누어 연구하는 실험을 **확률화 실험(randomized controlled experiment)**이라 한다. 이러한 실험에서 통계적으로 유의한 결론을 얻었다면 연구자나 다른 관심있는 사람들에게는 관찰연구의 결과보다 훨씬 큰 믿음을 줄 수 있다.

경우 2 표본의 크기 m, n이 충분히 큰 임의의 모집단 표본의 크기 m, n이 충분히 큰 경우에는 정규모집단과 분산을 알아야 한다는 가정이 필요가 없다. 중심극한정리를 이용하여 $\overline{X} - \overline{Y}$가 두 모집단의 분포와 상관없이 근사적으로 정규분포를 따른다. 또한 두 표본분산 S_1^2과 S_2^2이 근사적으로 σ_1^2과 σ_2^2에 비슷할 것이므로 표본크기 m, n이 클 때 다음이 성립한다.

$$Z = \frac{(\overline{X} - \overline{Y}) - (\mu_1 - \mu_2)}{\sqrt{\dfrac{S_1^2}{m} + \dfrac{S_2^2}{n}}} \div N(0, 1)$$

대표본의 검정통계량으로 $\mu_1 - \mu_2$ 대신에 Δ_0를 사용하면 다음과 같은 결과를 얻는다.

대표본일 경우의 모평균의 비교

기본가정을 만족하고 표본의 크기 m, n이 각각 30 이상일 경우 모평균의 차 $\mu_1 - \mu_2$에 대한 추론은 다음과 같다.

1. $100(1-\alpha)\%$ 근사 신뢰구간

$$\mu_1 - \mu_2 \in (\overline{X} - \overline{Y}) \pm z_{1-\frac{\alpha}{2}} \cdot \sqrt{\frac{S_1^2}{m} + \frac{S_2^2}{n}}$$

2. 근사적 유의수준 α인 가설검정

$$\text{검정통계량 } Z = \frac{(\overline{X} - \overline{Y}) - \Delta_0}{\sqrt{\frac{S_1^2}{m} + \frac{S_2^2}{n}}}$$

(a) $H_0 : \mu_1 - \mu_2 \leq \Delta_0$, $H_1 : \mu_1 - \mu_2 > \Delta_0$; 기각역 : $Z \geq z_{1-\alpha}$

(b) $H_0 : \mu_1 - \mu_2 \geq \Delta_0$, $H_1 : \mu_1 - \mu_2 < \Delta_0$; 기각역 : $Z \leq -z_{1-\alpha}$

(c) $H_0 : \mu_1 - \mu_2 = \Delta_0$, $H_1 : \mu_1 - \mu_2 \neq \Delta_0$; 기각역 : $|Z| \geq z_{1-\frac{\alpha}{2}}$

예제 8.3

통행량이 많은 도로변에 거주하는 사람이 혈액에 더 많은 납 성분을 가지고 있는가를 조사하기 위하여, 통행량이 많은 도로변에 거주하는 여자 35명과 도로변이 아닌 곳에서 거주하는 여자 30명을 임의로 추출하여 혈액의 납 성분을 조사하여 다음과 같은 자료를 얻었다.

거주형태	표본크기	표본평균	표본 표준편차
도로변	35	16.7	7.0
주거지	30	9.9	4.9

도로변과 주거지에 살고 있는 여성의 평균 혈액 납성분의 수치를 각각 μ_1, μ_2라 하면 귀무가설과 대립가설은

$$H_0 : \mu_1 - \mu_2 \leq 0, \qquad H_1 : \mu_1 - \mu_2 > 0$$

로 주어지며 유의수준 $\alpha = 0.01$일 때의 기각역은 $Z \geq 2.33$이다. 검정통계량의 계산값은

$$z = \frac{16.7 - 9.9}{\sqrt{\frac{(7.0)^2}{35} + \frac{(4.9)^2}{30}}} = 4.58$$

이므로 기각역에 속한다. 이 자료는 교통량이 많은 지역에 거주하는 여성의 혈액에 납 성분이 더 많다는 것을 뒷받침한다.

8.2 독립표본의 두 모집단의 모평균 비교를 위한 t 검정법과 신뢰구간

두 모평균의 차의 추론에서 σ_1^2, σ_2^2을 모르는 경우가 일반적으로 많다. 이 절에서는 모분산을 모르고 표본크기가 적은 정규모집단들로부터 추출된 확률표본을 이용하여 모평균의 차를 추론하는 방법에 대하여 생각하여 보자.

▌두 모집단 t 검정과 신뢰구간의 기본가정

1. $X_1, X_2, \cdots, X_n$은 평균 μ_1, 분산 σ_1^2인 정규모집단 1에서의 확률표본이다.
2. $Y_1, Y_2, \cdots, Y_n$은 평균 μ_2, 분산 σ_2^2인 정규모집단 2에서의 확률표본이다.
3. 두 모집단의 확률표본은 서로 독립이다.

모평균의 차 $\mu_1 - \mu_2$의 직관적 추정량은 앞절에서와 마찬가지로 표본평균의 차 $\overline{X} - \overline{Y}$이고, 이 추정량의 분산은

$$\mathrm{Var}(\overline{X} - \overline{Y}) = \frac{\sigma_1^2}{m} + \frac{\sigma_2^2}{n}$$

이다. 이때 σ_1^2과 σ_2^2은 모르므로 이를 추정하는 방법을 두 모집단의 분산이 같은 경우와 다른 경우로 나누어 생각해 보자.

경우 1 두 모집단이 동일한 분산을 갖는 경우($\sigma_1^2 = \sigma_2^2 = \sigma^2$)

모평균의 차의 추정량 $\overline{X} - \overline{Y}$ 의 분산은

$$Var = (\overline{X} - \overline{Y}) = \sigma^2(\frac{1}{m} + \frac{1}{n})$$

이므로 공통분산 σ^2의 추정량을 생각해 보자. 먼저 $\sum_{i=1}^{m}(X_i - \overline{X})^2$과 $\sum_{i=1}^{n}(Y_i - \overline{Y})^2$으로부터 σ^2에 대한 정보를 얻을 수 있으므로 이들을 함께 이용하여 등분산 σ^2의 합병추정량 S_p^2을 생각할 수 있고, 5.5절에서 분산이 동일한 두 정규모집단에서의 표본평균의 차에 대한 분포를 이용할 수 있다.

등분산의 합병추정량과 표본평균 차의 분포

$$S_p^2 = \frac{\sum_{i=1}^{m}(X_i - \overline{X})^2 + \sum_{i=1}^{n}(Y_i - \overline{Y})^2}{m + n - 2} = \frac{(m-1)S_1^2 + (n-1)S_2^2}{m + n - 2}$$

$$T = \frac{(\overline{X} - \overline{Y}) - (\mu_1 - \mu_2)}{S_p\sqrt{\frac{1}{m} + \frac{1}{n}}} \sim t\,(m+n-2)$$

이로부터 모평균의 차 $\mu_1 - \mu_2$의 신뢰구간과 검정법을 구할 수 있으며 기각역은 한 모집단의 t 검정과 유사하지만, 자유도 $(m+n-2)$인 t 분포로부터 기각치를 구해야 한다는 것에 유의해야 한다.

두 모집단의 t 검정과 신뢰구간(등분산인 경우)

두 모집단의 분산이 동일하고 이 절의 기본가정을 만족하는 경우 모평균의 차 $\mu_1 - \mu_2$의 추론은 다음과 같다.

1. $100(1-\alpha)\%$ 근사 신뢰구간

$$\mu_1 - \mu_2 \in (\overline{X} - \overline{Y}) \pm t_{1-\alpha/2(m+n-2)} \cdot S_p\sqrt{\frac{1}{m} + \frac{1}{n}}$$

2. 유의수준 α인 가설검정

$$\text{검정통계량 } T = \frac{(\overline{X} - \overline{Y}) - \Delta_0}{S_p\sqrt{\frac{1}{m} + \frac{1}{n}}}$$

(a) $H_0 : \mu_1 - \mu_2 \le \Delta_0,\ H_1 : \mu_1 - \mu_2 > \Delta_0$; 기각역 : $T \ge t_{1-\alpha}(m+n-2)$

(b) $H_0 : \mu_1 - \mu_2 \ge \Delta_0,\ H_1 : \mu_1 - \mu_2 < \Delta_0$; 기각역 : $T \le -t_{1-\alpha}(m+n-2)$

(c) $H_0 : \mu_1 - \mu_2 = \Delta_0,\ H_1 : \mu_1 - \mu_2 \ne \Delta_0$; 기각역 : $|T| \ge t_{1-\frac{\alpha}{2}}(m+n-2)$

예제 8.4

부갑상선 기능항진증의 환자 5명, 건강한 사람 12명에 대하여 혈청 중의 칼슘량을 측정하여 다음과 같은 자료를 얻었다.

환 자	12.8	13.2	11.7	14.0	12.8							
건강한 사람	10.7	10.1	9.8	9.5	10.3	9.7	9.8	9.6	10.3	9.3	9.5	10.2

두 군의 자료는 분산이 동일한 정규모집단에서 독립적으로 뽑힌 확률표본이라 가정하고, 모평균의 차의 95% 신뢰구간을 구해 보자. 두 표본의 자료에서 평균과 표준편차를 구하면

$$m = 5 \qquad \bar{x} = 12.9 \qquad s_1 = 0.831$$
$$n = 12 \qquad \bar{y} = 9.9 \qquad s_2 = 0.418$$

먼저 등분산 σ^2의 합병추정값을 구하면

$$s_p^2 = \frac{(m-1)s_1^2 + (n-1)s_2^2}{m+n-2} = \frac{4(0.831)^2 + 11(0.418)^2}{5+12-2} = 0.3123$$
$$s_p = \sqrt{0.3123} = 0.559$$
$$t_{1-\frac{\alpha}{2}}(m+n-2) = t_{0.975}(15) = 2.1315$$

따라서 $\mu_1 - \mu_2$의 95% 신뢰구간은

$$(12.9 - 9.9) \pm 2.1315 \cdot 0.559 \sqrt{\frac{1}{5} + \frac{1}{12}} = 3.0 \pm 0.63$$

즉, $2.37 < \mu_1 - \mu_2 < 3.63$이다. 이는 7장에서 언급했듯이 95% 신뢰구간에 0이 포함되지 않으므로 양측가설 $H_0 : \mu_1 = \mu_2$ 대 $H_1 : \mu_1 \ne \mu_2$는 유의수준 5%로서 귀무가설을 기각한다. 즉, 환자와 건강한 사람의 혈청 중 칼슘량이 다르다고 할 수 있다.

또한 표본평균을 비교했을 때 환자인 경우 건강한 사람보다 혈청 칼슘량이 많은 것으로 나타나므로 다음과 같은 가설을 검정하여 보기로 한다.

$$H_0 : \mu_1 - \mu_2 \le 0, \qquad H_1 : \mu_1 - \mu_2 > 0$$

이때 유의수준 $\alpha = 0.01$인 기각역은 $T \geq t_{0.99}(15) = 2.602$이며 검정통계량의 계산값은

$$t = \frac{12.9 - 9.9}{(0.559)\sqrt{\frac{1}{5} + \frac{1}{12}}} = \frac{3.0}{0.298} = 10.067$$

로서 기각역에 속하게 된다. 즉, 혈청 중의 칼슘 농도는 평균적으로 환자가 정상인보다 높다고 말할 수 있다.

경우 2 두 모집단의 분산이 같지 않을 경우($\sigma_1^2 \neq \sigma_2^2$)

두 모집단이 정규분포를 이룬다고 할지라도 분산이 같지 않으면 두 모평균의 차 $\mu_1 - \mu_2$의 추론에 이용하게 될 통계량은 $\overline{X} - \overline{Y}$이지만, 분산의 추정량은 합병추정량을 사용하지 못하고 각각의 분산의 추정량인 S_1^2과 S_2^2을 사용해야 한다. 이 경우의 문제점은 통계량

$$T = \frac{(\overline{X} - \overline{Y}) - (\mu_1 - \mu_2)}{\sqrt{\frac{S_1^2}{m} + \frac{S_2^2}{n}}}$$

가 자유도 $m+n-2$의 t 분포를 하지 않는다는 점에 있다. 이를 해결하는 방법으로 **스미스-새터스웨이트 검정(Smith-Satterthwaite test)**이라 하는 근사적 유의수준 α인 검정법을 이용한다. 이는 자유도를 수정한 근사 t 검정으로 통계량 T는 자유도 γ

$$\gamma = \frac{\left(\frac{S_1^2}{m} + \frac{S_2^2}{n}\right)^2}{\frac{(S_1^2 / m)^2}{m-1} + \frac{(S_2^2 / n)^2}{n-1}}$$

인 근사적 t 분포를 한다고 알려져 있다. 이 사실을 이용하면 모평균의 차 $\mu_1 - \mu_2$의 추론은 다음과 같다.

▌두 모집단의 근사 t 검정과 신뢰구간(분산이 다를 경우)

두 모집단의 분산이 다르고 이 절의 기본가정을 만족하는 경우 모평균의 차 $\mu_1 - \mu_2$의 추론은 다음과 같다.

1. $100(1-\alpha)\%$ 근사 신뢰구간

$$\mu_1 - \mu_2 \in (\overline{X} - \overline{Y}) \pm t_{1-\frac{\alpha}{2}}(\gamma)\sqrt{\frac{S_1^2}{m} + \frac{S_2^2}{n}}$$

2. 근사적 유의수준 α인 가설검정

$$\text{검정통계량 } T = \frac{(\overline{X} - \overline{Y}) - \Delta_0}{\sqrt{\frac{S_1^2}{m} + \frac{S_2^2}{n}}}$$

(a) $H_0 : \mu_1 - \mu_2 \le \Delta_0,\quad H_1 : \mu_1 - \mu_2 > \Delta_0$; 기각역 : $T \ge t_{1-\alpha}(\gamma)$

(b) $H_0 : \mu_1 - \mu_2 \ge \Delta_0,\quad H_1 : \mu_1 - \mu_2 < \Delta_0$; 기각역 : $T \le -t_{1-\alpha}(\gamma)$

(c) $H_0 : \mu_1 - \mu_2 = \Delta_0,\quad H_1 : \mu_1 - \mu_2 \ne \Delta_0$; 기각역 : $|T| \ge t_{1-\frac{\alpha}{2}}(\gamma)$

위의 식으로 계산된 자유도 γ는 자연수가 아닐 수 있다. 이와 같은 경우에는 t 분포표에서 가장 가까운 자연수를 사용하게 된다.

예제 8.5

20명의 정상인과 질환이 있는 10명에 관해서 Total Serum Complement Activity(TSCA)를 측정한 결과는 다음과 같았다.

	표본크기	표본평균	표본 표준편차
환 자	10	62.6	33.8
정상인	20	47.2	10.1

표본이 뽑힌 모집단은 거의 정규분포에 가깝다고 믿을 수 있는 근거가 있으나, 두 모분산이 같다고 가정하기가 어렵다고 한다. 이때 환자와 정상인간의 TSCA가 차이가 있다고 인정되는가에 대하여 검정해 보자. 이 문제의 귀무가설과 대립가설은 환자의 모평균과 정상인의 모평균을 각각 μ_1, μ_2라 할 때

$$H_0 : \mu_1 = \mu_2, \qquad H_1 : \mu_1 \ne \mu_2$$

이고 계산된 검정통계량의 값은

$$t = \frac{62.6 - 47.2}{\sqrt{\frac{(33.8)^2}{10} + \frac{(10.1)^2}{20}}} = \frac{15.4}{10.9} = 1.410$$

이다. 또한 수정된 자유도 γ는

$$\gamma = \frac{\left(\frac{(33.8)^2}{10} + \frac{(10.1)^2}{20}\right)^2}{\frac{\left(\frac{(33.8)^2}{10}\right)^2}{10-1} + \frac{\left(\frac{(10.1)^2}{20}\right)^2}{20-1}} = 9.81 \approx 10$$

이므로 유의수준 $\alpha = 0.05$인 검정의 기각역은 $|T| \geq t_{0.975}(10) = 2.2281$이다. 계산된 t의 값은 귀무가설의 기각역에 들어있지 않으므로 귀무가설을 기각할 수 없다. 즉, 이 자료로써는, 환자와 정상인 사이에 차이가 있다고 주장할 수 없다. 이때 분산이 같다고 가정했을 경우의 자유도는 $m+n-2 = 10+20-2 = 28$에 비하여 자유도가 작게 수정되었음에 유의할 필요가 있다.

8.3 쌍체비교를 위한 t 검정법과 신뢰구간

지금까지는 서로 독립인 두 확률표본을 이용하여 모평균의 차에 대한 추론을 다루었다. 즉, m개의 실험개체에서 특정한 처리를 하여 확률표본 $X_1, X_2, \cdots, X_m$의 관측값을 얻고, 다른 n개의 실험개체에 또 다른 처리를 하여 확률표본 $Y_1, Y_2, \cdots, Y_n$의 관측값을 얻었다. 그러나 이와는 달리 오직 n개의 실험개체에서 서로 다른 두 가지 관측값을 각각의 개체에서 얻는 경우가 있다.

예제 8.6

식용수로 사용하는 강에서 중금속의 오염정도를 측정하는 실험을 하려 한다. 6군데의 장소를 선택하여 표면의 물과 바닥의 물을 각 장소에서 채취하여 아연(Zn)의 함유 정도를 측정한 결과 다음과 같은 관측값을 얻었다. 이 자료를 이용하여 바닥의 물의 아연 함유 정도가 표면보다 높다고 할 수 있는가를 알아보자.

장 소	1	2	3	4	5	6
바닥의 물(x)	0.430	0.266	0.567	0.531	0.707	0.716
표면의 물(y)	0.415	0.238	0.390	0.410	0.605	0.609
차이($x-y$)	0.015	0.028	0.177	0.121	0.102	0.107

그림 8.1은 위의 자료를 점도표로 나타낸 것이다. 얼핏보면 x와 y 표본들 사이에 차이가 있다는 것을 알 수 있다. 장소에 따라 각 표본자료의 산포는 매우 크다. 그러나 관측값들을 장소

별로 구분하여 본다면 바닥의 물의 아연 함유 정도가 표면보다 크다는 사실을 알 수 있다. 이는 모든 $x-y$ 차들이 양이라는 사실로서 확실하다. 즉, 이러한 자료의 정확한 분석은 각 실험개체에서의 차이에 초점을 맞추어야 한다.

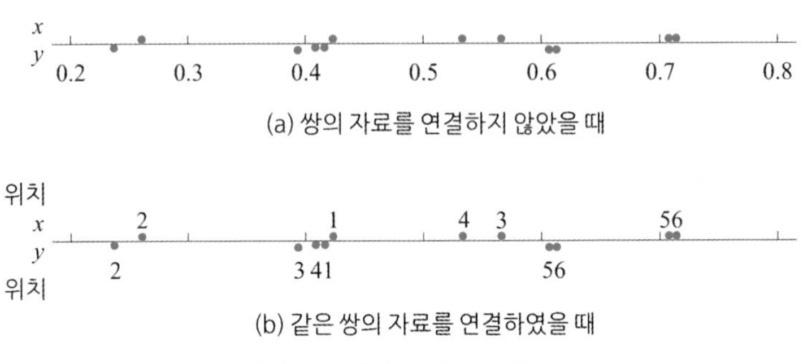

그림 8.1 **예제 8.6 자료의 점도표**

▌쌍체자료의 기본가정

쌍체자료는 서로 독립인 n개의 실험개체에서 쌍으로 얻어진 자료$(X_1,\ Y_1),\ (X_2,\ Y_2),$ $\cdots,\ (X_n,\ Y_n)$로 구성된다. 이때 $E(X_i)=\mu_1,\ E(Y_i)=\mu_2$이고 각 쌍에서의 차이 D_i를 다음과 같이 정의한다.

$$D_i = X_i - Y_i, \qquad i=1,\ 2,\ \cdots,\ n$$

또한 $D_1,\ D_2,\ \cdots,\ D_n$은 모평균 $\mu_1-\mu_2$, 모분산 σ_D^2인 정규분포로부터 추출된 확률표본으로 가정한다.

모평균의 차 $\mu_1-\mu_2$의 추론에서 독립된 두 모집단의 t 검정의 분모는 $\mathrm{Var}(\overline{X}-\overline{Y})=\mathrm{Var}(\overline{X})+\mathrm{Var}(\overline{Y})$라는 공식을 적용하여 얻었다. 그러나 쌍체자료인 경우에는 $\overline{X}$와 $\overline{Y}$가 서로 독립이 아니므로 위와 같은 식을 사용할 수 없고, 다음에서 설명하는 쌍체 t 검정이라는 분석방법을 사용해야 한다.

다른 쌍은 서로 독립이므로 D_i들은 서로 독립이다. 이때 D_i의 기댓값은

$$\mu_D = E(D_i) = E(X_i - Y_i) = E(X_i) - E(Y_i) = \mu_1 - \mu_2$$

이므로 모평균의 차 $\mu_1-\mu_2$의 추론은 평균의 차 μ_D의 추론으로 대체할 수 있고, $D_1,\ D_2,$ $\cdots,\ D_n$이 평균 μ_D, 분산 σ_D^2인 정규확률표본이므로 μ_D에 대한 추론은 한 모집단에서의 모평균 μ에 대한 추론과 동일하다.

▌쌍체자료의 모평균의 차 $\mu_D = \mu_1 - \mu_2$의 추론

쌍체자료의 기본가정을 만족하는 경우 모평균의 차 $\mu_D = \mu_1 - \mu_2$의 추론은 다음과 같다.

1. $100(1-\alpha)\%$ 근사 신뢰구간

$$\mu_D \in \overline{D} \pm t_{1-\frac{\alpha}{2}}(n-1)\frac{S_D}{\sqrt{n}}$$

2. 유의수준 α인 가설검정

$$\text{검정통계량 } T = \frac{\overline{D} - \Delta_0}{S_D / \sqrt{n}}$$

(a) $H_0 : \mu_D \le \Delta_0, \quad H_1 : \mu_D > \Delta_0$; 기각역 : $T \ge t_{1-\alpha}(n-1)$

(b) $H_0 : \mu_D \ge \Delta_0, \quad H_1 : \mu_D < \Delta_0$; 기각역 : $T \le -t_{1-\alpha}(n-1)$

(c) $H_0 : \mu_D = \Delta_0, \quad H_1 : \mu_D \ne \Delta_0$; 기각역 : $|T| \ge t_{1-\frac{\alpha}{2}}(n-1)$

단, $\overline{D} = \dfrac{\sum_{i=1}^{n} D_i}{n}, \quad S_D^2 = \dfrac{\sum_{i=1}^{n}(D_i - \overline{D})^2}{n-1}$

쌍체 t 검정(paired t-test)은 $\sigma_1^2 \ne \sigma_2^2$인 경우에도 사용할 수 있으며 두 모집단의 t 검정과 달리 자유도가 $(n-1)$인 점에 유의해야 한다. 또한 표본의 크기가 큰 경우 (대략 $n > 30$인 경우)에는 모집단의 분포(D의 분포)가 정규분포라는 가정이 없이도 위와 같은 추론을 할 수 있다. 즉,

$$Z = \frac{\overline{D} - \mu_D}{S_D / \sqrt{n}}$$

는 근사적으로 표준정규분포 $N(0,\ 1)$을 따른다는 사실을 이용하여 μ_D에 관한 신뢰구간을 구하고 검정할 수 있다.

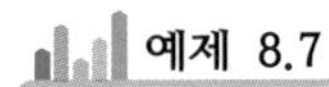

예제 8.7

(예제 8.6의 계속) 바닥과 표면의 아연 함유 정도의 차의 평균을 μ_D라고 하면 우리의 관심은 $H_0 : \mu_D = 0$, $H_1 : \mu_D > 0$을 검정하는 것이다. 쌍체 t 검정의 유의수준 $\alpha = 0.01$인 기각역은 $T > t_{0.99}(5) = 3.365$이다. 검정통계량의 계산된 값은 $\bar{d} = 0.0917$, $s_D^2 = 0.003683$이므로

$$t = \frac{0.0917 - 0}{\sqrt{\dfrac{0.003683}{6}}} = 3.70$$

으로 기각역에 속한다. 즉, 바닥의 아연 함유 정도가 표면보다 더 심하다고 말할 수 있다.

예제 8.8

신경증 환자를 치료하는 새로운 정신안정제의 효과를 알아보기 위하여, 환자마다 일주일은 그 약을, 다른 일주일 동안은 가짜약(placebo)을 투여하는데 그 순서는 랜덤하게 정하였다. 주말마다 환자에게 질문표를 배부하여 그 응답을 토대로 안정점수(0~30점)를 매겼다. 점수가 높을수록 불안감이 심한 경우이다.

환 자	1	2	3	4	5	6	7	8	9	10
안정제(x)	19	11	14	17	23	11	15	19	11	8
가짜약(y)	22	18	17	19	22	12	14	11	19	7
차($d = x - y$)	−3	−7	−3	−2	1	−1	1	8	−8	1

만일 D_i가 정규분포를 따른다고 가정하면 모평균의 차 μ_D의 95% 신뢰구간은

$$\overline{D} \pm t_{0.975}(n-1)\frac{S_D}{\sqrt{n}}$$

이다. 이때

$$n = 10,\ \bar{d} = \frac{1}{10}\{(-3) + (-7) + \cdots + 1\} = -1.30$$

$$s_D^2 = \frac{1}{9}\{[(-3)^2 + (-7)^2 + \cdots + 1^2] - 10 \times (-1.30)^2\} = 20.68$$

이므로 신뢰구간은 $-1.30 \pm 2.262\sqrt{\dfrac{20.68}{10}} = -1.30 \pm 3.25 = (-4.55,\ 1.95)$

로 주어진다. 또한 안정제의 효과가 가짜약에 의한 효과보다 좋다는 검정을 한다면 귀무가설과 대립가설은 각각

$$H_0 : \mu_D \geq 0, \qquad H_1 : \mu_D < 0$$

으로 주어지면 계산된 검정통계량의 값은

$$t = \frac{-1.30 - 0}{\sqrt{\frac{20.68}{10}}} = -0.9040$$

이다. 유의수준 $\alpha = 0.05$인 검정의 기각역은 $T \leq -1.8331$이므로 귀무가설 H_0를 기각할 수 없다. 즉, 위의 실험자료로서는 안정제의 효과가 있다고 주장할 수 없다.

쌍체자료를 분석하는데 쌍체비교의 t 검정이 아니라 두 독립표본의 t 검정을 사용하면 어떻게 될 것 인가를 살펴보자. 예제 8.6에서 두 독립된 확률표본의 t 검정을 적용해 보자. 이때 $\bar{x} = 0.5362$, $\bar{y} = 0.4445$, $s_1^2 = 0.0294$, $s_2^2 = 0.0201$, $s_p^2 = 0.0248$, $s_p = 0.1573$이므로 검정통계량의 계산된 값은

$$t = \frac{\bar{x} - \bar{y} - 0}{s_p\sqrt{\frac{1}{n} + \frac{1}{n}}} = \frac{0.0917}{0.1573\sqrt{\frac{2}{6}}} = 1.01$$

유의수준 $\alpha = 0.01$의 기각역은 $T \leq t_{0.99}(2n-2) = t_{0.99}(10) = 2.764$이므로 귀무가설을 기각할 수 없고 이는 쌍체비교의 t 검정과 정반대의 결론이다.

실제로 두 검정법의 분자는 $\overline{D} = \frac{\sum D_i}{n} = \frac{\sum (X_i - Y_i)}{n} = \overline{X} - \overline{Y}$이므로 동일하다. 그러나 분모는 각각 $\overline{X} - \overline{Y}(=\overline{D})$의 표준편차의 추정량을 사용하는데 쌍체자료인 경우에는 X와 Y가 독립이 아니므로

$$\mathrm{Var}(\overline{X} - \overline{Y}) = \mathrm{Var}(\overline{X}) + \mathrm{Var}(\overline{Y}) - 2\,\mathrm{Cov}(\overline{X}, \overline{Y})$$

가 되므로 독립된 두 표본의 경우의 $\mathrm{Var}(\overline{X} - \overline{Y}) = \mathrm{Var}(\overline{X}) + \mathrm{Var}(\overline{Y})$와 다르다. 따라서 예제 8.6의 경우 귀무가설을 채택한 결론은 X와 Y의 관련성을 무시하고 독립표본의 t 검정을 적용함으로써 잘못된 판단을 가져온 것이라 할 수 있다.

또 다른 문제점은 실험을 계획하는 단계에서 두 처리간의 비교를 하는 경우에 쌍체비교로 계획할 것인가 또는 두 조의 독립인 확률표본에 의한 비교로 계획할 것인가를 결정하는 것이다. 따라서 이들의 장단점을 신뢰구간을 이용하여 생각해 보자.

각각의 크기가 n인 서로 독립인 확률표본과 n 쌍의 자료를 가진 쌍체비교의 처리효과간의 차에 대한 신뢰구간은 다음과 같다.

$$(\overline{X}-\overline{Y}) \pm t_{1-\frac{\alpha}{2}}(n-1)\frac{S_D}{\sqrt{n}} \quad : \text{쌍체표본}$$

$$(\overline{X}-\overline{Y}) \pm t_{1-\frac{\alpha}{2}}(2n-2)\, S_p\sqrt{\frac{2}{n}} \quad : \text{독립표본}$$

첫째로 신뢰구간의 길이를 결정하는 한 요인인 $t_{1-\frac{\alpha}{2}}$값에 대하여 생각해 보자. 다른 조건이 동일하다면 $t_{1-\frac{\alpha}{2}}(n-1) > t_{1-\frac{\alpha}{2}}(2n-2)$이므로 쌍체비교의 경우 자유도 손실에 따라 신뢰구간이 독립표본인 경우보다 크게 될 것이다. 실제로 $n=10$의 경우 $t_{.975}(9)=2.26$, $t_{.975}(18)=2.10$으로 자유도에 의한 차이는 매우 미약하다. 반면에 쌍체비교의 장점은 위에서 언급했듯이 표준편차의 추정값이 작다는 것이며, 그 이유는 다음과 같다. 두 독립표본의 경우 두 처리가 임의로 선택된 실험단위들로 이루어진 두 조에 적용되므로, 예를 들어 성별, 나이 등과 같은 변수의 영향이 측정값에 미칠 수 있어 측정값들 간에 변이 정도가 크며, $\overline{X}-\overline{Y}$의 표준편차가 크게 된다. 한편 실험단위들이 쌍으로 이루어져 처리효과 이외의 요인들이 한 쌍의 두 실험 단위에게 동일하게 되면 X와 Y의 측정값이 같은 추세로 변하기 쉬워 X와 Y가 양의 공분산을 갖게 된다. 즉, 쌍체비교에 의한 $\overline{X}-\overline{Y}$의 분산의 추정값은 독립표본인 경우에 비교하여 작게 되어, 두 처리 효과의 차에 대한 신뢰구간을 더욱 정밀하게 추정할 수 있다.

예제 8.8에서 안정점수는 각 사람의 나이, 체중, 신장, 및 일반적인 건강상태 등의 여러 중요한 요인에 의해 영향을 받기 마련이다. 동일한 사람에게 안정제 사용과 가짜약의 사용에 따라 안정점수를 측정함으로써, 이러한 다른 요인들의 영향을 쌍 내의 두 측정값에 동일하게 나타나도록 할 수 있다. 만약 이 문제에서 서로 독립인 두 군으로 나누어 한 군에는 안정제를, 다른 군에는 가짜약을 투여하여 안정점수를 측정 비교한다면 나이, 신장, 체중 등이 두 군에서 서로 다를 수 있어 역시 안정점수 측정값에도 큰 변이가 나타날 것이다.

따라서 독립표본에 의한 비교와 쌍체비교의 선택은 쌍으로 관찰・비교함으로써 변이도를 충분히 감소시킬 수 있을 경우에만 쌍체비교를 선택해야 한다. 만약 실험단위들이 이미 동질적이거나 또는 실험단위의 이질성이 실험자가 식별가능하지 않은 요인에 의한 것이라면 임의로 쌍을 이루어도 분산의 감소를 가져올 수 없으며, 자유도의 손실만이 초래되어 추론의 정밀도가 나빠진다.

8.4 두 모비율의 비교

두 모집단이 있을 때 각 모집단에서 추출된 표본에 의하여 계산된 표본비율의 차로부터 모비율의 차를 추측하려는 경우가 흔히 있다. 예를 들어, 서로 다른 두 지역의 특정 병에 대한 유병률은 차이가 있는가 또는 두 공장에서 생산되는 공산품의 불량률은 차이가 있는가 등 두 이항모집단의 성공률인 p_1과 p_2에 대한 비교를 해야 하는 경우이다. 이때 표본의 자료는 연속이 아닌 성공횟수로 나타난다는 특징이 있다. 즉, 모집단 1로부터 크기 m인 확률표본을 택하여 성공횟수를 확률변수 X라 하고, 모집단 2로부터 크기 n인 확률표본을 택하여 성공횟수를 확률변수 Y라 하면 X와 Y는 서로 독립인 이항분포를 한다.

$$X \sim B(m, p_1), \qquad Y \sim B(n, p_2)$$

또한 각 모비율에 대해 표본비율이 직관적으로 대응되는 통계량이므로 $p_1 - p_2$의 추론에는 표본비율의 차 $\hat{p_1} - \hat{p_2}$를 생각할 수 있다. 이때 표본비율의 평균과 분산을 각각

$$E(\hat{p_1}) = E(\frac{X}{m}) = \frac{mp_1}{m} = p_1$$

$$E(\hat{p_2}) = E(\frac{Y}{n}) = \frac{np_2}{n} = p_2$$

$$Var(\hat{p_1}) = \frac{p_1(1-p_1)}{m}, \qquad \mathrm{Var}(\hat{p_2}) = \frac{p_2(1-p_2)}{n}$$

로 주어지고 두 확률표본이 독립이므로 $\hat{p_1}$과 $\hat{p_2}$는 독립이 되며, 표본비율의 차 $\hat{p_1} - \hat{p_2}$의 평균과 분산은 각각

$$E(\hat{p_1} - \hat{p_2}) = E(\hat{p_1}) - E(\hat{p_2}) = p_1 - p_2$$

$$\begin{aligned}\mathrm{Var}(\hat{p_1} - \hat{p_2}) &= \mathrm{Var}(\hat{p_1}) + \mathrm{Var}(\hat{p_2}) \\ &= \frac{p_1(1-p_1)}{m} + \frac{p_2(1-p_2)}{n}\end{aligned}$$

로 주어진다.

만일 표본크기 m과 n이 충분히 큰 경우에는 중심극한정리를 이용하여 $\hat{p_1} - \hat{p_2}$의 표준화된 통계량이 근사적으로 표준정규분포를 따르며, 이의 표준편차에 대한 추정량은 p_1, p_2를 각각 $\hat{p_1}$, $\hat{p_2}$으로 추정해서 얻어질 수 있으므로

$$Z = \frac{(\hat{p}_1 - \hat{p}_2) - (p_1 - p_2)}{\sqrt{\frac{\hat{p}_1(1-\hat{p}_1)}{m} + \frac{\hat{p}_2(1-\hat{p}_2)}{n}}} \doteq N(0, 1)$$

을 따르게 된다. 즉, $p_1 - p_2$에 대한 $100(1-\alpha)\%$ 신뢰구간은 정규분포에 의한 근사로부터 얻을 수 있다.

이제 두 모비율에 대한 검정문제를 생각해 보자. 귀무가설 $H_0 : p_1 = p_2$는 두 모비율이 p로 같다는 것을 의미하므로, 귀무가설 하에서 $\hat{p}_1 - \hat{p}_2$의 평균과 분산은 각각

$$E(\hat{p}_1 - \hat{p}_2) = 0, \qquad \mathrm{Var}(\hat{p}_1 - \hat{p}_2) = p(1-p)(\frac{1}{m} + \frac{1}{n})$$

이다. 여기서 공통인 모비율 p의 합병추정량은

$$\hat{p} = \frac{X+Y}{m+n}$$

이며, 이를 대입하여 $\hat{p}_1 - \hat{p}_2$의 분산의 추정량으로 사용하여 검정통계량을 다음과 같이 얻을 수 있다.

두 모집단의 모비율에 대한 Z 검정과 신뢰구간

서로 독립인 두 모집단에서 표본크기가 충분히 큰 경우의 모비율의 차 $p_1 - p_2$의 추론은 다음과 같다.

1. $100(1-\alpha)\%$ 근사 신뢰구간

$$p_1 - p_2 \in (\hat{p}_1 - \hat{p}_2) \pm z_{1-\frac{\alpha}{2}} \sqrt{\frac{\hat{p}_1(1-\hat{p}_1)}{m} + \frac{\hat{p}_2(1-\hat{p}_2)}{n}}$$

2. 근사적 유의수준 α인 검정법

$$\text{검정통계량 } Z = \frac{\hat{p}_1 - \hat{p}_2}{\sqrt{\hat{p}(1-\hat{p})(\frac{1}{m} + \frac{1}{n})}}$$

(a) $H_0 : p_1 \le p_2, \quad H_1 : p_1 > p_2$; 기각역 : $Z \ge z_{1-\alpha}$

(b) $H_0 : p_1 \ge p_2, \quad H_1 : p_1 < p_2$; 기각역 : $Z \le -z_{1-\alpha}$

(c) $H_0 : p_1 = p_2, \quad H_1 : p_1 \ne p_2$; 기각역 : $|Z| \ge z_{1-\frac{\alpha}{2}}$

예제 8.9

연령 25 ~ 40세인 기혼 간호사를 면접하여 "최근 5년 동안에 임신한 적이 있는가" 또 "임신했다면 유산하였는가 또는 정상 분만하였는가"를 물었다. 67명의 수술실 간호사와 92명의 병실근무 간호사를 면접한 결과 다음의 자료를 얻었다.

	수술실 간호사	병실근무 간호사
면접 인원수	67	92
임신 경험자수	36	34
유산 경험자수	10	3
표본 유산율	27.8%	8.8%

수술실 간호사와 병실근무 간호사의 모유산율을 각각 p_1, p_2라 하면 $p_1 - p_2$의 95% 신뢰구간은 다음과 같다.

$$m = 36, \quad n = 34, \quad \hat{p}_1 = 0.278, \quad \hat{p}_2 = 0.088$$

$$\begin{aligned} p_1 - p_2 &\in (\hat{p}_1 - \hat{p}_2) \pm z_{0.975}\sqrt{\frac{\hat{p}_1(1-\hat{p}_1)}{m} + \frac{\hat{p}_2(1-\hat{p}_2)}{n}} \\ &= (0.278 - 0.088) \pm 1.96\sqrt{\frac{(0.278)(0.722)}{36} + \frac{(0.088)(0.912)}{34}} \\ &= 0.190 \pm 0.176 \text{ 또는 } (0.014, 0.366) \end{aligned}$$

또한 표본유산율로 보아 수술실 간호사의 유산율이 병실근무 간호사보다 높다. 그러므로 수술실 간호사가 유산할 위험이 높다고 할 수 있는가 검정해 보자. 이때 귀무가설과 대립가설은 각각

$$H_0 : p_1 \le p_2, \qquad H_1 : p_1 > p_2$$

로 주어지며 검정통계량의 관측값은 합병추정량 $\hat{p} = \dfrac{10 + 3}{36 + 34} = 0.186$이므로

$$z = \frac{\hat{p}_1 - \hat{p}_2}{\sqrt{\hat{p}(1-\hat{p})(\frac{1}{m} + \frac{1}{n})}} = \frac{0.278 - 0.088}{\sqrt{(0.186)(0.814)\left(\frac{1}{36} + \frac{1}{34}\right)}} = \frac{0.190}{0.093} = 2.043$$

으로 주어진다. 유의수준 $\alpha = 0.05$인 검정의 기각역은 $Z > z_{0.95} = 1.645$로 계산된 z값이 기각역에 속하므로 귀무가설을 기각한다. 즉, 수술실 간호사는 병실근무 간호사에 비해 유산율이 높다고 생각된다.

8.5 두 모분산의 비교

때로는 두 모집단의 산포정도에 대한 비교를 해야 할 필요가 있다. 예를 들어, 두 기계가 일정한 규격의 소화제를 생산하는 경우에 무게의 변이도가 더 작은 기계가 바람직하다. 또한 두 모평균의 차에 대한 추론문제에서 $\sigma_1^2 = \sigma_2^2 = \sigma^2$이라는 등분산 가정하에 σ^2의 합병추정량을 이용하여 t 통계량을 만들고, 이를 이용하여 두 모평균의 차에 관한 추론문제를 다루었다. 이러한 경우 H_0: $\sigma_1^2 = \sigma_2^2$을 검정하는 것이 필요하다.

두 모집단의 분산을 비교하는 경우에는 모평균의 비교와는 달리 차 $\sigma_1^2 = \sigma_2^2$ 대신에 $\dfrac{\sigma_1^2}{\sigma_2^2}$을 이용한다. 이는 표본분산의 비에 대한 분포를 이론적으로 유도할 수 있기 때문이다.

두 정규모집단 $N(\mu_1, \sigma_1^2)$, $N(\mu_2, \sigma_2^2)$으로부터 각각 독립적으로 임의추출한 크기 m, n인 두 표본을 각각 $X_1, X_2, \cdots, X_m$과 $Y_1, Y_2, \cdots, Y_n$이라 하면 각 표본의 표본분산을 각각

$$S_1^2 = \frac{1}{m-1}\sum_{i=1}^{m}(X_i - \overline{X})^2, \quad S_2^2 = \frac{1}{n-1}\sum_{i=1}^{n}(Y_i - \overline{Y})^2$$

이라 하자. 이때 두 모분산이 같다고 할 수 있는가에 대한 검정은 귀무가설

$$H_0 : \frac{\sigma_1^2}{\sigma_2^2} = 1$$

로 나타내며, 이를 검정하기 위한 통계량으로는 직관적으로 표본분산의 비 S_1^2 / S_2^2을 생각할 수 있다. 5.5절에서 다룬 두 정규모집단에서 표본분산의 비에 대한 분포는

$$F = \frac{\sigma_2^2}{\sigma_1^2} \cdot \frac{S_1^2}{S_2^2} \sim F(m-1, n-1)$$

로 주어지므로 이를 이용하여 모분산의 비에 대한 추론을 다음과 같이 할 수 있다.

▌두 모집단의 모분산에 대한 F 검정과 신뢰구간

서로 독립인 두 정규모집단에서 모분산의 비 $\dfrac{\sigma_1^2}{\sigma_2^2}$의 추론은 다음과 같다.

1. $100(1-\alpha)\%$ 신뢰구간

$$\frac{\sigma_1^2}{\sigma_2^2} \in \left(\frac{S_1^2}{S_2^2} F_{\frac{\alpha}{2}}(n-1,\ m-1),\ \frac{S_1^2}{S_2^2} F_{1-\frac{\alpha}{2}}(n-1,\ m-1) \right)$$

2. 유의수준 α인 검정법

$$\text{검정통계량 } F = \frac{S_1^2}{S_2^2}$$

(a) $H_0 : \dfrac{\sigma_1^2}{\sigma_2^2} \le 1,\quad H_1 : \dfrac{\sigma_1^2}{\sigma_2^2} > 1$; 기각역 : $F \ge F_{1-\alpha}(m-1,\ n-1)$

(b) $H_0 : \dfrac{\sigma_1^2}{\sigma_2^2} \ge 1,\quad H_1 : \dfrac{\sigma_1^2}{\sigma_2^2} < 1$; 기각역 : $F \le F_{\alpha}(m-1,\ n-1)$

(c) $H_0 : \dfrac{\sigma_1^2}{\sigma_2^2} = 1,\quad H_1 : \dfrac{\sigma_1^2}{\sigma_2^2} \ne 1$; 기각역 : $F \ge F_{1-\frac{\alpha}{2}}(m-1,\ n-1)$

또는 $F \le F_{\frac{\alpha}{2}}(m-1,\ n-1)$

단 $F_{\frac{\alpha}{2}}(m-1,\ n-1)$은 $\dfrac{1}{F_{1-\frac{\alpha}{2}}(n-1,\ m-1)}$로부터 구한다.

예제 8.10

성장 호르몬의 체중 증가에 대한 영향을 조사하기 위해 쥐에 대한 동물실험을 행하였다. 6마리의 쥐는 성장 호르몬을 투여하고 다른 6마리에게는 투여하지 않고 일정 기간 동안의 체중 증가를 기록한 결과가 다음과 같다.

	호르몬 투여군(1)	호르몬 비투여군(2)
평 균	60.8	41.8
표준편차	16.4	7.6

이 실험에서의 주요 관심은 평균의 차에 대한 추론이지만 어떤 검정법을 쓸 것인가는 결정하기 전에 몇 가지를 검토해야 한다. 체중 증가는 각 군에서 정규분포를 한다고 가정하자. 그러면 표본의 크기가 크지 않고 모분산을 모르므로 t 검정을 해야 하는데, 이런 경우 등분산가정을 할 수 있는가를 검토해야 한다. 이때 귀무가설과 대립가설은 각각

$$H_0:\ \sigma_1^2 = \sigma_2^2, \qquad H_1:\ \sigma_1^2 \ne \sigma_2^2$$

으로 주어지고 검정통계량의 계산된 값은

$$F = \frac{S_1^2}{S_2^2} = \frac{(16.4)^2}{(7.6)^2} = 4.657$$

이다. 일반적으로 검정통계량의 계산된 값은 소문자로 사용하지만 F의 경우에는 관례상 대문자를 그대로 사용하며, 유의수준 $\alpha = 0.05$인 검정의 기각역은

$$F \geq F_{0.975}(5,\ 5) = 7.15 \text{ 또는}$$

$$F \leq F_{0.025}(5,\ 5) = \frac{1}{F_{0.975}(5,\ 5)} = \frac{1}{7.15} = 0.140$$

으로 F가 기각역에 속하지 않으므로 귀무가설을 기각할 수 없다. 즉, 이 실험결과로서 등분산 가정이 만족되므로 모평균의 차에 대한 추론은 분산이 같은 경우의 t 검정을 이용해야 한다.

또한 $\frac{\sigma_1^2}{\sigma_2^2}$의 95% 신뢰구간은

$$\begin{aligned}\frac{\sigma_1^2}{\sigma_2^2} &\in \left(\frac{S_1^2}{S_2^2} \cdot F_{\frac{\alpha}{2}}(n-1,\ m-1),\ \frac{S_1^2}{S_2^2} \cdot F_{1-\frac{\alpha}{2}}(n-1,\ m-1)\right) \\ &= \left(4.657 \times \frac{1}{7.15},\ 4.657 \times 7.15\right) \\ &= (0.6513,\ 33.297)\end{aligned}$$

으로 주어진다.

연습문제

01 성장 호르몬의 체중 증가(g)에 대한 영향을 조사하기 위해 다음과 같은 실험을 행하였다. 8마리의 쥐는 호르몬을 공급받고, 다른 8마리는 공급받지 않고 일정 기간 동안의 체중 증가를 기록한 결과가 다음과 같다.

호르몬군	75	80	72	77	69	81	71	78
대조군	65	70	76	63	72	71	68	68

각 군의 분포는 분산이 동일한 정규분포를 따른다고 가정할 때

(1) 호르몬군과 대조군의 평균 차이에 대한 95% 신뢰구간을 구하여라.

(2) 호르몬군의 평균이 대조군의 평균보다 크다는 가설을 유의수준 5%로 검정하여라.

02 벼의 시험 재배에서 24개의 시험 구획 중 12개의 시험 구획에는 품종 A를, 나머지 12개의 시험 구획에는 품종 B를 심어서 그 수확고(kg)를 조사하였다.

품종 A	31	34	29	26	32	35	38	34	30	29	32	31
품종 B	26	24	28	29	30	29	32	26	31	29	32	28

(1) 두 품종 사이에 유의한 차가 있는지 $\alpha = 0.01$로 검정하여라.

(2) (1)에 대한 답의 과정에서 모집단에 대한 가정을 기술하여라.

(3) 두 품종의 평균 수확고의 차이에 대한 99% 신뢰구간을 구하여라.

(4) (1)의 결론을 (3)의 신뢰구간을 이용하여 설명하여라.

03 다음은 13세 남아와 여아의 혈중 IgD 수치(mg/100 ml)의 표본이다.

남아	12.0	0.0	9.3	8.1	5.8	6.8	3.6	9.5	8.6	7.3
여아	5.8	0.0	7.0	0.0	7.5	2.6	5.5	7.2	7.3	3.3

(1) 남아와 여아 사이에 혈중 IgD 수치의 유의한 차가 있는지 $\alpha = 0.05$로 검정하여라.

(2) (1)에 대한 답의 과정에서 모집단에 대한 가정을 기술하여라.

(3) 남아와 여아의 평균혈중 IgD 수치의 차이에 대한 95% 신뢰구간을 구하여라.

(4) (1)의 결론을 (3)의 신뢰구간을 이용하여 설명하여라.

04 불면증을 호소하는 12명의 환자로 된 확률표본에 대해 A 약품을 처방하고, 동일한 특성을 지닌, 그러나 독립적인 16명의 환자에게는 B 약품을 처방하였다. 치료가 시작된 두 번째 밤에 취한 수면 시간에 대해 다음과 같은 자료를 얻었다.

A	3.5	5.7	3.4	6.9	17.8	3.8	3.0	6.4	6.8	3.6	6.9	5.7				
B	4.5	11.7	10.8	4.5	6.3	3.8	6.2	6.6	7.1	6.4	4.5	5.1	3.2	4.7	4.5	3.0

(1) 각 군은 정규분포를 따른다는 가정하에서 분산이 같은가를 $\alpha = 0.05$로 검정하여라.

(2) A와 B 약품의 평균 수면시간의 차에 대한 95% 신뢰구간을 구하여라.

(3) B 약품의 평균 수면시간이 A 약품의 그것보다 작은가를 유의수준 $\alpha = 0.05$로 검정하여라.

05 다음은 쇼크로 응급실에 실려온 환자의 병원 도착 시 측정한 1분당 심장박동수 자료이다.

사망군	102	122	106	140	82	175	135	78	53	110		
퇴원군	95	76	81	97	74	86	81	98	100	84	102	90

(1) 병원에서 사망한 환자군의 심장박동수가 퇴원군에 비하여 크다로 할 수 있는지를 $\alpha = 0.01$로 검정하여라.

(2) (1)의 검정에 대한 필요한 가정을 기술하여라.

06 고혈압 환자를 대상으로 나트륨 조정 식이요법을 받은 군과 받지 않은 군에서 혈청 나트륨 농도(mEq/liter)에 관한 다음 자료를 얻었다.

군	환자수	평 균	표준편차
식이요법을 받지 않음	12	160	3.9
식이요법을 받음	15	144	6.2

(1) 두 모분산에 차가 있다고 할 수 있는가를 $\alpha = 0.05$로 검정하여라.

(2) 모평균의 차의 90% 신뢰구간을 구하여라.

(3) 이 식이요법은 혈청 나트륨 농도를 낮추는데 효과가 있다고 생각되는가를 $\alpha = 0.01$로 검정하여라.

07 다음은 5명의 남자와 10명의 여자에게 채취한 24시간 유린(urine) 시료 중의 총 히스티딘(histidine) 배설량(mg)을 측정한 것이다.

남 자	229	236	435	172	432					
여 자	197	224	115	74	138	135	107	204	200	138

(1) 두 모분산에 차가 있다고 할 수 있는가를 $\alpha = 0.05$로 검정하여라.

(2) 두 표본이 뽑힌 모집단의 평균치의 차에 관한 95% 신뢰구간을 구하여라.

(3) 요중 히스티딘량이 남자가 여자보다 많다고 할 수 있는가를 $\alpha = 0.05$로 검정하여라.

08 촌충에 감염된 20마리의 양을 랜덤하게 두 군으로 나누었다. 첫째군에는 아무런 치료를 하지 않고, 둘째군에는 약물 치료를 하여 3개월 후 위 속에 있는 촌충수를 세었다.

대조군	40	54	26	63	21	37	39	49	31	58
약물치료군	18	43	28	50	16	32	13	22	40	39

(1) 두 모분산에 차가 있다고 할 수 있는가를 $\alpha = 0.01$로 검정하여라.

(2) 촌충치료에 약의 효과가 있다고 할 수 있는가를 $\alpha = 0.01$로 검정하여라.

09 서울과 지방에서 40세 남자의 확률표본을 추출하여 신장(cm)을 측정하였다.

	서 울	지 방
n	10	8
$\bar{x}$	179	173
s	7.0	6.0

(1) 두 모분산에 차가 있다고 할 수 있는가를 $\alpha = 0.05$로 검정하여라.

(2) 두 군의 신장이 다르다고 할 수 있는가를 $\alpha = 0.05$로 검정하여라.

10 A, B 두 종류의 새 전구에 대한 수명을 비교하기 위해 A 종류의 전구 36개를 임의로 추출하여 관측한 결과 평균 수명은 1500시간, 표준편차는 180시간이었고, B 종류의 전구 45개를 임의로 추출하여 관측한 결과 평균 수명은 1550시간, 표준편차는 195시간이었다. 유의수준 10%로 두 종류의 전구의 평균 수명에 차이가 있는지를 검정하여라.

11 39~40주 사이에 유도분만을 한 임산부와 41주 이후에 정상분만한 임산부들의 분만 후 혈액손실량(ml)을 측정한 결과는 다음과 같다. 두 군 사이의 혈액손실량에 차이가 있는지를 $\alpha = 0.01$로 검정하여라.

	유도분만 군	정상분만 군
임산부수	111	117
평 균	185	233
표준편차	69	100

12 편두통에 대한 새로운 치료법과 기존의 치료법의 차이를 알아보기 위해 실험한 결과 다음과 같은 자료를 얻었다. 어느 방법이 더 낫다고 할 수 있는가를 $\alpha = 0.05$로 검정하여라.

치료방법	대상수	회복된 수
새로운 치료	100	90
기존 치료	100	78

13 왼손으로 글을 쓰는 사람 10명에 대하여 오른손과 왼손의 쥐는 힘에 대한 측정을 한 결과가 다음과 같다.

사 람	1	2	3	4	5	6	7	8	9	10
왼 손	140	90	123	130	95	121	85	97	131	108
오른손	130	87	110	132	96	120	86	90	129	100

(1) 오른손과 왼손 쥐는 힘의 평균의 차에 대한 95% 신뢰구간을 구하여라.

(2) 두 손의 평균 쥐는 힘의 차이가 있는지 유의수준 5%에서 (1) 결과를 이용하여 가설을 쓰고 검정하여 결론을 내려라.

14 자동차의 휘발유에 특수한 첨가제를 사용하여 연비가 향상되었는지를 알아보고자 한다. 다섯 종류의 새로 제조된 차 10대에 대하여, 동일형의 차 두 대 중에 한 대를 무작위로 택해 첨가제를 사용하고, 다른 한 대에는 첨가제를 사용하지 않고 연비를 측정한 결과 다음 자료를 얻었다.

차의 종류	1	2	3	4	5
첨가제 사용	11.8	13.9	16.3	11.6	8.4
첨가제 없음	11.4	13.1	16.1	10.9	8.3

(1) 첨가제를 사용하면 연비가 증가된다고 할 수 있는가를 $\alpha = 0.05$로 검정하여라.

(2) 두 평균 연비의 차에 대한 95% 신뢰구간을 구하여라.

(3) 앞의 분석에 적합한 가정에 대해 기술하여라.

15 어떤 자극이 혈압(mmHg)에 영향을 미치는지 실험하기 위하여 12명에 대해서 자극을 주기 전후의 혈압을 측정하였다.

	1	2	3	4	5	6	7	8	9	10	11	12
자극전	120	124	130	118	140	128	140	135	126	130	126	127
자극후	128	131	131	127	132	125	141	137	118	132	129	135

(1) 자극이 혈압을 높인다고 볼 수 있는가를 $\alpha = 0.01$로 검정하여라.

(2) 두 평균 혈압의 차에 대한 99% 신뢰구간을 구하여라.

(3) 앞의 분석에 적합한 가정에 대해 기술하여라.

16 한 병원에서 여성들의 사체 해부를 실시한 결과 다음과 같은 좌, 우측 콩팥 무게(g)에 대한 자료를 얻었다.

번호	1	2	3	4	5	6	7	8	9	10	11	12	13	14	15	16	17	18	19	20
좌측	170	155	140	115	235	125	130	145	105	145	155	110	140	145	120	130	105	95	100	125
우측	150	145	105	100	222	115	120	105	125	135	150	125	150	140	90	120	100	100	90	125

(1) 여성들의 콩팥 무게는 좌, 우측이 다르다고 할 수 있는가를 $\alpha = 0.05$로 쌍체비교 검정을 하여라.

(2) (1)의 문제에 대하여 독립된 두 모집단의 t 검정을 하여라.

(3) (1)과 (2)의 차이에 대하여 언급하고 그 이유를 설명하여라.

17 신장(kidney)이 정상적인 사람 100명과 이상이 있는 사람 100명을 대상으로 폐렴에 대한 항생제를 주사하였다. 알레르기성 반응이 정상적인 사람 중에서 21명, 이상이 있는 사람들 중에서 38명이 각각 나타났다.

(1) 알레르기성 반응에 대한 모비율의 차이에 대한 95% 신뢰구간을 말하여라.

(2) 알레르기성 반응에 이상이 있는 사람의 비율이 높은지를 $\alpha = 0.05$로 검정하여라.

18 흡연과 호흡기능과의 관계를 알아보는 연구로서 담배 피우는 회사원과 담배를 피우지 않는 회사원들 중에서 각각 20명을 랜덤추출하여 1초 폐활량으로 이들의 호흡기능을 알아보았다. 두 군의 호흡기능이 같다고 할 수 있는가를 $\alpha = 0.01$로 검정하여라.

	1초 폐활량	
	비정상	정 상
흡연가	4	16
비흡연가	1	19

19 미국 의학협회지 145권(1951) 14호에 실린 자료에 의하면 위출혈의 치료 효과는 다음과 같았다. 사망률이 낮아진 큰 원인은 수혈이 쉬웠기 때문이라고 설명하고 있다.

기 간	증례수	사망수	사망률
1930~1943	40	10	0.250
1944~1949	61	5	0.082

(1) 이 자료에서 사망률이 낮아졌다고 할 수 있는가를 $\alpha = 0.05$로 검정하여라.

(2) 사망률의 차이에 대한 95% 신뢰구간을 구하여라.

20 두 종류의 약의 부작용을 비교하기 위해 50마리의 실험동물에게는 약 A를, 다른 50마리에게는 약 B를 주었다. A를 투여한 군에서는 11마리가 그리고 B를 투여한 군에서는 8마리가 부작용을 일으켰다면 두 약의 부작용 발생률은 서로 다른가를 $\alpha = 0.1$로 검정하여라.

21 심근경색과 식품항체에 관한 연구에서 우유단백(milk protein)에 대한 항체의 유무에 의해서, 심근경색 발작 후 6개월 이내에 사망하는 비율이 다른가를 213명의 심근경색 환자에 대해서 조사하였더니 다음 표와 같다.

우유항체	6개월 이내 사망	6개월 이상 생존	계
양 성	29	80	109
음 성	10	94	104
계	39	174	213

(1) 우유항체의 음성·양성에 따라서 발작 후 6개월 이내의 사망률에 차가 있는가를 $\alpha = 0.05$로 검정하여라.

(2) 사망률의 차이에 대한 95% 신뢰구간을 구하여라.

22 어느 나라의 도시와 농촌의 성인들을 대상으로 문맹인의 비율을 조사하였다. 이 나라에서는 농촌의 문맹률이 도시보다 높다고 할 수 있는가를 $\alpha = 0.05$로 검정하여라.

지 역	대상수	문맹인수
농 촌	300	24
도 시	500	15

23 공기 중의 수은의 농도를 측정하는 두 가지 기기 A, B의 정밀도를 검사하기 위해 각각의 기기로 측정한 결과 다음과 같은 자료를 얻었다.

기기 A	0.95	0.83	0.78	0.96	0.72	0.86	0.99
기기 B	0.90	0.92	0.94	0.91	0.90	0.89	

(1) 기기 B의 정밀도가 기기 A의 정밀도보다 좋다고 할 수 있는가를 $\alpha = 0.05$로 검정하여라.

(2) 두 모분산의 비에 대한 95% 신뢰구간을 구하여라.

24 다음은 두 대의 분광사진기(spectrograph)를 이용하여 동일 시료를 반복 측정한 결과이다.

A	3.51	3.45	3.40	3.55		
B	3.31	3.46	3.29	3.59	3.47	3.54

(1) 두 분산의 차이가 있는가를 $\alpha = 0.05$로 검정하여라.

(2) 두 분산의 비에 대한 95% 신뢰구간을 구하여라.

(3) (1)과 (2)에서 모집단에 대한 필요한 가정을 기술하여라.

9장 실험계획 I

이 장에서는 분산분석법을 사용하여 분석하는 가장 단순한 실험계획법들, 즉 일원배치법, 랜덤화블록 계획법, 이원배치법 및 삼원배치법을 설명하게 된다. 마지막으로 다원배치법에서의 교호작용을 감안한 분석과 해석에 대해서도 설명한다. 이원배치법 또는 더 나아가 다원배치법 자료의 분석에는 교호작용을 감안해야 하는 점이 특징적이며, 교호작용을 감안한 분석과 이해가 특히 요구된다. 마지막 9.4절에서 삼원배치법의 예제로서 교호작용에 관한 해석법을 자세히 설명하고 있다.

9.1 서론

지금까지는 두 모평균을 비교하는 문제를 다루었으며, 이와 같은 문제의 자료는 한 군의 표본으로부터 구해진 **쌍체자료(paired data)**였거나 두 군의 독립된 표본으로부터 구해진 자료(unpaired data)였었다. 이를 확장하여 이 장에서는 3개 이상의 모평균을 비교하는 문제를 생각하며, 분석의 대상은 한 군의 표본에서 여러 번 측정된 자료이거나 또는 독립된 여러 표본으로부터의 자료이다.

자료의 분석에 앞서서 실험 또는 연구는 세밀하게 계획되어야 한다. 환자를 대상으로 하는 **임상시험(clinical trials)**이나 **동물이 대상인 실험(animal experiment)**에서는 설정된 실험목적에 따라 실험방식과 실험순서를 적절하게 계획 · 조정하게 되며, 실험 후 얻어진 자료에 적

합한 통계분석법을 선택하여 결론내린다. **실험계획법(experimental design)**은 이와 같이 실험을 실시하는데 필요한 제반 계획과 진행에서 요구되는 방법을 연구하는 분야이다. 실험계획법에 의한 자료의 분석에는 여러 분석법 중 특히 분산분석법을 가장 많이 사용하고 있으며, 다음과 같은 실험의 예는 분산분석법을 적용하는 것이 적절한 경우이다.

예제 9.1

카페인에 의한 자극의 영향을 알아보고자 30명의 남학생을 대상으로 이중눈가림법(double blind trial)에 의해 연구를 진행하였다. 즉, 남학생이나 기록자도 어떤 카페인 자극이 배정되었는지를 알 수 없도록 하였다. 학생들에게 단순 손가락 두드르기를 연습시킨 후 10명씩 3군으로 랜덤하게 나누어 각 군에 3가지 카페인 용량(0, 100, 200 mg) 중 한 가지를 복용케하였다. 복용 2시간 후에 손가락을 두드리게 한 후 1분간 두드리는 횟수를 기록하였다(자료출처 : Draper & Smith, 1981).

표 9.1 **카페인 복용 후 손가락 두드리는 횟수**

0 mg 카페인 군	100 mg 카페인 군	200 mg 카페인 군
242	248	246
245	246	248
244	245	250
248	247	252
247	248	248
248	250	250
242	247	246
244	246	248
246	243	245
242	244	250

예제 9.2

다섯 종류의 전기 자극에 대한 저항(단위: *kilohms*)이 서로 동일한지 알아보고자 16명을 선정하여 팔에 각 전기자극을 번갈아 가한 후, 각 전기 자극에 대한 저항을 한 번씩 측정하였다(자료출처 : Hand 등, 자료 #240, 1994).

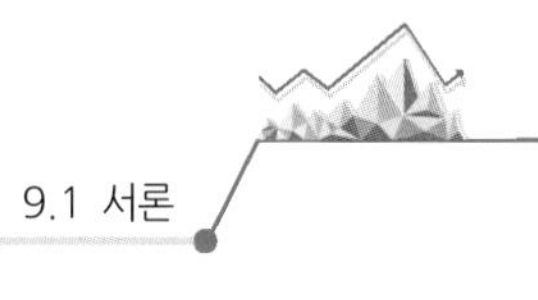

표 9.2 **전기 자극에 의한 저항 (단위: *kilohms*)**

개 체	전기자극의 종류				
	1	2	3	4	5
1	500	400	98	200	250
2	660	600	600	75	310
3	250	370	220	250	220
4	72	140	240	33	54
5	135	300	450	430	70
6	27	84	135	190	180
7	100	50	82	73	78
8	105	180	32	58	32
9	90	180	220	34	64
10	200	290	320	280	135
11	15	45	75	88	80
12	160	200	300	300	220
13	250	400	50	50	92
14	170	310	230	20	150
15	66	1000	1050	280	220
16	107	48	26	45	51

예제 9.3

단백질의 양이 서로 다른 네 종류의 식이요법으로 인해 방출되는 질소 양의 차이가 있는지를 알아보고자 연구가 진행되었다. 이 연구에서 남녀의 차이가 또 다른 관심이어서 남자 12명과 여자 12명을 선정하여 네 군에 3명씩 랜덤하게 배정하여 식이요법을 실시한 후 질소 양을 측정한 결과가 표 9.3에 제시되었다. 이 연구의 관심은 다음 질문들로 요약될 수 있다. (1) 식이요법에 따라 질소 양의 차이가 있는가? (2) 성별에 따라 질소 양의 차이가 있는가? (3) 남성에서 네 식이요법에 따라 다른 질소 양의 차이는 여성에서도 비슷한 양상을 보이고 있는가? (자료출처 : Afifi & Azen, 1979, p. 221).

표 9.3 **식이요법에 따라 방출되는 질소 양**

	식이요법			
	1	2	3	4
남 성	4.079	4.368	4.169	4.928
	4.859	5.668	5.709	5.608
	3.540	3.752	4.416	4.940
여 성	2.870	3.578	4.403	4.905
	4.648	5.393	4.496	5.208
	3.847	4.374	4.688	4.806

용어정의

실험계획법을 설명하는데 필요한 몇 가지 용어는 다음과 같다. 실험에서 반응측정값에 영향을 미친다고 생각되는 **요인(source)** 중에서 특히 관측하기로 선정된 요인을 **인자(factor)**라 하며, 각 인자가 취하는 값들을 그 **인자의 수준(factor level)**이라 한다. 예제 9.1에서는 카페인 복용이란 한 인자가 있으며 0 mg, 100 mg, 200 mg의 값들이 구체적인 인자수준으로서 **인자수준수**는 셋이며, 이는 **양적(quantitative)**인 처리수준을 나타낸다. 일반적으로 우리는 인자수준을 **처리(treatment)**수준이라 표현한다. 예제 9.3에서는 남성과 여성을 나타내는 **질적(qualitative)**인 처리수준을 가진 인자 외에도 서로 단백질의 함유량이 서로 다른 네 식이요법군을 나타내는 또 다른 인자가 있으며, 따라서 두 인자로부터 8개의 가능한 **조합(combination)**군이 생긴다. 각 인자의 조합군에 배정된 실험단위의 수를 **반복수**라 하며, 예제 9.1에서의 반복수는 10이며 예제 9.3에서의 반복수는 3이다.

분산분석법의 간단한 설명

분산분석법은 이름이 뜻하는 대로 반응측정값의 분산(variance) 또는 제곱합(sum of squares)을 분석하는 방법이며, 이 제곱합을 실험에 관련된 요인(source)별로 분해하여, 순수한 오차(error)에 의한 영향보다 더 큰 영향을 주는 요인(들)이 어떤 것인가를 검정과정으로서 밝히는 분석법이다.

이 장에서 다룰 분산분석법은 실험계획법이 가장 단순한 예제 9.1의 **일원배치법(one-way analysis of variance)**과 예제 9.2와 예제 9.3의 **이원배치법(two-way analysis of variance)**이다. 예제 9.2의 실험계획법은 특히 예제 9.3과 구분지어 **랜덤화블록 계획법(randomized block design)** 또는 각 처리에 반복이 없는 이원배치법으로 일컬어지기도 한다. 예제 9.2와 예제 9.3의 인자의 성격이 서로 다른 점에 대해서는 곧 설명하게 된다.

9.2 일원배치법

9.2.1 반복수가 같은 일원배치법

가장 단순한 실험계획법인 **일원배치법(one-way ANOVA)**은 반응측정값에 대한 한 인자의 영향을 조사하기 위해 사용되는 분석법이다. 인자의 각 수준에 따라 구분되는 독립된 여러

표본의 자료는 **처리(treatment)**에 의한 효과 이외에는 서로 **동질적(homogeneous)**이어야 처리 효과를 공정하게 비교할 수 있는데, 이는 치우침이 없도록 배려된 **랜덤화법(randomization)**에 의한 일원배치법의 자료일 때에 가능하다. 랜덤화의 원리는 매우 단순하며, 이를 실험의 진행에 그대로 적용하게 되면 실험에서 야기될 수 있는 기타 요인의 발생에 대해 보호받을 수 있어 공정한 처리효과의 비교에 근본이 된다고 하겠다.

각 처리에 대해 반복수가 같은 일원배치법의 자료구조는 표 9.4와 같으며 일원배치법의 랜덤화 과정은 구체적으로 다음과 같다.

표 9.4 **반복수가 같은, 일원배치법의 자료구조**

	처리 A의 수준				
	1	2	…	k	
	y_{11}	y_{21}	…	yk_1	
	y_{12}	y_{22}	…	yk_2	
	⋮	⋮	⋮	⋮	
	y_{1n}	y_{2n}	…	y_{kn}	
합 계	$T_{1.}=\sum_{j=1}^{n} y_{1j}$	$T_{2.}=\sum_{j=1}^{n} y_{2j}$	…	$T_{k.}=\sum_{j=1}^{n} y_{kj}$	총합계 $T_{..}=\sum_{i=1}^{k}\sum_{j=1}^{n} y_{ij}$
평 균	$\bar{y}_{1.}$	$\bar{y}_{2.}$	…	$\bar{y}_{k.}$	총평균 $\bar{y}_{..}$
제곱합	$\sum_{1}^{n}(y_{1j}-\bar{y}_{1.})^2$	$\sum_{1}^{n}(y_{2j}-\bar{y}_{2.})^2$	…	$\sum_{1}^{n}(y_{kj}-\bar{y}_{k.})^2$	

일원배치법의 랜덤화법

1. 실험단위를 몇 개의 처리(즉, 수준)에의 배정은 랜덤화법에 의해 결정한다. 여기서 처리수준의 수를 k, 각 처리에서의 반복수는 n이다.
2. (nk)개의 실험진행 순서를 랜덤화법에 의해 결정한다.

(주의 : 하나의 처리군을 고정시켜 놓고서 이 군이 속한 n회의 실험 순서를 랜덤하게 정하는 방법은 올바른 랜덤화법이 아니다.)

예제 9.1의 계속

30명의 남학생을 카페인 용량의 각 수준군에 10명씩 일원배치하는 과정은 랜덤화 방법에 의한다. 또한 총 30명의 1분간 손가락 두드리는 횟수를 기록하는 실험순서를 랜덤하게 정한다.

이제 제비뽑기나 또는 부표 12에 제시된 난수표(table of random permutation) 사용에 의한 랜덤화 과정을 구체적으로 설명한다.

일원배치법의 랜덤화 과정 (예제 9.1의 이용)

먼저 30명의 남학생에게 일련번호를 매긴다.

1. 제비뽑기로 임의 추출된 10명, 예를 들어서 7, 24, 1, 6, 28, 30, 12, 4, 13, 25번을 0 mg 군에, 나머지 가운데서 다시 임의 추출된 10명, 예를 들어서 29, 15, 2, 22, 8, 27, 18, 9, 26, 10번을 100 mg 군에 그리고 나머지 10명은 자연히 200 mg 군에 배정하여 각 군에 해당하는 카페인 용량을 학생들이 복용케 한다.
2. 이제 또 다른 제비뽑기로 먼저 나오는 번호를 가진 학생 순서대로 1분간 두드리는 횟수를 기록하는 실험을 한다.

난수표를 사용할 경우, 부표 12의 어떤 임의의 구획에서 출발하여 1에서부터 30 사이에 속한 숫자를 계속 읽어 가면서 랜덤화 과정을 진행한다. 이때 이미 나온 숫자가 다시 나오게 되면 그 숫자는 무시하고 다시 읽는다.

임상연구에서 여러 가지 이유로 환자를 여러 군에 랜덤하게 할당하지 못할 경우에는 여러 군의 비교에서 처리 이외의 다른 요인에 의한 영향을 면밀히 검토해야 하며, 자료분석으로부터의 결론과 해석에 매우 신중해야 한다.

표 9.4의 자료를 분산분석하는 것은 k개의 처리효과를 비교함을 뜻하는데 이를 위해서는 다음과 같은 **모집단모형(population model)**을 가정한다. i번째 처리에서 얻어진 반응측정값의 확률변수 Y_{ij}는 평균이 μ_i이고 분산이 처리수준에 관계없이 일정하게 σ^2인 정규분포 $N(\mu_i, \sigma^2)$으로부터 크기 n인 확률표본으로 가정한다. 즉,

$$Y_{ij} = \mu_i + \epsilon_{ij}, \quad j = 1, 2, \cdots, n$$

여기서 ε_{ij}는 실험오차에 해당하는 확률변수이며, 평균이 0이고 일정하게 분산이 σ^2인 정규분포 $N(0, \sigma^2)$에 따르며, 모든 ε_{ij}는 서로 독립이라 가정한다. 실험자료 전체의 모평균, 즉 총 평균을 μ라 하면, μ는

$$\mu = \sum_{i=1}^{k} \mu_i \,/\, k$$

가 되며, μ_i와 μ의 차인 $\alpha_i = \mu_i - \mu$는 ***i*번째 처리효과(*i*th treatment effect)**라고 한다. 이를 이용하여 모집단모형은 다음과 같이 표현된다.

▌반복수가 같은 일원배치법의 모집단모형

$$Y_{ij} = \mu + \alpha_i + \epsilon_{ij}, \quad i=1, \cdots, k, \ j=1, \cdots, n$$

단, μ : 총평균

α_i : i번째 처리효과

ε_{ij} : 실험오차로서 서로 독립이며 $N(0, \sigma^2)$인 확률변수

▌처리효과를 비교하는 귀무가설과 대립가설

$H_0 : \alpha_1 = \alpha_2 = \cdots = \alpha_k = 0$ (또는 $\mu_1 = \mu_2 = \cdots = \mu_k$)

k개의 모평균은 서로 같다.

H_1 : 적어도 한 α_i는 0이 아니다.

k개의 모평균은 모두 같지는 않다.

제곱합의 분해

위의 귀무가설을 검정하기 위해서는 총제곱합을 처리제곱합과 오차제곱합으로 분해하여 검정통계량을 만들게 된다. 우선 반응측정값 y_{ij}와 총평균 $\bar{y}_{..}$와의 차인 총편차 $y_{ij} - \bar{y}_{..}$를 분해한다.

$$y_{ij} - \bar{y}_{..} = (y_{ij} - \bar{y}_{i.}) + (\bar{y}_{i.} - \bar{y}_{..})$$

편차 $\bar{y}_{i.} - \bar{y}_{..}$는 i번째 처리의 평균과 총평균의 편차이며, 이는 처리효과를 나타낸다. 또한 $y_{ij} - \bar{y}_{i.}$는 **오차(error)**를 나타내며, 이 오차에는 처리효과 이외의 개체차, 실험 또는 측정의 차이 등의 모든 영향이 포함된다. 오차를 때로는 **잔차(residual)**라고도 한다. 위 식의 양변을 제곱하여 더하면

$$\begin{aligned}\sum_{i=1}^{k}\sum_{j=1}^{n}(y_{ij} - \bar{y}_{..})^2 &= \sum_{i=1}^{k}\sum_{j=1}^{n}[(y_{ij} - \bar{y}_{i.}) + (\bar{y}_{i.} - \bar{y}_{..})]^2 \\ &= \sum_{i=1}^{k}\sum_{j=1}^{n}(y_{ij} - \bar{y}_{i.})^2 + \sum_{i=1}^{k}\sum_{j=1}^{n}(\bar{y}_{i.} - \bar{y}_{..})^2 \\ &\quad + 2\sum_{i=1}^{k}\sum_{j=1}^{n}(y_{ij} - \bar{y}_{i.})(\bar{y}_{i.} - \bar{y}_{..})\end{aligned}$$

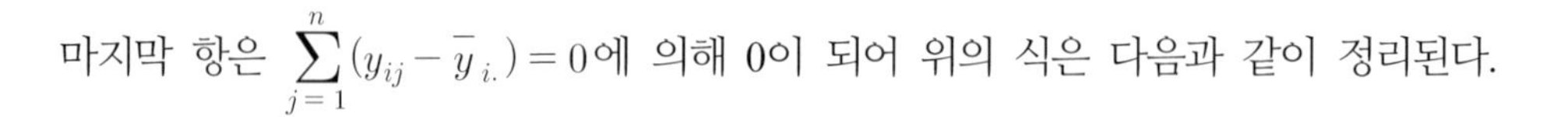

마지막 항은 $\sum_{j=1}^{n}(y_{ij}-\bar{y}_{i.})=0$에 의해 0이 되어 위의 식은 다음과 같이 정리된다.

$$\sum_{i=1}^{k}\sum_{j=1}^{n}(y_{ij}-\bar{y}_{..})^2=\sum_{i=1}^{k}\sum_{j=1}^{n}(y_{ij}-\bar{y}_{i.})^2+n\sum_{i=1}^{k}(\bar{y}_{i.}-\bar{y}_{..})^2$$

여기서 $\sum_{i=1}^{k}\sum_{j=1}^{n}(y_{ij}-\bar{y}_{..})^2$을 **총제곱합(total sum of squares, SST)**

$n\sum_{i=1}^{k}(\bar{y}_{i.}-\bar{y}_{..})^2$을 **처리제곱합(treatment sum of squares, SSA)** (9-1)

$\sum_{i=1}^{k}\sum_{j=1}^{n}(y_{ij}-\bar{y}_{i.})^2$을 **오차제곱합(error sum of squares, SSE)**

이라 한다. 요약된 용어의 사용에서 SSA는 하나의 인자인 A인자를 나타내는 데, 이는 구체적인 인자의 의미를 나타내는 이름으로 대치되기도 한다.

자유도의 분해

이제 제곱합의 **자유도(degrees of freedom)**에 대해서 살펴보자. 자유도는 제곱합에 기여한 제곱한 편차의 개수에서 편차들의 선형제약조건의 개수를 뺀 것과 동일하다. 우선, 총제곱합 SST에서 제곱한 편차의 개수는 kn개이며 하나의 선형제약조건

$$\sum_{i=1}^{k}\sum_{j=1}^{n}(y_{ij}-\bar{y}_{..})=0$$

이 있어 SST의 자유도는 $kn-1$이다. 처리제곱합 SSA에서 제곱한 편차의 개수는 k개이며, 하나의 선형제약조건

$$\sum_{i=1}^{k}(\bar{y}_{i.}-\bar{y}_{..})=0$$

이 있어 SSA의 자유도는 $k-1$이다. 또한 오차제곱합 SSE에서 제곱한 편차의 개수는 kn개이며 선형제약조건은

$$\sum_{j=1}^{n}(y_{ij}-\bar{y}_{i.})=0,\quad i=1,\ 2,\ \cdots,\ k$$

로서 k개 있으므로 SSE의 자유도는 $k(n-1)$이다. 따라서 이들 제곱합의 자유도 사이에도 제곱합과 마찬가지로 다음의 관계가 성립한다.

총제곱합의 자유도 = 처리제곱합의 자유도 + 오차제곱합의 자유도

제곱평균과 검정통계량

제곱합을 자유도로 나눈 것을 **제곱평균(mean squares, MS)**이라 한다. 오차제곱평균

$$MSE = SSE \ / \ [k(n-1)]$$

는 일원배치법 모형에서 실험오차의 분산인 σ^2의 불편추정량이 되며, 귀무가설 $H_0 : \alpha_1 = \alpha_2 = \cdots = \alpha_k = 0$하에서는 처리제곱평균

$$MSA = SSA \ / \ (k-1)$$

도 역시 σ^2의 불편추정량이 된다. 그러나 대립가설 하에서 MSA는

$$\sigma^2 + n\sum_{i=1}^{k}(\mu_i - \mu)^2 \ / \ (k-1)$$

의 불편추정량이 되어 σ^2보다 크게 된다. 이러한 사실을 이용하여 검정통계량으로서 다음의 F비(F ratio)를 사용하며 F값이 크게 되면 귀무가설을 기각한다.

$$F = \frac{MSA}{MSE} = \frac{SSA/(k-1)}{SSE/[k(n-1)]}$$

이 F비는 귀무가설 하에서의 자유도가 $(k-1,\ k(n-1))$인 F 분포에 따른다. 따라서 다음과 같은 검정법이 제시된다.

▌반복수가 같은 일원배치법에서 처리효과에 대한 검정

가설

$$H_0:\ \alpha_1 = \alpha_2 = \cdots = \alpha_k = 0, \quad H_1: \text{적어도 한 } \alpha_i\text{는 0이 아니다.}$$

에 대한 검정통계량은

$$F = \frac{MSA}{MSE} = \frac{SSA/(k-1)}{SSE/[k(n-1)]}$$

이며, 유의수준 α인 기각역은 다음과 같다.

$$F \geq F_{1-\alpha}(k-1,\ k(n-1))$$

검정결과를 요약하여 **분산분석표(ANOVA table)**로 제시함이 보통이다.

표 9.5 분산분석표 : 반복수가 같은 일원배치법

요 인	제곱합	자유도	제곱평균	F 비
처 리	$SSA=n\sum_{i=1}^{k}(\bar{y}_{i.}-\bar{y}_{..})^2$	$k-1$	$MSA=SSA/(k-1)$	$F=MSA\ /\ MSE$
오 차	$SSE=\sum_{i=1}^{k}\sum_{j=1}^{n}(y_{ij}-\bar{y}_{i.})^2$	$k(n-1)$	$MSE=SSE/[k(n-1)]$	
총	$SST=\sum_{i=1}^{k}\sum_{j=1}^{n}(y_{ij}-\bar{y}_{..})^2$	$kn-1$		

예제 9.1의 계속

30명의 남학생으로 이루어진 일원배치법에서, 카페인 용량에 따른 세 군의 손가락 두드리는 횟수에 차이가 있는가를 검정해 보자.

$\bar{y}_{..}=246.5,\ \bar{y}_{1.}=244.8,\ \bar{y}_{2.}=246.4,\ \bar{y}_{3.}=248.3$으로부터

$$SST=\sum_{i=1}^{3}\sum_{j=1}^{10}(y_{ij}-\bar{y}_{..})^2=195.5$$

$$SSA=10=\sum_{i=1}^{3}(\bar{y}_{i.}-\bar{y}_{..})^2=61.4$$

$$SSE=\sum_{i=1}^{3}\sum_{j=1}^{10}(y_{ij}-\bar{y}_{i.})^2=134.1$$

을 얻으며, 분산분석표는 다음과 같다.

요 인	제곱합	자유도	제곱평균	F 비	P값
처 리	61.4	2	30.70	6.18	0.0062
오 차	134.1	27	4.97		
총	195.5	29			

$F=6.18>F_{0.95}(2,\ 27)=3.354$이므로 귀무가설을 $\alpha=0.05$에서 기각하여 세 카페인 용량군의 손가락 두드리는 횟수는 유의하게 차이가 있다고 결론을 내린다.

다중비교

처리의 수준이 둘인 경우 검정의 유의한 결과는 두 군의 모평균의 유의한 차이를 의미하는 것임이 자명하다. 그러나 처리의 수준이 셋 이상인 경우에는 분산분석표가 알려준 유의

한 차이는 세 군의 모평균이 서로 같지 않다는 사실일 뿐, 구체적으로 어떤 군의 평균 차이가 서로 유의하게 다른 것인가를 말해주지는 못한다. 이를 밝히고자 분석이 더욱 요구되며, 이와 같이 한 단계 더 나아가 세세한 평균차이를 밝히는 분석과정을 **다중비교(multiple comparisons)**라 한다. 예를 들어서, 세 군이 있을 때 한 군만이 나머지 두 군과 서로 유의하게 다를 수 있으며, 세 군 모두가 서로 유의하게 다를 수도 있겠다. 여러 가지 다중비교 방법이 있는데, 그중 보수적이면서 안전한 방법으로서 많이 사용되는 다중비교법은 **Scheffé 방법**이며, 각 처리군의 반복수가 동일한 경우에는 **Tukey 방법**이 있다. 이 외에도 Newman-Keuls, Duncan 등등의 방법이 있다. 다중비교법의 설명은 이 책의 정도를 벗어나므로 설명하지 않겠다. 일원배치법, 랜덤화블록 계획법 및 이원배치법 자료의 분석에서의 다중비교법은 다른 문헌을 참조하기 바란다.

방금 설명한 예제 9.1의 분석결과에서 Scheffé와 Tukey의 다중비교법에 의하면 200 mg 카페인군의 손가락 두드리는 횟수가 0 mg 카페인 군보다 유의하게 높다는 것을 알 수 있다. 그러나 0 mg 군과 100 mg 사이에, 또한 100 mg 군과 200 mg 군 사이의 차이는 유의하지 않다.

제곱합의 간편한 계산

편차를 계산해서 제곱합을 구하는 식 (9 – 1)은 계산이 복잡하며, 근사계산을 잘못하기가 쉽다. 따라서 제곱합을 간편하게 계산할 수 있는 공식을 다음에 제시한다. 여기서 $T_{i.}$와 $T_{..}$의 정의는 표 9.4와 아래에서 찾을 수 있다.

$$T_{i.} = \sum_{j=1}^{n} y_{ij}, \qquad T_{..} = \sum_{i=1}^{k}\sum_{j=1}^{n} y_{ij}$$

총제곱합 $\mathrm{SST} = \sum_{i=1}^{k}\sum_{j=1}^{n} y_{ij}^2 - \frac{T_{..}^2}{kn}, \quad df_{\mathrm{T}} = kn - 1$

처리제곱합 $\mathrm{SSA} = \sum_{i=1}^{k} \frac{T_{i.}^2}{n} - \frac{T_{..}^2}{kn}, \quad df_{\mathrm{A}} = k - 1$

오차제곱합 $\mathrm{SSE} = \mathrm{SST} - \mathrm{SSA}, \quad df_{\mathrm{E}} = k(n-1)$

9.2.2 반복수가 다른 일원배치법

앞절에서는 각 처리수준에서의 반복수가 일정한 경우의 일원배치법을 다루었다. 그러나 실험에서는 가끔 뜻하지 않은 사고나, 실험개체인 환자의 탈락, 또는 측정의 실수 등으로 인해 각 수준에서 반복수가 다른 경우가 생긴다. 반복수가 다른 경우의 일원배치법의 검정 통계량이 반복수가 같은 경우와 비슷하게 유도되므로 간략히 다른 점만을 설명한다. 우선 반복수가 다른 경우의 자료구조는 표 9.6과 같다. 처리수준 A_i에서의 반복수를 $n_i(i=1, 2, \cdots, k)$로 표시하면 총 자료수는 $N=\sum_{i=1}^{k} n_i$가 된다.

표 9.6 반복수가 다른 일원배치법의 자료구조

	처리 A의 수준				
	1	2	…	k	
	y_{11} y_{12} ⋮ y_{1n_1}	y_{21} y_{22} ⋮ y_{2n_2}	… … ⋮ …	y_{k1} y_{k2} ⋮ y_{kn_k}	
합 계	$T_{1.}=\sum_{j=1}^{n_1} y_{1j}$	$T_{2.}=\sum_{j=1}^{n_2} y_{2j}$	…	$T_{k.}=\sum_{j=1}^{n_k} y_{kj}$	총합계 $T_{..}=\sum_{i=1}^{k}\sum_{j=1}^{n_i} y_{ij}$
평 균	$\bar{y}_{1.}$	$\bar{y}_{2.}$	…	$\bar{y}_{k.}$	총평균 $\bar{y}_{..}$
제곱합	$\sum_{1}^{n_1}(y_{1j}-\bar{y}_{1.})^2$	$\sum_{1}^{n_2}(y_{2j}-\bar{y}_{2.})^2$	…	$\sum_{1}^{n_k}(y_{kj}-\bar{y}_{k.})^2$	

총제곱합은 반복수가 같은 경우와 마찬가지로 처리제곱합과 오차제곱합으로 분리된다.

$$\sum_{i=1}^{k}\sum_{j=1}^{n_i}(y_{ij}-\bar{y}_{..})^2=\sum_{i=1}^{k} n_i(\bar{y}_{i.}-\bar{y}_{..})^2+\sum_{i=1}^{k}\sum_{j=1}^{n_i}(y_{ij}-\bar{y}_{i.})^2$$

총제곱합 (SST) 처리제곱합 (SSA) 오차제곱합 (SSE)

자유도 $\sum_{i=1}^{k} n_i-1$ $k-1$ $\sum_{i=1}^{k} n_i-k$

따라서 반복수가 다른 일원배치법에서의 분산분석표는 표 9.7과 같다.

표 9.7 분산분석표 : 반복수가 다른 일원배치법

요 인	제곱합	자유도	제곱평균	F 비
처 리	$SSA=\sum_{i=1}^{k} n_i(\bar{y}_{i.}-\bar{y}_{..})^2$	$k-1$	$MSA=SSA/(k-1)$	$F=MSA\ /\ MSE$
오 차	$SSE=\sum_{i=1}^{k}\sum_{j=1}^{n_i}(y_{ij}-\bar{y}_{i.})^2$	$\sum_{i=1}^{k} n_i-k$	$MSE=SSE\ /(\sum_{i=1}^{k} n_i-k)$	
총	$SST=\sum_{i=1}^{k}\sum_{j=1}^{n_i}(y_{ij}-\bar{y}_{..})^2$	$\sum_{i=1}^{k} n_i-1$		

이 분산분석표에서 $F=MSA/MSE$는 귀무가설 $H_0:\alpha_1=\alpha_2=\cdots=\alpha_k=0$하에서 자유도가 $(k-1,\ \sum_{i=1}^{k} n_i-k)$인 F 분포에 따름을 이용하여

$$F \geq F_{1-\alpha}(k-1,\ \sum_{i=1}^{k} n_i-k)$$

일 때 귀무가설 H_0를 기각한다.

제곱합의 간편한 계산

처리수준 A_i에서의 반복수를 n_i $(i=1,\ \cdots,\ k)$로 표시하면 총 자료 수는

$$N=\sum_{i=1}^{k} n_i$$

가 된다. 제곱합을 간편하게 계산할 수 있는 공식은 아래와 같다. 여기서 $T_{i.}$와 $T_{..}$의 정의는 표 9.6과 아래에서 찾을 수 있다.

$$T_{i.}=\sum_{j=1}^{n_i} y_{ij}, \qquad T_{..}=\sum_{i=1}^{k}\sum_{j=1}^{n_i} y_{ij}$$

총제곱합 $SST=\sum_{i=1}^{k}\sum_{j=1}^{n} y_{ij}^2-\frac{T_{..}^2}{N}, \quad df_T=N-1$

처리제곱합 $SSA=\sum_{i=1}^{k}\frac{T_{i.}^2}{n_i}-\frac{T_{..}^2}{N}, \quad df_A=k-1$

오차제곱합 $SSE=SST-SSA, \quad df_E=N-k$

9.3 랜덤화블록 계획법

일원배치법에서 처리가 다른 여러 군의 실험단위들은 처치 전에는 서로 동질적이어서 순수한 처리효과의 차이가 반응측정값의 차이로 나타나는 것이 바람직하다. 그러나 현실적으로 실험단위가 여러 요인들에 의해 균일치 않아 반응측정값의 변동이 심하게 되면 처리효과간의 차이를 알아내기 어렵게 된다. 실험계획단계에서 미리 이러한 요인에 의해 **구획화(blocking)**하여 실험하는 **랜덤화블록 계획법(randomized block design)**이 한 가지 해결방안이다. 즉, 동질적인 실험단위끼리 여러 개의 **블록(block,** 조)으로 나눈 후 각 블록의 한 개의 실험단위에 처리 1을 적용하고, 나머지 중 다른 한 개의 실험단위에 처리 2 등등으로 적용하는 방법이다. 이와 같이 함으로써 다른 블록 간에는 매우 다르다하더라도, 서로 동질적인 같은 블록 내에서는 효과적으로 처리효과를 비교할 수가 있다. 랜덤화블록 계획법은 처리와 블록의 두 인자가 있는 이원배치법이며 그러나 분석의 주된 관심은 처리효과라 하겠다. 랜덤화블록 계획법의 예는 다음과 같다.

예제 9.4

어떤 성장 호르몬 자극제의 효과를 알아보기 위해 세 용량 수준을 정하여 동물실험을 계획하였다. 주문한 15마리 동물의 기초체중이 30～48 g으로 매우 달랐으므로 체중에 따라 5개의 블록으로 나누고, 각 블록에 속한 3마리에게 세 가지 용량을 랜덤하게 배정하여 4개월 동안 매주 체중 증가율을 기록하여 주당 평균체중 증가율을 표 9.8에 제시하였다. 이때 같은 블록에 속한 세 마리의 기초체중은 비슷하므로 이 세 마리의 체중증가율에 대한 비교는 바로 성장호르몬제 세 용량 수준의 비교가 된다.

기초체중에 의한 블록 편성

블록번호	1	2	3	4	5
몸무게(g)	30, 32, 32	37, 38, 38	40, 40, 41	45, 46, 46	48, 48, 48

표 9.8 **체중 증가율 (g/week)**

블록(B)	약의 수준(A)			합 계	평 균
	1	2	3		
1	9.48	9.24	8.66	27.38	9.13
2	9.52	9.95	8.50	27.97	9.32
3	9.32	9.20	8.76	27.28	9.09
4	9.98	9.68	9.11	28.77	9.59
5	10.00	9.94	9.75	29.69	9.90
합 계	48.30	48.01	44.78	141.09	9.41
평 균	9.66	9.60	8.96		

랜덤화블록 계획법, 즉 반복이 없는 이원배치법의 자료구조는 표 9.9와 같으며 랜덤화 과정은 일원배치법과 다르며 구체적으로 다음과 같다.

표 9.9 **랜덤화블록 계획법의 자료구조**

블록(B)	약의 수준(A)				합 계	평 균
	1	2	…	3		
1	y_{11}	y_{21}	…	y_{k1}	$T_{.1}=\sum_{i=1}^{k} y_{i1}$	$\bar{y}_{.1}$
2	y_{12}	y_{22}	…	y_{k2}	$T_{.2}=\sum_{i=1}^{k} y_{i2}$	$\bar{y}_{.2}$
⋮	⋮	⋮		⋮	⋮	⋮
n	y_{1n}	y_{2n}	…	y_{kn}	$T_{.n}=\sum_{i=1}^{k} y_{in}$	$\bar{y}_{.n}$
합 계	$T_{1.}=\sum_{j=1}^{n} y_{1j}$	$T_{2.}=\sum_{j=1}^{n} y_{2j}$	…	$T_{k.}=\sum_{j=1}^{n} y_{kj}$	$T_{..}=\sum_{i=1}^{k}\sum_{j=1}^{n} y_{ij}$	
평 균	$\bar{y}_{1.}$	$\bar{y}_{2.}$	…	$\bar{y}_{k.}$		$\bar{y}_{..}$

랜덤화블록 계획법의 랜덤화법

1. 각 블록에 속한 실험단위들을 A인자의 몇 개의 처리수준 중 하나에의 배정은 각 블록 안에서 랜덤하게 정한다. 여기서 A인자의 처리수준수를 k, 블록수를 n이라 하자.
2. (nk)개의 실험진행 순서를 랜덤화법에 의해 결정한다.
   (주의 : 하나의 블록을 고정시켜 놓고서 처리가 다른 k개 실험단위의 실험진행 순서를 블록 안에서 랜덤하게 결정하는 방법은 올바른 랜덤화법이 아니다.)

표 9.9의 자료를 분산분석하는 것은 k개의 처리효과를 비교하는 A인자의 효과와 n개의 블록간의 차이를 비교하는 B인자의 효과를 구분하는데 있으며, 이를 표현한 모집단모형은 아래와 같다. 그러나 랜덤화블록 계획법에서의 두 인자는 성격에 있어 동일하지 않음에 대해서 우선 설명하겠다. 실험계획법에서는 인자의 수준을 택하는 방식에 따라서 **모수인자(fixed factor)**와 **변량인자(random factor)**로 구분된다. 모수인자의 각 수준은 특별히 선정된 수준으로서 이 선정된 수준 외에는 관심이 없으며, 각 수준에 의미를 부여하여 설명한다. 예제 9.4의 약의 수준이, 또한 예제 9.1의 카페인 용량이 모수인자에 해당한다. 한편, 변량인자의 각 수준은 기술적으로 특별한 의미를 갖지 않는데 예제 9.4의 15마리 동물과 예제 9.2의 16명은 어떤 모집단에서 랜덤하게 추출된 실험개체이기 때문이다. 따라서 랜덤 추출된 사실로 인해, 변량인자에 대한 검정의 결론은 모집단으로 확대하여 해석할 수가 있다. 이와 같은 모수인자와 변량인자의 차이로 인해 변량인자의 각 수준은 확률변수임을 가정하며, 따라서 이에 대한 가설도 다르게 표현된다. 랜덤화블록 계획법에서는 처리를 나타내는 인자 A가 모수형, 블록을 나타내는 인자 B가 변량형이며, 이를 일컬어 **혼합모형(mixed model)**이라 한다.

▌랜덤화블록 계획법의 모집단모형

$$Y_{ij} = \mu + \alpha_i + \beta_j + \epsilon_{ij}, \qquad i = 1, \cdots, k, \qquad j = 1, \cdots, n$$

단, μ : 총평균

α_i : A의 i번째 처리의 효과를 나타내는 고정된 상수이며, $\sum_{i=1}^{k} \alpha_i = 0$

β_j : B의 j번째 블록의 효과를 나타내는 확률변수로서 ε_{ij}와 독립이며,

$\beta_j \sim N(0, \sigma_\beta^2)$

ε_{ij} : 실험오차로서 서로 독립이며 $N(0, \sigma^2)$인 확률변수

▌처리효과를 비교하는 귀무가설과 대립가설

$$H_0: \ \alpha_1 = \alpha_2 = \cdots = \alpha_k = 0$$

H_1 : 적어도 한 α_i는 0이 아니다.

▌블록의 차이를 비교하는 귀무가설과 대립가설

$$H_0 : \sigma_\beta^2 = 0$$

$$H_1 : \sigma_\beta^2 \neq 0$$

랜덤화블록 계획법은 일원배치법에서와 마찬가지로 총제곱합을 분해하여 인자 A의 처리효과에 의한 제곱합, 인자 B의 블록효과에 의한 제곱합, 오차제곱합을 만들며 이를 요약하면 다음과 같다. 각 제곱합의 마지막 항은 제곱합의 간편한 계산을 위한 것이다.

$$T_{i.} = \sum_{j=1}^{n} y_{ij}, \qquad T_{.j} = \sum_{i=1}^{k} y_{ij}, \qquad T_{..} = \sum_{i=1}^{k}\sum_{j=1}^{n} y_{ij}$$

$$\text{총제곱합 SST} = \sum_{i=1}^{k}\sum_{j=1}^{n}(y_{ij} - \bar{y}_{..})^2 = \sum_{i=1}^{k}\sum_{j=1}^{n} y_{ij}^2 - \frac{T_{..}^2}{kn}, \quad df_{\mathrm{T}} = kn - 1$$

$$\text{처리제곱합 SSA} = n\sum_{i=1}^{k}(\bar{y}_{i.} - \bar{y}_{..})^2 = \sum_{i=1}^{k}\frac{T_{i.}^2}{n} - \frac{T_{..}^2}{kn}, \quad df_{\mathrm{A}} = k - 1$$

$$\text{블록제곱합 SSB} = k\sum_{j=1}^{n}(\bar{y}_{.j} - \bar{y}_{..})^2 = \sum_{j=1}^{n}\frac{T_{.j}^2}{k} - \frac{T_{..}^2}{kn}, \quad df_{\mathrm{B}} = n - 1$$

$$\text{오차제곱합 SSE} = \sum_{i=1}^{k}\sum_{j=1}^{n}(y_{ij} - \bar{y}_{i.} - \bar{y}_{.j} + \bar{y}_{..})^2$$

$$= \mathrm{SST} - (\mathrm{SSA} + \mathrm{SSB}), \quad df_{\mathrm{E}} = (k-1)(n-1)$$

또한 총제곱합의 자유도 df_{T}도 세 부분으로 나뉘어진다. 즉,

$$df_{\mathrm{T}} = df_{\mathrm{A}} + df_{\mathrm{B}} + df_{\mathrm{E}}$$

이제 제곱합을 자유도로 나눈 제곱평균으로 인자 A의 처리효과와 인자 B의 블록효과에 대한 귀무가설을 다음과 같이 검정한다. 이들을 요약하여 아래의 분산분석표를 만든다.

▌랜덤화블록 계획법에서 처리효과와 블럭효과에 대한 검정

(1) 귀무가설 $H_0 : \alpha_1 = \alpha_2 = \cdots = \alpha_k = 0$에 대한 검정통계량은

$$F = \frac{\text{MSA}}{\text{MSE}} = \frac{\text{SSA}/(k-1)}{\text{SSE}/[(k-1)(n-1)]}$$

이며, 유의수준 α인 기각역은 다음과 같다.

$$F \geq F_{1-\alpha}(k-1,\ (k-1)(n-1))$$

(2) 귀무가설 $H_0 : \sigma_\beta^2 = 0$에 대한 검정통계량은

$$F = \frac{\text{MSB}}{\text{MSE}} = \frac{\text{SSB}/(n-1)}{\text{SSE}/[(k-1)(n-1)]}$$

이며, 유의수준 α인 기각역은 다음과 같다.

$$F \geq F_{1-\alpha}(n-1,\ (k-1)(n-1))$$

표 9.10 **분산분석표 : 랜덤화블록 계획법**

요인	제곱합	자유도	제곱평균	F 비
처리(A)	$\text{SSA} = n\sum_{i=1}^{k}(\bar{y}_{i.} - \bar{y}_{..})^2$	$k-1$	MSA=SSA/$(k-1)$	F_A=MSA/MSE
블록(B)	$\text{SSB} = k\sum_{j=1}^{n}(\bar{y}_{.j} - \bar{y}_{..})^2$	$n-1$	MSB=SSB/$(n-1)$	F_B=MSB/MSE
오차(E)	$\text{SSE} = \sum_{i=1}^{k}\sum_{j=1}^{n}(y_{ij} - \bar{y}_{i.} - \bar{y}_{.j} + \bar{y}_{..})^2$	$(k-1)(n-1)$	MSE=SSE/$[(k-1)(n-1)]$	
총(T)	$\text{SST} = \sum_{i=1}^{k}\sum_{j=1}^{n}(y_{ij} - \bar{y}_{..})^2$	$kn-1$		

처리의 효과에 대한 검정이 주요 관심이며 만약 처리의 효과가 유의한 경우에는 어떠한 처리수준의 평균 차이가 유의하게 다른지에 대한 다중비교를 하게 된다.

예제 9.4의 계속

15마리의 동물을 5블록으로 나누어 실시한 랜덤화블록 계획법에서, 성장호르몬제의 세 용량군에 따라 체중증가율이 다른가를 검정해 보자.

$$\text{SST} = \sum_{i=1}^{3}\sum_{j=1}^{5}(y_{ij} - \bar{y}_{..})^2 = 3.43496$$

$$\text{SSA} = 5\sum_{i=1}^{3}(\bar{y}_{i.} - \bar{y}_{..})^2 = 1.52716$$

$$\text{SSB} = 3\sum_{j=1}^{5}(\bar{y}_{.j} - \bar{y}_{..})^2 = 1.37169$$

$$\text{SSE} = \sum_{i=1}^{3}\sum_{j=1}^{5}(y_{ij} - \bar{y}_{i.} - \bar{y}_{.j} + \bar{y}_{..})^2 = \text{SST} - \text{SSA} - \text{SSB} = 0.53611$$

따라서 분산분석표는 다음과 같다. 분산분석표의 결과는 각 요인 수준에서의 평균 수치와 함께 살펴보아야 하며, 이 예제자료의 평균은 표 9.8에 제시되었다.

요 인	제곱합	자유도	제곱평균	F 비	P값
처 리	1.52716	2	0.76358	11.39	0.0046
블 록	1.37169	4	0.34292	5.12	0.0242
오 차	0.53611	8	0.06701		
총	3.43496	14			

F 분포표에서 $F_{0.95}(2,\ 8) = 4.459$, $F_{0.95}(4,\ 8) = 3.838$이므로 귀무가설 $H_0 : \alpha_1 = \alpha_2 = \alpha_3 = 0$와 $H_0 : \sigma_\beta^2 = 0$은 모두 유의수준 $\alpha = 0.05$에서 기각한다. 즉, 성장호르몬제의 세 수준에 따라서 체중 증가율이 유의하게 다르며, 모집단에서의 블록에 따른 체중 증가율이 유의하게 다르다고 결론내린다. 다중비교에 대한 절차는 이 책의 수준에서는 설명하지 않으나 유의한 처리효과로 인한 다중비교의 결과로 A_1과 A_3 사이의 평균 차가 유의하다. 그러나 A_2와 A_3 사이의 평균차는 유의하지 않다. 평균이 거의 비슷한 A_1과 A_2 사이도 유의하지 않다.

변수변환 – 로그변환

일원배치법 또는 랜덤화블록 계획법의 모집단모형은 여러 가정으로부터 출발하였다. 즉, 여러 요인의 효과가 가법적(additive)으로 작용함을 가정하였고, 실험오차는 서로 독립이며 분산이 동일한 정규분포임을 가정하였다. 이러한 가정들에서 약간씩 어긋나는 경우는 분석의 결론에 큰 영향을 미치지 못하지만 크게 어긋나는 경우, 예를 들어서 자료의 범위가 매우 큰 경우에 분산이 동일하다는 가정에서 어긋나게 된다. 이때 자료의 변환(transformation)으로 다시 가정의 조건들이 성립되어 모집단모형의 적용이 가능하다. 자료의 변환 중에서 많이 사용되는 방법이 **로그변환(logarithmic transformation)**이다.

예리한 감각의 독자는 이미 알아차렸겠지만, 예제 9.2의 15번째 사람의 둘째와 셋째 전기자극 종류에 대한 두 수치가 매우 크게 기록되었다. 이 사람의 팔에 유독 털이 많음이

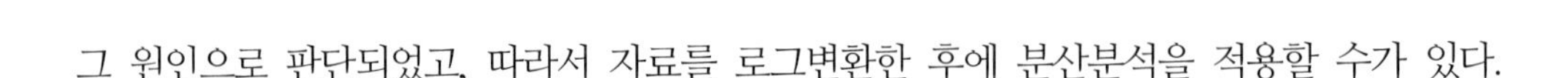

그 원인으로 판단되었고, 따라서 자료를 로그변환한 후에 분산분석을 적용할 수가 있다.

예제 9.2의 계속

16명으로 이루어진 랜덤화블록 계획법에서 다섯 종류의 전기자극에 대한 저항에 차이가 있는가를 검정해 보자.

로그변환 후에 계산한 평균은 다음과 같다.

총평균 $\bar{y}_{..} = 4.9138$

전기자극의 종류	1	2	3	4	5
평균($\bar{y}_{i.}$)	4.8166	5.3099	5.0932	4.6242	4.7251

개 체	1	2	3	4	5	6	7	8
평균($\bar{y}_{.j}$)	5.5222	5.8680	5.5487	4.4369	5.4061	4.6144	4.3142	4.1678

개 체	9	10	11	12	13	14	15	16
평 균	4.5543	5.4553	3.9383	5.4349	4.7718	4.8634	5.8165	3.9081

또한

$$SST = \sum_{i=1}^{5}\sum_{j=1}^{16}(y_{ij} - \bar{y}_{..})^2 = 68.5699$$

$$SSA = 16\sum_{i=1}^{5}(\bar{y}_{i.} - \bar{y}_{..})^2 = 5.0874$$

$$SSB = 5\sum_{j=1}^{8}(\bar{y}_{.j} - \bar{y}_{..})^2 = 33.2695$$

$$SSE = \sum_{i=1}^{5}\sum_{j=1}^{16}(y_{ij} - \bar{y}_{i.} - \bar{y}_{.j} + \bar{y}_{..})^2 = SST - SSA - SSB = 30.2130$$

따라서 분산분석표는 다음과 같다.

요 인	제곱합	자유도	제곱평균	F 비	P값
처 리	5.0874	4	1.2719	2.5256	0.0500
블 록	33.2695	15	2.2180	4.40	0.0001
잔 차	30.2130	60	0.5036		
총	68.5699	79			

F 분포표에서 $F_{0.95}(4,\ 60) = 2.5252$, $F_{0.95}(15,\ 60) = 1.836$이므로 귀무가설 $H_0 : \alpha_1 = \cdots = \alpha_5$

$=0$와 $H_0 : \sigma_\beta^2 = 0$은 모두 유의수준 5%에서 기각한다. 즉, 전기자극의 다섯 종류에 따라서 저항이 유의하게 다르며, 개체에 따라서 저항이 확실히 다르다. 평균차가 유의하게 다른 저항의 종류를 다중비교로서 알아낼 수 있다.

9.4 이원배치법 및 삼원배치법

앞절에서 다룬 랜덤화블록 계획법은 블록과 처리인자 A의 두 인자가 있어 이원배치법이지만 블록(실험단위) 차에 의한 영향을 오차제곱합에서 분리시킴으로써 처리차를 보다 쉽게 검출하도록 고안되었으므로, 블록에 대한 통계검정을 하기는 해도 이는 주된 관심이 아니었다. 이제 반응측정값에 영향을 미치는 요인으로 두 개의 모수인자가 선정되어 실험이 진행된 **이원배치법**을 설명하며, 여기서 두 인자에 대한 관심은 서로 대등한 입장에 있다. 두 모수인자 A와 B의 수준수가 각각 a와 b일 때 이 이원배치법에서는 각 수준의 조합이 처리가 되며, 각 처리에 특히 1회 이상의 반복수(n)가 있게 된다. 이원배치법의 자료구조와 랜덤화 방법은 다음과 같다.

▌이원배치법의 랜덤화법

여기서 A와 B인자의 각 수준수가 a와 b이고, 각 처리의 반복수는 n이다.

1. 실험단위(총 abn개)를 ab개 처리조합에의 배정은 랜덤화법에 의해 결정한다.
2. abn회 실험진행의 순서는 랜덤화법에 의해 결정한다.
   (주의 : 어떤 처리조합을 정해놓고 n회의 실험을 연속해서 진행하는 것은 올바른 랜덤화법이 아니다.)

표 9.11 **이원배치법의 자료구조**

인자 A의 수준		인자 B의 수준				평 균
		B_1	B_2	$\cdots$	B_b	
A_1		y_{111} y_{112} $\vdots$ y_{11n}	y_{121} y_{122} $\vdots$ y_{12n}	$\cdots$ $\cdots$ $\cdots$	y_{1b1} y_{1b2} $\vdots$ y_{1bn}	
	평균	$\bar{y}_{11.}$	$\bar{y}_{12.}$	$\cdots$	$\bar{y}_{1b.}$	$\bar{y}_{1..}$
A_2		y_{211} y_{212} $\vdots$ y_{21n}	y_{221} y_{222} $\vdots$ y_{22n}	$\cdots$ $\cdots$ $\cdots$	y_{2b1} y_{2b2} $\vdots$ y_{2bn}	
	평균	$\bar{y}_{21.}$	$\bar{y}_{22.}$	$\cdots$	$\bar{y}_{2b.}$	$\bar{y}_{2..}$
		$\vdots$	$\vdots$		$\vdots$	
A_a		y_{a11} y_{a12} y_{a1n}	y_{a21} y_{a22} y_{a2n}	$\cdots$ $\cdots$ $\cdots$	y_{ab1} y_{ab2} y_{abn}	
	평균	$\bar{y}_{a1.}$	$\bar{y}_{a2.}$	$\cdots$	$\bar{y}_{ab.}$	$\bar{y}_{a..}$
평 균		$\bar{y}_{.1.}$	$\bar{y}_{.2.}$	$\cdots$	$\bar{y}_{.b.}$	$\bar{y}_{...}$

반복이 있는 이원배치법은 두 인자수준의 결합에서 생기는 효과인 **교호작용(interaction)**의 분리를 가능하게 하며, 인자 A의 효과가 인자 B의 수준의 변화에 따라 변해갈 때 교호작용이 있다고 말한다. **교호작용 효과(interaction effect)**가 아닌 인자 A 효과와 인자 B 효과를 **주효과(main effect)**라고 한다. 이원배치법에서는 교호작용의 이해와 이를 감안한 분석이 요구되며, 이에 대한 설명은 이 절의 마지막에 삼원배치법을 예제로서 자세히 설명하게 된다. 교호작용을 반영한 이원배치법 모집단모형은 다음과 같다.

이원배치법의 모집단모형

$$Y_{ijk} = \mu + \alpha_i + \beta_j + \gamma_{ij} + \epsilon_{ijk}, \quad i=1, \cdots, a, \ j=1, \cdots, b, \ k=1, \cdots, n \qquad (9-2)$$

단, μ : 총평균

α_i : A의 i번째 수준의 주효과(main effect)로서 $\sum_{i=1}^{a} \alpha_i = 0$

β_j : B의 j번째 수준의 주효과(main effect)로서 $\sum_{j=1}^{b}\beta_j = 0$

γ_{ij} : A_i와 B_j의 교호작용 효과(interaction effect)로서 $\sum_{i=1}^{a}\gamma_{ij} = \sum_{j=1}^{b}\gamma_{ij} = 0$

ε_{ijk} : 실험오차로서 서로 독립이며 $N(0, \sigma^2)$인 확률변수

교호작용에 대해 더욱 자세히 살펴보자. 만약 교호작용이 없다면 모집단모형은

$$E(Y_{ijk}) = \mu + \alpha_i + \beta_j$$

와 같다. 이때 인자 A의 i번째 수준에 고정하고서 인자 B의 수준이 두 번째에서 세 번째 수준으로 달라짐에 따른 $E(Y_{ijk})$의 변화를 따져보면

$$E(Y_{i2k}) - E(Y_{i3k}) = (\mu + \alpha_i + \beta_2) - (\mu + \alpha_i + \beta_3) = \beta_2 - \beta_3$$

이다. 다시 말하면 인자 A의 어떠한 수준에서도 반응측정값의 기댓값의 차이는 변함이 없이 $\beta_2 - \beta_3$가 된다. 그러나 교호작용이 있게 되면 γ_{ij}의 추가로 인해 반응측정값의 기댓값이 A의 수준에 따라 변하게 된다. 즉, 모집단모형 (9-2)에 의해

$$\begin{aligned} E(Y_{i2k}) - E(Y_{i3k}) &= (\mu + \alpha_i + \beta_2 + \gamma_{i2}) - (\mu + \alpha_i + \beta_3 + \gamma_{i3}) \\ &= \beta_2 - \beta_3 + (\gamma_{i2} - \gamma_{i3}) \end{aligned}$$

가 되어 인자 A의 i번째 수준에 따라 변한다. 그림 9.1은 이와 같이 교호작용의 있고, 없음을 표현한 그림이다.

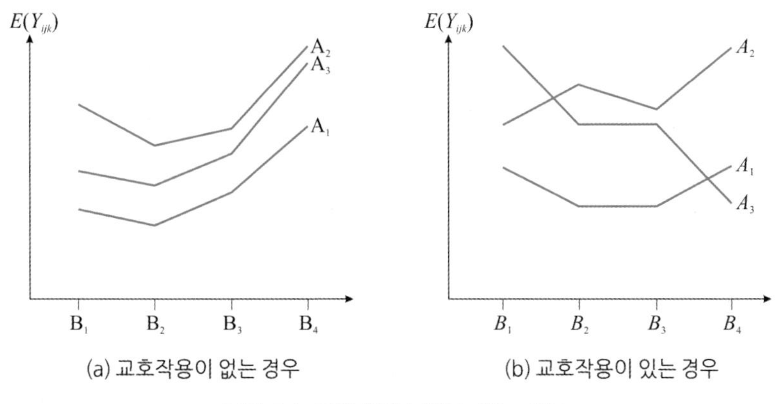

그림 9.1 **교호작용이 있고, 없는 경우**

이원배치법에서는 인자 A, B의 효과에 대한 귀무가설 이외에도 교호작용의 효과가 있는가에 대한 귀무가설을 세우게 된다.

$$H_0: \ \gamma_{ij}=0, \quad i=1,\cdots,a, \quad j=1,\cdots,b$$

이제 총제곱합을 인자 A의 처리효과, 인자 B의 처리효과, 인자 A와 B의 교호작용의 효과 및 오차에 의한 네부분의 제곱합으로 분해하여 검정한다. 즉,

총제곱합 $\text{SST}=\sum_{i=1}^{a}\sum_{j=1}^{b}\sum_{k=1}^{n}(y_{ijk}-\bar{y}_{...})^2, \quad df_{\text{T}}=abn-1$

인자 A의 주효과에 대한 제곱합 $\text{SSA}=nb\sum_{i=1}^{a}(\bar{y}_{i..}-\bar{y}_{...})^2, \quad df_{\text{A}}=a-1$

인자 B의 주효과에 대한 제곱합 $\text{SSB}=na\sum_{j=1}^{b}(\bar{y}_{.j.}-\bar{y}_{...})^2, \quad df_{\text{B}}=b-1$

인자 A와 B의 교호작용 효과에 대한 제곱합

$$\text{SSAB}=n\sum_{i=1}^{a}\sum_{j=1}^{b}(\bar{y}_{ij.}-\bar{y}_{i..}-\bar{y}_{.j.}+\bar{y}_{...})^2, \quad df_{\text{AB}}=(a-1)(b-1)$$

오차제곱합 $\text{SSE}=\sum_{i=1}^{a}\sum_{j=1}^{b}\sum_{k=1}^{n}(y_{ijk}-\bar{y}_{ij.})^2,$

$$=\text{SST}-(\text{SSA}+\text{SSB}+\text{SSAB}), \quad df_{\text{E}}=ab(n-1)$$

표 9.12 **분산분석표 : 이원배치법**

요 인	제곱합	자유도	제곱평균	F 비
인자 A	SSA	$a-1$	MSA=SSA/$(a-1)$	F_{A} = MSA/MSE
인자 B	AAB	$b-1$	MSB=SSB/$(b-1)$	F_{B} = MSB/MSE
교호작용 AB	SSAB	$(a-1)(b-1)$	MSAB=SSAB/$[(a-1)(b-1)]$	F_{AB} = MSAB/MSE
오차	SSE	$ab(n-1)$	MSE=SSE/$[ab(n-1)]$	
합계	SST	$abn-1$		

예제 9.3의 계속

24명으로 이루어진 이원배치법에서 성별과 단백질 양에 따라 방출되는 질소 양에 차이가 있는가를 검정해 보자.

자료로부터 계산한 평균은 다음과 같다.

성별 \ 식이요법	1	2	3	4	평 균
남 성	$\overline{y}_{11.} = 4.1593$	$\overline{y}_{12.} = 4.5960$	$\overline{y}_{13.} = 4.7647$	$\overline{y}_{14.} = 5.1587$	$\overline{y}_{1..} = 4.6697$
여 성	$\overline{y}_{21.} = 3.7883$	$\overline{y}_{22.} = 4.4483$	$\overline{y}_{23.} = 4.5290$	$\overline{y}_{24.} = 4.9730$	$\overline{y}_{2..} = 4.4347$
평 균	$\overline{y}_{.1.} = 3.9738$	$\overline{y}_{.2.} = 4.5222$	$\overline{y}_{.3.} = 4.6468$	$\overline{y}_{.4.} = 5.0658$	$\overline{y}_{...} = 4.5522$

교호작용을 파악하기 위한 남성과 여성의 질소 양의 평균선 그래프는 다음과 같다. 평균선을 살펴보면 거의 평행임을 알 수 있어 교호작용이 유의하지 않을 것이 예상된다.

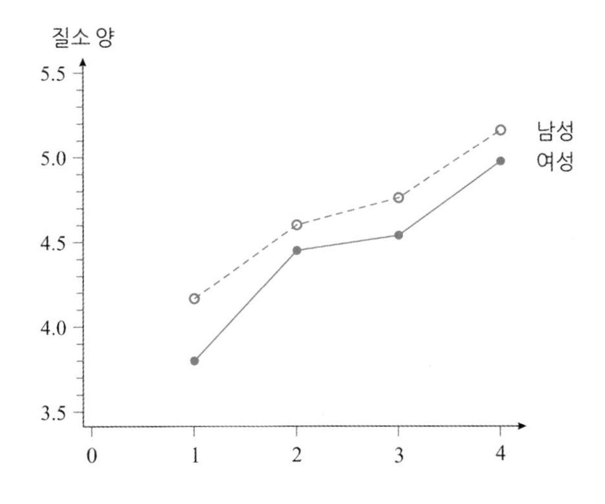

또한,

$$SST = \sum_{i=1}^{2}\sum_{j=1}^{4}\sum_{k=1}^{3} (y_{ijk} - \overline{y}_{...})^2 = 11.8586$$

$$SSA = (4)(3)\sum_{i=1}^{2} (\overline{y}_{i..} - \overline{y}_{...})^2 = 0.3314$$

$$SSB = (2)(3)\sum_{j=1}^{4} (\overline{y}_{.j.} - \overline{y}_{...})^2 = 3.6491$$

$$SSAB = 3\sum_{i=1}^{2}\sum_{j=1}^{4} (\overline{y}_{ij.} - \overline{y}_{i..} - \overline{y}_{.j.} + \overline{y}_{...})^2 = 0.0428$$

$$SSE = \sum_{i=1}^{2}\sum_{j=1}^{4}\sum_{k=1}^{3} (y_{ijk} - \overline{y}_{ij.})^2 = SST - SSA - SSB - SSAB = 7.8353$$

따라서 분산분석표는 다음과 같다.

요 인	제곱합	자유도	제곱평균	F 비	p값
성 별	0.3314	1	0.33135	0.68	0.4228
식이요법	3.6491	3	1.21637	2.48	0.0980
교호작용	0.0428	3	0.01428	0.03	0.9930
잔 차	7.8353	16	0.48971		
총	11.8586	23			

F 분포표에서 $F_{0.95}(1,\ 16) = 4.494$, $F_{0.95}(3,\ 16) = 3.239$이므로 유의수준 $\alpha = 0.05$에서 성별, 식이요법, 성별과 식이요법의 교호작용에 대한 귀무가설 모두가 기각되지 않는다. 질소 양에 유의한 영향을 주는 요인은 없음을 결론내린다.

삼원배치법

이제 이원배치법 또는 더욱 일반적인 경우로서 다원배치법에서의 교호작용을 감안한 분석이란 어떤 것인가를 설명한다. 단순한 이원배치법보다도 다음 삼원배치법의 예제가 이러한 설명에 더욱 적합하다.

예제 9.5

세균배양에 어떤 인자가 영향을 미치는지 알아보기 위해 실험을 계획하였다. 배양균수에 영향을 미치는 인자로서는 세균, 배양기(culture media) 그리고 배양온도가 있다. 각각 두 종류의 세균과 배양기가 있어서 세균과 배양기는 질적(qualitative)인자이고, 배양온도로서는 최저온도인 15℃와 최고온도인 30℃를 선정하여 배양온도는 양적(quantitative)인자이다. 따라서 세 인자 모두가 두 수준을 가졌다. 그러므로 이 실험은 모두 $2^3 = 8$가지의 실험조건에서 이루어지게 되며, 각 조건에서 실험의 반복수를 세 번으로 정하여 총 실험횟수는 24회가 된다.

이 예제에서 세 인자의 교호작용을 반영한 삼원배치법 모집단모형은 다음과 같다.

삼원배치법의 모집단모형

$$Y_{ijkm} = \mu + A_i + B_j + C_k + (AB)_{ij} + (AC)_{ik} + (BC)_{jk} + (ABC)_{ijk} + \epsilon_{ijkm}$$

$$i = 1,\ 2, \quad j = 1,\ 2, \quad k = 1,\ 2, \quad m = 1,\ 2,\ 3$$

단, μ : 총평균

A_i : 세균의 주효과로서 $\sum_{i=1}^{2} A_i = 0$

B_j : 배양기의 주효과로서 $\sum_{j=1}^{2} B_j = 0$

C_k : 배양온도의 주효과로서 $\sum_{k=1}^{2} C_k = 0$

$(AB)_{ij}$: 세균과 배양기의 교호작용 효과로서 $\sum_{i=1}^{2}(AB)_{ij} = \sum_{j=1}^{2}(AB)_{ij} = 0$

$(AC)_{ik}$: 세균과 배양온도의 교호작용 효과로서 $\sum_{i=1}^{2}(AC)_{ik} = \sum_{k=1}^{2}(AC)_{ik} = 0$

$(BC)_{jk}$: 배양기와 배양온도의 교호작용 효과로서

$$\sum_{j=1}^{2}(BC)_{jk} = \sum_{k=1}^{2}(BC)_{jk} = 0$$

$(ABC)_{ijk}$: 세균, 배양기 및 배양온도의 교호작용 효과로서

$$\sum_{i=1}^{2}(ABC)_{ijk} = \sum_{j=1}^{2}(ABC)_{ijk} = \sum_{k=1}^{2}(ABC)_{ijk} = 0$$

ε_{ijkm} : 실험오차로서 서로 독립이며 $N(0, \sigma^2)$인 확률변수

예제 9.5의 계속

세균배양에 관한 삼원배치법 실험에서 랜덤한 실험순서에 따라 총 24회의 실험을 실시하여 다음과 같은 배양균수가 기록되었다.

표 9.13 **삼원배치법에 의한 세균배양 실험으로부터의 자료**

	세균의 종류 A			
	1		2	
	배양기의 종류 B		배양기의 종류 B	
배양온도 C	1	2	1	2
15°	34	26	27	26
	30	20	30	30
	34	19	32	28
30°	43	37	43	42
	55	40	40	45
	51	38	45	48

위의 자료로부터 삼원배치법의 분산분석표가 구해졌으며, 이는 이원배치법의 분산분석표와 비슷한 방식으로 구해지므로 이에 대한 설명은 생략하기로 한다.

표 9.14 **삼원배치법에 의한 세균배양 실험자료의 분산분석표**

변동요인	제곱합	자유도	제곱평균	F 비
A(세균)	3.4	1	3.4	0.32
B(배양기)	176.0	1	176.0	16.6**
C(온도)	1520.0	1	1520.0	143.0**
A×B 교호작용	198.4	1	198.0	18.7**
A×C 교호작용	5.0	1	5.0	0.5
B×C 교호작용	5.0	1	5.0	0.5
A×B×C 교호작용	7.0	1	7.0	0.7
오 차	170.0	16	10.6	
총	2085.0	23		

* 유의수준 $\alpha = 0.05$에서 차가 유의함.
** 유의수준 $\alpha = 0.01$에서 차가 유의함.

주효과와 교호작용 효과의 해석순서

이제 분산분석표의 결과로부터 주효과와 교호작용 효과의 해석 및 그 순서에 대해서 설명한다. 두 인자(또는 여러 인자)로부터의 교호작용은 각 인자의 주효과 해석의 조정을 의미하기 때문에, 주효과의 유의성과 동시에 교호작용의 유의성을 살피게 되는 것이다. 교호작용 효과가 유의하지 않으나 어떤 주효과가 유의한 경우에는 주효과의 평균반응값에 대해 해석하고 설명하게 되지만, 교호작용 효과가 유의한 경우에는 일반적으로 두 인자의 병합수준에서 자세한 평균반응값를 해석하게 된다. 교호작용 효과와 더불어 주효과가 역시 유의한 경우에는 **제곱평균(mean squares, MS)**의 크기에 따라 다음과 같이 해석한다. 교호작용 효과의 MS와 주효과의 MS가 거의 비슷한 크기인 때에는 교호작용 효과로 인한 두 인자의 병합수준에서 평균반응값 비교에 대한 설명에 그치게 되며, 이때 주효과 평균반응치의 비교가 제시하는 추가적인 정보는 거의 없다. 그러나 교호작용 효과의 MS보다 어떤 하나의 또는 여러 주효과의 MS가 매우 클 때에는, 주효과 평균반응값 비교가 의미가 있으며, 교호작용 효과로 인한 두 인자의 병합수준에서 평균반응값 비교에 대한 해석과 더불어 주효과의 해석도 곁들이게 된다. 다음의 구체적인 예제자료의 결과 해석으로 위의 설명을 좀 더 이해할 수 있을 것이다.

예제 9.5의 계속

표 9.14의 분산분석표를 살펴보면 주효과인 배양기와 온도의 MS가 각각 크며, 검정결과가 유의하다. 그러나 주효과인 세균의 MS는 작고 검정결과가 유의하지 않으므로 세균의 주효과로 인한 평균반응값(즉, 배양균수)의 차이는 없다고 해석한다. 교호작용 효과 중에서는 세균 × 배양기 교호작용의 MS만이 크고 유의하며, 나머지 교호작용은 무시해도 되겠다. 이제 유의한 세균 × 배양기 교호작용과 이에 관련된 주효과, 즉 세균 및 배양기의 주효과 MS의 크기를 비교해 보면, 세균은 유의하지 않으므로 해석의 대상이 되지 못하지만, 배양기의 MS는 (비록 $\alpha = 0.01$ 수준에서 유의하였다 하더라도) 세균 × 배양기 교호작용의 MS와 비슷한 크기이므로 세균과 배양기의 병합수준의 평균 반응치의 비교를 해석하게 되면, 더 이상 배양기에 대한 주효과의 비교를 해석하지 않아도 된다. 따라서 결론적으로 해석하게 되는 것은 온도에 의한 주효과, 즉 두 가지 다른 온도에서 평균 배양균수의 차이를 해석하고, 방금 언급한 세균 × 배양기 교호작용의 효과, 즉 두 인자의 병합수준에서의 평균 배양균수를 비교하여 설명한다.

아래 표 9.15에 제시한 여러 주효과 및 여러 두 인자 교호작용에 대한 평균 배양균수 중에서 밑줄 그어진 부분을 해석한다. 온도가 15℃일 때의 평균 배양균 수 28.00보다도 30℃일 때의 평균 배양균 수 43.92는 평균 15.92가 많은 것이다. 교호작용에 대해서는 세균 1의 경우에 배양기 2에서의 평균 배양균 수 30.00보다도 배양기 1에서 평균 배양균 수 41.17은 평균 11.17이 많은 것이며, 세균 2의 경우에는 두 배양기에서 거의 비슷한 평균 배양균 수(36.17과 36.50)가 발견되었다. 배양기의 주효과, 즉 배양기 2에서보다도 배양기 1에서 평균 배양균수가 많다는 정보는 교호작용 효과에 대한 해석에서 이미 밝혀졌으며, 앞에서 언급한 바와 같이 추가적인 정보가 되지 못함을 알 수가 있다.

표 9.15 **한 인자 또는 두 인자의 병합수준에서의 평균 배양균수**

	배양기 1	배양기 2	평균	세균 1	세균 2
15℃	31.17	24.83	**28.00**	27.17	28.83
30℃	46.17	41.67	**43.92**	44.00	43.83
평균	38.67	33.25	35.96	35.58	36.33
세균 1	**41.17**	**30.00**	35.58		
세균 2	**36.17**	**36.50**	36.33		

연습문제

01 20마리의 쥐를 4마리씩 5군으로 나누어 각기 다른 종류의 발육 촉진제를 먹이에 섞어 길렀다. 일정 기간이 지난 후 측정한 체중 증가는 다음과 같다.

발육 촉진제				
A_1	A_2	A_3	A_4	A_5
4	8	5	6	6
5	7	4	8	8
5	9	5	7	7
3	6	6	8	6

(1) 초기 체중이 거의 비슷한 20마리의 쥐를 4마리씩 5군으로 나누는 랜덤화법을 설명하여라.
(2) 여러 종류의 발육 촉진제가 체중 증가에 미치는 영향이 서로 같은지를 검정하여라.

02 음주가 타자하는데 미치는 영향을 조사하기 위해 어느 정도 타자에 숙련된 비서 15명을 선정하여 랜덤하게 세 그룹으로 나누고, 그중 두 그룹은 각각 34cc와 68cc의 술을 마시게 한 후 15명의 비서에게 모두 똑같은 분량을 타자하도록 하였다. 다음은 각 사람들의 오타수를 기록한 것이다. 음주량이 오타수에 영향을 미치는지를 검정하여라.

음주량		
0 cc	34 cc	68 cc
2	7	10
5	6	6
3	6	10
6	3	12
4	9	12

03 네 종류의 규정식(diet)을 비교하기 위하여 24마리의 실험동물을 6마리씩 네 군으로 나누어 실험을 시작하였으나 불의의 사고로 실험기간 3마리가 사망하여 반복수가 같지 않은 실험이다. 일정 기간 후에 측정한 성장 결과는 다음과 같다. 분산분석표를 만들어 규정식의 효과는 모두 동일하다는 귀무가설을 검정하여라.

	규정식			
	A_1	A_2	A_3	A_4
	45	41	88	42
	41	61	105	116
	4	37	37	77
	30	25	60	94
	34		52	70
	43		121	
동물수	6	4	6	5
합 계	197	164	463	399
평 균	32.8	41.0	77.2	79.8

04 정상인에게 네 종류의 식이요법을 실시하여 콜레스테롤 농도(단위 : mg/100 ml)를 측정하여 다음과 같은 결과를 얻었다. 식이요법에 따라서 콜레스테롤 농도에 차이가 있는가를 $\alpha = 0.05$로 검정하여라.

	식이요법				
	A_1	A_2	A_3	A_4	합 계
	200	240	180	260	
	260	245	220	260	
	220	260	245	280	
	235	235		230	
	240			245	
n_j	5	4	3	5	17
합 계	1155	980	645	1275	4055
평 균	231	235	215	255	238.5

05 4종류의 기름이 도넛에 흡수되는 양(단위 : g)을 기록한 자료는 다음과 같다. 기름의 종류에 따라 흡수되는 양이 다르다고 할 수 있는가를 검정하여라.

기름의 종류			
A	B	C	D
64	78	75	55
72	91	93	66
68	97	78	49
77	82	71	64
56	85	63	70
95	77	76	68

06 3가지 종류의 장티푸스균을 쥐에게 감염시켜 생존한 날짜를 기록한 자료는 다음과 같다. 균의 종류간에 생존기간이 서로 다르다고 할 수 있는가를 검정하여라.

균의 종류		
9D	11C	DSCI
2	8	8
4	7	6
6	5	12
5	8	6
2	4	8
4	7	7
4	6	10
3	10	5
5	9	7
5		11
		9
		3

07 30마리의 실험동물을 대상으로 4가지 식이요법의 효과를 알아보았다. 해부 후에 특정 장기의 무게(단위 : g)를 잰 결과는 다음과 같다. 식이요법의 효과가 서로 다르다고 할 수 있는가?

식이요법의 종류			
A	B	C	D
4.34	4.47	4.72	4.48
4.73	4.65	4.99	5.02
4.84	4.62	5.24	4.58
4.57	4.41	5.00	4.89
4.72	4.43	4.82	4.90
4.55	4.23	4.95	4.81
	4.54	5.28	5.26
	4.45	4.90	
		4.98	

08 랜덤화블록 계획법에 의한 다음 자료로부터 분산분석표를 만들고, 처리 효과는 모두 동일하다는 귀무가설을 제시하고 검정하여라. 또한 블록의 효과를 검정하는 가설을 제시하고 검정하여라.

블록 \ 처리	A_1	A_2	A_3	합 계	평 균
1	69	72	60	201	67
2	75	74	64	213	71
3	70	78	65	213	71
4	66	68	55	189	63
합 계	280	292	244	총 계	816
평 균	70	73	61	총평균	68

09 우울증을 치료하는 세 가지 약의 효과를 비교하기 위하여 12명의 환자를 증세의 등급(level)에 따라 4개의 블록으로 나누고, 블록 안에서 환자에게 투여할 약의 종류는 랜덤하게 정하였다. 정해진 치료 기간 후에 각 환자의 우울점수를 측정하였다.

증세의 등급	약		
	A_1	A_2	A_3
1	35	30	25
2	40	25	20
3	25	25	20
4	30	25	25

(1) 이 계획법의 계획과 실험 단계에 어떤 랜덤화법이 요구되는지를 설명하여라.

(2) 분산분석표를 작성하고 약의 종류에 따라서 우울점수에 차이가 있는가를 검정하여라 ($\alpha = 0.05$).

10 어느 물리치료사가 환자에게 의족을 사용하는 다음 3가지 방법을 가르쳐 보았다. 환자의 나이에 따라 배우는 속도에 차이가 있으리라 생각되므로 연령 단위별로 3명씩 한 조를 만든 후 사용 방법을 랜덤하게 정하였다. 다음 자료는 의족 사용이 익숙해질 때까지 걸린 날짜이다. 방법에 따라 숙달되는 기간이 서로 다르다고 볼 수 있는가?

나이군	의족 사용 방법		
	A	B	C
20세 미만	7	9	10
20대	8	9	10
30대	9	9	12
40대	10	9	12
50대 이상	11	12	14

11 16명의 이상비만증 환자에게 4가지 식이요법을 실시하여 체중의 감소량(단위 : 파운드)을 측정하였다. 이때 초기의 몸무게(단위 : 파운드)에 따라 비슷한 사람끼리 묶어 4조를 만든 후 랜덤화블록 계획법에 의해 실험하였다.

초기체중	식이요법			
	A	B	C	D
150 ~ 174	12	26	24	23
175 ~ 199	15	29	23	25
200 ~ 224	15	27	25	24
225 ~	18	38	33	31

(1) 이 계획법의 계획과 실행 단계에 어떤 랜덤화법이 요구되는지를 설명하여라.

(2) 식이요법의 종류에 따라 그 효과가 다르다고 할 수 있는가?

12 식이요법과 집단치료가 몸무게를 줄이는데 효과가 있는지를 알아보기 위해 40명의 비만 여성을 대상으로 실험하였다. 40명을 4그룹으로 랜덤하게 나누어 각 그룹에 다른 식이요법을 적용하였으며, 10명으로 구성된 각 그룹을 또 다시 5명씩 2그룹으로 나누어 한 그룹은 일주일에 두 번씩 집단치료를 받게 하고, 다른 한 그룹은 개인치료를 받도록 하였다. 다음 자료는 실험 후 줄은 몸무게를 기록한 것이다. 이를 분석하여라($\alpha = 0.05$).

집단치료 \ 식이요법	Ⅰ	Ⅱ	Ⅲ	Ⅳ
Yes	15	25	19	22
	12	19	24	22
	18	21	18	18
	16	22	16	19
	13	19	21	15
No	9	13	13	33
	9	15	13	30
	13	12	15	31
	7	15	18	27
	9	12	15	28

13 간호사들을 대상으로 직업만족도를 조사하여 지역별, 진료과별로 분류한 이원배치법 자료이다. 이를 분석하여라.

진료과 \ 지역	A		B		C	
소아과	91.7	74.9	86.3	88.1	82.3	78.7
	88.2	79.5	92.0	69.5	89.8	84.5
산부인과	80.1	76.2	71.3	73.4	90.1	65.6
	70.3	89.5	76.9	87.2	74.6	79.1
내 과	71.5	49.8	80.2	76.1	48.7	54.4
	55.1	75.4	44.2	50.5	60.1	70.8

14 비만증에 걸린 사람들을 대상으로 식이요법을 실시한 후 질소배출량(단위 : liter)을 측정한 자료가 다음과 같다. 이를 분석하여라.

성 별	식이요법			
	D_1	D_2	D_3	D_4
남 자	4.079	4.368	4.169	4.928
	4.859	5.668	5.709	5.608
	3.540	3.752	4.416	4.940
여 자	2.870	3.578	4.403	4.905
	4.648	5.393	4.496	5.208
	3.847	4.374	4.688	4.806

15 다음 표는 27명의 소녀 및 성인 여성의 정서발달 점수를 연령과 마리화나를 피우는 정도에 따라 분류한 이원배치법 자료이다. 이를 분석하여라.

나 이	마리화나 사용		
	안 함	가 끔	자 주
15 ~ 19세	25	18	17
	28	23	24
	22	19	19
20 ~ 24세	28	16	18
	32	24	22
	30	20	20
25 ~ 29세	25	14	10
	35	16	8
	30	15	12

10장 단순선형 회귀분석

10.1 서론

자연, 사회, 의학 등 여러 분야에서 드러나는 현상을 증명하고자 한 군의 개체로부터 두 변수 또는 여러 변수들을 측정하여 상호관련성을 알아보게 된다. 그러므로 통계분석의 큰 비중은 측정된 두 변수의 관계에 대한 연구에 있다. 한층 더 나아가 상호관련성을 수학적인 함수의 형태로 표현하여, 한 변수로부터 다른 변수의 변화를 예측하고자 하는 경우도 이에 포함된다. 자료로부터 변수들의 관련성을 찾게 되는 구체적인 실 예는 다음과 같다.

예제 10.1

신장질환이 있는지를 결정하는 목적에 24시간 소변에서 채집한 단백질 총 배설량이 사용된다. 그러나 24시간 동안의 소변 수집은 환자에게는 긴 시간으로서 쉽지 않을 뿐만 아니라 정확히 수집할 수도 없겠다. 따라서 소량의 소변으로부터 측정할 수 있는 단백질/크레아틴 배설량의 비(ratio)와 24시간 동안 소변의 단백질 총 배설량이 서로 상호관련성이 크다면, 단순한 비(ratio)로써 24시간 소변의 단백질 총 배설량으로 대신할 수 있겠다. 43명의 신장질환 환자에게서 24시간 단백질 총 배설량과 소량의 소변에서 비(ratio)를 측정하였다. 의학 분야에서는 이와 같이 어떤 질병을 가진 환자에게서 측정한 변수들 간의 관계가 파악되지 않은 경우가 산재해 있다(자료출처 : Ginsberg 등, 1983).

표 10.1 **단백질 총 배설량(단위 : g/24h)과 단백질/크레아틴 비(ratio)**

개체번호	1	2	3	4	5	6	7	8	9	10	11	12	13	14	
총 배설량	1.3	0.5	3.0	10.0	3.0	4.4	0.3	2.1	0.8	2.5	2.9	0.3	6.1	3.5	
비	1.0	0.6	5.5	11.0	2.7	3.9	0.1	2.5	1.7	2.1	3.2	0.3	5.1	3.5	
개체번호	15	16	17	18	19	20	21	22	23	24	25	26	27	28	
총 배설량	0.8	2.3	0.1	8.0	0.1	0.6	1.2	2.9	20.0	3.6	3.4	0.2	27.0	1.0	
비	0.8	1.8	0.1	4.5	0.3	0.3	1.2	4.5	17.0	4.4	5.3	0.2	31.0	1.0	
개체번호	29	30	31	32	33	34	35	36	37	38	39	40	41	42	43
총 배설량	0.4	1.8	2.2	4.3	9.9	1.2	3.5	0.5	1.2	16.0	4.6	2.2	2.3	2.1	1.5
비	1.0	2.0	4.5	3.8	12.0	2.4	3.1	0.8	0.9	13.0	3.5	1.3	2.1	3.7	1.9

예제 10.2

신생아의 황달치료에 필요한 혈액용적(blood volume)은 무해한 염색을 혈액 내로 투여하여 염색투여양을 혈액 내 염색농도로 나누어 계산한다. 한편, 이 혈액 내 염색농도는 광학기의 파장이 620인 지점(y)에서 측정되는데 다른 색깔도 같은 파장을 겹쳐 가질 수 있으므로 기술적으로는 이 염색과 전혀 무관한 파장이 740인 지점(x)의 염색농도로부터 추정하게 된다. 35명의 신생아로부터 측정한 자료는 다음과 같다.

표 10.2 **염색농도 620(y)과 염색농도 740(x)의 자료**

신생아번호	1	2	3	4	5	6	7	8	9	10	11	12	13	14	15	16	17	18
농도 620(y)	28	14	37	84	28	38	98	21	44	118	42	60	106	62	49	38	26	46
농도 740(x)	14	7	12	40	11	16	54	9	22	74	18	31	48	42	22	18	9	23
신생아번호	19	20	21	22	23	24	25	26	27	28	29	30	31	32	33	34	35	
농도 620(y)	26	36	48	54	56	135	40	21	48	30	22	50	18	35	73	40	42	
농도 740(x)	9	17	20	30	31	74	16	8	19	10	11	30	8	16	29	11	20	

한 그룹의 개체들로부터 측정한 두 변수의 관계는 관련성과 예측으로 표현된다. 이를 더욱 자세히 설명하게 되면 두 변수의 **관련성**이란 한 변수의 값이 높아질 때 다른 변수의 값이 높아지거나 또는 낮아지는 경향을 말하며, 한편 어떠한 경향도 보이지 않을 때 관련성이 없다고 표현한다. 예측이란 어떤 알고 있는 변수의 값에 해당하는 다른 변수의 값을 알아보는 것이다. 따라서 관련성을 생각할 때는 두 변수가 대등하게 다루어지지만, 예측에서는 두 변수가 대등하지 않으며 서로 다르게 불린다. 예제 10.2에서 다른 변수에 의해 영향을 받는 파장 620인 지점의 염색농도를 **종속변수(dependent variable)** 또는 **반응변수(response variable)**라 하고, 이와 달리 파장 740인 지점의 염색농도는 다른 변수에 영향을 주는 변수로서 **독립변수**

(independent variable) 또는 **설명변수(explaining variable)**라고 한다. 연령에 따라 변하는 혈압 수치를 예측하고자 할 때 혈압은 반응변수이며, 연령은 혈압을 설명하는 설명변수이다.

관련성을 표현하고 있는 상관분석과 예측을 목적으로 하는 회귀분석을 이 장에서 설명하게 되며, 두 방법론이 가끔 함께 설명되거나 제시되고 있어 분리될 수 없는 듯이 보이지만, 실제로 두 방법론은 서로 목적하는 바가 다르다. 동일한 자료에 대해서 상관과 회귀의 두 방법을 모두 적용시켜야 하는 경우는 매우 드물며, 분석의 목적에 따라 적절한 방법론을 선택하여 적용해야 한다. 회귀분석을 먼저 설명하고 회귀분석에 대한 전반적인 이론을 이 장에서 배우게 된다. 실제 자료분석에서는 하나의 설명변수만이 있는 경우보다는 여러 설명변수가 있는 경우가 더욱 보편적이다. 따라서 11장의 다중선형회귀를 읽음으로써 구체적인 자료의 회귀분석을 충분히 이해할 수 있다.

10.2 선형회귀모형

회귀모형에서 설명변수가 한 개 뿐일 때를 **단순회귀(simple regression)**라 하며, 더욱이 이 설명변수에 의한 종속변수의 관계가 1차식으로 표현될 때를 **단순선형회귀(simple linear regression)**라고 구분지어 말한다. 관계식이 2차식 이상의 다항회귀이거나, 설명변수가 여러 개 있거나, 곡선회귀일 경우도 모두가 선형회귀로 분류되는데, 그 이유는 수학적인 함수형태가 회귀계수의 선형식으로 표현되기 때문이다.

두 변수간의 관계를 규명하고자 할 때 가장 먼저 하는 일은 산점도를 그려보아 어떠한 관계가 있는가를 짐작하는 것이다. 예제 10.2의 자료로부터 산점도를 그려볼 때 파장 620인 지점의 염색농도는 파장 740 지점의 염색농도와 직선관계가 적절해 보이며, 곧 구체적인 직선식의 **적합(fitting)**으로 이를 확인하게 된다.

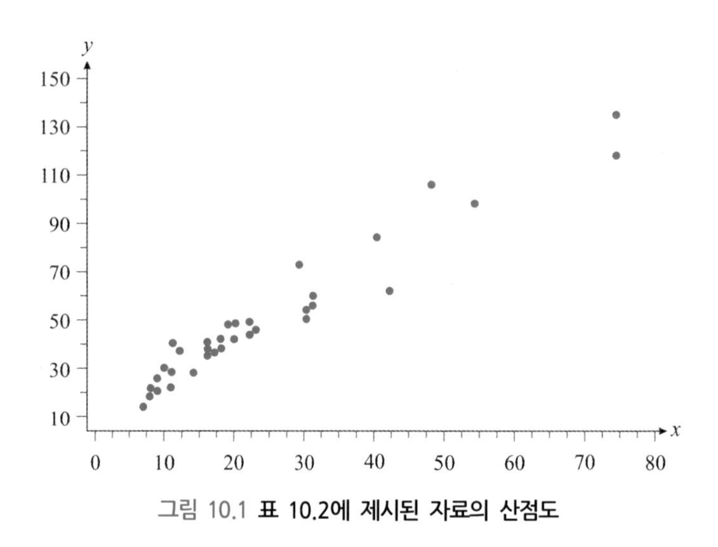

그림 10.1 **표 10.2에 제시된 자료의 산점도**

회귀분석에서 독립변수 x는 실험자에 의해 조절되는 **고정된 변수(fixed variable)**로 취급된다. 반면에 확률변수인 종속변수 Y는 독립변수 x에 의해 결정되는 직선식 $\alpha+\beta x$ 외에도 실험환경의 변화, 측정기구 및 측정자의 부정확성 등의 여러 가지 요소를 포함하는 오차항을 내포한 것으로 생각한다. 즉, 단순선형회귀모형은

$$Y=\alpha+\beta x+\varepsilon$$

이며, 여기서 오차항 ε은 측정될 수 없는 확률변수이다. 이러한 단순회귀모형에서 요구되는 기본적인 가정은 다음과 같다. 그림 10.2가 이 가정의 이해에 도움이 된다.

▌단순선형 회귀모형

독립변수의 정해진 값 $x_1, \cdots, x_n$에서 측정되는 종속변수 $Y_1, \cdots, Y_n$에 대하여, 다음의 관계식이 성립한다고 가정한다.

$$Y_i=\alpha+\beta x_i+\varepsilon_i, \qquad i=1, \cdots, n$$

여기서 $\varepsilon_1, \cdots, \varepsilon_n$은 서로 독립이며, $\varepsilon_i \sim N(0, \sigma^2)$이고, α, β, σ^2은 미지의 모수이다. α와 β를 회귀계수(regression coefficient)라고 한다.

이 모형에서 $E(Y_i)=\alpha+\beta x_i$가 됨을 알 수 있다. 이제 미지의 모수인 α와 β를 관측값(x_i, y_i) $(i=1, \cdots, n)$로부터 추정하는 일, 즉 표본회귀직선을 추정하는 일이 남아 있다. σ^2의 추정은 10.4절에서 설명하게 된다.

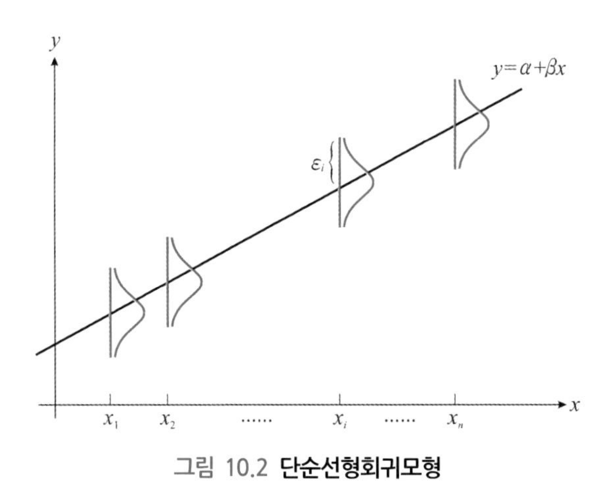

그림 10.2 **단순선형회귀모형**

10.3 표본회귀직선

단순회귀모형에서 미지의 모수 α와 β를 추정한다는 것은 어떤 x값에 대해서 최적의 Y를 예측하는 직선을 표본자료로부터 찾는 것이다. 이 최적의 예측 선형회귀직선을 구하는데 오차의 **제곱합(sum of squares, SS)**을 최소로 하는 추정방법인 **최소제곱법(method of least squares)**을 사용한다.

최소제곱법

단순회귀모형 $Y_i = \alpha + \beta x_i + \varepsilon_i$에서 오차의 제곱합

$$\mathrm{SS} = \sum_{i=1}^{n} \epsilon_i^2 = \sum_{i=1}^{n} (Y_i - \alpha - \beta x_i)^2 \qquad (10-1)$$

이 최소가 되도록 α와 β를 추정하는 방법을 최소제곱법이라 하고, 이때 얻어진 추정량을 최소제곱 추정량(least squares estimator)이라 한다.

이제 관측값 (x_i, y_i) $(i=1, \cdots, n)$을 이용하여 α와 β의 최소제곱 추정값 a, b를 구해보자. 오차제곱합을 최소로 하는 α와 β를 구하기 위해서 SS를 α와 β에 대해 각각 편미분하여 다음을 얻는다.

$$\frac{\partial SS}{\partial \alpha} = -2\sum_{i=1}^{n}(y_i - \alpha - \beta x_i)$$

$$\frac{\partial SS}{\partial \beta} = -2\sum_{i=1}^{n}x_i(y_i - \alpha - \beta x_i)$$

α와 β의 추정값을 a와 b로 표기하면서 위 편미분의 값을 0으로 하는 식을 정리하게 되면

$$\begin{cases} na + b\sum_{i=1}^{n}x_i = \sum_{i=1}^{n}y_i \\ a\sum_{i=1}^{n}x_i + b\sum_{i=1}^{n}x_i^2 = \sum_{i=1}^{n}x_iy_i \end{cases} \qquad (10-2)$$

을 얻는다. 이 연립방정식을 단순회귀의 **정규방정식(normal equation)**이라 한다. 이제 이 식을 a와 b에 대해서 풀면

$$b = \frac{\sum x_iy_i - \frac{(\sum x_i)(\sum y_i)}{n}}{\sum x_i^2 - \frac{(\sum x_i)^2}{n}} = \frac{\sum(x_i - \bar{x})(y_i - \bar{y})}{\sum(x_i - \bar{x})^2}$$

$$a = \bar{y} - b\bar{x}$$

를 얻는다. 따라서 최소제곱법에 의한 회귀직선은 다음과 같다.

▌최소제곱 단순회귀직선

단순회귀모형 $Y_i = \alpha + \beta x_i + \varepsilon_i$ $(i = 1, \cdots, n)$에서 $Y_1, \cdots, Y_n$의 관측값을 $y_1, \cdots, y_n$이라 하면, 최소제곱 추정값은 다음과 같다.

$$b = \frac{\sum(x_i - \bar{x})(y_i - \bar{y})}{\sum(x_i - \bar{x})^2}$$

$$a = \bar{y} - b\bar{x}$$

따라서 추정된 최소제곱 회귀직선은

$$\hat{y} = a + bx$$

이다.

a는 회귀직선의 y 절편이며, b는 회귀적선의 기울기로서 중요한 의미를 가져 x의 1 증가

에 y는 b만큼 증가함을 뜻한다.

예제 10.2의 계속

35명의 신생아 자료로부터

$$\bar{x} = \frac{\sum x_i}{n} = \frac{829}{35} = 23.686$$

$$\bar{y} = \frac{\sum y_i}{n} = \frac{1713}{35} = 48.943$$

$$\sum(x_i - \bar{x})^2 = \sum x_i^2 - \frac{(\sum x_i)^2}{n} = 29685 - \frac{(829)^2}{35} = 10049.543$$

$$\sum(x_i - \bar{x})(y_i - \bar{y}) = \sum x_i y_i - \frac{(\sum x_i)(\sum y_i)}{n} = 56768 - \frac{(829)(1713)}{35} = 16194.371$$

을 얻는다. 따라서 α와 β의 최소제곱 추정값은

$$b = \frac{\sum(x_i - \bar{x})(y_i - \bar{y})}{\sum(x_i - \bar{x})^2} = \frac{16194.371}{10049.543} = 1.61145 \qquad (10-3)$$

$$a = \bar{y} - b\bar{x} = 48.943 - (1.6115)(23.686) = 10.773$$

이 되고, 최소제곱 회귀직선은

$$\hat{y} = 10.773 + 1.611x$$

이며 이에 대한 그림은 그림 10.3에 제시되었다.

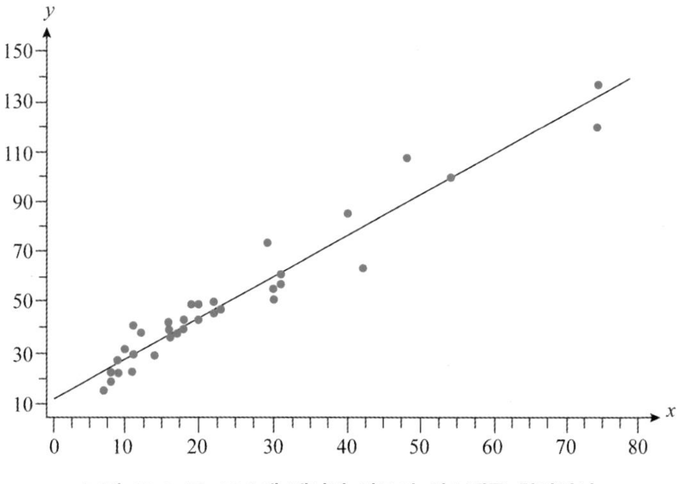

그림 10.3 **표 10.2에 제시된 자료의 최소제곱 회귀직선**

10.4 회귀계수에 관한 추론

표본자료로부터 얻어진 회귀직선인 $\hat{y} = a + bx$는 모집단의 회귀직선 $E(Y) = \alpha + \beta x$를 추정한 것이며, 표본 자료가 다르게 되면 추정되는 회귀직선도 변하게 된다. 이러한 변동은 a와 b의 표준오차로서 표현된다. 또한 a와 b는 마치 표본의 평균과 같이 비슷한 통계량이므로 회귀계수 α와 β에 대한 신뢰구간을 구하거나 또는 가설검정을 하여 추정된 a와 b에 대해서 판단해 볼 수 있다. 이제 회귀분석의 주요 목적인 b에 대해 판단해 본다.

10.4.1 β의 추정

앞절에서 회귀직선의 기울기 b는

$$b = \frac{\sum(x_i - \bar{x})(Y_i - \bar{Y})}{\sum(x_i - \bar{x})^2}$$

로 추정되었다. 분자를 다시 쓰면

$$\sum(x_i - \bar{x})(Y_i - \bar{Y}) = \sum(x_i - \bar{x})Y_i - \bar{Y}\sum(x_i - \bar{x}) = \sum(x_i - \bar{x})Y_i$$

이다. 즉, $b = \sum k_i Y_i$가 되며 여기서

$$k_i = \frac{x_i - \bar{x}}{\sum(x_i - \bar{x})^2}$$

이다. 따라서 b의 기댓값은

$$E(b) = \sum k_i E(Y_i) = \sum k_i(\alpha + \beta x_i) = \alpha\sum k_i + \beta\sum k_i x_i$$

이며,

$$\sum k_i = 0$$

$$\sum k_i x_i = \sum k_i(x_i - \bar{x}) = \frac{\sum(x_i - \bar{x})^2}{\sum(x_i - \bar{x})^2} = 1$$

이 성립하므로 $E(b) = \beta$로써 b는 β의 불편추정량이다.

이제 b의 분산을 구해 보자. 회귀직선모형 $Y_i = \alpha + \beta x_i + \varepsilon_i$에서 ε_i는 서로 독립이고 분

산이 동일한 σ^2의 정규분포로 가정하였으므로, Y_i도 서로 독립이고 분산이 동일한 σ^2으로 정규분포하며

$$Y_i \sim N(\alpha + \beta x_i,\ \sigma^2)$$

이다. 따라서

$$\begin{aligned} \mathrm{Var}(b) &= \mathrm{Var}\left(\sum k_i Y_i\right) = \sum k_i^2 \mathrm{Var}(Y_i) = \sum k_i^2 \sigma^2 \\ &= \sigma^2 \sum \frac{(x_i - \bar{x})^2}{[\sum (x_i - \bar{x})^2]^2} = \frac{\sigma^2}{\sum (x_i - \bar{x})^2} \end{aligned}$$

이고 $b = \sum k_i Y_i$으로 Y_i의 일차결합으로 이루어졌으므로 b도 역시 정규분포를 따르며 $b \sim N\left(\beta,\ \dfrac{\sigma^2}{\sum (x_i - \bar{x})^2}\right)$이다. 여기서 미지의 모수인 σ^2이 추정되어야 하는데, **오차제곱평균(error mean squares, MSE)**인 σ^2의 불편추정량임이 알려져 있어 이를 이용한다. 회귀모형 $Y_i = \alpha + \beta x_i + \epsilon_i\ (i = 1, \cdots, n)$에서 오차항 ε_i의 분산 σ^2이 작을수록 오차는 0에 가깝게 된다. 따라서 식 (10-1)에서 α와 β를 추정량 a와 b로 대치하여 Y_i와 추정량 $\hat{Y}_i = a + bx_i$의 차의 제곱합을 **오차제곱합(error sum of squares, SSE)**이라 하며, 이를 자유도로 나눈 것이 **오차제곱평균 MSE**이다.

$$\begin{aligned} &\mathrm{MSE} = \mathrm{SSE} / (n-2) = \sum_{i=1}^{n} (Y_i - a - bx_i)^2 / (n-2) \\ &E(\mathrm{MSE}) = \sigma^2 \end{aligned}$$

이다. 이를 이용하여 β의 신뢰구간을 구한다.

▌β의 신뢰구간

b는 정규분포에 따르며

$$b \sim N\left(\beta, \frac{\sigma^2}{\sum (x_i - \bar{x})^2}\right)$$

이다. σ^2의 불편추정량 MSE를 이용하면 Var(b)의 불편추정량은 $\dfrac{\mathrm{MSE}}{\sum (x_i - \bar{x})^2}$이다. 앞의 5.5절에서 설명한 바에 의하면

$$\frac{b-\beta}{\sqrt{\frac{\text{MSE}}{\sum(x_i-\bar{x})^2}}} \sim t(n-2) \qquad (10-4)$$

이며, 따라서 β의 $100(1-\alpha)\%$ 신뢰구간은

$$b \pm t_{1-\frac{\alpha}{2}}(n-2)\sqrt{\frac{\text{MSE}}{\sum(x_i-\bar{x})^2}}$$

이다.

10.4.2 β의 검정

단순회귀모형에서 회귀직선의 유의성은 절편 α와 직선의 기울기 β에 대한 검정으로 나누어 지는데, 특히 의학분야의 여러 변수들의 관계에 있어서 절편의 유의성에는 관심이 높지 않다. 그 이유는 예로서 연령에 따라 변하는 혈압수치의 회귀식에서 0세 때의 혈압이 0 mmHg일 수가 없으므로 절편이 0인가에 대한 검정을 하지 않는다. 따라서 단순회귀모형에서 주요 관심은 직선의 기울기에 대한 검정이며 이에 대한 가설은

$$H_0 : \beta = 0, \qquad\qquad H_1 : \beta \neq 0$$

이다. 기울기에 대한 가설검정에 분산분석표가 매우 유용하다. 분산분석표는 제곱합과 자유도로서 구성되며, 이의 유도를 단계적으로 설명해 보자.

우선 관측값 y_i와 총평균 $\bar{y}$와의 차인 총편차 $y_i - \bar{y}$를 분해한다.

$$y_i - \bar{y} = (y_i - \hat{y}_i) + (\hat{y}_i - \bar{y}) \qquad (10-5)$$

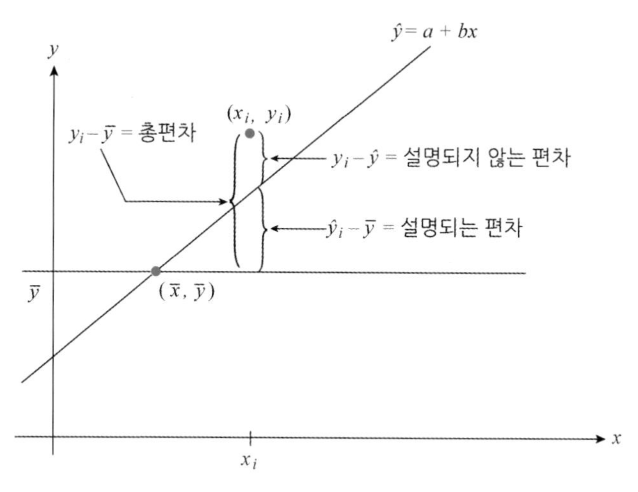

그림 10.4 **총편차의 분해**

여기서 편차 $e_i = y_i - \hat{y}_i$는 관측값과 추정된 회귀직선 $\hat{y}_i = a + bx_i$와의 차이며, 따라서 총편차 중에서 회귀직선 관계로 설명할 수 없는 부분으로서 **잔차(residual)** 또는 **오차(error)** 라고 한다. 한편 $\hat{y}_i - \bar{y}$는 회귀직선에 의해 설명되는 편차이며, 이 편차를 비롯한 여러 가지의 편차를 그림 10.4에 나타내었다.

이제 식 (10-5)의 양변을 제곱하여 합하면

$$\sum(y_i - \bar{y})^2 = \sum(y_i - \hat{y}_i)^2 + \sum(\hat{y}_i - \bar{y})^2 + 2\sum(y_i - \hat{y}_i)(\hat{y}_i - \bar{y})$$

가 된다. 우변의 끝항은

$$\hat{y}_i = a + bx_i = (a + b\bar{x}) + b(x_i - \bar{x}) = (\bar{y} - b\bar{x} + b\bar{x}) + b(x_i - \bar{x}) \qquad (10-6)$$
$$= \bar{y} + b(x_i - \bar{x})$$

이 됨을 이용하여

$$\sum(y_i - \hat{y}_i)(\hat{y}_i - \bar{y}) = \sum(y_i - a - bx_i)(\bar{y} + b(x_i - \bar{x}) - \bar{y})$$
$$= b\sum x_i(y_i - a - bx_i) - b\bar{x}\sum(y_i - a - bx_i)$$

이며, 식 (10-2)의 정규방정식을 이용하면 0이 됨을 알 수 있다. 그러므로 다음이 성립된다.

단순회귀식에서의 총제곱합의 분해

$$\sum(y_i-\bar{y})^2 \;=\; \sum(y_i-\hat{y_i})^2 \;+\; \sum(\hat{y_i}-\bar{y})^2 \qquad (10-7)$$

	총제곱합(SST)	오차제곱합(SSE)	회귀제곱합(SSR)
자유도	$n-1$	$n-2$	1

여기서 왼쪽항은 **총제곱합(total sum of squares)**이며 SST로 나타낸다. 오른쪽의 두 번째 항은 총제곱합 중에서 x와 Y 사이의 회귀관계에 의해 설명되는 제곱합이므로 **회귀제곱합(regression sum of squares)**이라 하며 SSR로 나타낸다. 회귀제곱합을 다시 정리하면

$$\mathrm{SSR}=\sum(\hat{y_i}-\bar{y})^2=\sum(\bar{y}+b(x_i-\bar{x})-\bar{y})^2=b^2\sum(x_i-\bar{x})^2 \qquad (10-8)$$

와 같다. 또한 오른쪽의 첫 번째항은 회귀관계로서 설명되지 않는 오차제곱합 SSE이다. 즉, 식 (10.7)은 SST = SSR + SSE의 관계를 나타내고 있다.

이제 각 제곱합에 대응하는 **자유도(degrees of freedom)**를 생각해 보자. SST의 자유도는 n개의 관측값으로부터 $\bar{y}$를 추정했으므로 $n-1$이며, 회귀제곱합(SSR)의 자유도는 독립변수의 수가 1개이므로 1이며, 오차제곱합의 자유도는 $n-2$가 된다. 각각의 제곱합을 대응하는 자유도로 나눈 것을 **제곱평균**이라 하며

$$\mathrm{MSE}=\mathrm{SSE}\;/\;(n-2), \qquad \mathrm{MSR}=\mathrm{SSR}\;/\;1$$

가 성립한다.

이제 선형회귀관계의 유의성에 대한 가설

$$H_0:\beta=0, \qquad H_1:\beta\neq 0$$

을 검정해 보자. 귀무가설이 사실이라면 식 (10-4)는

$$\frac{b}{\sqrt{\dfrac{\mathrm{MSE}}{\sum(x_i-\bar{x})^2}}}\sim t(n-2)$$

이며, 이를 F 분포로 표현하게 되면

$$\frac{b^2}{\dfrac{\mathrm{MSE}}{\sum(x_i-\bar{x})^2}}\sim F(1,n-2)$$

이다. 식 (10-8)에 의해서

$$\frac{b^2\sum(x_i-\overline{x})^2}{\text{MSE}}=\frac{\text{SSR}}{\text{MSE}}=\frac{\text{MSR}}{\text{MSE}}\sim F(1,\ n-2)$$

이다. 따라서 회귀직선의 유의성검정은 다음과 같다.

▌회귀직선의 유의성검정

단순회귀모형 $Y_i=\alpha+\beta x_i+\epsilon_i(i=1,\ \cdots,\ n)$에서 직선의 기울기에 대한 가설

$$H_0:\beta=0,\quad H_1:\beta\neq 0$$

에 대한 검정통계량은

$$F=\frac{\text{MSR}}{\text{MSE}}$$

이며, 유의수준 α인 기각역은 다음과 같다.

$$F\geq F_{1-\alpha}(1,\ n-2)$$

일반적으로 회귀직선의 유의성검정 결과를 다음과 같은 **분산분석표(analysis of variance table, ANOVA table)**로 요약한다.

표 10.3 단순회귀의 분산분석표

요 인	제곱합	자유도	제곱평균	F	$F(\alpha)$
회 귀	SSR	1	MSR	MSR/MSE	$F_{1-\alpha}(1,\ n-2)$
오 차	SSE	$n-2$	MSE		
총	SST	$n-1$			

예제 10.2의 계속

35명의 신생아 자료로부터 구한 회귀직선식에서 기울기 β의 신뢰구간을 구하고, β에 대해 검정해 보자.

앞의 계산결과 (10-3)으로부터

$$\text{SSR}=b^2\sum(x_i-\overline{x})^2=(1.611454)^2(10049.543)=26096.5$$

$$\text{SST} = \sum(y_i - \bar{y})^2 = \sum y_i^2 - \frac{(\sum y_i)^2}{n} = 111643 - \frac{(1713)^2}{35} = 27803.9$$

$$\text{SSE} = \text{SST} - \text{SSR} = 27803.9 - 26096.5 = 1707.4$$

$$\text{MSE} = \text{SSE} \ / \ (\text{n}-2) = 1707.4 \ / \ 33 = 51.74$$

따라서 β의 95% 신뢰구간은 다음과 같다.

$$b \pm t_{1-\frac{\alpha}{2}}(n-2)\sqrt{\frac{\text{MSE}}{\sum(x_i - \bar{x})^2}} = 1.611 \pm 2.035\sqrt{\frac{51.74}{10049.543}}$$

$$= (1.465, 1.757)$$

또한 분산분석표는 아래와 같다.

요 인	제곱합	자유도	제곱평균	F	$F(0.05)$
회 귀	26096.5	1	26096.5	504.8	4.139
오 차	1707.4	33	51.7		
총	27803.9	34			

분산분석표의 결과에서 504.8 $\gg$ 4.139이므로 직선의 기울기는 매우 유의하다.

10.5 회귀직선의 이용

단순회귀모형 $Y_i = \alpha + \beta x_i + \epsilon_i (i = 1, \cdots, n)$에서 종속변수의 평균적인 값을 나타내는 회귀직선 $E(Y) = \alpha + \beta x$의 추정식은 $\hat{Y} = a + bx$이다. 다음 절에서 설명하는 조건들에 비추어 추정된 회귀직선이 적절하다면, 이 회귀직선을 구한 근본적인 이유 중의 하나는 한 그룹의 개체 또는 한 개체의 x값을 알고 있을 때 장차 Y가 취하리라고 생각되는 값 $E(Y)$를 예측하고자 함이다. 이때 회귀직선과 관련된 변동이 예측에 반영될 것이며, 이 변동을 표현한 것이 예측값 $E(Y)$의 신뢰구간이다.

식 (10-6)에 제시된 추정 회귀식은

$$\hat{Y} = \overline{Y} + b(x - \bar{x})$$

이다. 여기서

$$\overline{Y} = \frac{1}{n}Y_1 + \frac{1}{n}Y_2 + \cdots + \frac{1}{n}Y_n$$

이므로 x값을 알고 있을 때 평균종속변수의 값 $\hat{Y}$의 분산은 다음과 같다.

$$\begin{aligned}\mathrm{Var}(\hat{Y}) &= \mathrm{Var}[\overline{Y} + b(x-\overline{x})] \\ &= \mathrm{Var}(\overline{Y}) + (x-\overline{x})^2 \mathrm{Var}(b) + 2(x-\overline{x})\mathrm{Cov}(\overline{Y}, b) \\ &= \frac{\sigma^2}{n} + (x-\overline{x})^2 \frac{\sigma^2}{\sum(x_i - x)^2} + 2(x-\overline{x})\mathrm{Cov}(\overline{Y}, b)\end{aligned}$$

이제 $\mathrm{Cov}(\overline{Y}, b)$를 구해보자. $b = \sum k_i Y_i$이며 한편

$$k_i = \frac{x_i - \overline{x}}{\sum(x_i - \overline{x})^2}$$

이므로

$$\begin{aligned}\mathrm{Cov}(\overline{Y}, b) &= \mathrm{Cov}\left(\frac{1}{n}Y_1 + \cdots + \frac{1}{n}Y_n,\ k_1 Y_1 + \cdots + k_n Y_n\right) \\ &= \left(\sum_{i=1}^{n} \frac{1}{n} k_i\right) \mathrm{Var}(Y_i) = \frac{\sigma^2}{n} \sum_{i=1}^{n} k_i = 0\end{aligned}$$

이다. 따라서

$$\begin{aligned}\mathrm{Var}(\hat{Y}) &= \frac{\sigma^2}{n} + (x-\overline{x})^2 \frac{\sigma^2}{\sum_{i=1}^{n}(x_i - \overline{x})^2} \\ &= \sigma^2 \left\{\frac{1}{n} + \frac{(x-\overline{x})^2}{\sum(x_i - \overline{x})^2}\right\}\end{aligned}$$

이다. 또한 $\overline{Y}$와 b가 모두 $Y_1, Y_2, \cdots, Y_n$의 일차결합으로 이루어졌으므로 $\hat{Y}$는 정규분포에 따르게 된다. 앞에서와 같이 오차제곱평균 MSE를 σ^2의 추정값으로 사용하게 되면 $\hat{Y} = a + bx$에 대한 신뢰구간은 다음과 같다.

▌종속변수의 평균값 $E(Y)$의 신뢰구간

설명변수가 $x = x_0$일 때의 $E(Y)$의 $100(1-\alpha)\%$ 신뢰구간은

$$(a + bx_0) \pm t_{1-\frac{\alpha}{2}}(n-2)\sqrt{\mathrm{MSE}\left\{\frac{1}{n} + \frac{(x_0 - \overline{x})^2}{\sum(x_i - \overline{x})^2}\right\}}$$

이다.

이제 새로운 개체의 x값을 알고 있을 때 Y가 취하리라고 생각되는 예측값의 신뢰구간을 생각해 보자. 한 개체의 종속변숫값은 위의 종속변수의 평균값으로부터 벗어나며 이러한 변동은 평균 종속변수 $\hat{Y}$을 추정하는 데 사용된 자료의 변동과는 독립된 것이다. 따라서 한 개체의 자료에 해당되는 추가적인 변동(σ^2)을 예측구간에 반영해야만 한다. 그러므로 한 개체의 측정값의 예측구간이 평균 종속변숫값의 신뢰구간보다 넓게 된다.

▌한 개체의 측정값의 예측구간

어떤 개체의 설명변수의 값이 $x = x_0$일 때 Y가 택하는 값의 $100(1-\alpha)\%$ 예측구간은

$$(a+bx_0) \pm t_{1-\frac{\alpha}{2}}(n-2)\sqrt{\text{MSE}\left\{1+\frac{1}{n}+\frac{(x_0-\bar{x})^2}{\sum(x_i-\bar{x})^2}\right\}}$$

이다.

그림 10.5에 제시된 어떤 임의의 자료로부터 모든 x값에 대해 계산한 평균 종속변숫값 $E(Y)$의 신뢰구간을 살펴보면 신뢰구간의 길이가 x의 값에 따라 달라지며, $x=\bar{x}$일 때 가장 짧고, x가 $\bar{x}$에서 멀어질수록 길어, **신뢰구간의 상, 하단(upper and lower limits)**을 점선으로 연결해 보면 가운데가 좁은 나팔 모양의 **신뢰영역**이 된다. 또한 신뢰구간의 길이는 $\sum(x_i-\bar{x})^2$가 크면 클수록, 다시 말하면 x값들이 널리 펼쳐져 있을수록 짧게 된다. 또한 n이 크면 클수록 짧다. 예측구간의 경우도 이와 마찬가지로 설명할 수 있다.

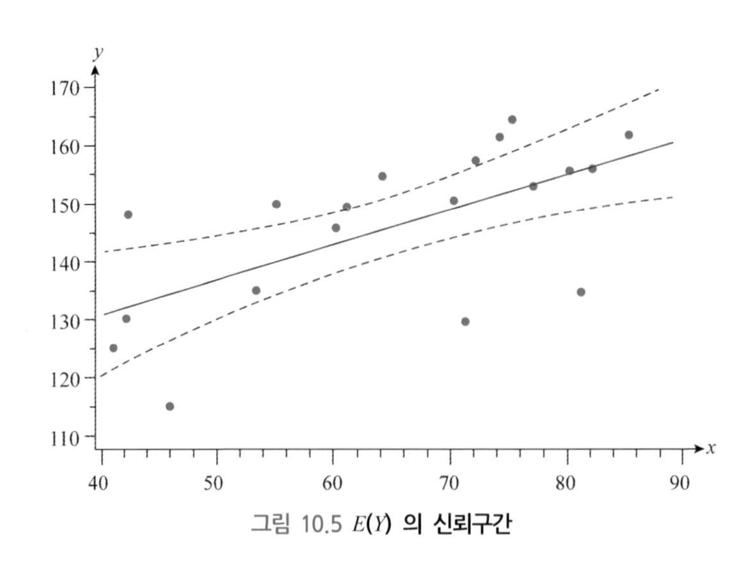

그림 10.5 $E(Y)$ 의 신뢰구간

예제 10.2의 계속

35명의 신생아 자료로부터 구한 회귀직선식에서 $x=50$일 때 평균 종속변숫값의 95% 신뢰구간과 한 개체의 종속변숫값의 95% 예측구간을 구해 보자.

먼저 $x=50$일 때 $\hat{y}=10.773+1.611\ (50)=91.323$이다. 따라서 평균 종속변숫값에 관한 95% 신뢰구간은

$$91.323 \pm 2.035\sqrt{51.74\left(\frac{1}{35}+\frac{692.427}{10049.543}\right)}=(86.753,\ 95.893)$$

이며, 한 개체의 종속변숫값의 95% 예측구간은

$$91.323 \pm 2.035\sqrt{51.74\left(1+\frac{1}{35}+\frac{692.427}{10049.543}\right)}=(75.988,\ 106.658)$$

이다. 모든 x값에 대해 계산하여 그려본 평균종속변수값 $E(Y)$에 관한 95% **신뢰구간대(confidence band)**는 굵은 점선으로, 한 개체의 종속변수값 Y의 95% **예측구간대**는 짧은 점선으로 그림 10.6에 표시되었다.

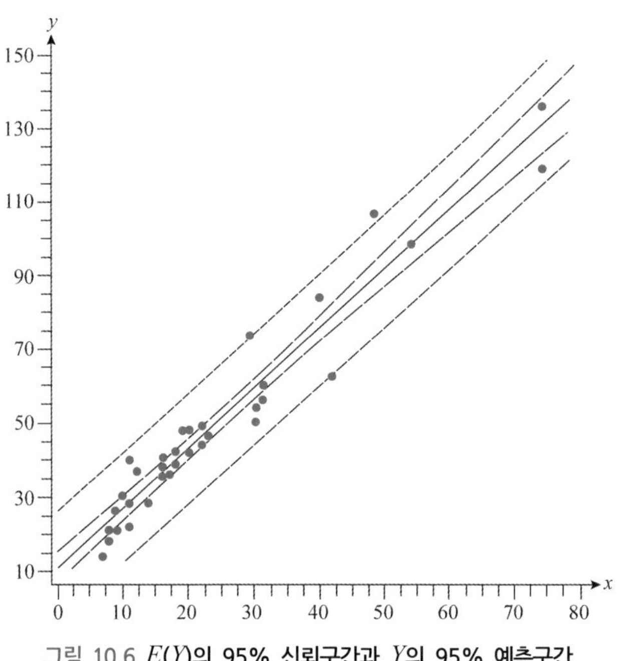

그림 10.6 $E(Y)$의 95% 신뢰구간과 Y의 95% 예측구간

10.6 회귀직선의 평가 - 결정계수와 잔차의 검토

회귀직선의 적합성을 평가하는데 매우 유용한 방법은 잔차(residual)를 분석하는 것이다. 여기서 잔차는 $e_i = y_i - \hat{y_i}$로서 이미 언급했듯이 오차(error)라고도 한다. 또 다른 방법은 종속변수의 총변동 중 회귀모형에 의해 설명되는 변동의 비율을 살펴봄이다. 이 변동의 비율을 결정계수라 하며, 우선 이 결정계수에 대해서 간단히 언급한 후 잔차에 의한 회귀모형의 검토에 대해 설명하겠다.

회귀직선에 의해 종속변수의 총변동이 설명되는 정도를 나타내는 측도는

$$R^2 = \frac{\text{SSR}}{\text{SST}}$$

이며 이를 **결정계수(coefficient of determination)**라 한다. 결정계수의 범위는 $0 \le R^2 \le 1$로서 만약 모든 측정값들이 회귀직선상에 위치하여 회귀직선에 의한 변동 SSR이 총변동 SST와 동일하게 되면 $R^2 = 1$이 된다. 그러나 뚜렷한 회귀직선 관계가 없어 추정된 회귀직선의 기울기가 0에 가깝게 되면 $\hat{y_i} = \bar{y}$로써 SSR이 0에 가깝고, 따라서 R^2은 0에 가깝다. R^2의 값이 크면 클수록 쓸모있는 회귀직선이며, R^2의 값이 낮을 때는 비록 회귀직선이 매우 유의하다는 검정 결과가 나왔다하더라도 추정된 회귀직선은 별 쓸모가 없다. R^2값의 제시에 있어서 일반적으로 R^2의 값이 1인 경우를 100%로 두고서 백분율로 표현하는 것을 많이 볼 수 있다. 단순선형회귀에서 결정계수 R^2은 x와 Y의 상관계수의 제곱에 해당하지만, 더욱 복잡한 회귀모형으로 연장되어서는 이와 같은 간단한 관계가 성립되지 않는다. 따라서 결정계수를 기호 r^2으로 표기하기보다는 R^2로 표기함이 적절하다.

예제 10.2의 계속

35명의 신생아 자료로부터 회귀직선식이 구해졌다. 이제 결정계수는

$$R^2 = \frac{\text{SSR}}{\text{SST}} = \frac{26096.5}{27803.9} = 0.9386$$

으로 1에 가까운 높은 수치로서 유용한 회귀직선식으로 판단된다.

우리는 일반적으로 어떤 자료에 대해 회귀모형이 적절한지 알 수 없으면서 회귀모형을 우선 자료에 적합시킨다. 한편, 회귀모형의 적절성을 잔차로부터 검토할 수 있는데, 구체적

으로 단순회귀모형에서 요구되는 직선관계, 정규성, 독립성, 등분산성의 가정을 잔차로부터 검토한다. 이러한 가정들 중의 어떤 가정이 어긋났을 때 해결방안이 있으며, 이에 대한 설명은 이 책의 정도를 벗어나므로 설명하지 않는다.

10.6.1 잔차의 성질

앞에서 설명한 잔차 $e_i = Y_i - \widehat{Y}_i$는 단순회귀모형

$$Y_i = \alpha + \beta x_i + \epsilon_i = E(Y_i) + \epsilon_i \quad (i = 1, \cdots, n)$$

에서 오차항

$$\epsilon_i = Y_i - E(Y_i)$$

의 **관측오차(observed error)**에 해당한다. 회귀모형에서 ε_i는 서로 독립이며 평균이 0이고 분산이 σ^2인 정규분포함을 가정하였다. 따라서 회귀모형이 적절하다면 관측오차 e_i는 오차항 ε_i의 이와 같은 성질을 반영해야 하며, 이에 대한 검토가 바로 회귀모형의 적절성 검토의 배경이 된다.

단순회귀의 정규방정식 (10-2)에 의해

$$\sum e_i = \sum (y_i - \hat{y}_i) = \sum (y_i - a - bx_i) = \sum y_i - na - b\sum x_i = 0$$

으로 잔차 e_i의 평균 $\bar{e}$는 0이다. 그러므로 잔차는 서로 독립이 아닌데 $n-1$개의 잔차의 값을 알면 나머지 한 개의 잔차값을 알 수 있기 때문이다. 또한 회귀모형이 적절하다면 e_i의 분산은 오차제곱평균인 MSE와 같다. 즉,

$$\frac{\sum (e_i - \bar{e})^2}{n-2} = \frac{\sum e_i^2}{n-2} = \frac{\sum (y_i - \hat{y}_i)^2}{n-2} = \frac{\text{SSE}}{n-2}$$

이다. 잔차의 검토보다는 표준화된 잔차, 즉

$$\frac{e_i}{\sqrt{\text{MSE}}}$$

의 검토는 **이상점(outlier)**의 발견 또는 오차항의 정규성에 대한 검토를 수월케 한다. 또한 정규방정식 (10-2)에 의해

$$\sum x_i e_i = \sum x_i (y_i - a - bx_i) = \sum x_i y_i - a\sum x_i - b\sum x_i^2 = 0$$

$$\sum \hat{y_i} e_i = \sum (a + bx_i) e_i = a \sum e_i + b \sum x_i e_i = 0$$

이다.

10.6.2 잔차에 의한 회귀모형의 검토

이제 구체적으로 잔차의 그림을 검토해 보자. 잔차들의 전반적인 추세의 파악은 잔차의 분포를 그려보는 것이며, 2장에서 언급한 **점도표(dot diagram)**가 이 목적에 적절하다. 0을 중심으로 잔차를 여러 등급으로 나누어 각 등급에 속한 잔차의 수를 세어 점도표를 그림 10.7과 같이 그린다. 특히 그림 10.7의 경우에 잔차의 대략 정규분포함을 알 수 있고, 따라서 오차항의 정규성이 성립되어 보인다. 또한 이상점은 없다.

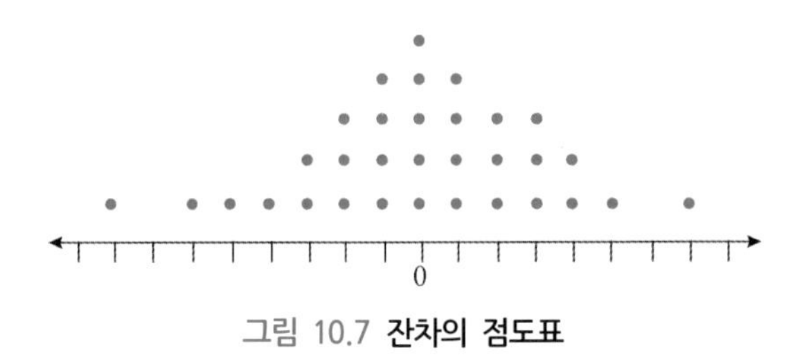

그림 10.7 **잔차의 점도표**

이제 잔차 $e_i = y_i - \hat{y_i}$를 회귀직선 추정값 $\hat{y_i}$에 대해 그려본다. 그림 10.8에 전형적인 네 가지 잔차 그림을 제시하였다. 그림 10.8 (a)는 잔차들이 0을 중심으로 수평대(horizontal band)의 형태를 지니며 오차항의 등분산이 성립되어 보인다. 그러나 그림 10.8 (b)는 $\hat{y}$가 증가함에 따라 e_i의 값들이 넓은 폭으로 흩어지므로 오차항 ε_i의 등분산 가정이 성립되지 않는다. 그림 10.8 (c)를 살펴보면 $\hat{y}$의 값이 증가하면서 음의 값에서 양의 값으로 변하다가 다시 음의 값을 가진다. 이와 같은 그림은 회귀모형이 직선식보다는 2차 곡선식을 가정해야 함을 말해준다. 마지막으로 그림 10.8 (d)는 잔차를 시간축에 대해 그린 경우이며, 이는 오차항의 독립성이 성립되지 않음을 나타낸다. 그림에서 보면 시간에 따른 효과가 직선적으로 변해가므로 시간이란 독립변수가 회귀모형에 추가되어야 함을 말해준다.

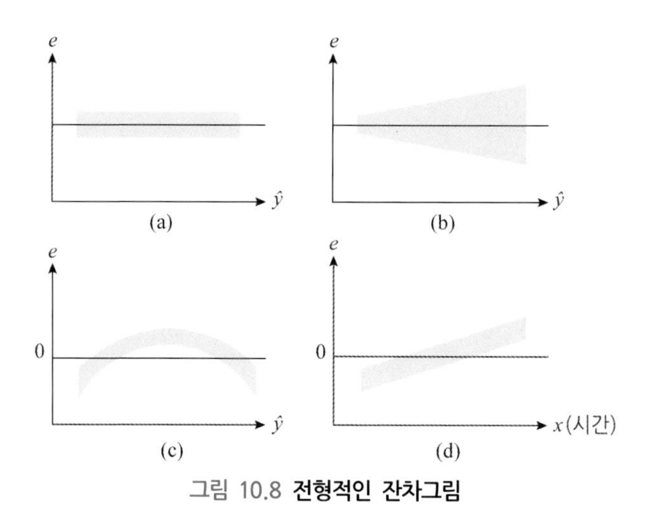

그림 10.8 **전형적인 잔차그림**

예제 10.2의 계속

35명의 신생아 자료로부터 회귀직선식의 잔차를 구해보자. 우선 앞에서 구해진 회귀직선식은 $\hat{y} = 10.773 + 1.611x$이다. 이제 이 회귀식의 잔차를 그림 10.9에 그려보았다. 잔차 그림으로부터 회귀모형의 여러 가정들의 어긋남이 보이지 않으므로 가정이 성립된다고 판단된다.

$\hat{y} = 10.773 + 1.611x$

번호	x_i	y_i	$\hat{y}_i$	$e_i = y_i - \hat{y}_i$
1	14	28	33.3	-5.3
2	7	14	22.1	-8.1
3	12	37	30.1	6.9
4	40	84	75.2	8.8
5	11	28	28.5	-0.5
6	16	38	36.5	1.5
7	54	98	97.8	0.2
8	9	21	25.3	-4.3
9	22	44	46.2	-2.2
10	74	118	130.0	-12.0
11	18	42	39.8	2.2
12	31	60	60.7	-0.7
13	48	106	88.1	17.9
14	42	62	78.4	-16.4
15	22	49	46.2	2.8
16	18	38	39.8	-1.8
17	9	26	25.3	0.7
18	23	46	47.8	-1.8
19	9	26	25.3	0.7
20	17	36	38.2	-2.2

(계속)

번호	x_i	y_i	$\hat{y}_i$	$e_i = y_i - \hat{y}_i$
21	20	48	43.0	5.0
22	30	54	59.1	−5.1
23	31	56	60.7	−4.7
24	74	135	130.0	5.0
25	16	40	36.5	3.5
26	8	21	23.7	−2.7
27	19	48	41.4	6.6
28	10	30	26.9	3.1
29	11	22	28.5	−6.5
30	30	50	59.1	−9.1
31	8	18	23.7	−5.7
32	16	35	36.5	−1.5
33	29	73	57.5	15.5
34	11	40	28.5	11.5
35	20	42	43.0	−1.0

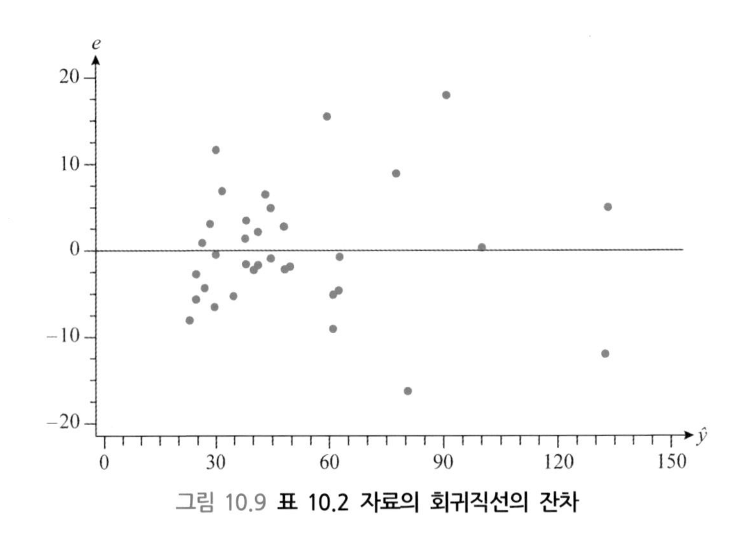

그림 10.9 **표 10.2 자료의 회귀직선의 잔차**

회귀모형의 선택과정

이제 적절한 회귀모형의 선택 과정에 대해서 간단히 설명한다. 우리는 산점도로서 회귀모형의 적절함을 대략적으로 짐작할 수 있다. 그러나 실제로는 적절한 회귀모형이 어떤 것인지 정확히 모르면서 어떤 회귀모형을 가정하고서, 예를 들어서 회귀직선식을 가정하고서 최소제곱법에 의해 회귀방정식을 구한다. 이때 분산분석표의 유의성검정으로 구해진 회귀모형식이 유의하지 않거나 결정계수 R^2의 값이 충분히 크지 않으면 회귀모형이 적절치 못하다. 위의 두 조건에서 회귀모형이 만족스러울 때는 잔차의 검토로서 회귀모형의 적절성을 최종적으로 확인하게 된다. 만약 어떤 한 조건에서 부적절하다고 판단될 때, 다른 회귀

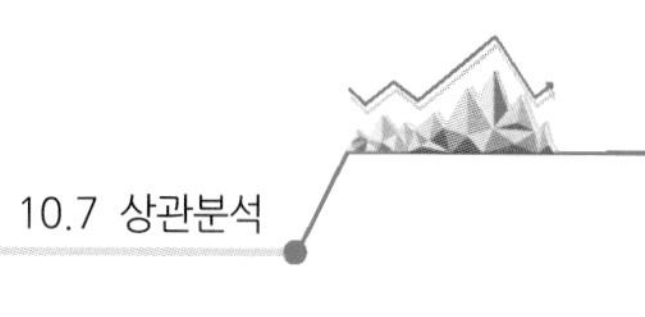

모형을 선택하여 회귀방정식을 구하게 되며, 이때 위의 절차를 다시 밟아 나간다.

10.7 상관분석

5장에서 이미 배웠듯이 **상관계수(correlation coefficient)**는 두 연속 확률변수의 관련성을 알아보는 데 사용한다. 그림 10.10은 앞에서 소개한 예제 10.1 자료의 산점도이다. 그림에서 보면 (단백질/크레아틴) 배설량의 비와 24시간 단백질 총 배설량은 서로 직선적인 관련이 있어 보이며, 총 배설량이 많을수록 배설량의 비도 비례적으로 크다. 직선적인 관련성의 정도를 계산한 것이 상관계수인데, 이 자료의 경우 상관계수는 0.969로 관련성이 매우 높은 것으로 나타났다.

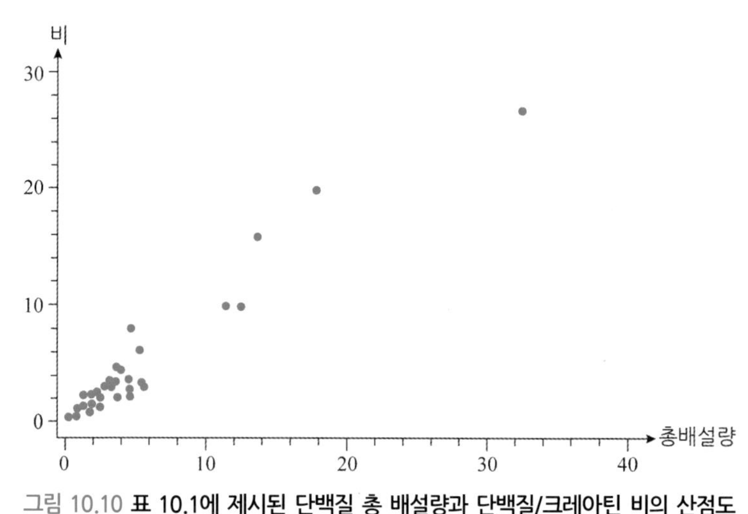

그림 10.10 **표 10.1에 제시된 단백질 총 배설량과 단백질/크레아틴 비의 산점도**

두 확률변수 X, Y의 상관계수는 5장에서 Corr(X, Y)로 표기했으나, 여기서는 단순히 ρ로 표기하겠으며

$$\rho = \frac{\mathrm{Cov}(X,\ Y)}{\sqrt{\mathrm{Var}(X)\mathrm{Var}(Y)}}$$

로 정의되고, X와 Y 간의 직선적인 관계의 강도를 나타내는 측도로서 -1과 1 사이의 값만을 가지며 절댓값이 1에 가까울수록 직선적인 관련성이 높고 0에 가까울수록 직선적인 관련성이 없다. 확률표본을 $(X_1,\ Y_1)$, $\cdots$, $(X_n,\ Y_n)$이라 할 때, 분산과 공분산의 불편추정량은 각각

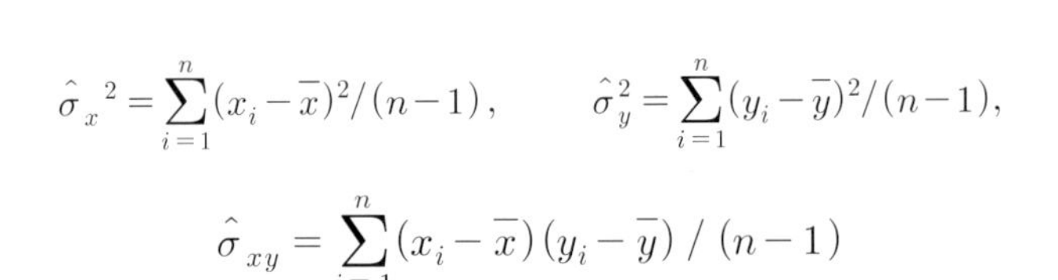

$$\hat{\sigma}_x^{\ 2} = \sum_{i=1}^{n}(x_i - \bar{x})^2/(n-1), \qquad \hat{\sigma}_y^2 = \sum_{i=1}^{n}(y_i - \bar{y})^2/(n-1),$$

$$\hat{\sigma}_{xy} = \sum_{i=1}^{n}(x_i - \bar{x})(y_i - \bar{y})\ /\ (n-1)$$

이므로 이를 이용하여 ρ의 추정량인 **표본상관계수(sample correlation coefficient)** r은 다음과 같다.

$$r = \frac{\hat{\sigma}_{xy}}{\hat{\sigma}_x \hat{\sigma}_y} = \frac{\sum_{i=1}^{n}(x_i - \bar{x})\ (y_i - \bar{y})}{\sqrt{\sum_{i=1}^{n}(x_i - \bar{x})^2 \sum_{i=1}^{n}(y_i - \bar{y})^2}}$$

여러 가지 산점도의 형태에 따라 달라지는 상관계수 r의 크기를 살펴보면 그림 10.11과 같다.

그림 10.11(e)와 같이 점들이 둥글게 퍼져있을 때 r은 0에 가까우며 어떠한 관련성도 찾아보기 힘들다. 그림 10.11(d) 및 (b)와 같이 점들의 퍼짐이 타원에 가까울 때 r은 약간의 관련성을 나타낸다. 그림 10.11(c)와 같이 점들이 좁고 길게 퍼져있을 때 r은 +1이나 −1에 가까운 값이며, 그림 10.11(a)와 같이 직선상의 점들은 r이 +1이나 −1과 일치하는 값을 가지며 모두 높은 관련성을 나타낸다. r이 양의 값을 가지는 관계는 한 변수의 값이 높아질 때 다른 변수의 값이 높아짐을 나타내며, 이와 반대로 r의 음의 관계는 한 변수의 값이 높아질 때 다른 변수의 값이 반대로 낮아짐을 나타낸다. 특히, 그림 10.11(f)의 점들은 매우 뚜렷한 곡선관계를, 그러나 직선이 아닌 관계를 나타내 보이지만, 상관계수는 직선적인 관계의 측도이므로 이러한 자료의 경우 r이 거의 0에 가깝다. 이와 같이 직선적이 아닌 관계를 간과하지 않는 방법은 자료의 산점도를 그려보는 일이며, 상관계수의 수치 계산만으로는 결코 알 수 없다 하겠다.

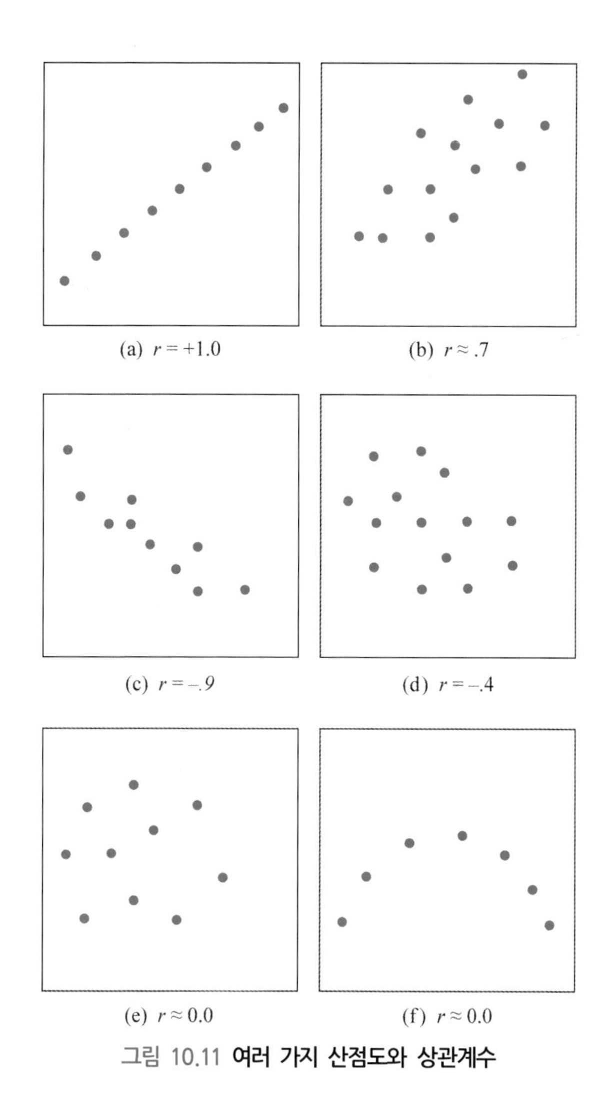
(a) $r = +1.0$ (b) $r \approx .7$

(c) $r = -.9$ (d) $r = -.4$

(e) $r \approx 0.0$ (f) $r \approx 0.0$

그림 10.11 **여러 가지 산점도와 상관계수**

이제 상관계수 ρ의 검정에 대하여 생각해 보자. 모집단 (X, Y)의 분포가 **이변량정규분포 (bivariate normal distribution)**임을 가정할 수 있을 때, 귀무가설 $H_0 : \rho = 0$ 하에서

$$r\sqrt{\frac{n-2}{1-r^2}} \sim t(n-2)$$

임이 알려져 있다.

상관계수의 검정

이변량정규분포를 가정할 때, 또한 귀무가설과 대립가설이 각각

$$H_0 : \rho = 0, \qquad H_1 : \rho \neq 0$$

로 주어질 때, 검정통계량은

$$T = r\sqrt{\frac{n-2}{1-r^2}}$$

이고, 유의수준 α인 기각역은 다음과 같다.

$$T \leq t_{\frac{\alpha}{2}}(n-2), \quad T \geq t_{1-\frac{\alpha}{2}}(n-2)$$

예제 10.1의 계속

43명의 신장질환 환자 자료로부터 표본상관계수를 구하고 이에 대해 검정해 보자.

x : 단백질 총 배설량

y : 단백질/크레아틴의 배설량의 비라고 할 때 표 10.1에 제시된 자료로부터

$$\sum_{i=1}^{n}(x_i - \bar{x})^2 = \sum x_i^2 - \frac{(\sum x_i)^2}{n} = 1877.44 - \frac{165.6^2}{43} = 1239.687$$

$$\sum_{i=1}^{n}(y_i - \bar{y})^2 = \sum y_i^2 - \frac{(\sum y_i)^2}{n} = 1986.92 - \frac{171.6^2}{43} = 1302.116$$

$$\sum_{i=1}^{n}(x_i - \bar{x})(y_i - \bar{y}) = \sum x_i y_i - \frac{(\sum x_i)(\sum y_i)}{n}$$

$$= 1892.03 - \frac{(165.6)(171.6)}{43} = 1231.170$$

이므로, 표본상관계수는 다음과 같이 주어진다.

$$r = \frac{\sum(x_i - \bar{x})(y_i - \bar{y})}{\sqrt{\sum(x_i - \bar{x})^2 \sum(y_i - \bar{y})^2}} = \frac{1231.17}{\sqrt{(1239.687)(1302.116)}} = 0.969$$

이 수치는 매우 높은 관련성을 나타내 보인다. 또한 $H_0 : \rho = 0,\ H_1 : \rho \neq 0$의 가설에 대하여 검정통계량은

$$t = 0.969\sqrt{\frac{41}{1-0.969^2}} = 25.11$$

이고, $T \geq t_{.975}(41) = 2.02$이므로 매우 유의한 직선적인 관련성이 있음을 나타낸다.

상관계수의 잘못된 사용 및 해석

사회과학을 비롯하여 의학, 간호학 분야에서 널리 사용되고 있는 상관계수는 매우 쉽게 계산되지만, 애용되는 만큼 또한 잘못 사용되는 경우가 많다. 또한 상관계수가 잘못 해석되는 경우도 종종 보게 된다. 우선 상관계수가 잘못 사용되는 경우를 살펴보자. 우선 상관계수는 같은 개체에서 동시에 측정된 두 변수, 예를 들어 연령과 혈압의 관련성을 표현하는 측도이다. 때때로 한 그룹의 개체로부터 측정한 변수와 전혀 다른 그룹의 개체로부터 측정한 변수간의 상관계수를 제시하는 경우가 있는데, 이는 아무런 의미가 없으며 실제로 계산할 수도 없는데, 두 수치가 어떻게 서로 맺어져서 계산된 경우이다.

일반적으로 통계인들이 생각하는 상관계수의 역할은 기존에 확립된 관계가 전혀 없거나 또는 관계에 대해 아직도 논란이 많은 기초연구 과정에서 상관계수로서 도움을 받아 더 깊이 연구해야 하는 변수들을 가려내거나 또는 자료를 개략적으로 탐색하는 데 사용하는 것이라고 생각한다. 이와 같이 상관계수에 대해 생각하는 이유는 우선 상관계수 수치는 몇몇 개의 이상점에 의해 크게 영향을 받는 단점이 있고, 또한 상관계수에 대한 검정이 의미하는 바는 유의한 상관관계라는 것이며, 이는 관련이 없지는 않다는 사실을 말해주지만 결코 임상의학적으로 중요하고 의미있는, 더욱이나 강한 관련성을 뜻하는 것이 아니기 때문이다. 강한 관련성이란 상관계수의 절대치 수치가 커야함을 기본으로 한다. 수십 개의 변수 중에서 유의한 관련성이 있는 변수들을 찾으려 한다면 반드시 몇 개는 유의하게 마련이다. 그러나 이와 같이 한 번의 관련성에 대한 유의성 검정으로 두 변수간의 관련성을 의미있는 해석으로 이끌어 가기보다, 여러 다른 표본자료로서 이러한 관계가 확인되는 과정이 요구된다. 경우에 따라서는 모집단에서는 찾아볼 수 없는 관련성이 랜덤추출이 아닌 선택된 표본에서 그릇된 관련성이 나타나는 경우가 있다.

특히 의학에서 많이 볼 수 있는 상관계수의 잘못된 사용은, 어떤 것을 측정하는데 두 가지 측정방법, 측정도구 또는 검사법이 어느 정도 일치하는지를 알아보는 데 상관계수를 사용하는 것이다. 두 측정방법이 거의 동일한 수치를 제시하는 경우, 규칙적으로 일정량만큼 차이가 나는 경우 또는 낮은 수치에 대한 차이보다 큰 수치로 가면서 비례적으로 더욱 커지는 경우를 상관계수 수치로서는 구분할 수 없으며, 따라서 상관계수는 일치성에 대한 측도

(measure of agreement)가 될 수 없다. 이러한 목적에는 일치성에 대한 분석법이 적용되어야 한다.

이제 상관계수의 결과해석에 대한 잘못을 살펴보기로 하겠다. 상관계수의 유의성은 원인과 결과로 해석될 수 없다. 이와 같이 원인과 결과에 대한 확인은 단순하지 않으며, 여러 관련된 요인을 모두 감안하여 잘 계획된 실험과정으로부터 밝혀질 수가 있다. 또한 유의한 관련성은 어떠한 한 방향만의 영향을 의미하지도 않는다. X가 Y에 영향을 미칠 수도 있고, 반대로 Y가 X에 영향을 미칠 수도 있으며, 두 변수 모두가 서로 영향을 미칠 수도 있고, 제 삼의 다른 변수가 X와 Y에 동시에 영향을 미쳐서 두 변수 X와 Y의 관련성이 나타날 수도 있겠다. 그러므로 상관계수의 결과해석에 있어서 관련성 이상의 것으로 비약하여 해석하는 것은 옳지 못하다.

독립인 두 표본에서 얻은 두 상관계수 수치가 서로 같은가에 대한 검정을 생각해 보자. 두 모상관계수 ρ_1과 ρ_2가 서로 같은가를 검정하는데는 앞에서와 같은 검정통계량

$$T = r\sqrt{\frac{n-2}{1-r^2}}$$

를 사용할 수는 없는데, 그 이유는 위의 통계량 T는 귀무가설 H_0: $\rho = 0$가 참일 때에만 자유도 $n-2$인 t 분포에 따르며, $\rho \neq 0$인 경우에는 t 분포를 하지 않기 때문이다. 그러나 상관계수 r에 Fisher 변환을 적용하여 얻은 아래와 같은 Z는 정규분포에 근사하며, 이를 이용하여 두 상관계수가 서로 같은가에 대한 검정이 가능하다. 즉, 모상관계수가 $\rho(\neq 0)$일 때

$$Z = \frac{1}{2}\ln\left(\frac{1+r}{1-r}\right) \qquad (10-8)$$

는 평균이

$$\frac{1}{2}\ln\left(\frac{1+\rho}{1-\rho}\right)$$

이고 표준편차가 $\frac{1}{\sqrt{n-3}}$인 근사 정규분포를 한다. 그러므로 두 상관계수의 비교에 대한 검정은 다음과 같다.

▌독립된 두 표본의 상관계수의 비교에 대한 검정

가설

$$H_0 : \rho_1 = \rho_2, \qquad H_1 : \rho_1 \neq \rho_2$$

에 대한 검정은 다음과 같다. 첫째 표본의 크기가 n_1, 표본상관계수가 r_1이고 둘째 표본의 크기가 n_2, 표본상관계수가 r_2일 때, 먼저 r_1과 r_2에 대한 각각의 Fisher 변환값 Z_1과 Z_2를 쉽게 부표 11로부터 구한다. 검정통계량은

$$Z = \frac{Z_1 - Z_2}{\sqrt{\frac{1}{n_1 - 3} + \frac{1}{n_2 - 3}}}$$

이고, 유의수준 α인 기각역은 다음과 같다.

$$|Z| \geq z_{1-\frac{\alpha}{2}}$$

하나의 모집단으로부터 추출된 표본상관계수 r이 0이 아닌 어떤 주어진 상수값 ρ_0와 같은가에 대한 검정도 식(10－8)의 근사 정규분포를 이용하여 검정할 수가 있다.

▌상관계수가 ρ_0와 같다는 가설에 대한 검정

상수 ρ_0가 주어졌을 때 가설

$$H_0 : \rho = \rho_0, \qquad H_1 : \rho \neq \rho_0$$

에 대한 검정은 다음과 같다. 표본크기가 n인 자료로부터 구한 표본상관계수 r과 상수 ρ_0에 해당하는 각각의 Fisher변환값인

$$Z_r = \frac{1}{2} ln\left(\frac{1+r}{1-r}\right), \quad Z_0 = \frac{1}{2} ln\left(\frac{1+\rho_0}{1-\rho_0}\right)$$

을 쉽게 부표 11로부터 구한다. 검정통계량은

$$Z = \frac{Z_r - Z_0}{\frac{1}{\sqrt{n-3}}} = \sqrt{n-3}\,(Z_r - Z_0)$$

이고, 유의수준 α인 기각역은 다음과 같다.

$$|Z| \geq z_{1-\frac{\alpha}{2}}$$

예제 10.3

도시와 농촌에서 뽑힌 어린이의 나이(단위 : 개월)와 신장(단위 : cm)을 기록한 자료가 다음과 같다. 나이와 신장 사이에 관련성의 정도가 두 지역에서 서로 다르다고 할 수 있는가를 검정해 보자.

어린이	도시		농촌	
	나이(x)	신장(y)	나이(x)	신장(y)
1	109	137.6	121	139.0
2	113	147.8	121	140.9
3	115	136.8	128	134.9
4	116	140.7	129	139.5
5	119	132.7	131	148.7
6	120	145.4	132	131.0
7	121	135.0	133	142.9
8	124	133.0	134	139.9
9	126	148.5	138	142.9
10	129	148.3	138	147.7
11	130	147.5	138	147.7
12	133	148.8	140	144.6
13	134	133.2	140	145.8
14	135	148.7	140	148.5
15	137	152.0		
16	139	150.6		
17	141	165.3		
18	142	149.9		

자료로부터 도시 어린이의 경우

$$\sum_{i=1}^{18}(x_i - \bar{x})^2 = \sum x_i^2 - \frac{(\sum x_i)^2}{18} = 291331 - \frac{2283^2}{18} = 1770.5$$

$$\sum_{i=1}^{18}(y_i - \bar{y})^2 = \sum y_i^2 - \frac{(\sum y_i)^2}{18} = 377329 - \frac{2601.8^2}{18} = 1253.26$$

$$\sum_{i=1}^{18}(x_i - \bar{x})(y_i - \bar{y}) = \sum x_i\, y_i = \frac{(\sum x_i)(\sum y_i)}{18}$$

$$= 330900.2 - \frac{(2283)(2601.8)}{18} = 905.233$$

따라서 표본상관계수는 다음과 같다.

$$r_1 = \frac{\sum(x_i - \bar{x})(y_i - \bar{y})}{\sqrt{\sum(x_i - \bar{x})^2 \sum(y_i - \bar{y})^2}} = \frac{905.233}{\sqrt{(1770.5)(1253.26)}} = 0.608$$

다음으로 농촌 어린이의 경우

$$\sum_{i=1}^{14}(x_i - \bar{x})^2 = \sum x_i^2 - \frac{(\sum x_i)^2}{14} = 248469 - \frac{1863^2}{14} = 556.929$$

$$\sum_{i=1}^{14}(y_i - \bar{y})^2 = \sum y_i^2 - \frac{(\sum y_i)^2}{14} = 284367.22 - \frac{1994^2}{14} = 364.649$$

$$\sum_{i=1}^{14}(x_i - \bar{x})(y_i - \bar{y}) = \sum x_i y_i - \frac{(\sum x_i)(\sum y_i)}{14}$$

$$= 265586 - \frac{(1863)(1994)}{14} = 241.571$$

따라서 표본상관계수는 다음과 같다.

$$r_2 = \frac{\sum(x_i - \bar{x})(y_i - \bar{y})}{\sqrt{\sum(x_i - \bar{x})^2 \sum(y_i - \bar{y})^2}} = \frac{241.571}{\sqrt{(556.929)(364.649)}} = 0.536$$

도시와 농촌 어린이의 나이와 신장의 관련성이 서로 같다는 가설은

$$H_0 : \rho_1 = \rho_2, \qquad H_1 : \rho_1 \neq \rho_2$$

이다. 위의 결과에서 도시 어린이의 경우 $n_1 = 18$, $r_1 = 0.608$이고, 농촌 어린이의 경우 $n_2 = 14$, $r_2 = 0.536$이다. 이에 해당하는 Fisher 변환은 부표 11로부터 $z_1 = 0.706$, $z_2 = 0.599$이며, 따라서 검정통계량은 다음과 같다.

$$z = \frac{z_1 - z_2}{\sqrt{\frac{1}{n_1 - 3} + \frac{1}{n_2 - 3}}} = \frac{0.706 - 0.599}{\sqrt{\frac{1}{15} + \frac{1}{11}}} = \frac{0.107}{0.397} = 0.27$$

유의수준 5%에서 양측검정을 할 때 기각역은 $|Z| \geq z_{0.975} = 1.96$이다. 계산된 z값이 기각역에 속하지 않으므로 도시와 농촌의 나이와 신장에 대한 두 상관계수가 서로 차이가 있다고 볼 수 없다.

연습문제

01 말라리아 기생충혈증(malaria parasitaemia)과 발열의 관계를 조사하기 위해 말라리아 원충에 감염된 환자의 기생충혈증 수준과 체온을 측정하였다. 기생충혈증 수준은 적혈구 내의 mm^3당 말라리아 원충수로 측정하였고, 체온은 95°F와 105°F 사이를 100등분한 haematothermic scale로 측정하였다.

환 자	수준(x)	체온(y)
1	1500	84
2	1400	101
3	580	97
4	440	102
5	430	76
6	260	76
7	256	54
8	232	46
9	150	44
10	133	34
11	100	34
12	83	20

(1) 자료의 산점도를 그려라.

(2) 최소제곱법에 의한 회귀직선식을 구하고, 위의 산점도에 회귀식을 그려넣어라.

(3) 기생충혈증 수준이 100일 때 체온의 추정값은 얼마인가? 실제 자료값 34와 다른 이유는 무엇인가?

(4) 위의 산점도에 편차 $e_1, e_2, e_3, \dots, e_{12}$를 표시하여라.

02 대학 1년생 20명을 랜덤추출하여 이들의 입학성적 x와 1학기 중간고사 성적 y간의 관계를 분석하고자 한다. 20명의 자료는 다음과 같다.

x	170	147	166	125	182	133	146	125	130	179
y	698	518	725	485	745	538	485	625	471	798

x	174	128	152	157	174	185	171	102	150	192
y	645	578	625	558	698	745	611	458	538	778

(1) 산점도를 그리고, 회귀직선의 관계가 적절한가를 눈으로 보아 검토하여라.

(2) 최소제곱법에 의한 희귀직선식을 추정하여라.

(3) 기울기 b는 무엇을 의미하는지 자세히 설명하여라.

03 출생 하루 전에 실시한 초음파 검사(ultrasonic fetal cephalometry)로부터 신생아의 출생 시 몸무게를 예측하고자 한다. 다음은 초음파 검사로부터 알아낸 태아의 배(abdomen)둘레 수치와 실제 출생 시 신생아의 체중을 기록한 것이다.

신생아	배둘레(cm)	몸무게(kg)
1	35.0	3.45
2	32.0	3.2
3	30.0	3.0
4	31.5	3.2
5	32.7	3.3
6	30.0	3.2
7	36.0	3.85
8	30.5	3.15
9	34.7	3.65
10	30.5	3.4
11	33.0	3.5
12	35.0	4.0
13	31.8	3.1
14	38.0	4.2
15	33.0	3.45

(1) 산점도를 그리고 회귀직선식이 적절한가를 눈으로 보아 검토하여라.

(2) 최소제곱법에 의한 회귀직선식을 구하고, 이 회귀식을 산점도 위에 그려라.

04 다음은 어느 도시의 40세 이상의 남자 중에서 랜덤추출된 15명의 수축기혈압(systolic blood pressure, 단위 : mmHg)과 나이에 대한 자료이다.

번 호	혈 압	나 이
1	135	45
2	122	41
3	130	49
4	148	52
5	146	54
6	129	47
7	162	60
8	160	48
9	144	44
10	180	64
11	166	59
12	138	51
13	152	64
14	138	56
15	140	54

(1) 산점도를 그려라.

(2) 회귀직선식을 구하고, 결정계수를 계산하여라. 분산분석표를 작성하여라. 회귀직선이 적절하다고 판단되는가?

05 생후 100일된 Wistar계 흰쥐 20마리의 체장과 미장의 크기(단위 : mm)를 측정하여 다음 자료를 얻었다. 그러나 체장은 $x = (\text{측정값}) - 230$으로, 미장은 $y = (\text{측정값}) - 180$으로 수치를 단순화시켰다.

x	y	x	y
4	8	11	6
5	4	11	9
7	7	11	11
7	5	12	7
8	4	13	9
8	7	13	11
9	6	15	11
9	9	15	6
10	4	16	10
10	8	17	10

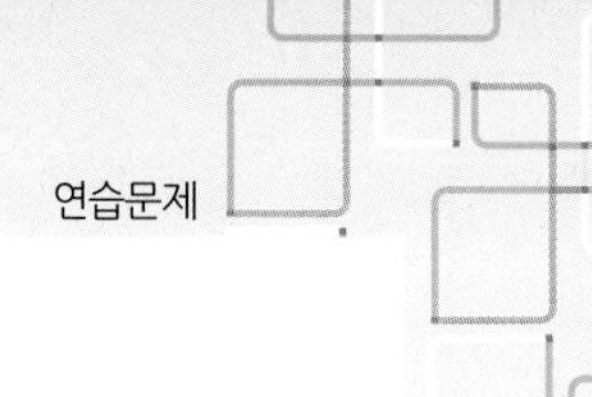

(1) 산점도를 그려라.

(2) 회귀직선식을 구하고 결정계수를 구하여라.

(3) 분산분석표를 작성하여라.

(4) 잔차의 점도표를 그려라.

(5) 회귀분석이 적절하다고 판단되는가?

06 어떤 수면제에 관해서 그 용량이 수면 시간에 미치는 영향을 알아보는 실험을 실시하였다.

용량 x(M/kg)	3	3	3	10	10	10	15	15	15
수면시간 y(시간)	4	6	5	9	8	7	13	11	9

(1) 산점도를 그려라.

(2) 수면 시간의 용량에 관한 회귀직선식을 구하여라.

(3) 회귀계수 β에 관한 95% 신뢰구간을 구하여라.

(4) 두 변수 사이에 선형관계가 없다는 귀무가설 $H_0 : \beta = 0$을 검정하여라($\alpha = 0.05$).

(5) 용량이 12 M/kg일 때 수면 시간을 예측하여라.

07 어떤 약물의 인체로부터의 배출에 관한 실험에서 다음 자료를 얻었다.

경과시간 x(시)	0.5	0.5	1	1	2	2	3	3	4	4
약의 혈중농도 y(g/ml)	0.42	0.45	0.35	0.33	0.25	0.22	0.20	0.20	0.15	0.17

$$\sum x = 21, \sum y = 2.47, \sum x^2 = 60.5, \sum y^2 = 0.8526, \sum xy = 4.535$$

(1) 산점도를 그려라.

(2) 약의 농도 y의 경과시간 x에 관한 회귀직선식을 구하여라.

(3) 회귀계수 β에 관한 99% 신뢰구간을 구하여라.

(4) 두 변수 사이에 선형관계가 없다는 귀무가설 $H_0 : \beta = 0$을 검정하여라($\alpha = 0.01$).

(5) 2시간 후의 약의 농도를 예측하여라.

08 다음은 체중(단위 : kg)과 혈중 포도당 수준(단위 : mg/100 ml)에 관한 자료이다. 체중에 대한 포도당 수준의 회귀직선식을 구하여라.

체 중	포도당 수준
64.0	108
75.3	109
73.0	104
82.1	102
76.2	105
95.7	121
59.4	79
93.4	107
82.1	101
78.9	85
76.7	99
82.1	100
83.9	108
73.0	104
64.4	102
77.6	87

09 토끼 10마리를 대상으로 항암제(**抗癌劑**) 실험을 한 결과 용량 x(단위 : mg/kg)와 생존일수 y(단위 : day)에 관해서 다음과 같은 자료를 얻었다.

No	x	y
1	47	58
2	27	30
3	62	65
4	51	42
5	110	96
6	36	47
7	71	65
8	56	53
9	47	55
10	41	26

$$n = 10, \sum x_i = 548, \sum y_i = 537, S_{xx} = 4802.49, S_{xy} = 3766.41, S_{yy} = 3564.09$$

(1) y의 x에 관한 회귀직선식을 구하여라.

(2) 선형회귀에 관한 분산분석표를 만들어라. 결정계수를 구하여라. 회귀식은 유의한가?

10 다음은 연령별(40~85세)로 선정된 30명의 부인들의 수축기혈압(단위 : mmHg)에 관한 자료이다.

번 호	연령(x)	혈압(y)	번 호	연령(x)	혈압(y)
1	42	130	16	53	135
2	46	115	17	77	153
3	42	148	18	60	146
4	71	100	19	82	156
5	80	156	20	55	150
6	74	162	21	71	158
7	70	151	22	76	158
8	80	156	23	44	130
9	85	162	24	55	144
10	72	158	25	80	162
11	64	155	26	63	150
12	81	160	27	82	160
13	41	125	28	53	140
14	61	150	29	65	140
15	75	165	30	48	130

(1) 산점도를 그려라.

(2) 혈압 y의 연령 x에 관한 회귀직선식을 구하고, 산점도를 그려 넣어라.

(3) 선형회귀에 관한 분산분석표를 구하여라. 결정계수와 상관계수를 구하여라. 회귀식은 유의한가?

(4) 회귀계수의 95% 신뢰구간을 구하여라.

(5) 연령 $x = 56$세인 부모집단에서 수축기혈압 평균치의 95% 신뢰구간을 구하여라.

11 물의 경도(hardness ; 단위 : ppm)가 중추신경 이상아의 출생률에 영향을 미치는지 알아보기 위해 20개 지역을 조사하였다. 이를 회귀분석하여라.

중추신경 이상아 출생률	물의 경도	중추신경 이상아 출생률	물의 경도
7.2	50	6.3	160
8.1	25	12.5	50
11.2	15	15.0	45
9.3	75	6.5	60
9.4	100	8.0	100

중추신경 이상아 출생률	물의 경도	중추신경 이상아 출생률	물의 경도
5.0	150	10.0	155
5.8	180	5.3	200
3.3	250	4.9	240
3.8	275	7.2	40
4.8	220	11.9	65

12 다음은 한 가족에서 형과 누이동생의 신장(단위 : cm)을 조사한 표이다. 상관계수를 구하고 결과를 설명하여라. 이 관련성은 유의한가를 검정하여라.

가족번호	1	2	3	4	5	6	7	8	9	10	11
형 x	180	173	168	170	178	180	178	185	183	165	168
누이동생 y	173	163	165	160	165	158	165	163	168	150	158

13 표본의 크기가 $n = 43$이고, 표본 상관계수가 $r = 0.412$일 때 $H_0 : \rho = 0, H_1 : \rho \neq 0$을 유의수준 $\alpha = 0.01$로 검정하여라.

14 세균배양의 시험관에 어떤 영양물질 10 mg를 넣고, 1 mg씩 늘려서 30 mg에 이르는 계열을 만들어 이를 x라 일컫는다. 각 계열을 만든 후 24시간이 지난 후 배양액 안의 어떤 생성물을 정량하여 y라 일컫는다. x와 y의 상관계수를 구하여라. 상관계수는 유의한가?

(10, 11),	(11, 12),	(12, 18),	(13, 11),	(14, 13),	(15, 16),	(16, 16),
(17, 20),	(18, 22),	(19, 20),	(20, 22),	(21, 22),	(22, 20),	(23, 26),
(24, 20),	(25, 24),	(26, 30),	(27, 28),	(28, 29),	(29, 30),	(30, 30)

15 25명의 대상자에게 소리 자극에 대한 반응시간(단위 : 100 시행의 평균)과 빛에 대한 안검반사의 잠시(단위 : 1/1000초)를 측정하였다. 상관계수를 구하고, 유의성을 검정하여라.

대상자	반응시간	잠 시	대상자	반응시간	잠 시
1	125	26	14	166	46
2	137	31	15	169	37
3	139	33	16	170	43

대상자	반응시간	잠 시	대상자	반응시간	잠 시
4	142	25	17	171	32
5	147	36	18	173	37
6	150	28	19	180	40
7	152	41	20	182	39
8	154	40	21	188	49
9	158	42	22	193	44
10	161	48	23	195	52
11	163	35	24	201	51
12	164	41	25	212	54
13	165	39			

16 남미와 아프리카에서 각각 18개국을 랜덤으로 뽑아 전체 인구에 대한 15세 미만인 인구의 비율(x)과 개인당 소득(y)의 관련성을 조사하였다. 15세 미만인 인구의 비율과 개인당 소득 사이의 상관계수가 두 지역에서 서로 다르다고 할 수 있는가?

남 미		아프리카	
x	y	x	y
32.2	788	34.0	317
47.0	202	36.0	270
34.0	825	38.2	208
36.0	675	43.0	150
38.7	590	44.0	105
40.9	408	44.0	128
45.0	324	46.0	85
45.4	235	48.0	75
42.2	338	40.0	210
44.0	292	41.0	188
44.0	321	42.0	166
43.0	300	45.0	132
43.0	323	36.0	290
40.0	484	42.6	160
37.0	625	33.0	300
39.0	525	33.0	320
44.6	340	47.0	85
33.0	765	47.0	75

17 사람의 경우는 비타민 B의 섭취량이 인체의 발육과 별로 관계가 없지만, 조류나 설치류의 성장에는 많은 관련이 있다고 한다. 이제 병아리를 대상으로 비타민 B의 섭취량과 4주 동안의 성장률을 암컷과 수컷에서 비교하여 다음과 같은 자료를 얻었다. 비타민 B의 섭취량과 성장률의 관련 정도가 암수간에 동일하다고 할 수 있는가?

암		수	
성장률	섭취량	성장률	섭취량
18.5	0.301	17.1	0.301
22.1	0.301	14.3	0.301
15.3	0.301	21.6	0.301
23.6	0.602	24.5	0.602
26.9	0.602	20.6	0.602
20.2	0.602	23.8	0.602
24.3	0.903	27.7	0.903
27.1	0.903	31.0	0.903
30.1	0.903	29.4	0.903
28.1	0.903	30.1	1.204
30.3	1.204	28.6	1.204
33.0	1.204	34.2	1.204
35.8	1.204	37.3	1.204
32.6	1.505	33.3	1.505
36.1	1.505	31.8	1.505
30.5	1.505	40.2	1.505

18 선천성 심장병을 가진 어린이 16명의 폐혈류속도(단위 : L/min/sqM)와 폐혈류량(단위 : ml/sqM)을 측정하였다. 폐혈류속도와 폐혈류량 사이에 상관관계가 있다고 할 수 있는가?

폐혈류량	폐혈류속도
168	4.31
280	3.40
391	6.20
420	17.30
303	12.30
429	13.99
605	8.73

폐혈류량	폐혈류속도
522	8.90
224	5.87
291	5.00
233	3.51
370	4.24
531	19.41
516	16.61
211	7.21
439	11.60

19 폭력죄로 수감 중인 소녀죄수들의 첫 범행 나이와 혈장 중의 남성 호르몬의 일종인 testosterone 수준(단위 ; ng/dL)을 조사한 결과는 다음과 같다. 호르몬 수치와 나이 사이에 상관관계가 있다고 볼 수 있는가?

Testosterone	나 이
1305	11
1000	12
1175	13
1495	14
1060	15
800	16
1005	16
710	17
1150	18
605	20
690	21
700	23
625	24
610	27
450	30

20 수술로 인해 생긴 혈액손실량(단위 : ml)과 수술 중 평균수축기 혈압(단위 : mmHg)에 대한 자료가 다음과 같다. 혈액손실량과 혈압 사이에 상관관계가 있다고 볼 수 있는가?

평균수축기 혈압	혈액손실량	평균수축기 혈압	혈액손실량
95	274	80	190
90	170	110	288
125	352	90	205
105	317	105	150
110	171	90	175
105	150	110	64
90	245	110	176
90	120	140	318

11장 다중선형회귀

11.1 서론

이제까지는 설명변수가 하나 뿐인 경우의 선형회귀, 즉 **단순선형회귀(simple linear regression)**에 관해 설명하였다. 그러나 대부분의 자연, 사회, 의학 등 여러 분야 연구에서는 종속변수의 변화가 2개 이상의 설명변수(또는 독립변수)에 의해서 설명되어야 하는 경우가 많다. 이외에도 회귀관계를 대충 짐작하기 위해 자료로부터 산점도를 그려보면, 종속변수와 설명변수의 관계가 간혹 직선보다는 곡선이 더욱 적절하다고 판단되는 경우가 있겠다. 이때 이차곡선 또는 그 이상의 회귀모형을 시도하게 되며, 이차곡선 회귀식은 설명변수가 비록 한 개일지라도 $x_1 = x$와 $x_2 = x^2$이 모두 회귀식에 포함되어야 하므로 이미 단순선형회귀의 범위를 벗어나 **다중선형회귀(multiple linear regression)**의 특별한 경우라 하겠다. 단순회귀와 다중회귀에서의 회귀계수가 의미하는 바가 서로 다르다. 그러므로 다중회귀식을 이용하고자 할 때 반드시 그 차이를 알아야 한다. 다중선형회귀의 구체적인 실례는 다음과 같다.

예제 11.1

임신으로부터 출생까지의 기간을 임신기간(gestational age)이라 한다. 이 임신기간에 따라 달라지는 출생아의 몸무게를 예측하고자 할 때 회귀관계는 단순선형식이 부적절함이 알려져 있으며, **이차곡선(quadratic curvilinear) 회귀모형**이 더욱 타당하다. Altman과 Coles(1980)이 여신생아의 자료로부터 구한 최적의 이차다항회귀모형(2nd order polynomial regression model)은

$$출생체중(kg) = -22.693 + 1.2122 \times 임신기간 - 0.014102 \times (임신기간)^2$$

이며, 여기서 임신기간은 주(week) 단위로 표현되었다.

예제 11.2

새끼쥐의 영양상태는 어미쥐가 젖을 먹이는 새끼수에 따라 달라지는데, 특히 뇌에 미치는 영양상태를 파악하고자 20마리의 어미쥐를 대상으로 연구가 진행되었다. 이 연구에서 뇌의 영양상태는 뇌무게로서 측정한다. 20마리의 어미쥐로부터 출산된 새끼쥐의 수는 3마리부터 12마리까지의 다양한 범위에 걸쳐져 있다. 젖 떨어지기 전, 출생 후 32일째에 어미쥐에서 태어난 새끼쥐들의 평균 몸무게와 평균 뇌무게를 측정하여 표 11.1에 제시하였다(자료출처 : Wainwright 등, 1988 ; 참고문헌 : Matthews와 Farewell, 1988).

표 11.1 **20마리 어미쥐로부터 태어난 새끼쥐의 마리수, 평균 몸무게(단위 : g) 및 평균 뇌무게(단위 : g)**

번호	평균 몸무게 (x_1)	새끼수 (x_2)	평균 뇌무게 (y)	번호	평균 몸무게 (x_1)	새끼수 (x_2)	평균 뇌무게 (y)
1	9.447	3	0.444	11	7.040	8	0.414
2	9.780	3	0.436	12	7.253	8	0.409
3	9.155	4	0.417	13	6.600	9	0.387
4	9.613	4	0.429	14	7.260	9	0.433
5	8.850	5	0.425	15	6.305	10	0.410
6	9.610	5	0.434	16	6.655	10	0.405
7	8.298	6	0.404	17	7.183	11	0.435
8	8.543	6	0.439	18	6.133	11	0.407
9	7.400	7	0.409	19	5.450	12	0.368
10	8.335	7	0.429	20	6.050	12	0.401

예제 11.3

낭포성 섬유종(cystic fibrosis)을 가진 25명 환자의 영양실조 상태는 최대호기압(단위 : cm H_2O)으로 알 수 있다. 최대호기압을 예측하는 회귀식을 구하고자 하며, 설명변수로서는 체중, 같은 연령군에서의 정상체중에 대한 비만의 비율을 표현한 BMP척도 및 폐기능을 나타내는 1초 폐활량(FEV_1)이 있다. 25명 환자에게서 측정한 자료는 표 11.2와 같다.

표 11.2 **25명 낭포성 섬유종 환자의 자료**

개체번호	체중(x_1)	BMP(x_2)	1초 폐활량(x_3)	최대호기압(y)
1	13.1	68	32	95
2	12.9	65	19	85
3	14.1	64	22	100
4	16.2	67	41	85
5	21.5	93	52	95
6	17.5	68	44	80
7	30.7	89	28	65
8	28.4	69	18	110
9	25.1	67	24	70
10	31.5	68	23	95
11	39.9	89	39	110
12	42.1	90	26	90
13	45.6	93	45	100
14	51.2	93	45	80
15	35.9	66	31	134
16	34.8	70	29	134
17	44.7	70	49	165
18	60.1	92	29	120
19	42.6	69	38	130
20	37.2	72	21	85
21	54.6	86	37	85
22	64.0	86	34	160
23	73.8	97	57	165
24	51.1	71	33	95
25	71.5	95	52	195

11.2 다중선형 회귀모형

다중선형 회귀모형에서 요구되는 기본적인 가정은 다음과 같다.

▌다중선형 회귀모형

k개 독립변수의 정해진 값 $x_{1i}, x_{2i}, \cdots, x_{ki}(i = 1, \cdots, n)$에서 측정되는 종속변수 $Y_i(i=1, \cdots, n)$에 대하여 다음의 관계식이 성립한다고 가정한다.

$$Y_i = \alpha + \beta_1 x_{1i} + \beta_2 x_{2i} + \cdots + \beta_k x_{ki} + \epsilon_i, \quad i=1, \cdots, n$$

여기서 $\epsilon_1, \cdots, \epsilon_n$은 서로 독립이며, $\epsilon_i \sim N(0, \sigma^2)$이고 $\alpha, \beta_1, \beta_2, \cdots, \beta_k, \sigma^2$은 미지의 모수이다. $\alpha, \beta_1, \beta_2, \cdots, \beta_k$를 **회귀계수(regression cofficient)**라고 한다.

이제 가장 간단한 경우로서 두 개의 설명변수가 있는 다중선형 회귀모형에 대해 모수를 추정해 보자. 회귀모형

$$Y_i = \alpha + \beta_1 x_{1i} + \beta_2 x_{2i} + \epsilon_i, \quad i = 1, \cdots, n$$

$$\epsilon_1, \cdots, \epsilon_n \text{은 서로 독립이며, } \epsilon_i \sim N(0, \sigma^2)$$

에서 관측값 $(x_{1i}, x_{2i}, y_i)(i = 1, \cdots, n)$를 사용하여 미지의 모수인 α, β_1, β_2를 최소제곱법에 의해 추정한다. 오차제곱합은

$$\text{SS} = \sum_{i=1}^{n} \epsilon_i^2 = \sum_{i=1}^{n} (y_i - \alpha - \beta_1 x_{1i} - \beta_2 x_{2i})^2$$

이며, SS를 α, β_1, β_2에 대해 각각 편미분하여 0으로 놓고 식을 정리하면 다음의 연립방정식을 얻는다.

$$\frac{\partial SS}{\partial \alpha} = -2\sum_{i=1}^{n} (y_i - \alpha - \beta_1 x_{1i} - \beta_2 x_{2i}) = 0$$

$$\frac{\partial SS}{\partial \beta_1} = -2\sum_{i=1}^{n} x_{1i} (y_i - \alpha - \beta_1 x_{1i} - \beta_2 x_{2i}) = 0$$

$$\frac{\partial SS}{\partial \beta_2} = -2\sum_{i=1}^{n} x_{2i} (y_i - \alpha - \beta_1 x_{1i} - \beta_2 x_{2i}) = 0$$

이 연립방정식을 만족시키는 α, β_1, β_2의 추정값을 a, b_1, b_2로 놓고 식을 정리하면 다음의 정규방정식을 얻는다.

$$
\begin{aligned}
& na + b_1 \sum x_{1i} + b_2 \sum x_{2i} = \sum y_i && (11-1) \\
& a \sum x_{1i} + b_1 \sum x_{1i}^2 + b_2 \sum x_{1i} x_{2i} = \sum x_{1i} y_i \\
& a \sum x_{2i} + b_1 \sum x_{1i} x_{2i} + b_2 \sum x_{2i}^2 = \sum x_{2i} y_i
\end{aligned}
$$

이 정규방정식은 다음의 표현을 이용하여 간략하게 정리된다.

$$S_{11} = \sum (x_{1i} - \bar{x}_1)^2, \quad S_{22} = \sum (x_{2i} - \bar{x}_2)^2, \quad S_{12} = \sum (x_{1i} - \bar{x}_1)(x_{2i} - \bar{x}_2)$$

$$S_{1y} = \sum (x_{1i} - \bar{x}_1)(y_i - \bar{y}), \quad S_{2y} = \sum (x_{2i} - \bar{x}_2)(y_i - \bar{y})$$

여기서 $\bar{x}_1$, $\bar{x}_2$와 $\bar{y}$는 평균으로서 각각 $\bar{x}_1 = \sum x_{1i} / n$, $\bar{x}_2 = \sum x_{2i} / n$, $\bar{y} = \sum y_i / n$이다.

최소제곱 다중회귀직선

다중회귀모형 $Y_i = \alpha + \beta_1 x_{1i} + \beta_2 x_{2i} + \epsilon_i (i = 1, \cdots, n)$에서 $Y_1, \cdots, Y_n$의 관측값을 $y_1, \cdots, y_n$이라 하면 최소제곱 추정값 a, b_1, b_2는 다음의 정규방정식을 만족한다.

$$b_1 S_{11} + b_2 S_{12} = S_{1y}$$

$$b_1 S_{12} + b_2 S_{22} = S_{2y}$$

$$a = \overline{y} - b_1 \overline{x}_1 - b_2 \overline{x}_2$$

따라서 추정된 최소제곱 회귀직선은

$$\hat{y} = a + b_1 x_1 + b_2 x_2$$

이다.

예제 11.2의 계속

새끼쥐 자료로부터 뇌무게를 예측하는 다중선형회귀식을 구해보자.

우선 변수 y, x_1, x_2의 평균치 $\overline{y} = 0.41675$, $\overline{x}_1 = 7.748$, $\overline{x}_2 = 7.5$로부터 $y - \overline{y}$, $x_1 - \overline{x}_1$, $x_2 - \overline{x}_2$, $(x_1 - \overline{x}_1)(y - \overline{y})$, $(x_2 - \overline{x}_2)(y - \overline{y})$, $(x_1 - \overline{x}_1)^2$, $(x_2 - \overline{x}_2)^2$, $(x_1 - \overline{x}_1)(x_2 - \overline{x}_2)$을 구한다.

$$s_{11} = \sum (x_{1i} - \overline{x})^2 = 35.2258$$

$$s_{12} = \sum (x_{1i} - \overline{x_1})(x_{2i} - \overline{x}_2) = -72.7960$$

$$s_{1y} = \sum (x_{1i} - \overline{x})(y_i - \overline{y}) = 0.3692$$

$$s_{22} = \sum (x_{2i} - \overline{x}_2)^2 = 165.00$$

$$s_{2y} = \sum (x_{2i} - \overline{x}_2)(y_i - \overline{y}) = -0.6655$$

이므로 연립방정식은 다음과 같다.

$$\begin{cases} 35.2258\, b_1 - 72.7960\, b_2 = 0.3692 \\ -72.7960\, b_1 + 165.00\, b_2 = -0.6655 \end{cases}$$

이것을 풀면 $b_1 = 0.0243$, $b_2 = 0.0067$을 얻는다. 이로부터

$$\begin{aligned} a &= \overline{y} - b_1 \overline{x}_1 - b_2 \overline{x}_2 \\ &= 0.41675 - 0.0243(7.748) - 0.0067(7.5) = 0.1782 \end{aligned}$$

번호	자료			편차		
	y	x_1	x_2	$y-\bar{y}$	$x_1-\bar{x}_1$	$x_2-\bar{x}_2$
1	0.444	9.447	3	0.02725	1.699	-4.5
2	0.436	9.780	3	0.01925	2.032	-4.5
3	0.417	9.155	4	0.00025	1.407	-3.5
4	0.429	9.613	4	0.01225	1.865	-3.5
5	0.425	8.850	5	0.00825	1.102	-2.5
6	0.434	9.610	5	0.01725	1.862	-2.5
7	0.404	8.298	6	-0.01275	0.550	-1.5
8	0.439	8.543	6	0.02225	0.795	-1.5
9	0.409	7.400	7	-0.00775	-0.348	-0.5
10	0.429	8.335	7	0.01225	0.587	-0.5
11	0.414	7.040	8	-0.00275	-0.708	0.5
12	0.409	7.253	8	-0.00775	-0.495	0.5
13	0.387	6.600	9	-0.02975	-1.148	1.5
14	0.433	7.260	9	0.01625	-0.488	1.5
15	0.410	6.305	10	-0.00675	-1.443	2.5
16	0.405	6.655	10	-0.01175	-1.093	2.5
17	0.435	7.183	11	0.01825	-0.565	3.5
18	0.407	6.133	11	-0.00975	-1.615	3.5
19	0.368	5.450	12	-0.04875	-2.298	4.5
20	0.401	6.050	12	-0.01575	-1.698	4.5
합	8.335	154.96	150	0	0	0
평균	$\bar{y}=0.41675$	$\bar{x}_1=7.748$	$\bar{x}_2=7.5$			

번호	곱				
	$(x_1-\bar{x}_1)(y-\bar{y})$	$(x_2-\bar{x}_2)(y-\bar{y})$	$(x_1-\bar{x}_1)^2$	$(x_2-\bar{x}_2)^2$	$(x_1-\bar{x}_1)(x_2-\bar{x}_2)$
1	0.04630	-0.12262	2.88660	20.25	-7.6455
2	0.03912	-0.08662	4.12902	20.25	-9.1440
3	0.00035	-0.00087	1.97965	12.25	-4.9245
4	0.02285	-0.04287	3.47822	12.25	-6.5275
5	0.00909	-0.02062	1.21440	6.25	-2.7550
6	0.03212	-0.04312	3.46704	6.25	-4.6550
7	-0.00701	0.01912	0.30250	2.25	-0.8250
8	0.01769	-0.03337	0.63202	2.25	-1.1925
9	0.00270	0.00388	0.12110	0.25	0.1740
10	0.00719	-0.00612	0.34457	0.25	-0.2935
11	0.00195	-0.00138	0.50126	0.25	-0.3540
12	0.00384	-0.00388	0.24503	0.25	-0.2475
13	0.03415	-0.04462	1.31790	2.25	-1.7220
14	-0.00793	0.02437	0.23814	2.25	-0.7320
15	0.00974	-0.01688	2.08225	6.25	-3.6075
16	0.01284	-0.02937	1.19465	6.25	-2.7325
17	-0.01031	0.06387	0.31923	12.25	-1.9775
18	0.01575	-0.03413	2.60823	12.25	-5.6525
19	0.11203	-0.21938	5.28080	20.25	10.3410
20	0.02674	-0.07087	2.88320	20.25	-7.6410
합	s_{1y}=0.3692	s_{2y}=-0.6655	s_{11}=35.2258	s_{22}=165.00	s_{12}=-72.7960

이 된다. 따라서 표본 다중회귀식은

$$\hat{y} = 0.1782 + 0.0243\, x_1 + 0.0067\, x_2$$

와 같다.

11.3 회귀계수에 관한 검정

종속변수의 변화를 설명하는 다중회귀의 분산분석표도 단순회귀에서와 비슷하게 유도된다. 총편차 $y_i - \bar{y}$는

$$y_i - \bar{y} = (y_i - \hat{y}_i) + (\hat{y}_i - \bar{y})$$

로 표현되며, 단순회귀에서와 마찬가지로 총제곱합(SST)은 오차제곱합(SSE)과 회귀제곱합(SSR)으로 분해된다. 이를 요약하면 다음과 같다.

다중회귀에서의 총제곱합의 분해

	$\sum(y_i - \bar{y})^2$	=	$\sum(y_i - \hat{y}_i)^2$	+	$\sum(\hat{y}_i - \bar{y})^2$
	총제곱합 (SST)		오차제곱합 (SSE)		회귀제곱합 (SSR)
자유도	$n-1$		$n-k-1$		k

따라서 오차제곱평균과 회귀제곱평균은 다음과 같다.

$$\text{MSE} = \text{SSE}\ /\ (n-k-1), \qquad \text{MSR} = \text{SSR}\ /\ k$$

다중회귀모형에서 k개의 독립변수로 이루어진 회귀직선의 유의성에 대한 가설은 다음과 같다.

$$H_0 : \beta_1 = \cdots = \beta_k = 0, \qquad H_1 : \beta_i \text{가 모두 0은 아니다.}$$

귀무가설이 사실이라면

$$\frac{\text{MSR}}{\text{MSE}} \sim F(k,\ n-k-1)$$

임이 알려져 있다. 따라서 다중회귀직선의 유의성검정은 다음과 같이 요약된다.

다중회귀 직선의 유의성검정

다중회귀모형 $Y_i = \alpha + \beta_1 x_{1i} + \cdots + \beta_k x_{ki} + \epsilon_i (i=1,\ \cdots,\ n)$에서 가설

$$H_0 : \beta_1 = \cdots = \beta_k = 0, \quad H_1 : \beta_i \text{가 모두 0은 아니다.}$$

에 대한 검정통계량은

$$F = \frac{\text{MSR}}{\text{MSE}}$$

이며, 유의수준 α인 기각역은 다음과 같다.

$$F \geq F_{1-\alpha}(k,\ n-k-1)$$

또한 분산분석표는 표 11.3과 같다.

표 11.3 **다중회귀의 분산분석표**

요 인	제곱합	자유도	제곱평균	F	$F(\alpha)$
회 귀	SSR	k	MSR	MSR/MSE	$F_{1-\alpha}(k,\ n-k-1)$
오 차	SSE	$n-k-1$	MSE		
총	SST	$n-1$			

다중회귀모형에서 여러 독립변수의 직선식에 의해 종속변수의 총변동이 설명되는 정도는 단순회귀모형에서와 마찬가지로 결정계수 R^2로 나타낸다.

$$R^2 = \frac{\text{SSR}}{\text{SST}}$$

결정계수의 범위는 $0 \leq R^2 \leq 1$로서, R^2의 값이 크면 클수록 다중회귀식이 쓸모있는 회귀식이며, R^2의 값이 매우 낮을 때는 종속변수를 설명할 수 있는 독립변수를 제대로 찾지 못한 경우라 하겠다.

예제 11.2의 계속

새끼쥐 자료로부터 구한 다중회귀식에서 회귀직선식의 유의성에 대한 가설은

$$H_0 : \beta_1 = \beta_2 = 0, \qquad H_1 : \beta_i \text{가 모두 0은 아니다.}$$

이다.

유의성을 검정하기 위한 분산분석표를 작성하기 위하여 먼저 다음을 계산한다.

	y_i	y_i^2	$\hat{y_i}$	$e_i = y_i - \hat{y_i}$	e_i^2
1	0.444	0.19714	0.42794	0.016060	.00025792
2	0.436	0.19010	0.43603	−0.000034	.00000000
3	0.417	0.17389	0.42753	−0.010533	.00011094
4	0.429	0.18404	0.43867	−0.009665	.00009342
5	0.425	0.18062	0.42681	−0.001810	.00000328
6	0.434	0.18836	0.44528	−0.011283	.00012730
7	0.404	0.16322	0.42008	−0.016083	.00025866
8	0.439	0.19272	0.42604	0.012962	.00016801
9	0.409	0.16728	0.40495	0.004054	.00001643
10	0.429	0.18404	0.42767	0.001327	.00000176
11	0.414	0.17140	0.40289	0.011114	.00012351
12	0.409	0.16728	0.40806	0.000936	.00000088
13	0.387	0.14977	0.39888	−0.011882	.00014118
14	0.433	0.18749	0.41492	0.018076	.00032674
15	0.410	0.16810	0.39840	0.011598	.00013452
16	0.405	0.16403	0.40691	−0.001909	.00000364
17	0.435	0.18923	0.42643	0.008567	.00007339
18	0.407	0.16565	0.40091	0.006089	.00003707
19	0.368	0.13542	0.39100	−0.023001	.00052902
20	0.401	0.16080	0.40558	−0.004584	.00002102
합	8.335	3.48056			.00243

$$\begin{aligned} SST &= \sum (y_i - \bar{y})^2 = \sum y_i^2 - \frac{(\sum y_i)^2}{n} \\ &= 3.48056 - \frac{8.335^2}{20} = 0.00695 \end{aligned}$$

$$SSE = \sum (y_i - \hat{y_i})^2 = 0.00243$$

$$SSR = SST - SSE = 0.00695 - 0.00243 = 0.00452$$

이므로 분산분석표는 다음과 같다.

요인	제곱합	자유도	제곱평균	F	$F(0.05)$
회귀	0.00452	2	0.002260	15.80	3.592
오차	0.00243	17	0.000143		
총	0.00695	19			

위의 분산분석표에서 $F=15.80>F_{0.95}(2,17)=3.592$이므로 유의수준 $\alpha=0.05$에서 다중회귀식은 유의하다. 또한 결정계수 R^2의 값은 $R^2=\frac{\text{SSR}}{\text{SST}}=\frac{0.00452}{0.00695}=0.6504$이므로 종속변수 평균 뇌무게의 총제곱합의 65%가 두개의 설명변수 x_1, x_2, 즉 평균몸무게와 새끼수의 선형회귀식으로 설명되고 있다.

11.4 다중선형 회귀식의 이해

다중선형 회귀식의 회귀계수에 관한 검정과 R^2의 제시로 회귀분석이 끝난 것은 아니며, 이와 같은 검토로 다중회귀식의 유용성이 인정된 후에는 이 회귀식을 해석하고 이해함으로써 연구에 구체적인 도움을 준다. 이제 두 예제자료로서 다중회귀식의 회귀계수를 단순회귀식의 것과 비교하면서 이해해 보자. 우선 예제 11.2의 다중회귀식을 살펴보기 전에 표 11.4에 제시된 단순회귀식을 살펴본다. 새끼쥐의 몸무게는 뇌무게와 유의한 회귀관계를 보이며, 추정된 단순회귀계수 0.0105가 의미하는 바는 몸무게가 무거울수록 뇌무게가 많이 나가며, 몸무게 1 g의 증가에 뇌무게는 평균 0.0105 g씩 증가함을 뜻한다. 또한 새끼수도 뇌무게와 유의한 회귀관계를 보이며, 추정된 단순회귀계수 -0.0040가 의미하는 바는 새끼수가 많을수록 뇌무게는 적게 나가며 새끼수 1마리 증가에 뇌무게는 평균 0.0040 g씩 감소함을 뜻하며, 예제 11.2의 자료를 살펴보면 새끼수가 많은 어미쥐의 새끼들은 비교적 가벼

표 11.4 **예제 11.2 자료에서 뇌무게를 예측하는 단순회귀식**

(a) 몸무게가 독립변수일 때

독립변수	회귀계수	표준오차	t값	p값
몸무게	0.0105	0.0022	4.76	0.0002

(b) 새끼수가 독립변수일 때

독립변수	회귀계수	표준오차	t값	p값
새끼수	−0.0040	0.0012	−3.37	0.0034

우므로 이러한 사실을 반영한 결과로서 음의 수치가 당연하게 이해된다.

이제 표 11.5에 제시된 다중회귀식의 결과를 살펴보기로 한다. 앞절의 마지막 부분에 제시된 분산분석표로부터 두 설명변수로 인한 다중회귀식이 유의하였음을 알았다. 역시 이 다중회귀식에서 각 독립변수의 유의성을 독자적으로 알아볼 수 있는데, 이는 각 독립변수를 표현하는 대비에 대한 검정으로 가능하지만, 구체적인 검정과정은 이 책에서는 설명하지 않는다. 이 결과가 표 11.5에 제시된 t값이며 이로부터 두 설명변수 모두가 각각 유의하다. 다시 말하면 뇌무게를 설명함에 있어서 하나의 설명변수 외에도 다른 설명변수가 추가적인 정보를 제시하고 있으며, 따라서 두 변수 모두가 뇌무게를 설명하는 다중회귀식에 포함되어야 함을 의미한다. 유의성의 결과에서 볼 때, 다중회귀식에서 새끼수는 몸무게에 비해 비교적 역할이 적다. 몸무게와 새끼수의 두 변수에 의해 뇌무게에 미치는 공동 영향이 다중회귀식으로 표현되며, 따라서 자료로부터 추정된 다중회귀식은 다음과 같다.

$$\text{뇌무게} = 0.1782 + 0.0243 * \text{몸무게} + 0.0067 * \text{새끼수} \quad (11-2)$$

이와 같은 결과는 단순회귀식의 결과와 매우 다르게 느껴지는데, 특히 두 변수 중 새끼수의 회귀계수가 단순회귀식에서는 음의 수치였으나, 다중회귀식에서는 양의 수치를 나타내고 있다. 그러나 해석에 있어서 염두에 두어야 하는 점은 다중회귀식에서의 회귀계수가 의미하는 바는 단순회귀식에서의 경우와 다르다는 것이다. 다시 말하면 위의 다중회귀식 (11-2)에서 몸무게의 회귀계수가 의미하는 바는 새끼수가 고정(fixed)되었을 때 뇌무게와 몸무게의 관계를 나타내고 있다. 더욱 자세히는 새끼수가 뇌무게와 몸무게 모두에 관련된 상태에서 새끼수의 영향이 뇌무게와 몸무게 각각에서 조정 또는 제거된 후, 순수한 몸무게 1 g의 증가에 대해 뇌무게는 평균 0.0243 g씩 증가함을 표현하고 있다. 마찬가지로 몸무게의 영향이 뇌무게와 새끼수 각각에서 조정 또는 제거된 후, 순수한 새끼수의 1마리 증가에 대해 뇌무게는 평균 0.0067 g씩 증가함을 표현하고 있다. 즉, 다중회귀식에서 0.0067이 뜻하는 바는 몸무게의 영향을 감안하여 같은 몸무게의 새끼들만을 서로 비교할 때, 뇌무게는 새끼수가 많은 경우가 새끼수가 적은 경우보다 무거움을 뜻한다. 이는 생물학적으로 몸무게가 비록 감소한다 하더라도 뇌무게에서는 작용하지 않아, 같은 몸무게의 새끼들의 비교에서 뇌무게는 감소하지 않았음(brain sparing)을 뜻하고 있다. 이와 같이 다중회귀식에서 뇌무게와 새끼수와의 관계는 단순회귀식에서의 뇌무게와 새끼수와의 단순한 관계와는 다르다고 하겠다.

표 11.5 **예제 11.2 자료에서 뇌무게를 예측하는 다중회귀식**

독립변수	회귀계수	표준오차	t값	p값
몸무게	0.0243	0.0068	3.59	0.0023
새끼수	0.0067	0.0031	2.14	0.0475

이제 예제 11.3을 가지고 여러 독립변수들이 단순회귀식과 다중회귀식에서 하는 역할에 대해서 설명해 보기로 한다. 또한 단순회귀식과 다중회귀식이 구해졌을 때 이들 중 하나의 선택에 대해서 설명해 보기로 한다. 예제 11.3의 다중회귀식의 결과는 표 11.6에 제시되었으며 최대 호기압은 세 개의 독립변수, 즉 체중, BMP 및 1초 폐활량으로 설명되고 있다. 이 다중회귀식은 검정통계량이 $F=9.279$로써 $F_{0.99}(3,\ 21)=4.87$보다 크므로 귀무가설 $H_0:\beta_1=\beta_2=\beta_3=0$이 1% 유의수준에서 기각되어 다중회귀식이 매우 유의하다. 또한 다중회귀식에서 각 독립변수의 단독 유의성을 표 11.6의 결과에서 살펴보면 세 변수 각각이 모두 유의하다. 이 다중회귀식은 세개의 독립변수에 의해 최대 호기압의 총 변동의 57.0%를 설명하고 있다.

표 11.6 **예제 11.3 자료에서 최대 호기압을 예측하는 다중회귀식의 결과**

분산분석표

요인	제곱합	자유도	제곱평균	F	p값
회귀	15294.45	3	5098.15	9.28	0.0004
오차	11538.19	21	549.44		
총	26832.64	24			

$$R^2=\frac{\text{SSR}}{\text{SST}}=\frac{15294.45}{26832.64}=0.5700$$

독립변수	회귀계수	표준오차	t값	p값
체 중	1.5365	0.3644	4.22	0.0004
BMP	−1.4654	0.5793	−2.53	0.0195
1초 폐활량	1.1086	0.5144	2.16	0.0429

이제 다중회귀식의 결과를 접어 두고서, 단순회귀식의 결과를 살펴보겠다. 각 독립변수로 최대 호기압을 설명하는 단순회귀식의 결과가 표 11.7에 제시되었다. BMP의 경우, 이 독립변수 단독으로는 최대 호기압을 설명할 수 없으나, 다른 두 독립변수는 단독으로 최대 호기압을 설명할 수 있다. 즉, 체중에 의한 단순회귀식이 $t=3.94$로, 또한 1초 폐활량에 의

한 단순회귀식이 $t=2.44$로 각각 유의하다.(BMP는 세 독립변수 모두를 사용하여 설명하는 위의 다중회귀식에서는 유의하였다.) 결정계수를 살펴보면 단순회귀식에서 최대 호기압의 총변동의 40.4%가 체중으로 설명되고, 최대 호기압의 총변동의 20.6%가 1초 폐활량의 단순회귀식으로 설명된다. 그러나 위에서 언급한 바와 같이 다중회귀식의 결정계수는 57.0%이며, 이는 단순회귀식의 어떠한 결정계수보다도 큰 증가라고 판단된다. 따라서 단순회귀식이 특히 요구되지 않는 경우라면, 세 설명변수 모두를 사용하여 구한 다중회귀식이 더욱 바람직하다고 생각된다. 그러나 연구의 목적에 따라서 여러 가지 다른 선택을 할 수도 있음을 말해 둔다.

표 11.7 **예제 11.3 자료에서 최대 호기압을 예측하는 단순회귀식의 결과**

(a) 체중이 독립변수일 때

독립변수	회귀계수	표준오차	t값	p값
체 중	1.1867	0.3009	3.94	0.0006

$$R^2=\frac{\text{SSR}}{\text{SST}}=\frac{10827.16}{26832.64}=0.4035$$

(b) BMP가 독립변수일 때

독립변수	회귀계수	표준오차	t값	p값
BMP	0.6392	0.5652	1.13	0.2698

$$R^2=\frac{\text{SSR}}{\text{SST}}=\frac{1413.46}{26832.64}=0.0527$$

(c) 1초 폐활량이 독립변수일 때

독립변수	회귀계수	표준오차	t값	p값
1초 폐활량	1.3539	0.5550	2.44	0.0228

$$R^2=\frac{\text{SSR}}{\text{SST}}=\frac{5515.44}{26832.64}=0.2055$$

연습문제

01 21명의 정상인들을 대상으로 비만지수, 기초 인슐린, 기초 혈당 수준을 측정하였다. 비만지수의 인슐린과 혈당 수준에 대한 회귀분석을 하여라.

비만지수	기초 인슐린(μU/ml)	기초 혈당(mg/100 ml)
90	12	98
112	10	103
127	14	101
137	11	102
103	10	90
140	38	108
105	9	100
92	6	101
92	8	92
96	6	91
114	9	95
108	9	95
160	41	117
91	7	101
115	9	86
167	40	106
108	9	84
156	43	117
167	17	99
165	40	104
168	22	85

02 다음은 1959년에서 1969년 사이의 영국에서 의학석사학위 취득자수와 결핵으로 인한 사망자수(백만 명당)를 조사한 것이다. 학위취득자수가 사망률에 미치는 영향을 회귀분석으로 검토하여라.

년도	학위취득자수	사망자수	년도	학위취득자수	사망자수
1959	277	83	1965	750	47
1960	318	74	1966	738	48
1961	382	71	1967	849	42
1962	441	65	1968	932	43
1963	486	62	1969	976	38
1964	597	52			

03 10명의 입원환자들을 대상으로 폐기능검사를 하여 다음과 같은 자료를 얻었다. 초당 강제호기량을 폐활량과 총폐용량에 관한 회귀직선식으로 표현한 후 다음 자료를 회귀분석하고 가설검정을 하여라(단위 : l).

폐활량	총폐용량	초당 강제호기량
2.2	2.5	1.6
1.5	3.2	1.0
1.6	5.0	1.4
3.4	4.4	2.6
2.0	4.4	1.2
1.9	3.3	1.5
2.2	3.2	1.6
3.3	3.3	2.3
2.4	3.7	2.1
0.9	3.6	0.7

04 20명의 여아의 뇨에서 크레아티닌 배설량(단위 : mg/day)을 측정하였다. 크레아티닌 배설량을 체중(단위 : kg)과 신장(단위 : cm)에 관한 회귀직선식으로 표현한 후 다음 자료를 회귀분석하여라.

크레아티닌 배설량(mg/day)	체중(kg)	신장(cm)
100	9	72
115	10	76
52	6	59
85	8	68
135	10	60

크레아티닌 배설량(mg/day)	체중(kg)	신장(cm)
58	5	58
90	8	70
60	7	65
45	4	54
125	11	83
86	7	64
80	7	66
65	6	61
95	8	66
25	5	57
125	11	81
40	5	59
95	9	71
70	6	62
120	10	75

05 어떤 인자가 출생 시 체중(birth weight ; 단위 lbs)과 관련이 있는가를 알아보기 위한 조사 연구에서 10명의 신생아에 관한 다음 자료를 얻었다.

신생아	출생 시 몸무게 y	사회계층 평점 x_1	출생순위 x_2
1	1361	8	4
2	1588	7	3
3	1815	4	4
4	2087	5	3
5	2268	5	2
6	2404	4	2
7	3402	3	2
8	3629	3	1
9	3765	2	1
10	4083	1	1

(1) 다중선형회귀식을 구하여라.

(2) 분산분석표를 만들어라.

(3) 결정계수를 구하여라.

(4) 귀무가설 $H_0: \beta_1 = \beta_2 = 0$을 검정하여라.

06 병원 수술실에서 마취과가 역할을 제대로 수행하는데 요구되는 작업시간(y, 단위 : 시간)을 예측하기 위해 12개의 병원을 선정하여 다음의 설명변수를 함께 측정하였다. −총 수술건수(x_1), 병원을 이용하게 되는 천 명당 적임인구수(x_2)와 수술방의 수(x_3). 이를 회귀분석하여라(자료출처 : Hand 등, 자료 #269, 1994).

y	x_1	x_2	x_3
304.37	89	25.5	4
2616.32	513	294.3	11
1139.12	231	83.7	4
285.43	68	30.7	2
1413.77	319	129.8	6
1555.68	276	180.8	6
383.78	82	43.4	4
2174.27	427	165.2	10
845.301	93	74.3	4
1125.28	224	60.8	5
3462.60	729	319.2	12
3682.33	951	376.2	12

12장 분류된 자료의 분석

12.1 서론

어떤 속성에 따라 분류된 자료는 매우 흔하게 찾아볼 수 있으며, 환자의 치료결과를 악화와 호전의 두 **범주(category)** 또는 그 이상의 범주로 분류하는 경우가 그 한 예이다. 표본 개체 자료를 분류했을 때 각 범주에 속하는 개체수를 **도수(frequency)**라 하며, 분류된 자료의 분석은 바로 도수 또는 **비율(proportion)**의 분석이 된다. 이러한 분석의 대표적인 경우를 생각해 보자.

예제 12.1

혈액형이 O형, A형, B형, AB형인 사람의 비율은 각각 0.3, 0.4, 0.2, 0.1인 것으로 믿고 있다. 400명을 임의로 뽑아 검사한 결과 각 혈액형을 가진 사람은 106, 148, 96, 50명이었다. 현재 믿고있는 혈액형의 비율이 옳다고 할 수 있는가?

예제 12.2

코고는 습관과 심장질환이 서로 관계가 있는지를 알아보기 위해 2484명을 임의추출하여 조사한 결과, 표 12.1과 같은 자료를 얻었다. 이 자료에서 코고는 습관을 심장질환과 관련지을 수 있는가? (자료출처 : Hand 등, 자료 #24, 1996)

표 12.1 **코고는 습관과 심장질환의 조사 결과**

심장질환	코고는 습관				합 계
	전혀없음	약간	거의 매일	매일	
유	24	35	21	30	110
무	1355	603	192	224	2374
합 계	1379	638	213	254	2484

예제 12.3

세 그룹, 즉 위암환자, 위궤양환자 및 건강한 헌혈자의 혈액형 분포가 서로 다르다는 주장이 있다. 각 그룹에서 908, 1839, 6313명을 임의추출하여 혈액형을 조사한 결과는 표 12.2와 같다. 그룹에 관계없이 혈액형의 분포는 동일하다고 할 수 있는가?

표 12.2 **세 그룹의 혈액형 분포**

그 룹	혈액형				표본크기
	O	A	B	AB	
위 암	383	416	84	25	908
위궤양	983	679	134	43	1839
건강 헌혈자	2892	2625	570	226	6313
합계	4258	3720	788	294	9060

예제 12.4

출산여성의 협착골반(contracted pelvis) 문제를 신장 또는 신발 크기로 짐작할 수 있을 것으로 생각되어 연구가 진행되었다. 신장에 대해서는 이미 진행된 연구가 있으며, 다음 자료는 351명의 출산여성을 임의추출하여 신발 크기와 제왕절개 수술 여부에 대해 조사한 결과이다. 이 자료에 의하면 두 특성은 서로 관계가 있는가? (자료출처 : Frame 등, 1985)

표 12.3 **신발 크기와 출산형태에 대한 빈도수**

	신발 크기						합 계
분만형태	<4	4	$4\frac{1}{2}$	5	$5\frac{1}{2}$	6+	
제왕절개	5	7	6	7	8	10	43
자연분만	17	28	36	41	46	140	308
합계	22	35	42	48	54	150	351

예제 12.1은 네 종류의 혈액형 분포에 대해 조사하고 있으며, 이와 같이 어떤 표본자료

가 특정한 분포로부터의 관측값인지를 검정하는 것을 **적합도검정(goodness of fit test)**이라 한다. 예를 들어서, 건강한 남성의 콜레스테롤 수치가 정규분포하는지를 알고자 할 때나, 어떤 유전적 특성이 이미 알려진 유전법칙에 의해 자녀들에게 나타나는지를 알고자 할 때 적합도검정을 한다.

예제 12.2, 예제 12.3과 예제 12.4와 같이, 둘 또는 그 이상의 속성에 따라 분류된 자료를 **분할표(cross-tabulation or contingency table)**라 한다. 예제 12.2에서는 두 특성간의 관련성 또는 **독립성에 대한 가설(hypothesis of independence)**을 검정하며 이를 분할표의 **카이제곱 검정(chi-square test)**이라 한다. 예제 12.3에서는 각 그룹의 혈액형 분포의 **동질성에 대한 가설(hypothesis of homogeneity)**을 검정하며 위와 동일하게 역시 분할표의 **카이제곱 검정(chi-square test)**이라 한다.

예제 12.4의 한 변수는 분명한 순위를 나타내고 있다. 예제 12.2에서도 코고는 습관을 어느 정도의 차이로 표현하고 있으나, 예제 12.4의 신발 크기 변수의 경우 구체적인 크기의 순위가 뚜렷하다. 이와 같이 분할표의 한 속성이 순위를 표현하는 변수일 경우에는 비율이 서로 다른지 또는 두 특성이 서로 독립인지의 단순한 질문보다는 비율의 추세를 알아보고자 하는 질문이 생기게 된다. 즉, 신발 크기에 따라 제왕절개 비율의 감소 추세(또는 증가 추세)를 검정한다. 이러한 순위를 감안한 검정법이 감안하지 않은 검정법에 비해 검정력이 더욱 높지만, 이 책에서는 이를 감안한 검정법에 대해서는 설명하지 않는다.

이 장에서 소개하는 검정법들은 분할표의 모든 표본개체가 서로 독립임을 기본으로 하며, 분할표의 합계는 독립적인 표본개체의 합계이어야 한다. 다시 말하면 동일 개체에게서 반복하여 관측된 자료가 분할표에 포함되어서는 안된다. 이는 또한 분할표의 분류항목(category)이 **상호배반(mutually exclusive)**이 되도록 구성하는 것과도 관련되어 있다. 다시 말하면 각 표본개체가 여러 항목의 관측도수에 포함되지 않고, 단지 한 항목의 관측도수에만 속하도록 분류항목을 구성하는 것이다.

12.2 적합도검정

예제 12.1의 자료에서는 서로 독립인 n개의 표본개체가 상호배반(mutually exclusive)인 k개의 범주에 속하는 도수 $n_1, \cdots, n_k$ $\left(\sum_{i=1}^{k} n_i = n\right)$를 관측하며, 각 개체가 i번째 범주에 속

할 확률을 p_i $(i=1, \cdots, k)$라 하면 $\sum_{i=1}^{k} p_i = 1$이 된다. 따라서 적합도검정의 자료구조는 표 12.4와 같다.

표 12.4 **적합도검정의 자료구조**

범 주	1	2	…	k	합 계
관측도수	n_1	n_2	…	n_k	n
미지의 확률	p_1	p_2	…	p_k	1

12.2.1 귀무가설에 의해 각 범주의 확률이 주어지는 경우

예제 12.1에서와 같이 각 범주의 확률이 주어진 값 $p_{10}, \cdots, p_{k0}$ $(p_{i0} \geq 0,\ \sum_{i=1}^{k} p_{i0} = 1)$으로 정해질 때 귀무가설과 대립가설이 각각

$$H_0 : p_1 = p_{10}, \cdots, p_k = p_{k0}, \qquad H_1 : H_0\text{가 아니다.}$$

인 적합도검정을 생각해 보자.

귀무가설 H_0가 사실이라면 i번째 범주의 **기대도수(expected frequency, E_i)**는 np_{i0}이 되며, 실제 **관측도수(observed frequency, O_i)**인 n_i가 기대도수 np_{i0}와 차이가 크면 클수록 귀무가설이 옳지 않음을 뜻한다. 이러한 기대도수와 관측도수의 차이에 대해 흔히 사용하는 측도는

$$\sum_{i=1}^{k} \frac{(O_i - E_i)^2}{E_i} = \sum_{i=1}^{k} \frac{(n_i - np_{i0})^2}{np_{i0}}$$

이다. 그런데 귀무가설 H_0 하에서는 사실이라면 이는 근사적으로 자유도가 $k-1$인 χ^2 분포를 보이는데 그 이유는 다음과 같다. 표 12.4의 각 범주에 속하는 관측도수 n_i의 확률변수를 N_i라 하자. 확률변수 N_i는 H_0이 참이라면 평균이 E_i이고, 분산이 E_i인 근사 포아송분포에 따르며, 다시 이 포아송분포는 정규분포로 근사시킬 수 있다. 즉, $(O_i - E_i)/\sqrt{E_i}$는 근사적으로 표준정규분포한다. 이제 서로 독립이며 각각이 표준정규분포에 따르는 k개의 확률변수의 제곱(즉, Z_i^2)의 합, 다시 말하면 $Z_1^2 + Z_1^2 + \cdots + Z_k^2$은 자유도 k인 카이제곱한다는 것을 이미 5장에서 배웠다. 그러나 위의 표 12.4의 자료구조에서 $\sum_{i=1}^{k} n_i = n$의 관계에 의해 서로 독립인 관측도수의 개수는 실제로 $k-1$개에 불과하므로, 근사적으로 다음이 성립한다.

$$\sum_{i=1}^{k} \frac{(n_i - np_{i0})^2}{np_{i0}} \div \chi^2(k-1)$$

즉, 적합도검정은 다음과 같이 요약된다.

▌적합도검정

귀무가설과 대립가설이 각각

$$H_0 : p_1 = p_{10}, \cdots, p_k = p_{k0}, \qquad H_1 : H_0\text{가 아니다.}$$

일 때, 검정통계량은

$$\chi^2 = \sum_{i=1}^{k} \frac{(O_i - E_i)^2}{E_i} = \sum_{i=1}^{k} \frac{(N_i - np_{i0})^2}{np_{i0}}$$

이고, 유의수준 α일 때의 기각역은

$$\chi^2 \geq \chi^2_{1-\alpha}(k-1)$$

이다.

이러한 근사적인 카이제곱분포는 실용적으로 기대도수 $np_{i0} > 5$ $(i = 1, \cdots, k)$일 때가 좋다는 것이 알려져 있으므로, 관측도수가 적은 범주는 다른 범주와 합한 후에 적합도검정을 적용하는 것이 바람직하다.

예제 12.1의 계속

적합도검정의 귀무가설은

$$H_0 : p_1 = 0.3, \ p_2 = 0.4, \ p_3 = 0.2, \ p_4 = 0.1$$

이다. 귀무가설 하에서의 기대도수는 쉽게 구해진다. 예를 들어 기대도수 E_1은

$$E_1 = np_{10} = 400 \times 0.3 = 120$$

이며, 나머지 범주의 기대도수도 같은 방식으로 구하며 그 계산 결과는 다음과 같다.

혈액형	O	A	B	AB	합 계
관측도수(O_i)	106	148	96	50	400
기대도수(E_i)	120	160	80	40	400
$(O_i - E_i)^2$ / E_i	1.633	0.900	3.200	2.500	8.233

따라서 검정통계량의 값은 $\chi^2 = 8.233 > \chi^2_{0.95}(3) = 7.815$이므로 귀무가설을 기각한다. 즉, 현재 믿고 있는 혈액형의 분포는 자료로부터 알려진 사실과는 다르다.

12.2.2 귀무가설에 의해 각 범주의 확률이 정해지지 않은 경우

앞절에서 설명한 적합도검정에서 때때로 기대도수가 구체적으로 정해지지 않고, 미지의 모수로 표현되는 것에 그칠 수가 있다. 이 경우에 우선 모수를 추정해야 한다. 여기서 미지의 모수를 θ로, 추정된 모수를 $\hat{\theta}$로 표시한다. 이제 $\hat{\theta}$를 사용하여 기대도수 $\widehat{E}_i$, 즉

$$\widehat{E}_i = E_i(\hat{\theta})$$

를 구하게 되며, 검정통계량

$$\chi^2 = \sum_{i=1}^{k} \frac{(O_i - \widehat{E}_i)^2}{\widehat{E}_i}$$

는 여전히 카이제곱분포한다. 그러나 모수를 추정하였으므로 카이제곱분포의 자유도는

$$\text{자유도} = (k-1) - (\text{추정되는 모수의 개수})$$

으로 정해진다.

이제 두 예제 자료로 적합도검정을 이해해 보자. 첫 번째 예제에서는 관측자료가 포아송분포로부터 얻어진 것인지를 검정하며, 두 번째 예제에서는 관측자료가 정규분포 하는지를 검정하게 된다.

예제 12.5

어떤 교과서의 출판과정에서 발견된 오자수의 개수는 다음과 같다. 이 자료로부터 각 쪽에서 발견된 오자수는 구체적으로 포아송분포를 따르는지를 유의수준 $\alpha = 0.05$로 검정해 보자.

한쪽의 오자수	0	1	2	4	합계
쪽수	221	34	11	1	267

이 적합도검정의 귀무가설은

$$H_0 : \text{오자수는 포아송분포한다.} \qquad H_1 : H_0\text{가 아니다.}$$

이다. 만약 포아송분포의 평균 λ가 주어졌다면, 귀무가설 H_0 하에서 오자수가 x일 확률은

$$p_x(\lambda) = e^{-\lambda}\lambda^x \,/\, x! \qquad (x = 0,\ 1,\ 2,\ \cdots)$$

이다. 따라서 귀무가설 하에서의 기대도수는 각각

$$E_0(\lambda) = 267 \times p_0(\lambda),\ E_1(\lambda) = 267 \times p_1(\lambda),\quad E_2(\lambda) = 267 \times \left\{1 - \sum_{x=0}^{1} p_x(\lambda)\right\}$$

으로 계산된다. 여기서 주어진 자료에서 관측도수가 너무 적은 오자수의 범주4를 바로 옆의 범주 2와 함께 묶어서 근사적으로 카이제곱분포할 수 있도록 배려하였다. 따라서 총 범주수는 3이다.

여기서 귀무가설에서 명시한 포아송분포의 평균 λ가 정해지지 않았으므로 오자수의 확률을 구체적으로 알 수가 없다. 그러나 λ의 추정값으로서 평균 오자수를 이용하며 $\hat{\lambda}$로부터 확률과 기대도수를 구한다. 즉,

$$\hat{\lambda} = (0 \times 221 + 1 \times 34 + 2 \times 11 + 4 \times 1) \ / \ 267 = 60/267 = .2247$$

이다. 따라서 추정값 $\hat{\lambda} = .2247$을 이용하여 계산된 기대도수는 각각

$$\hat{E}_0 = 267 \times p_0(\hat{\lambda}) = 267 \times e^{-.2247} = 213.268$$

$$\hat{E}_1 = 267 \times p_1(\hat{\lambda}) = 267 \times e^{-.2247} \times .2247 = 47.921$$

$$\hat{E}_2 = 267 - 213.268 - 47.921 = 5.811$$

이며, 검정통계량의 값은

$$\chi^2 = \sum_{i=0}^{2} \frac{(O_i - \hat{E}_i)^2}{\hat{E}_i} = 10.916$$

이다. 또한 자유도는

$$\text{자유도} = (k-1) - (\text{추정되는 모수의 개수}) = (3-1) - 1 = 1$$

이다. 이제 $\chi^2_{0.95}(1) = 3.841$이고 계산된 검정통계량의 값은 이보다 크므로 귀무가설을 기각하여 오자수는 포아송분포에 따른다고 볼 수 없다고 결론내린다.

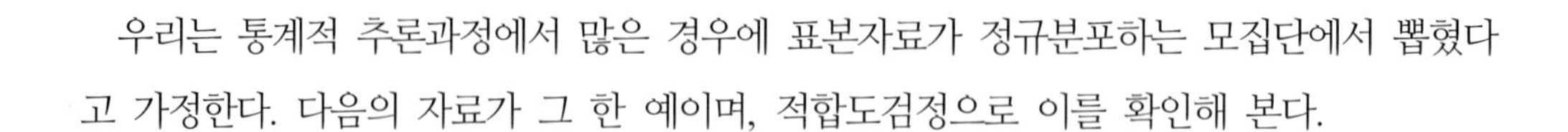
우리는 통계적 추론과정에서 많은 경우에 표본자료가 정규분포하는 모집단에서 뽑혔다고 가정한다. 다음의 자료가 그 한 예이며, 적합도검정으로 이를 확인해 본다.

예제 12.6

초등학교 3학년 남자어린이의 신장이 정규분포하는지 알아보고자, 100명의 아동으로부터 측정한 신장 자료는 표 12.5와 같다.

표 12.5 100명 남자어린이의 신장 자료

112.0	115.2	116.8	117.5	118.2	118.9	119.0	119.8	119.9	120.1	120.5	120.5	120.6	120.8	121.6
121.9	122.3	122.4	122.6	122.6	122.9	123.0	123.0	123.7	123.7	123.8	124.0	124.2	124.4	124.5
124.5	124.5	124.5	124.8	125.0	125.0	125.4	125.5	125.8	126.1	126.5	126.5	126.8	126.9	127.0
127.2	127.2	127.5	127.5	127.6	127.7	127.7	127.9	127.9	128.0	128.4	128.5	128.5	128.9	129.0
129.0	129.5	129.5	129.7	129.7	129.8	129.8	129.8	129.9	130.0	130.3	130.7	130.7	131.0	131.0
131.1	131.1	131.4	131.5	131.6	131.7	131.7	131.8	132.3	132.5	132.5	132.8	133.1	133.2	133.4
133.6	133.8	133.9	134.5	134.8	135.3	135.5	136.5	138.0	140.0					

적합도검정의 귀무가설은

$$H_0: \text{남자어린이의 신장의 분포는 정규분포이다.} \quad H_1: H_0\text{가 아니다}$$

이다. 여기서 귀무가설에서 명시한 정규분포에는 평균 μ와 분산 σ^2의 구체적인 값이 주어지지 않았다. 그러나 μ와 σ의 추정값으로서 표 12.5의 자료로부터 계산한 표본평균과 표본분산을 이용한다. 즉,

$$\hat{\mu} = \bar{x} = 127.25, \quad \hat{\sigma} = s = 5.23$$

을 사용한다.

우선 표 12.5에 제시된, 있는 그대로의 자료를 분류된 자료로 바꾸어 관측도수 O_i를 구해야 하며, 이들 관측도수를 표 12.6에 제시하였다. 만약 정규분포의 평균 μ와 분산 σ^2이 주어졌다면, 귀무가설 H_0 하에서의 각 구간에 속할 기대도수는 다음과 같이 구한다. 예를 들어 첫 번째와 두 번째 구간의 경우 기대도수는

$$\begin{aligned} E_1 &= 100 \times P(X < 120) \\ &= 100 \times P\left(Z < \frac{120-\mu}{\sigma}\right) \end{aligned}$$

$$\begin{aligned} E_2 &= 100 \times P(120 < X < 122) \\ &= 100 \times P\left(\frac{120-\mu}{\sigma} < Z < \frac{122-\mu}{\sigma}\right) \end{aligned}$$

이며, 여기서 $X \sim N(\mu, \sigma^2)$이고 $Z \sim N(0, 1)$이다. 기대도수가 5 미만인 처음과 마지막 구간을

바로 옆의 구간과 합쳐서 계산하였으며, 따라서 E_1의 경우 신장구간의 상한은 120이 된다.

표 12.6 정규분포에 따른다는 귀무가설 H_0의 적합도검정

구간번호	신장구간	관측도수 O_i	계급상한 $z=(x_i-\bar{x})/s$	기대되는 확률	기대도수 $\hat{E}_i$	$(O_i-\hat{E}_i)^2\ /\ \hat{E}_i$
1	~118)	4 }9	-1.769	0.03848	3.848 } 8.284	0.062
2	[118~120)	5	-1.386	0.04436	4.436	
3	[120~122)	7	-1.004	0.07489	7.489	0.032
4	[122~124)	10	-0.621	0.10943	10.943	0.081
5	[124~126)	13	-0.239	0.13839	13.839	0.051
6	[126~128)	15	0.143	0.15146	15.146	0.001
7	[128~130)	15	0.526	0.14348	14.348	0.030
8	[130~132)	14	0.908	0.11763	11.763	0.425
9	[132~134)	10	1.291	0.08346	8.346	0.328
10	[134~136)	4 }7	1.673	0.05126	5.126 } 9.842	0.821
11	[136~)	3		0.04716	4.716	
합계		100		1.00000	100	1.831

이제 $\hat{\mu}=127.25$와 $\hat{\sigma}=5.23$의 추정값과 표준정규분포표를 이용하여

$$\hat{E}_1 = 100 \times P\left(Z < \frac{120 - 127.25}{5.23}\right)$$
$$= 100 \times 0.08284 = 8.284$$

$$\hat{E}_2 = 100 \times P\left(\frac{120-127.25}{5.23} < Z < \frac{122-127.25}{5.23}\right)$$
$$= 100 \times P(-1.386 < Z < -1.004)$$
$$= 100 \times (0.15773 - 0.08284) = 7.489$$

이 된다. 같은 방법으로 나머지 구간들의 기대도수를 추정하고, 이로부터 검정통계량을 계산하는 과정을 표 12.6에 요약하였다. 마지막으로 검정통계량의 값은

$$\chi^2 = \sum_{i=1}^{9} \frac{(O_i - \hat{E}_i)^2}{\hat{E}_i} = 1.831$$

이고, 추정된 모수의 개수는 2개이므로 자유도는

$$\text{자유도} = 9 - 1 - 2 = 6$$

이 된다. 유의수준 $\alpha = 0.05$일 때의 기각역은 $\chi^2_{0.95}(6) = 12.592$이고 계산된 검정통계량의 값은 이보다 적으므로 귀무가설을 기각하지 못한다. 따라서 남자어린이의 신장분포가 정규분포가 아

니라고 할 수 없겠다.

12.3 독립성 가설에 대한 카이제곱검정

적합도검정에서는 각 개체에게서 한 가지 속성만을 관찰하였다. 한편 각 개체에게서 두 가지 속성을 동시에 관찰할 경우 검정의 관심이 달라지게 된다. 이제 어떤 모집단으로부터 n개의 표본개체를 임의추출하여 각 개체에게서 두 가지 속성을 관찰한 경우, 두 속성 사이에 관련성 또는 독립성을 검정하고자 한다. 이를 위해 속성 A의 범주 A_i에 속하면서 속성 B의 범주 B_j에 속하는 도수 n_{ij} $(i=1, \cdots, r ; j=1, \cdots, c)$를 관측하여 **$r \times c$ 분할표($r \times c$ contingency table)**를 얻게 되며, 그 자료구조는 표 12.7과 같다.

표 12.7 **독립성 가설에 대한 카이제곱검정의 자료구조($r \times c$ 분할표)**

범 주	B_1	B_2	$\cdots$	B_c	합 계
A_1	n_{11}	n_{12}	$\cdots$	n_{1c}	$n_{1.}$
A_2	n_{21}	n_{22}	$\cdots$	n_{2c}	$n_{2.}$
$\vdots$	$\vdots$	$\vdots$		$\vdots$	$\vdots$
A_r	n_{r1}	n_{r2}	$\cdots$	n_{rc}	$n_{r.}$
합계	$n_{\cdot 1}$	$n_{\cdot 2}$	$\cdots$	$n_{\cdot c}$	n

한 개체가 각 범주에 속할 확률을 정의하면 다음과 같다.

$$p_{ij} = \text{범주 } A_i,\ B_j\text{에 동시에 속할 확률}$$

$$p_{i.} = \text{범주 } A_i\text{에 속할 확률}$$

$$p_{.j} = \text{범주 } B_j\text{에 속할 확률}$$

두 속성 사이의 독립성의 의미를 설명하면 다음과 같다. 모집단에서 B_1, B_2, $\cdots$, B_c의 분포가 A의 모든 범주에서 동일할 때 두 속성 사이는 독립적이며, 마찬가지로 A_1, A_2, $\cdots$, A_r의 분포가 B의 모든 범주에서 동일할 때 두 속성 사이는 독립적이라고 표현한다. 이제, 처음의 표현을 확률로 나타내어 본다.

$$\frac{p_{11}}{p_{1.}} = \frac{p_{21}}{p_{2.}} = \cdots = \frac{p_{r1}}{p_{r.}} \left(= \frac{p_{11} + p_{21} + \cdots + p_{r1}}{p_{1.} + p_{2.} + \cdots + p_{r.}} = \frac{p_{.1}}{1} \right)$$

$$\frac{p_{12}}{p_{1.}} = \frac{p_{22}}{p_{2.}} = \cdots = \frac{p_{r2}}{p_{r.}} \left(= \frac{p_{12} + p_{22} + \cdots + p_{r2}}{p_{1.} + p_{2.} + \cdots + p_{r.}} = \frac{p_{.2}}{1} \right)$$

$$\cdots\cdots$$

$$\frac{p_{1c}}{p_{1.}} = \frac{p_{2c}}{p_{2.}} = \cdots = \frac{p_{rc}}{p_{r.}} \left(= \frac{p_{1c} + p_{2c} + \cdots + p_{rc}}{p_{1.} + p_{2.} + \cdots + p_{r.}} = \frac{p_{.c}}{1} \right)$$

수학적인 관계(가비의 리(理))에 의해 괄호 안의 등식이 성립한다. 첫째줄의 식으로부터 $p_{i1} = p_{i.}p_{.1}(i = 1, \cdots, r)$이 밝혀지고, 위의 모든 식으로부터 $p_{ij} = p_{i.}p_{.j}(i = 1, \cdots, r\ ;\ j = 1, \cdots, c)$라는 사실이 이끌어진다. 즉, 두 속성이 서로 **독립적(mutually independent)**이라는 귀무가설은 다음과 같이 표현된다.

$$H_0 : p_{ij} = p_{i.}p_{.j}(i = 1, \cdots, r\ ;\ j = 1, \cdots, c)$$

따라서 귀무가설 H_0가 참이라면 범주 A_i, B_j에 동시에 속할 기대도수는

$$E_{ij} = np_{i.}p_{.j}$$

이 된다. 독립성에 대한 귀무가설에서 특징적인 점은 $p_{ij} = p_{i.}p_{.j}$의 관계가 제시되었을 뿐 $p_{i.}$과 $p_{.j}$의 확률이 구체적으로 어떻다고 명시되지 않았다. 따라서 $p_{i.}$과 $p_{.j}$를 우선 추정해야 하며, 추정된 $\widehat{p_{i.}}$과 $\widehat{p_{.j}}$를 이용하여 귀무가설 H_0가 사실일 때의 기대도수와 검정통계량을 구하게 된다. 관측도수 n_{ij}의 확률변수를 N_{ij}로 표시할 때 $p_{i.}$은 한 개체가 범주 A_i에 속할 확률이므로 $\widehat{p_{i.}} = N_{i.} / n$으로 추정할 수 있다. 마찬가지로 $p_{.j}$는 $\widehat{p_{.j}} = N_{.j} / n$으로 추정한다. 그러므로 귀무가설 H_0가 참이라면 기대도수는

$$\widehat{E_{ij}} = n\widehat{p_{i.}}\widehat{p_{.j}} = N_{i.}N_{.j} / n$$

으로 추정된다. 이제 관측도수 n_{ij}(또는 O_{ij})와 기대도수 $\widehat{E_{ij}}$의 차이가 크면 클수록 독립성 가설이 옳지 않음을 뜻한다. 이러한 관측도수와 기대도수의 차이를 표현하는데 사용되는 측도는 앞절에서와 유사하게

$$\sum_{i=1}^{r}\sum_{j=1}^{c}\frac{(O_{ij} - \widehat{E_{ij}})^2}{\widehat{E_{ij}}} = \sum_{i=1}^{r}\sum_{j=1}^{c}\frac{(n_{ij} - n\widehat{p_{i.}}\widehat{p_{.j}})^2}{n\widehat{p_{i.}}\widehat{p_{.j}}} \div \chi^2((r-1)(c-1))$$

이다. 적합도검정에서와 마찬가지로 이 검정통계량은 귀무가설 하에서 카이제곱분포하며 자유도가 $(r-1)(c-1)$인 이유는 다음과 같다. 관측도수의 행(row)과 열(column)의 합계인 $N_{i.}$과 $N_{.j}$로부터 계산되는 기대도수 모두는 서로 독립이 아니며, 각 행에서 독립된 기대도수

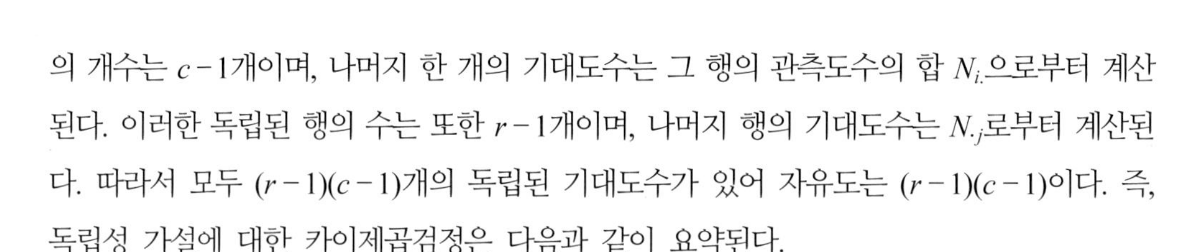
의 개수는 $c-1$개이며, 나머지 한 개의 기대도수는 그 행의 관측도수의 합 $N_{i.}$으로부터 계산된다. 이러한 독립된 행의 수는 또한 $r-1$개이며, 나머지 행의 기대도수는 $N_{.j}$로부터 계산된다. 따라서 모두 $(r-1)(c-1)$개의 독립된 기대도수가 있어 자유도는 $(r-1)(c-1)$이다. 즉, 독립성 가설에 대한 카이제곱검정은 다음과 같이 요약된다.

▌독립성 가설에 대한 카이제곱검정

귀무가설과 대립가설이 각각

$$H_0 : p_{ij} = p_{i.}\, p_{.j}\ (i=1, \cdots, r\,;\, j=1, \cdots, c),\quad H_1 : H_0\text{가 아니다.}$$

일 때, 검정통계량은

$$\chi^2 = \sum_{i=1}^{r}\sum_{j=1}^{c}\frac{(O_{ij}-\widehat{E_{ij}})^2}{\widehat{E_{ij}}} = \sum_{i=1}^{r}\sum_{j=1}^{c}\frac{(N_{ij}-N_{i.}N_{.j}/n)^2}{N_{i.}N_{.j}/n}$$

이고 유의수준 α일 때의 기각역은

$$\chi^2 \geq \chi^2_{1-\alpha}((r-1)(c-1))$$

이다.

예제 12.2의 계속

코고는 습관과 심장질환이 서로 독립이라는 귀무가설은 다음과 같이 표현된다.

$$H_0 : p_{ij} = p_{i.}p_{.j} \qquad i=1,\ 2, \qquad j=1, \cdots, 4$$

이 귀무가설하에서의 기대도수는 다음과 같이 구한다.

$$\widehat{E_{11}} = \frac{1379 \times 110}{2484} = 61.067 \qquad \widehat{E_{21}} = \frac{1379 \times 2374}{2484} = 1317.933$$

$$\widehat{E_{12}} = \frac{638 \times 110}{2484} = 28.253 \qquad \widehat{E_{22}} = \frac{638 \times 2374}{2484} = 609.747$$

$$\widehat{E_{13}} = \frac{213 \times 110}{2484} = 9.432 \qquad \widehat{E_{23}} = \frac{213 \times 2374}{2484} = 203.568$$

$$\widehat{E_{14}} = \frac{254 \times 110}{2484} = 11.248 \qquad \widehat{E_{24}} = \frac{254 \times 2374}{2484} = 242.752$$

이와 같이 계산된 기대도수를 관측도수와 함께 적으면 다음의 표와 같다(괄호 안의 숫자는 기대도수이다). 두 수치의 차이가 큰 칸(cell)을 살펴보는 일은 중요한데, 그 이유는 이러한 큰

차이가 결국 검정통계량의 큰 값으로 이끌어지기 때문이다.

심장질환	코고는 습관				합 계
	전혀없음	약간	거의 매일	매일	
유	24 (61.067)	35 (28.253)	21 (9.432)	30 (11.248)	110
무	1355 (1317.933)	603 (609.747)	192 (203.568)	224 (242.752)	2374
합 계	1379	638	213	254	2484

따라서 검정통계량의 값은

$$\chi^2 = \sum\sum \frac{(O_{ij} - \widehat{E_{ij}})^2}{\widehat{E_{ij}}}$$

$$= \frac{(24 - 61.067)^2}{61.067} + \frac{(35 - 28.253)^2}{28.253} + \cdots + \frac{(224 - 242.752)^2}{242.752}$$

$$= \underbrace{22.50 + 1.61 + 14.19 + 31.26}_{\text{첫째행}} + \underbrace{1.04 + 0.07 + 0.66 + 1.45}_{\text{둘째행}}$$

$$= 72.78$$

이다. 또한 자유도는 $(2-1)(4-1)=3$이다. 이제 $\chi^2_{0.95}(3) = 7.815$이고 계산된 검정통계량의 값은 이보다 훨씬 크므로 귀무가설을 기각하여 코고는 습관과 심장질환은 관계가 있다고 결론내린다. 코고는 습관이 있는 사람 중 특히 거의 매일 또는 매일 코를 고는 경우에, 기대도수(9명과 11명)보다 훨씬 많은 수(21명과 30명)가 심장질환을 가졌다고 보고하였다. 이와 반대로 기대도수(61명)보다 훨씬 못 미치는 적은 수(24명)가 코고는 습관이 전혀 없으면서 심장질환을 가졌다고 보고하였다. 이들에 해당하는 칸(cell)의 카이제곱값이 매우 큼을 알 수 있다.

$r \times c$ 분할표의 해독

독립성 가설검정에서 우리는 관측도수와 기대도수의 차이가 클 때 두 속성이 관련이 있다는 결론으로 이끌어짐을 보았다. 그러나 이 장에서 소개되는 모든 가설검정에서는 일반적으로 검정을 하기 전에 분할표의 관측도수를 백분율로 바꾸어 이를 우선 관찰하고 해독할 수가 있으며, 또한 검정결과에 대해서도 짐작할 수가 있다. 곧 설명하게 되는 동질성 가설 검정의 경우에는 부모집단의 표본을 100퍼센트로 두고 해석하는 것이 자연스럽다. 예제 12.2에서와 같은 독립성 가설에 대한 검정에서는 행 또는 열 중 어느 것의 합을 100퍼센트로 두고 해석하여도 무관하지만, 경우에 따라서는 해석이 더욱 자연스러운 방향이 있을 수 있다. 비율의 비교로서도 예를 들어서 예제 12.2의 자료에서 두 속성간의 독립성 또는 관련성을 어느 정도 짐작할 수 있다고 했는데, 이는 각 열의 합을 100퍼센트로 두었을 때 귀무

가설이

$$H_0 : p_{ij} = p_{i.} \qquad i = 1,\ 2, \qquad j = 1,\ \cdots,\ 4$$

이 되어 $(p_{1.},\ p_{2.})$의 분포가 모든 열에서 동일할 때 독립성을 뜻하기 때문이다.

예제 12.2의 계속

예제 12.2 자료의 비율은 다음과 같다.

심장질환	코고는 습관			
	전혀없음	약간	거의 매일	매일
유	1.7%	5.5%	9.9%	11.8%
무	98.3%	94.5%	90.1%	88.2%
합 계	100.0%	100.0%	100.0%	100.0%

이 비율을 살펴보면 심장질환 유·무의 비율은 코고는 습관에 따른 여러 군에서 동일하지가 않다. '거의 매일' 또는 '매일' 코를 고는 군의 경우 심장질환의 비율이 10% 정도가 되는데 비해서, '약간' 있는 군의 경우에는 이의 절반 정도의 비율이고, '전혀없음' 군의 경우 1.7%에 불과하다. 이러한 차이가 자료의 변이로 인한 결과인지, 아니면 유의한 관련성의 결과인지는 구체적인 검정으로 확인하는 것이다.

12.4 동질성 가설에 대한 카이제곱검정

앞의 독립성 가설의 검정에서 사용된 예제 12.2의 특징은 한 모집단에서 표본을 뽑아 각 개체를 두 가지 속성에 의해 분류했다는 점이다. 따라서 행(row)과 열(column)의 합계는 조사자가 조정할 수 없는 확률변수이었다.

이에 반해서 예제 12.3의 특징은 속성 A의 수준에 의해서 모집단이 r개의 **부모집단(subpopulation)**으로 구분되어 있으며, 각 부모집단으로부터 정해진 크기 $n_{10}, n_{20},\ \cdots,\ n_{r0}$의 표본을 추출하여 속성 B의 수준에 의해 분류하여 c개의 범주 중 하나에 속하게 된다는 것이다. 따라서 행의 합계는 조사자에 의해 정해진 수이지만 열의 합계는 표본에 따라 변하는 확률변수가 된다. 이와 같이 부모집단으로 구분되는 예제 12.3의 경우에는 **동질성에 대한 가설(hypothesis of homogeneity)**을 검정하게 되는데, 독립성 가설의 검정과 똑같은 검

정과정을 거치게 되고 기대도수나 검정통계량이 수치적으로 동일하게 되므로 매우 간략하게 설명해도 되겠다. **동질성 가설의 검정**에서 자료구조는 표 12.8과 같다.

표 12.8 **동질성 가설에 대한 카이제곱검정의 자료구조 ($r \times c$ 분할표)**

부모집단	B_1	B_2	$\cdots$	B_c	합 계
A_1	n_{11}	n_{12}	$\cdots$	n_{1c}	n_{10}
A_2	n_{21}	n_{22}	$\cdots$	n_{2c}	n_{20}
$\vdots$	$\vdots$	$\vdots$		$\vdots$	$\vdots$
A_r	n_{r1}	n_{r2}	$\cdots$	n_{rc}	n_{r0}
합계	$n_{.1}$	$n_{.2}$	$\cdots$	$n_{.c}$	n

부모집단 A_i에 속하는 한 개체가 범주 $B_1, \cdots, B_c$에 속할 확률을 각각 $p_{i1}, \cdots, p_{ic}(\sum_{j=1}^{c} p_{ij} = 1)$라 하면, **동질성 가설의 검정**은 각 범주에 속할 이들 확률이 여러 부모집단에서 서로 동일한지를 검정한다. 따라서 동질성의 귀무가설과 대립가설은 다음과 같이 표현된다.

$$H_0 : p_{1j} = p_{2j} = \cdots = p_{rj} \ (j = 1, \cdots, c), \qquad H_1 : H_0\text{가 아니다}$$

이제 귀무가설 H_0가 사실이라면 부모집단 A_i에서 범주 $B_1, \cdots, B_c$에 속할 기대도수는 첫째 부모집단의 확률을 이용하여 표현할 때 각각

$$E_{i1} = n_{i0}\, p_{11}, \cdots, E_{ic} = n_{i0}\, p_{1c}$$

로 주어진다. 이때 $p_{11}, \cdots, p_{1c}$를 추정해야 하는데, 이들은 전체 n개의 개체 중 임의의 한 개체가 범주 $B_1, \cdots, B_c$에 속할 확률을 나타내므로, 다음과 같이 추정할 수 있다.

$$\widehat{p_{11}} = N_{.1} / n, \cdots, \widehat{p_{1c}} = N_{.c} / n$$

따라서 동질성 가설의 검정통계량은

$$\sum_{i=1}^{r}\sum_{j=1}^{c} \frac{(O_{ij} - \widehat{E_{ij}})^2}{\widehat{E_{ij}}} = \sum_{i=1}^{r}\sum_{j=1}^{c} \frac{(N_{ij} - n_{i0}\, N_{.j} / n)^2}{n_{i0}\, N_{.j} / n}$$

이며, 귀무가설 하에서 이 검정통계량은 카이제곱분포하며 자유도는 $(r-1)(c-1)$이다. 즉, 동질성 가설의 검정은 다음과 같이 요약된다.

▌동질성 가설에 대한 카이제곱검정

귀무가설과 대립가설이 각각

$$H_0 : p_{1j} = p_{2j} = \cdots = p_{rj} \ (j=1, \cdots, c), \qquad H_1 : H_0\text{가 아니다.}$$

일 때 검정통계량은

$$\chi^2 = \sum_{i=1}^{r}\sum_{j=1}^{c} \frac{(O_{ij} - \widehat{E}_{ij})^2}{\widehat{E}_{ij}} = \sum_{i=1}^{r}\sum_{j=1}^{c} \frac{(N_{ij} - n_{i0} N_{.j} / n)^2}{n_{i0} N_{.j} / n}$$

이고 유의수준 α일 때의 기각역은

$$\chi^2 \geq \chi^2_{1-\alpha}((r-1)(c-1))$$

이다.

예제 12.3의 계속

세 그룹의 혈액형 분포의 동질성에 대한 귀무가설은 다음과 같다.

$$H_0 : \text{그룹에 관계없이 혈액형의 분포는 동일하다.}$$

다시 말하면, 이 귀무가설은

$$p_{11} = p_{21} = p_{31}(\text{O형}), \qquad p_{12} = p_{22} = p_{32}(\text{A형})$$
$$p_{13} = p_{23} = p_{33}(\text{B형}), \qquad p_{14} = p_{24} = p_{34}(\text{AB형})$$

을 뜻한다. 이제 귀무가설하에서 기대도수를 계산한다. 우선 표본 전체 크기(9060명)에서 O형이 차지하는 비율은

$$\widehat{p_{11}} = \widehat{p_{21}} = \widehat{p_{31}} = \frac{4258}{9060} = 0.469978$$

로서 추정할 수 있다. 따라서 908명의 위암환자 중에서 O형일 것으로 기대되는 사람수는

$$908 \times 0.469978 = \frac{908 \times 4258}{9060} = 426.74$$

명이다. 마찬가지로 위궤양 환자 중에서는 $1839 \times 0.469978 = 864.29$명이, 헌혈자 중에서는 $6313 \times 0.469978 = 2966.97$명이 O형일 것으로 기대된다. 즉, 어떤 칸(cell)의 기대도수는 해당하는 행의 합계와 열의 합계를 곱한 것을 표본 전체 크기로 나누어서 구해진다. 이와 같이 계산된 기대도수와 관측도수를 함께 적으면 표 12.9와 같다(괄호 안의 숫자는 기대도수이다). 앞에서와

마찬가지로 두 수치의 차이가 큰 칸을 살펴보는 일이 중요하며, 이러한 큰 차이가 결국 검정통계량의 큰 값으로 이끌어지기 때문이다.

표 12.9 예제 12.3의 관측도수와 기대도수

그 룹	혈액형				표본크기
	O	A	B	AB	
위 암	383 (426.74)	416 (372.82)	84 (78.97)	25 (29.46)	908
위궤양	983 (864.29)	679 (755.09)	134 (159.95)	43 (59.68)	1839
건강 헌혈자	2892 (2966.97)	2625 (2592.09)	570 (549.09)	226 (204.86)	6313
합 계	4258	3720	788	294	9060

따라서 검정통계량의 값은

$$
\begin{aligned}
\chi^2 &= \sum\sum\frac{(O_{ij}-\widehat{E}_{ij})^2}{\widehat{E}_{ij}} \\
&= \frac{(383-426.74)^2}{426.74}+\frac{(983-864.29)^2}{864.29}+\cdots+\frac{(226-204.86)}{204.86} \\
&= 4.48+5.00+0.32+0.68 \quad \text{(첫째행)} \\
&\quad +16.31+7.67+4.21+4.66 \quad \text{(둘째행)} \\
&\quad +1.89+0.42+0.80+2.18 \quad \text{(셋째행)} \\
&= 48.61
\end{aligned}
$$

이다. 또한 자유도는 $(3-1)(4-1)=6$이다. 이제 $\chi^2_{0.95}(6)=12.592$이고 계산된 검정통계량의 값은 이보다 크므로 유의수준 5%로서 귀무가설을 기각할 수 있다. 즉, 혈액형의 분포는 그룹에 따라서 다르다고 결론내린다. 특히 위궤양 환자의 경우에 기대도수보다 훨씬 많은 수가 O형인 것으로 조사되었다.

연습문제

01 멘델의 이론에 의하면 어떤 두 종자의 콩을 교배하면, 둥글고 노란콩(RY), 둥글고 초록색의 콩(RG), 모나고 노란콩(WY), 그리고 모나고 초록색의 콩(WG)의 네 가지 종류가 만들어지고, 이들의 비는 9 : 3 : 3 : 1이라 한다. 어떤 농학자가 교배된 콩을 실제로 재배해 보니 다음과 같은 결과를 얻었다면, 이 결과는 멘델의 이론과 일치한다고 볼 수 있는가?

종 류	RY	RG	WY	WG	합 계
개 수	652	200	185	83	1120

02 주사위를 60번 던져서 각 눈이 나타난 횟수를 적었더니 다음과 같았다. 이 주사위는 정확하게 만들어진 것인가?

눈	1	2	3	4	5	6	합 계
횟 수	15	7	4	11	6	17	60

03 과거 조사에 의하면 척추측만(scoliosis)은 남자 어린이보다 여자 어린이에게 6배가 더 많이 나타난다고 한다. 474명의 척추측만 어린이들을 조사한 결과 남자가 188명, 여자가 286명이었다면 이는 과거의 조사와 달라졌다고 볼 수 있는가?

04 스웨덴의 쌍둥이 193쌍 중 56쌍이 MM형(모두 남자), 72쌍이 MF형(남자와 여자) 그리고 65쌍이 FF형(모두 여자)이었다. 한 사람이 남자 또는 여자로 출생하는 것은 독립적으로 1/2의 확률을 가지고 있다는 가설을 세우게 되면, MM, MF, FF형 쌍둥이의 출현확률은 각각 1/4, 1/2, 1/4이 된다. 이 자료가 가설대로 실현된 것인가를 검정하여라.

05 캘리포니아의 배심원들이 지역 주민의 연령 분포를 제대로 반영하고 있는지를 알아보기 위해 배심원 66명의 연령을 조사하였다. 보건통계국으로부터 캘리포니아 지역의 연령 분포를 알아내었다. 배심원들이 랜덤하게 선정되었는지를 검정하여라.

연 령	지역 주민의 연령 분포	배심원수
21 ~ 40	42.0%	5
41 ~ 50	23.0%	9
51 ~ 60	16.0%	19
60 ~	19.0%	33
합 계	100.0%	66명

06 유명인은 다가오는 생일을 고대하며 살아가는 경향이 있음을 지켜보면서 유명인의 사망이 출생과 연관되어 있는지 또는 임의로 발생하는지를 알아보고자 다음의 자료를 수집하였다. 그러나 사망 날짜와 생일의 구체적인 앞뒤 순서를 구분하여 자료를 수집하지 않았고, 단순히 사망달과 출생달의 자료를 수집하였다. 사망과 출생이 연관되었는가를 검정하여라.

사망시기	출생전 6달	출생전 5달	출생전 4달	출생전 3달	출생전 2달	출생전 1달	출생달	출생후 1달	출생후 2달	출생후 3달	출생후 4달	출생후 5달	합 계
유명인수	24	31	20	23	34	16	26	36	37	41	26	34	348

07 다음 자료는 250명의 환자를 대상으로 요산(uric acid)을 측정한 결과이다. 이 표본이 뽑힌 모집단은 $\mu = 5.74,\ \sigma = 2.01$의 정규분포라는 귀무가설을 검정하여라.

요 산	관측도수
~ 1	1
1 ~ 2	5
2 ~ 3	15
3 ~ 4	24
4 ~ 5	43
5 ~ 6	50
6 ~ 7	45
7 ~ 8	30
8 ~ 9	22
9 ~ 10	10
10 이상	5
합 계	250

08 의료보험 관리공단에서 부부의 나이가 모두 50 이하이고 자녀가 둘인 가구(家口) 중에서 200가구를 표본으로 뽑아 지난 1년 동안 의료보험을 사용한 건수를 조사하여 다음 자료를 얻었다. 보험의 청구건수는 포아송분포를 한다고 볼 수 있는가?

의료보험 청구건수	0	1	2	3	4	5	6	7	합 계
가구수	22	53	58	39	20	5	2	1	200

09 다음의 분할표를 해독하여라.

(1)

	실험군	대조군
열이 있음	4	21
열이 없음	17	11

(2)

	남	여
생 존	3950	370
사 망	50	30

(3)

	어머니	
	직업여성	주 부
지 방	12	188
도 시	55	475

10 네 그룹의 사무직이 보고한 눈의 과로에 대한 자료로부터 이들의 비율이 서로 다른가를 검정하여라.

사무직의 종류	눈의 과로		합 계
	예	아니오	
모니터 사용한 자료입력	11	42	53
모니터 사용한 대화 형식의 프로그램 이용	30	79	109
타자직	14	64	78
전형적인 서류 사무직	3	52	55
합 계	58	237	295

11 방광염 치료에 세 가지 약제의 효과를 비교하고자 35명의 여성을 랜덤하게 3군으로 나누어 각기 다른 약제로 일정 기간 치료 후 완치된 환자수를 확인하였다. 다음 자료에 의하면 세 약제의 완치율이 동일하다고 할 수 있는가?

	약 제 종 류			합 계
	Sulfamethoxazole	Amoxicillin	Cyclacillin	
완치됨	11	6	3	20
완치되지 않았음	2	6	7	15
합 계	13	12	10	35

12 한 병원에서 자궁 내 임신으로 미숙아를 출산한 모든 산모를, 유산이 될 위협 사건이 있었던가와 주획태반의 속성에 따라 분류하였다. 두 속성이 서로 관련이 있는가?

	주획태반의 특성			합 계
	정 상	소주획	대주획	
유산이 될 위협사건이 있었다.	10	18	14	42
유산이 될 위협사건이 없었다.	36	12	8	56
합 계	46	30	22	98

13 400명을 랜덤으로 뽑아서 혈액형과 눈색깔에 따라서 2×4 분할표로 정리하였다. 혈액형과 눈색깔 사이에 관련이 있는가?

눈의 색깔	혈 액 형				합 계
	O	A	B	AB	
푸른색	80	95	40	25	240
갈 색	40	65	50	5	160
총도수	120	160	90	30	400

14 95명을 머리칼의 빛깔과 눈의 빛깔에 따라 분류하여 다음 표를 얻었다. 독립성 가설에 대한 검정하여라.

눈 \ 머리	엷은빛	진한빛	합 계
푸른빛	32	12	44
검정빛	14	22	36
기 타	6	9	15
합 계	52	43	95

15 Tuberculin 및 Lepromin 항원체에 음성반응을 나타낸 11세 미만의 어린 177명에게 B.C.G를 접종하였다. 그 후에 다시 같은 항원체로 시험하여 그 반응을 조사하였더니 반응 결과는 다음과 같았다. 두 항원체에 대한 반응은 서로 관련이 있는가? 즉, Tuberculin 반응이 양성이면 Lepromin 반응도 양성이 될 가능성이 높다고 볼 수 있는가?

Lepromin \ Tuberculin	양 성	음 성	합 계
양 성	95	10	105
음 성	48	24	72
합 계	143	34	177

16 190명의 임산부들을 대상으로 고혈압 유무와 임신 관련 질환 유무에 따라 분류한 결과는 다음과 같다. 두 질병은 서로 관련성이 있는가를 검정하여라.

임신 관련 질환 \ 고혈압	유	무	합 계
유	23	55	78
무	12	100	112
합 계	35	155	190

17 구강위생 교육의 충치(caries) 예방 효과를 알아보기 위해서 100명의 어린이를 뽑아서 랜덤하게 50명씩 두 군으로 나누어 한 군에만 교육을 실시하였다. 6개월 후에 새로이 생긴 공동(cavity)수를 조사하여 다음 결과를 얻었다. 공동수는 교육을 받은 경우와 받지 않은 경우에 차이가 있다고 할 수 있는가?

구강위생 교육	공동의 수			표본의 크기
	0 ~ 1	2 ~ 3	4 ~ 5	
받 음	30	15	5	50
받지 않음	20	15	15	50
합 계	50	30	20	100

18 랜덤으로 뽑은 600명을 긴장도와 심장병에 따라 분류한 결과는 다음과 같다. 긴장도와 심장병 사이에 관련성이 있다고 할 수 있는가?

긴장도	심장병		합 계
	있 음	없 음	
항상 긴장	51	89	140
때때로 긴장	72	280	352
긴장 없음	19	89	108
합 계	142	458	600

13장 비모수적 방법

13.1 서론

통계적 분석법의 많은 부분이 이제까지 설명했던 모수적(parametric) 방법임에 반하여, 통계적 분석법의 일부분은 부호(sign), 순위(rank) 등으로부터 출발하는 비모수적(nonparametric) 방법인데, 이는 모수적 방법에 대응되는 방법이라 하겠다. 순위에 의존한 검정법들이 하나, 둘씩 개별적으로 개발된지는 1710년의 Arbuthnot의 부호검정(sign test)으로 시작하여 매우 일찍이지만, 이 장에서 소개하게 되는 비모수적 검정법들은 1945년 Wilcoxon의 논문으로부터 출발되었으며, 이러한 이유로 Wilcoxon의 이름을 붙여서 부르는 검정법이 되었다. 이 장에서는 Wilcoxon의 순위합 검정법과 부호순위 검정법, Kruskal-Wallis의 검정법 그리고 순위상관계수를 설명하게 되며 모수적 검정법에 비해 검정과정이 매우 단순한 것이 특징이다.

비모수적 검정법의 큰 장점은 그 이름이 암시하듯이 모집단의 분포형태에 대해 가정하지 않는 방법으로서 **분포무관검정(distribution-free test)**이라고도 하며, 검정법이 타당하기 위한 가정들이 모수적 검정법에 비해서 약하다는 점이다. 이러한 보편성 또는 측정값을 순위로 바꾸는 정보의 손실 때문에, 검정의 효율성(efficiency)이 떨어진다는 생각이 들겠지만 Hodges와 Lehmann(1956) 그리고 Chernoff와 Savage(1958) 등에 의해 밝혀진 바로는, 정규분포성의 가정하에서도 효율성이 크게 떨어지지 않을 뿐 아니라 정규분포성의 가정이 실제로 성립되지 않을 경우에도 안전하게 사용할 수 있는 등 여러 장점이 있다는 것이 증명되었다. 따라서 모집단의 분포함수에 대해서 확실한 정보가 있을 때에는 모수적 방법이 바람직하겠지만, 모집단의 정규분포성에 대해서 확증할 수 없는 경우에는, 비모수적 방법이 더욱 안전한 방법이 된다. 어떤 연구에서는 개체의 반응을 정확한 수치로 측정하기보다는 반응의 정도에 따라 개체들의 순위를 기록하는 것이 측정 가능한 것의 전부일 때가 있으며, 이러한 경우 자연스럽게 비모수적 방법으로 검정하게 된다. 비모수적 검정법을 적용하는 것의 적절한 예는 다음과 같다.

예제 13.1

세 군의 환자에게서 출산 시 주전(肘前, antecubital)의 정맥콜티솔 수준을 측정하였다. 세 군의 수치를 비교하고자 한다(자료출처 : cawson 등, 1974).

1군	262	307	211	323	454	339	304	154	287	356
2군	465	501	455	355	468	362				
3군	343	772	207	1048	838	687				

예제 13.2

세 군의 프로토포르피린(단위 : mg/100 ml RBC) 수준을 비교하고자 한다. 첫 군은 15명의 정상군이며, 나머지 두 군은 26명의 알코올중독자로서 원형 시데로블라스트(sideroblast) 적정아구가 골수에서 발견된 사실에 따라서 다시 11명과 15명으로 나누었다(자료출처 : Ali 등, 1974).

정상군	22	27	47	30	38	78	28			
	58	72	56	30	39	53	50	36		
알코올중독, 적정아구 발견됨	78	172	286	82	453	513	174	915	84	153	780
알코올중독, 적정아구 발견되지 않음	37	28	38	45	47	29	34	11		
	20	68	12	37	8	76	148			

위의 두 예제 자료를 모수적인 방법으로 검정하기 위해서는 여러 군의 측정값은 분산이 동일한 정규분포함을 가정하게 된다. 그러나 두 예제 자료를 살펴보면 이러한 가정을 전제하기에는 석연치 않은 점이 있다. 모집단의 분포가 정규분포하기보다는 높은 수치가 간간이 있는, 다시 말하면 분포의 오른쪽 꼬리가 두터운(heavy tailed), **치우친(skewed) 분포**를 나타내고 있다고 짐작되기 때문이다. 따라서 이러한 경우에 비모수적 검정법을 선택하는 것이 더욱 안전한 방법이다.

13.2 Wilcoxon의 순위합 검정

8장에서는 모수적 방법으로, 다시 말하면 t 검정으로 독립된 두 모집단의 평균을 서로 비교하였다. 비모수적 방법으로서 독립된 두 모집단의 분포의 위치(location)에 대한 모수를 비교하는 검정법으로는 **Wilcoxon 검정법**이 있으며, **Mann-Whitney 검정법**이라고도 한다. Wilcoxon은 두 모집단의 표본수가 동일한 경우에 대한 구체적인 방법론을 제시해 보였으며, Mann-Whitney는 더욱 일반적인 경우로서 표본수가 다른 경우에 대한 방법론을 제시하였다.

Wilcoxon의 순위합 검정법을 사용할 때 요구되는 가정과 가설은 다음과 같다.

▌Wilcoxon의 순위합 검정의 가정

1. 독립된 두 표본의 자료가 있다. 첫 번째 모집단으로부터의 확률표본 X_1, X_2, $\cdots, X_{n_1}$의 미지의 중앙값을 M_x로 표시하며, 이 모집단과는 독립된 두 번째 모집단으로부터의 확률표본 $Y_1, Y_2, \cdots, Y_{n_2}$의 미지의 중앙값을 M_y로 표시한다.
2. 측정변수는 연속 또는 적어도 순위변수이다.
3. 두 모집단의 측정변수의 분포는 분포형태가 같으며, 서로 차이가 있다면 다만 위치에 대한 차이만이 있다. 그러나 분포의 형태가 대칭이거나 어떤 구체적인 형태의 분포를 가정하지는 않는다.

▌Wilcoxon의 순위합 검정법의 가설

양측검정 :

H_0 : 두 모집단의 분포는 동일하다.

H_1 : 두 모집단의 분포는 동일하지 않다.

단측검정 (가) :

H_0 : 두 모집단의 분포는 동일하거나 두 번째 모집단의 분포의 오른쪽에 위치한다.

H_1 : 첫 번째 모집단의 분포는 두 번째 모집단의 분포의 왼쪽에 위치한다.

단측검정 (나) :

H_0 : 두 모집단의 분포는 동일하거나 두 번째 모집단의 분포의 왼쪽에 위치한다.

H_1 : 첫 번째 모집단의 분포는 두 번째 모집단의 분포의 오른쪽에 위치한다.

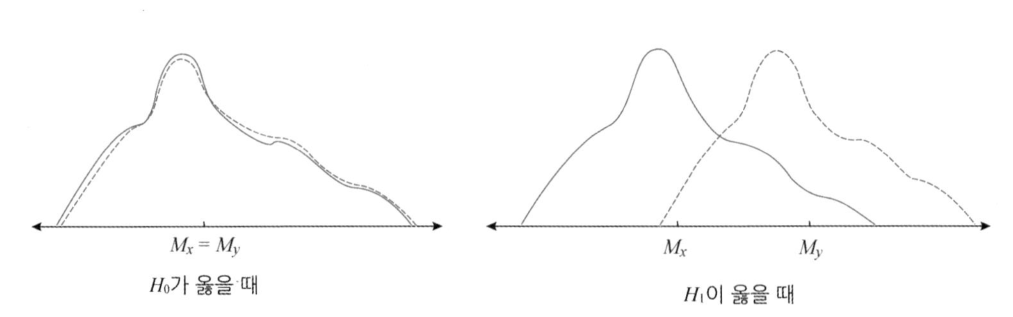

그림 13.1 **각각 H_0와 H_1이 옳을 때의 두 모집단의 분포 위치 (처리 1 ──, 처리 2 - - -)**

이 가설을 그림 13.1에 제시된 단측검정 (가)의 경우로서 쉽게 이해할 수 있다. 첫 번째 모집단에서의 처리를 처리 1로, 두 번째 모집단에서의 처리를 처리 2로 부른다. 왼쪽에는 귀무가설이 옳을 때의 두 모집단의 분포위치를 나타내 보이고 있고, 오른쪽의 그림은 대립가설이 옳을 경우에 해당한다.

두 모집단의 분포의 차이는 분포형태의 차이가 아니라 다만 위치에 대한 차이일 때, 분포의 위치를 나타내는 데 중앙값이 적절하다. 따라서 앞에서 제시된 Wilcoxon의 순위합 검정의 가설은 다음과 같이 표현된다.

Wilcoxon의 순위합 검정법의 가설

양측검정 :

$$H_0 : M_x = M_y$$
$$H_1 : M_x \neq M_y$$

단측검정 (가) :

$$H_0 : M_x \geq M_y$$
$$H_1 : M_x < M_y$$

단측검정 (나) :

$$H_0 : M_x \leq M_y$$
$$H_1 : M_x > M_y$$

따라서, 귀무가설의 기각은 두 모집단의 분포가 동일하지 않음을 뜻하며, 이는 가정에 의해서 한 모집단의 중앙값이 다른 모집단의 중앙값보다 크다는 사실을 뜻한다고 해석하게 된다.

이제 순위를 이용한 Wilcoxon 검정의 기본개념을 설명한 후 검정절차를 제시하겠다. 우선 두 표본의 측정값을 혼합하여 크기 순으로 배열한 후 순위를 매겼을 때, 귀무가설과 대립가설 하에서의 순위 분포는 다음과 같이 다르게 나타날 것이다. H_0 하에서는 첫째군과 둘째군의 **순위합(rank sum)**을 각각 구하게 되면 이들이 비슷하겠지만, H_1 하에서는 둘째군의 순위합이 첫째군의 순위합보다 클 것이므로 이를 이용하여 검정한다.

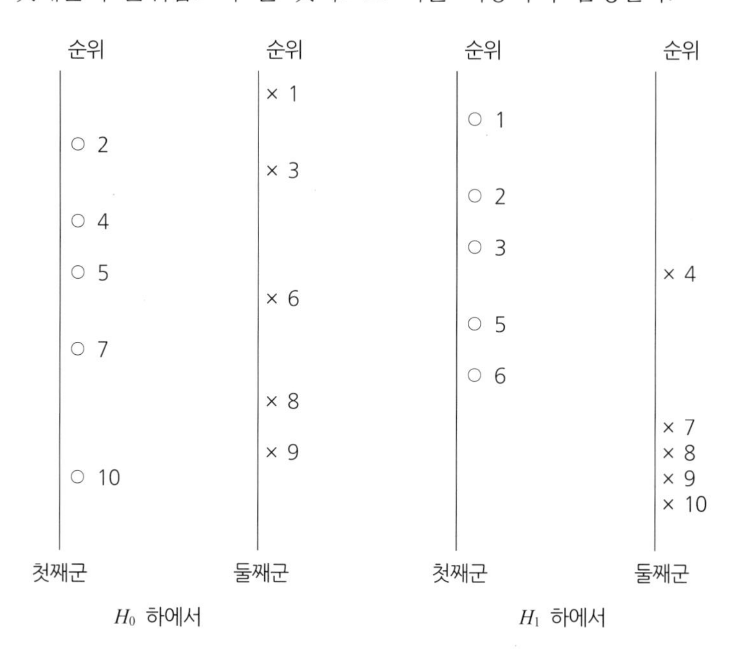

▌Wilcoxon의 순위합 검정 절차

1) 두 독립된 표본의 측정값 $(x_1, x_2, \cdots, x_{n_1})$과 $(y_1, y_2, \cdots, y_{n_2})$를 혼합하여 작은 측정값으로부터 시작하여 크기순으로 1에서 n_1+n_2까지의 순위를 매긴다. 이 순위를 혼합표본 순위(combined sample rank)라 한다. 몇 개의 측정값이 같아서 동순위(tie)를 이루면 각각에 평균순위를 부여한다.

2) 첫째군 표본의 순위합 R_1과 둘째군 표본의 순위합 R_2를 구한다.

3) 순위합 R_1과 R_2를 이용하여 통계량

$$U = n_1 n_2 + \frac{n_1(n_1+1)}{2} - R_1 \tag{13-1}$$

또는 $$U = n_1 n_2 + \frac{n_2(n_2+1)}{2} - R_2$$

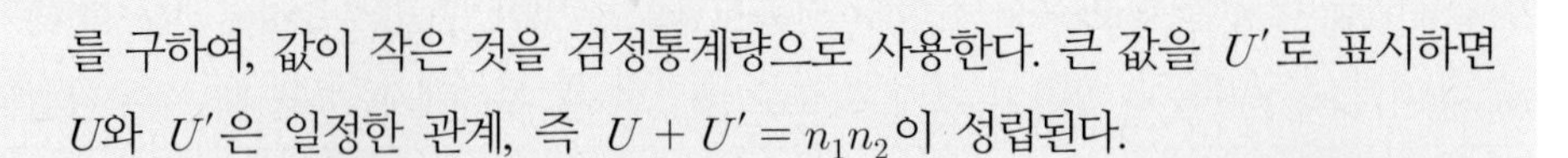
를 구하여, 값이 작은 것을 검정통계량으로 사용한다. 큰 값을 U'로 표시하면 U와 U'은 일정한 관계, 즉 $U + U' = n_1 n_2$이 성립된다.

4) 양측검정의 경우

U의 값이 부표 7의 $w_{\frac{\alpha}{2}}$ 수치보다 작으면, 또는 U'이 $w_{1-\frac{\alpha}{2}}$ 수치보다 크면, 유의수준 α로써 귀무가설을 기각할 수 있다. 여기서 제시되지 않은 $w_{1-\frac{\alpha}{2}}$ 수치는 부표 7의 $w_{\frac{\alpha}{2}}$ 수치로부터

$$w_{1-\frac{\alpha}{2}} = n_1 n_2 - w_{\frac{\alpha}{2}}$$

의 관계에 의해 구한다. 부표 7의 수치 $x(p)$는 $\Pr(U < x) \le p$가 성립되는 최대치이다(어떤 책에는 $\Pr(U \le x) \le p$인 부표가 제시된 경우가 있으며, 이때는 같거나 작을 때 기각하게 된다).

4') 단측검정 (가)의 경우

U의 값이 부표 7의 w_{α} 수치보다 작으면 유의수준 α로써 귀무가설을 기각할 수 있다.

4") 단측검정 (나)의 경우

U'의 값이 부표 7의 $w_{1-\alpha}$ 수치보다 크면 유의수준 α로써 귀무가설을 기각할 수 있다. 여기서 제시되지 않은 $w_{1-\alpha}$ 수치는 부표 7의 w_{α} 수치로부터

$$w_{1-\alpha} = n_1 n_2 - w_{\alpha}$$

의 관계에 의해 구한다.

두 처리 사이에 차이가 없다는 귀무가설은 다시 말하면 처리효과를 나타내는 측정값의 분포가 서로 동일하다는 것을 뜻한다.

예제 13.3

신장(kidney)에서 박테리아 감염의 영향을 알아보기 위해서 신장질환이 있는 10세 어린이 5명과 질환이 없는 10세 어린이 9명의 신장을 촬영한 X선 필름에서 우측상부 pole calyx와 척추 사이의 거리(단위 : mm)를 측정하여 다음과 같은 결과를 얻었다. 신장에 질환이 생기면 pole calyx

와 척추 사이의 거리가 줄어든다고 말할 수 있는지를 알아보고자 한다.

표 13.1 우측상단 pole calyx와 척추 사이의 거리(mm)

신장질환이 있을 때(1군)	질환이 없을 때(2군)
10	18
13	22
14	23
15	24
22	25
	27
	27
	31
	34

귀무가설 H_0 : pole calyx와 척추 사이의 거리는 신장이 정상일 때와 질환이 있을 때와는 차이가 없다.

대립가설 H_1 : 신장에 질환이 생기면 pole calyx와 척추 사이의 거리는 줄어든다.

위의 가설은 단측검정 (가)에 해당하는 가설이다.

1. 두 표본을 혼합해서 14개의 측정값에 작은 것부터 시작하여 크기순으로 순위를 매긴다. 동순위(tie)를 이루는 측정값에는 순위 6, 7 대신에 각각 평균순위 6.5를 매긴다. 측정값의 혼합표본 순위는 표 13.2와 같다.

표 13.2 혼합표본으로부터 구한 거리의 순위

신장질환이 있을 때(1군)	질환이 없을 때(2군)
1	5
2	6.5
3	8
4	9
6.5	10
	11.5
	11.5
	13
	14

2. 첫 번째 표본의 순위합 R_1과 두 번째 표본의 순위합 R_2를 구한다.

   R_1 : $1+2+3+4+6.5=16.5$

   R_2 : $5+6.5+8+9+10+11.5+11.5+13+14=88.5$

3. 순위합 R_1과 R_2를 이용하여 통계량 U를 구하면

   $$U=(5)\,(9)+\frac{(5)(6)}{2}-16.5=43.5$$

$$U=(5)(9)+\frac{(9)(10)}{2}-88.5=1.5$$

이며 두 개의 값 중에서 작은 쪽을 검정통계량으로 써야 하므로 $U=1.5$ ($U'=43.5$)이다. 이때 $U+U'=45$, $n_1n_2=45$로 $U+U'=n_1n_2$가 성립함을 알 수 있다.

4. $n_1=5$, $n_2=9$이므로 유의수준 1%로 단측검정을 할 때, 부표 7의 $w_\alpha=6$이다. 위에서 구한 U가 6보다 작으므로 유의수준 0.01로써 귀무가설을 기각할 수 있다. 즉, 박테리아 감염으로 신장질환이 생기면 정상일 때보다 pole calyx와 척추 사이의 거리가 줄어든다고 말할 수 있다.

표본크기가 클 때 정규근사

n_1이나 n_2가 20보다 크면 부표 7을 사용할 수가 없다. 표본크기가 크면 검정통계량의 정규근사(正規近似)를 사용하여 검정한다. 귀무가설 하에서의 R_1의 평균과 분산은 다음과 같다.

▌표본크기가 클 때의 정규근사

귀무가설 H_0 하에서

$$E(R_1)=\frac{n_1(n_1+n_2+1)}{2},\quad \mathrm{Var}(R_1)=\frac{n_1n_2(n_1+n_2+1)}{12}$$

따라서, 정규근사는 다음과 같다.

$$Z=\frac{R_1-E(R_1)}{\sqrt{\mathrm{Var}(R_1)}}\div N(0,1)$$

측정값에 동점(tie)이 있는 경우에는 위의 분산 $\mathrm{Var}(R_1)$에서 다음과 같이 수정항을 빼주어야 한다.

$$\mathrm{Var}(R_1)=\frac{n_1n_2(n_1+n_2+1)}{12}\left[1-\frac{\sum_{j=1}^{l}t_j^3-\sum_{j=1}^{l}t_j}{(n_1+n_2)\{(n_1+n_2)^2-1\}}\right]$$

단, l =동점이 된 경우의 수

$t_j=j$번째 동점에서 동점인 측정값의 개수이다.

13.3 Wilcoxon의 부호순위 검정

쌍을 이루는 두 측정값으로부터 두 처리 사이에 차이가 없다는 귀무가설을 검정하는 비모수적 방법으로는 **Wilcoxon의 부호순위 검정법**이 있으며, 이러한 종류의 자료는 여러 경우에서 쉽게 찾아볼 수 있다. 흔한 예로서는 일반적으로 전과 후의 수치로 일컬어지는, 동일 개체에게서 치료나 실험을 실시하기 전과 실험 후에 측정한 수치가 있으며, 비만한 사람을 대상으로 하는 식이요법의 실시 전과 실시 후의 수치가 이에 속한다. 또한 자연적으로 형성된 한 쌍의 자료, 예를 들어서 형제(siblings) 또는 동일 어미 동물에게서 출생한 새끼들(litter)로부터의 수치가 이에 속한다. 이러한 전과 후 또는 한 쌍의 자료로부터 분석의 관심은 쌍을 이루는 두 수치 사이에 차이가 있느냐는 것이며, 차이의 크기가 충분히 큰 경우에는 전과 후 시점의 효과가 서로 다르다고 또는 쌍의 수치가 유의하게 다르다고 결론내리게 된다.

전수치를 x_i로, 후수치를 y_i로 표시한다. Wilcoxon의 부호순위 검정법을 사용할 때 요구되는 가정과 가설은 다음과 같다.

Wilcoxon의 부호순위 검정의 가정

1. 독립된 n개의 차 $d_i = x_i - y_i$로 구성된 확률표본 자료가 있다. 각 (x_i, y_i) 자료는 동일 개체에서 측정되었거나 한 쌍으로부터의 자료이다.
2. 차는 연속 또는 적어도 순위변수이다.
3. 차의 모집단 분포는 미지의 중앙값 M_D를 중심으로 대칭이다.

Wilcoxon의 부호순위 검정법의 가설

양측검정 :

$$H_0 : M_D = 0$$
$$H_1 : M_D \neq 0$$

단측검정 (가) :

$$H_0 : M_D \geq 0$$
$$H_1 : M_D < 0$$

단측검정 (나) :

$$H_0 : M_D \le 0$$
$$H_1 : M_D > 0$$

Wilcoxon의 부호순위 검정 절차

1) 독립된 n쌍의 자료 (x_i, y_i), $(i = 1, \cdots, n)$로부터 부호붙은 차

$$d_i = x_i - y_i$$

를 구한다. $x_i = y_i$인 자료는 제외시키며, 따라서 표본크기 n이 줄게 된다. 앞으로 표본크기 n이라 언급할 때는, $d_i = 0$인 자료의 개수를 뺀 실질적인 표본크기를 말한다.

2) 차의 절댓값

$$| d_i | = | x_i - y_i |$$

에 순위를 매긴다. (작은 값이 먼저이고, 큰 값이 나중에 오도록) 몇 개의 $| d_i |$가 동순위를 이루면 각각에 평균순위를 부여한다. 이제 매겨진 순위에 해당하는 $d_i = x_i - y_i$의 부호를 덧붙여 부호순위(signed rank)를 만든다.

3)
$$T^+ = \text{양의 부호가 붙은 순위합}$$
$$T^- = \text{음의 부호가 붙은 순위합}$$

을 구한다. T^+와 T^-가 서로 비슷하다면 귀무가설이 옳음을 뜻하며, T^+나 또는 T^-가 매우 작은 경우에는 귀무가설을 기각하게 된다. 따라서 T^+와 T^- 중에서 작은 것을 검정통계량으로 사용하며 이를 T^0로 표시한다.

4) 양측검정의 경우

T^0가 부표 8의 n과 정해진 $\frac{\alpha}{2}$에 해당하는 부표의 T보다 작거나 같으면 유의수준 α로써 귀무가설을 기각할 수 있다.

4') 단측검정 (가)의 경우

T^+가 부표 8의 n과 정해진 α에 해당하는 부표의 T보다 작거나 같으면 유의

수준 α로써 귀무가설을 기각할 수 있다. 부표에는 $\alpha = 0.05$인 경우 가장 큰 기각 T 수치 옆에 별표(*)를 붙여 놓았다.

4") 단측검정 (나)의 경우

T^-가 부표 8의 n과 정해진 α에 해당하는 부표의 T보다 작거나 같으면 유의수준 α로써 귀무가설을 기각할 수 있다. 부표에는 $\alpha = 0.05$인 경우 가장 작을 수 있는 T 수치 옆에 별표(*)를 붙여 놓았다.

예제 13.4

불소(flouride)를 첨가한 치약이 충치 예방에 효과가 있는가를 알아보기 위해서 13쌍의 어린이를 상대로 실험하였다. 이때 짝을 이루는 두 어린이는 사회계층, 연령, 성별 및 구강위생 평점에 관해서 거의 같으며, 실험 기간 중에 이를 닦는 빈도가 같도록 지시되었다. 두 어린이 중에서 임의로 한 명을 뽑아서 불소 치약을, 나머지 한 명에게는 보통 치약을 쓰게 하였다. 3년 후에 새로 생긴 공동(cavity)의 수를 조사하여 다음과 같이 결과를 얻었다. 불소 치약의 효과에 대해서 검정하고자 한다.

표 13.3 부호순위합의 계산

짝의 번호	보통 치약(x_i)	불소 치약(y_i)	$x_i - y_i$	$\mid x_i - y_i \mid$의 순위	부호순위
1	9	6	3	4	4
2	10	7	3	4	4
3	4	3	1	1.5	1.5
4	19	19	0	–	–
5	13	4	9	9	9
6	12	12	0	–	–
7	8	2	6	7	7
8	0	0	0	–	–
9	13	16	−3	4	−4
10	6	7	−1	1.5	−1.5
11	12	5	7	8	8
12	5	0	5	6	6
13	7	7	0	–	–

보통 치약을 사용했을 때의 공동의 증가수의 분포형태가 치우쳐 있고(skewed), 계수치(counted value)인 점을 고려하여 비모수적인 방법으로 검정하기로 한다.

귀무가설 H_0 : 충치를 예방하는데 불소 치약과 보통 치약 사이에 아무런 차이가 없다.

대립가설 H_1 : 불소 치약이 더 효과적이다.

위의 가설은 단측검정 (나)에 해당하는 가설이다.

1. 독립된 13쌍 자료 (x_i, y_i) ($i=1$, ⋯, 13)으로부터

$$d_i = x_i - y_i$$

를 구한다. $x_i = y_i$인 자료가 4쌍이 되며 이러한 자료는 제외시키게 되므로 9쌍의 자료로써 검정한다.

2. 차의 절댓값

$$|d_i| = |x_i - y_i|$$

에 순위를 매긴다. 몇 개의 $|d_i|$가 동순위를 이루면 각각에 평균순위를 부여한다. 1번과 2번이 같아서 각각 평균 1.5, 1.5를 부여하고 다음 순위는 3에서 시작한다. 그리고 위에서 매긴 순위에 해당하는 $d_i = x_i - y_i$의 부호순위(signed rank)를 만든다.

3. T^+와 T^-를 구한다.

$$T^+ = 4+4+1.5+9+7+8+6 = 39.5$$
$$T^- = 4+1.5 = 5.5$$

4. 단측검정 (나)의 경우

부표 8의 $n=9$와 $\alpha=0.05$에 해당하는 $T=8$이다. $T^- = 5.5 < 8$이므로 유의수준 0.05로써 귀무가설을 기각할 수 있다. 즉, 불소 치약은 충치예방에 효과가 있다고 생각된다.

표본크기가 클 때 정규근사

n이 30보다 크면 부표 8을 사용할 수가 없다. 표본크기가 크면 검정통계량의 정규근사를 사용하여 검정한다. T^O의 평균과 분산은 다음과 같다.

▌표본크기가 클 때의 정규근사

귀무가설 하에서는

$$E(T^O) = \frac{n(n+1)}{4}, \quad \mathrm{Var}(T^O) = \frac{n(n+1)(2n+1)}{24}$$

따라서 정규근사는 다음과 같다.

$$Z = \frac{T^O - n(n+1)/4}{\sqrt{n(n+1)(2n+1)/24}} \doteq N(0,1)$$

측정값에 동점(tie)가 있는 경우에는 위의 분산 Var(T^O)에서 다음과 같이 수정항을 빼주어야 한다. 앞에서 언급했듯이 여기서 n은 $d_i=\ 0$인 자료의 개수를 뺀 표본크기이다.

$$\mathrm{Var}(T^O) = \frac{n(n+1)(2n+1)}{24} - \frac{1}{48}\sum_{j=1}^{l}(t_j^3 - t_j)$$

단, l = 동점이 된 경우의 수

$t_j = j$번째 동점에서 동점인 측정값의 개수이다.

13.4 Kruskal-Wallis의 검정

9장의 일원배치법에서는 분산분석표를 만들어 k개의 모평균이 같다는 귀무가설 H_0 : $\mu_1 = \mu_2 = \cdots = \mu_k$을 검정하였다. 그런데 분산분석법의 전제 조건이 충족되지 않을 때, 즉 표본을 모집단의 분포가 정규분포가 아니거나, 여러 모집단 분산이 동일하지 않거나, 측정값이 순위로만 구성되어 있을 때는 비모수적 검정법으로 k개의 모평균을 비교하게 된다. 이 목적에 가장 많이 쓰이는 비모수적 검정법은 **Kruskal-Wallis의 검정법**이다. 이는 k개의 분포의 위치가 동일하다는 귀무가설을 검정하며, 특히 두 군의 경우에는 앞에서 설명한 Wilcoxon의 순위합 검정법과 동일하다.

Kruskal-Wallis의 검정법을 사용할 때 요구되는 가정과 가설은 다음과 같다.

▌Kruskal-Wallis의 검정의 가정

1. 표본크기가 각각 $n_1, n_2, \cdots, n_k$인 k개의 독립된 표본으로부터의 자료가 있으며, 각 표본의 n_i개 자료는 또한 서로 독립이다.
2. 측정변수는 연속 또는 적어도 순위변수이다.
3. 여러 모집단 분포는 서로 동일하며 만약 차이가 있다면 위치의 차이만이 있다.

▌Kruskal-Wallis의 검정법의 가설

H_0 : k개 모집단의 분포는 서로 동일하다.

H_1 : k개 모집단의 분포는 모두 동일하지는 않다.

가정 3에서 여러 모집단 분포는 위치만이 차이가 있을 수 있으므로 이 가설은 다음과 같이 표현될 수 있다.

> H_0 : k개 모집단의 분포는 서로 동일한 중앙값을 가지고 있다.
> H_1 : k개 모집단의 분포는 서로 동일한 중앙값을 가지고 있지 않다.

각 군의 표본크기가 서로 비슷하다면 Wilcoxon의 순위합 검정에서와 마찬가지로 귀무가설 하에서는 k개의 순위합이, 여기서 각 순위합은 각 군에 속하는 관측치의 순위를 합한 것일 때, 순위합이 서로 비슷할 것임을 이용하여 검정한다. 그러나 표본크기가 서로 다를 수 있으므로 이때 각 군의 표본수가 다름을 조정해 주어야 하며 표본수의 **역수(reciprocal)**를 **가중(weight)**으로 사용한다. 즉, Kruskal-Wallis의 검정통계량은 여러 순위합이 서로 다른 정도를 나타내는 통계량으로서 측정값으로부터의 순위합과 귀무가설 하에서 기대순위합과의 차의 제곱을 가중시켜(weighted) 합한 것이다.

Kruskal-Wallis의 검정절차

1) k개의 표본크기가 각각 $n_1, n_2, \cdots, n_k$일 때 전체를 혼합해서 작은 측정값으로부터 시작하여 크기순으로 1에서 $N=\sum_{i=1}^{k} n_i$까지의 순위를 매긴다. 몇 개의 측정값이 동순위를 이루면 각각에 평균순위를 부여한다.

2) 각 표본에 속한 측정값들에 해당하는 순위합 $R_1, R_2, \cdots, R_k$를 구한다.

3) 검정통계량

$$H=\frac{12}{N(N+1)}\sum_{i=1}^{k}\frac{1}{n_i}\left(R_i-\frac{n_i(N+1)}{2}\right)^2$$
$$=\frac{12}{N(N+1)}\sum_{i=1}^{k}\frac{R_i^2}{n_i}-3(N+1)$$

을 구한다. 두 번째 식이 계산에서 더욱 편리하다. 관측값에 동점이 있을 때는 검정통계량 H는 다음과 같이 수정되어야 한다. 즉,

$$H^* = \frac{H}{1 - \sum_{j=1}^{l} t_j (t_j^2 - 1) / \{N(N^2 - 1)\}}$$

단, l = 동점이 된 경우의 수

$t_j = j$ 번째 동점에서 측정값의 개수이다.

4) 통계적 결정은 특히 $k = 3$이고 세 표본크기가 모두 5 이하인 경우에는 부표 9를 사용하여 결정한다. H(또는 H^*)의 값이 부표의 값과 같거나 또는 크게 되면 부표에 제시된 α 수준으로 귀무가설을 기각하게 된다. 부표를 사용할 수 없는 경우에는, 즉 $k = 4$ 이상이거나 또는 k개의 표본 중에서 어느 하나라도 표본크기가 6 이상이면 H(또는 H^*)가 근사적으로 자유도 $k-1$의 χ^2 분포함을 이용하여 검정한다. 즉, H(또는 H^*)의 값이 자유도 $k-1$의 χ^2 분포표의 값보다 클 때 귀무가설을 기각하게 된다.

예제 13.5

쥐의 뇌 혈소판 세로토닌 수준에 있어서 LSD와 MLAB의 효과를 알아보기 위해서 쥐를 세 그룹으로 나누어 실험하였다. 약제를 투여한 후 일정 기간 후 쥐의 뇌 세로토닌을 측정하여 다음의 자료를 얻었다. 세 군을 비교하여라.

표 13.4 **뇌 세로토닌 수치 (단위 : *nanogram/g*)**

대조군	LSD, 0.5 mg/kg	MLAB, 0.5 mg/kg
340(2)	294	263
340(2)	325(1)	309
356(3)	325(1)	340(2)
386(5)	340(2)	356(3)
386(5)	356(3)	371(4)
402(6)	371(4)	371(4)
402(6)	385	402(6)
417(7)	402(6)	417(7)
433		
495		
557		

(괄호 속의 같은 숫자는 동순위를 표시함)

가설은 다음과 같다.

H_0 : 뇌 세로토닌은 세 집단 간에 차이가 없다.
(세 모집단의 중앙값은 동일하다)

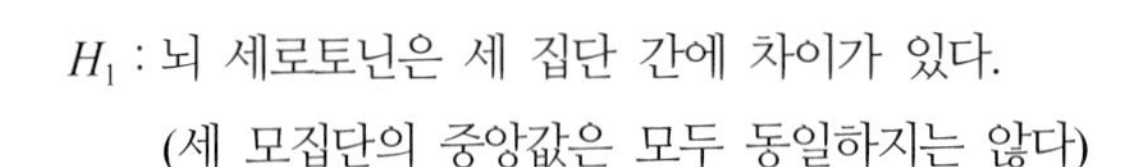

H_1 : 뇌 세로토닌은 세 집단 간에 차이가 있다.
(세 모집단의 중앙값은 모두 동일하지는 않다)

1. 세 표본($n_1 = 11,\ n_2 = 8,\ n_3 = 8$)을 혼합하여 $N = 27$개의 측정값에 순위를 매겨 표 13.5를 얻는다. 동순위(tie)를 이루는 측정값에는 평균순위를 부여한다.

2. 각 표본의 순위합 $R_1 = 203.5,\ R_2 = 80.0,\ R_3 = 94.5$를 구한다.

3. 검정통계량 H를 구하면

$$H = \frac{12}{27 \times 28}\left[\frac{(203.5)^2}{11} + \frac{(80.0)^2}{8} + \frac{(94.5)^2}{8}\right] - 3 \times 28 = 6.1751$$

동점에 대해서 수정된 검정통계량 H^*는 $l = 7,\ t_1 = 2,\ t_2 = 4,\ t_3 = 3,\ t_4 = 3, t_5 = 2, t_6 = 4,$ $t_7 = 2$이므로

$$H^* = \frac{6.1751}{1 - \frac{1}{27(27^2 - 1)}[(2)(3) + (4)(15) + (3)(8) + (3)(8) + (2)(3) + (4)(15) + (2)(3)]}$$
$$= 6.2341$$

이 된다. 위의 H보다 약간 크다.

4. $k = 3$이므로 자유도는 2이다. 한편 표에서 $\chi^2_{0.95}(2) = 5.991$이므로 $H^* > \chi^2_{0.95}(2)$이다. 따라서 귀무가설을 유의수준 5%에서 기각할 수 있다. 표 13.5에 제시된 평균순위를 살펴보면 두 약제 군의 평균순위는 대조군의 것보다 낮다. 즉, LSD와 MLAB는 효과가 있다.

표 13.5 **뇌 세로토닌 수치의 순위**

	대조군	LSD, 0.5 mg/kg	MLAB, 0.5 mg/kg
	7.5	2	1
	7.5	4.5	3
	11	4.5	7.5
	17.5	7.5	11
	17.5	11	14
	20.5	14	14
	20.5	16	20.5
	23.5	20.5	23.5
	25		
	26		
	27		
순위합	$R_1 = 203.5$	$R_2 = 80.0$	$R_3 = 94.5$
표본 평균순위	18.5	10.0	11.8

13.5 순위상관계수

10장에서 두 변수 사이의 선형 관련성 정도를 나타내는 선형 상관계수를 설명하였는데, 이때 다룬 측정값들은 연속변수였었다. 그러나 두 변수 X, Y가 모두 순위변수일 때 X, Y 사이의 관련성 정도를 나타내는 척도로는 순위상관계수가 있다. 이제 여러 순위상관계수 중에서 가장 널리 알려져 있는 **Spearman의 순위상관계수** r_s에 대해 설명한다. r_s를 구하는 과정과 검정순서는 다음과 같다.

Spearman의 순위상관계수와 검정순서

1) 자료 $x_1, x_2, \cdots, x_n$에 순위를 매긴다.
2) 자료 $y_1, y_2, \cdots, y_n$에 순위를 매긴다.
3) x_i의 순위와 y_i의 순위의 차 d_i를 구한다.
4) d_i의 제곱의 합 $\sum d_i^2$을 구한다.
5) 다음 수식에 의해 r_s를 계산한다.

$$r_s = 1 - \frac{6\sum d_i^2}{n^3 - n}$$

6) 순위상관계수에 대한 가설은

$$H_0 : \rho_s = 0$$
$$H_1 : \rho_s \neq 0$$

이다. r_s가 부표 10의 값과 비교하여 크면 기각한다.

표본의 크기가 크면($n > 20$) 귀무가설 하에서 표본순위상관계수 r_s가 근사적으로 $N(0,\ 1/(n-1))$ 함을 이용하여 검정한다. 다시 말하면 $Z = r_s\sqrt{n-1}$은 표준정규분포 $N(0,\ 1)$에 따름을 이용하여 검정한다.

예제 13.6

연령과 EEG(뇌전도 : electroencephalogram) 사이의 관계를 알아보기 위하여 20~60세 남자 20명을 대상으로 EEG상의 소견을 평점(score)하였다. EEG 평점과 연령과의 상관계수를 구하고 그 유의성을 검정하여라($\alpha = 0.01$).

표 13.5 순위상관계수의 계산

개인번호	연 령	평 점	순위(연령)	순위(평점)	d_i	d_i^2
1	20	98	1	18	-17	289
2	21	75	2	15	-13	169
3	22	95	3	17	-14	196
4	24	100	4	20	-16	256
5	27	99	5	19	-14	196
6	30	65	6	7	-1	1
7	31	64	7	6	1	1
8	33	70	8	12	-4	16
9	35	85	9	16	-7	49
10	38	74	10	14	-4	16
11	40	68	11	10	1	1
12	42	66	12	8	4	16
13	44	71	13	13	0	0
14	46	62	14	4	10	100
15	48	69	15	11	4	16
16	51	54	16	2	14	196
17	53	63	17	5	12	144
18	55	52	18	1	17	289
19	58	67	19	9	10	100
20	60	55	20	3	17	289
						$\sum d_i^2 = 2340$

연령과 평점의 각각을 순위를 매기고 d_i, d_i^2과 $\sum d_i^2$을 구하여 표의 우측에 제시하였다. 따라서 순위상관계수는 다음과 같다.

$$r_s = 1 - \frac{6(2340)}{20(20^2-1)} = -0.76$$

이제 관련성에 대해 검정해 본다. 가설은 다음과 같다.

H_0 : EEG 평점과 연령은 통계적으로 독립이다. 즉, $\rho_s = 0$이다.

H_1 : EEG 평점은 연령이 높아짐에 따라 감소하는 경향이 있다. 즉, $\rho_s < 0$이다.

귀무가설이 참일 때 r_s의 표본분포는 근사적으로 평균이 0이고, 표준편차가 $\frac{1}{\sqrt{n-1}}$인 정규분포를 하게 되므로, 검정통계량은 $z = r_s\sqrt{n-1}$이다.

$$z = -0.76\sqrt{20-1} = -3.313$$

유의수준 1%에서 단측검정을 할 때 귀무가설을 기각할 수 있는 기각역은 $Z \le z_{.01} = -2.326$이다.

자료로부터 구한 z의 값은 기각역에 포함되므로 귀무가설은 기각하고 대립가설을 주장할 수 있다. 즉, 연령이 높아짐에 따라 EEG 평점은 감소하는 경향이 있다.

연습문제

01 촌충에 감염된 20마리의 양을 랜덤하게 두 군으로 나누었다. 첫째 군에는 아무런 치료를 하지 않고, 둘째 군에는 약물치료를 하여 3개월 후 위 속에 있는 촌충수를 세었다. 촌충치료에 약의 효과가 있다고 할 수 있는지를 검정하여라.

대조군	40	54	26	63	21	37	39	49	31	58
약물치료군	18	43	28	50	16	32	13	22	40	39

02 건강인 20명과 입원환자 15명으로부터 혈청 아밀라제(serum amylase, 단위 : ml)를 측정하여 두 집단간의 혈청 아밀라제의 양을 비교하려고 한다. 측정된 자료는 다음과 같다.

건강인	155.38	62.31	124.97	147.62	87.10	98.53	146.47	183.44
	117.49	190.13	109.21	90.27	176.72	63.32	183.81	70.14
	63.73	176.87	134.57	46.39				
입원환자	103.20	101.29	108.24	97.95	81.89	95.87	86.25	99.98
	84.70	80.20	111.50	103.92	99.81	90.67	109.09	

(1) 위의 자료로부터 두 집단의 혈청 아밀라제 양이 다르다고 할 수 있는지를 비모수적 방법으로 검정하여라. ($\alpha = 0.05$)

(2) 모수적 방법과 비모수적 방법 중에서 이 자료의 분석에 어떠한 방법이 더욱 적절하며, 그 이유를 설명하여라.

03 다음은 쇼크로 응급실에 실려온 환자의 병원도착 시 측정한 1분당 심장박동수 자료이다.

사망군	102	122	106	140	82	175	135	78	53	110		
퇴원군	95	76	81	97	74	86	81	98	100	84	102	90

(1) 병원에서 사망한 환자군과 완치되어 퇴원한 환자군의 심장 박동수에 차이가 있는가를 비모수적 방법으로 검정하여라.

(2) 비모수적 방법이 이 자료의 분석에 적절하다면 그 이유를 설명하여라.

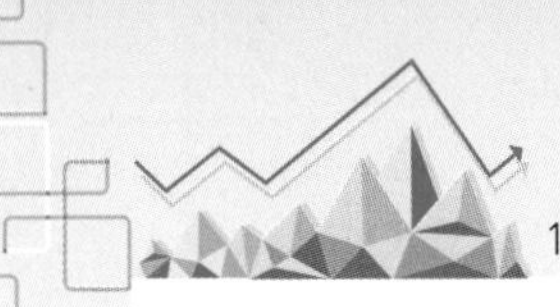

04 한 병원에서 여성들이 사체 해부를 실시한 결과 다음과 같은 좌, 우측 콩팥 무게(단위 : g)에 대한 자료를 얻었다. 이 자료로부터 여성들의 콩팥 무게는 좌, 우측이 다르다고 할 수 있는가를 검정하여라.

번 호	좌 측	우 측
1	170	150
2	155	145
3	140	105
4	115	100
5	235	222
6	125	115
7	130	120
8	145	105
9	105	125
10	145	135
11	155	150
12	110	125
13	140	150
14	145	140
15	120	90
16	130	120
17	105	100
18	95	100
19	100	90
20	125	125

05 18마리의 토끼에게 진통제를 투여하기 전과 투여 후 2시간의 혈당 수준(단위 : mg/kg)은 다음과 같다. 진통제 투여가 혈당 수준에 미치는 영향을 Wilcoxon의 부호순위 검정법으로 알아보아라.

토 끼	1	2	3	4	5	6	7	8	9	10	11	12	13	14	15	16	17	18
투여전	158	119	122	89	111	135	138	122	127	127	137	120	118	126	134	134	125	124
투여후	206	134	204	105	96	171	212	134	177	136	137	117	127	140	153	147	131	131

06 새로 개발된 신경안정제의 효과를 평가하기 위해서 신경증 환자 10명을 대상으로 임상시험을 실시하였다. 2주의 시험기간 중 한 주에는 이 약을, 다른 주에는 가짜약을 투여했는데, 그 순서는 환자마다 랜덤하게 정하였다. 주말마다 질문 표에 의한 조사 결과를 근거로 'anxiety score'(0에서 30까지이며, 높은 점수는 불안상태를 나타냄)를 매겼다. 그 결과는 다음과 같다. 이 신경안정제의 효과가 인정되는가를 Wilcoxon의 부호순위 검정법으로 알아보아라.

환 자	Anxiety score	
	신경안정제	플라시보
1	19	22
2	11	18
3	14	17
4	17	19
5	23	22
6	11	12
7	15	14
8	19	11
9	11	19
10	8	7

07 당뇨병환자 15명을 대상으로 투약 이전과 2시간 이후의 혈당량을 측정하여 다음과 같은 결과를 얻었다. 이 약을 투여하면 혈당량이 낮아지는가를 검정하여라($\alpha = 0.05$).

환자번호	혈당량	
	투여전	투여후
1	174	168
2	157	159
3	135	130
4	102	105
5	144	140
6	132	135
7	131	122
8	112	112
9	194	180
10	144	135

환자번호	혈당량	
	투여전	투여후
11	108	110
12	224	198
13	192	180
14	187	189
15	137	139

08 6명의 건강한 어린이와 7명의 소아지방변증(celiac disease) 환자를 랜덤추출하여 alkaline phosphatase의 합성(단위 : mU/μgDNA)을 측정하여 다음 결과를 얻었다. 두 그룹 사이에 차이가 있는가를 검정하여라.

건강한 어린이	0.46	0.46	0.56	0.42	0.51	0.77	
지방변증 어린이	1.60	0.77	0.80	1.62	1.32	1.10	0.75

09 세 종류의 진통제의 효과를 비교하기 위해서 두통의 경험이 있는 22명의 여자 사무직원을 세 군으로 나누고, 2주 동안 한 가지 약을 먹도록 하였다. 이 기간 중의 두통 지속시간의 평균치를 분 단위로 적은 결과는 다음과 같다. 약효에 차이가 있다고 인정되는가를 Kruskal-Wallis의 검정을 사용하여 유의수준 1%로 검정하여라.

상표 A_1	상표 A_2	상표 A_3
5.3	6.3	2.4
4.2	8.4	3.1
3.7	9.3	3.7
7.2	6.5	4.1
6.0	7.7	2.5
4.8	8.2	1.7
	9.5	5.3
		4.5
		1.3

10 다음 자료에 Kruskal-Wallis의 검정을 하여라.

A_1	A_2	A_3
127	16	140
16	14	184
19	3	176
24	3	64
100	36	161
47	42	98
81		121
29		

11 총 7매의 방사선 촬영사진을 두 명의 의사가 판독하여 증세가 심하다고 생각되는 순으로 순위를 매겼다. 두 의사가 매긴 순위는 다음과 같이 서로 정반대로 나타났다. 순위상관계수를 구하여 그 값이 -1이 됨을 보여라.

X선 필름	A	B	C	D	E	F	G
의사 X	2	7	1	3	5	6	4
의사 Y	6	1	7	5	3	2	4

12 Psychosis Intensity와 Plasma Amphetamine에 관한 다음 자료의 순위상관계수를 구하여라.

환자번호	Psychosis Intensity(평점)	Plasma Amphetamine(mg/ml)
1	15	150
2	40	100
3	45	200
4	30	250
5	55	250
6	30	500

13 다음 자료는 15개의 임의로 뽑힌 지역에 관해서 인구 밀도와 연령에 대해 정정된(age-adjusted) 사망률을 조사하여 순위를 매긴 것이다. 인구 밀도와 사망률은 통계적으로 독립적이라고 말할 수 있는가를 유의수준 5%로 검정하여라.

지역번호	인구 밀도 순위(x)	연령-정정 사망률 순위(y)
1	8	10
2	2	14
3	12	4
4	4	15
5	9	11
6	3	1
7	10	12
8	5	7
9	6	8
10	14	5
11	7	6
12	1	2
13	13	9
14	15	3
15	11	13

14장 생존분석

14.1 생존분석 자료

이제까지는 정량적(quantitative) 또는 정성적(qualitative) 자료의 분석법에 대해 배웠다. 이러한 자료와 구별되는 자료가 생존분석 자료이며, 이러한 자료의 분석법 또한 매우 다르다.

생존분석 자료는 어떤 정해진 시작점으로부터 사건의 발생 시점까지, 예를 들어서 수술 또는 치료의 시작부터 사망이란 사건이 발생한 시점까지의 기간으로 구성되어 있으며, 이 기간을 **생존기간** 또는 **생존시간(survival time)**이라 한다. 한 군에 속한 개체들의 생존시간을 분석하여 그 군의 생존경험을 요약하는 방법을 **생존분석**이라 한다. 사망이 아닌 증상의 발현이나 재발과 같이 사망과는 전혀 다른 사건을 선택한 경우에도, 예를 들어, 배가 출항을 시작한 후에 구토하기까지를 선택한 경우에도 그 분석방법이 동일하므로, 우리는 일반적으로 간단히 생존시간이라 일컫는다.

이와 같이 소개한 생존시간은 앞에서 배운 정량적인 자료에 대한 여러 분석법에 의해 분석될 수 있다는 생각이 들겠지만, 생존자료의 특징 때문에 이러한 분석법의 적용이 불가능한데, 생존자료의 특징은 어떤 개체들의 사망은 오랜 기간을 지켜보아도 관측되지 못하는 현실때문이다. 이와 같은 개체들은 연구마감까지 생존해 있었음을 알 뿐이며 정확한 사망시점은 알 수가 없다. 또한 어떤 개체들은 연구 도중 여러 가지 이유로, 예를 들어서 이민, 사고 등으로 **탈락(withdraw)**하여 어떤 시점 이상의 자료가 수집되지 못한다. 이들의 생존시간은 **절단(censored)**되었다고 표현한다. 따라서 **생존분석 자료**는 정량적 자료인 생존시간과 정성

적 자료인 사망 또는 생존의 여부로 구성되어 있다.

만약 모든 개체들이 똑같은 기간동안 추적(follow-up)되었다면 비록 **절단자료(censored data)**가 있다 하더라도 생존시간의 순위를 이용한 비모수적방법으로, 즉 모든 절단자료에 최고의 순위를 동일하게 부여함으로써 분석할 수도 있겠다. 그러나 대부분의 개체들은 같은 날에 수술 또는 치료를 받을 수 없으므로 각 개체들의 추적기간이 자연히 서로 다를 수밖에 없으며, 따라서 비모수적 방법으로 분석함도 옳지 않고, 이 장에서 설명하는 생존분석법을 적용해야 한다. 생존분석법이 요구되는 예는 다음과 같다. 그러나 자세한 수치자료는 제시하지 않으며 필요한 경우 인용문헌을 참고하기 바란다.

예제 14.1

바다항해 중의 배멀미를 예측하기 위한 한 연구가 진행되었다. 연구대상자들을 조그만 칸막이에 앉도록 한 후, 칸막이 아래 설치한 수압으로 움직이는 피스톤(piston)에 의해 바다의 기복(heave)으로 표현되는 수직적인 움직임을 2시간동안 대상자들이 경험토록 하였다. 이 연구에서 관심의 사건은 구토이며, 생존시간은 2시간 이내에 관측된 구토하기까지의 시간이다. 간혹 대상자가 구토하지 않았는데도 불구하고 칸막이에서 내려오기를 청한 경우도 있고, 몇명은 연구마감으로 정해놓은 2시간을 구토하지 않고 잘 견디어 내어, 이들의 경우 구토하기까지의 시점을 관찰할 수 없었으므로 이러한 대상자들의 생존시간은 절단된(censored) 자료에 해당한다. 총 21명의 대상자에게 실시한 실험으로부터 표본의 몇 %가, 예를 들어서 절반이, 구토하지 않고서 견딜 수 있었는지를 알고자 하며, 또한 50% 생존율에 해당하는 생존시간을 추정하고자 한다(자료출처 : Burns, 1984).

예제 14.2

두 치료의, 또는 여러 치료의 효과를 비교하고자 하는 경우는 매우 많다. 위암환자의 경우 화학요법과 동시에 방사선치료를 받은 45명의 환자군과 화학요법만을 받은 45명의 두 환자군의 생존경험을 자료에 근거하여 비교하고자 한다(자료출처 : Carter 등, 1983).

예제 14.3

어떤 약제의 효과에 대해서 논란이 많은 경우 종종 여러 국가의 병원들이 공동참여하는 이중눈가림법(double blind trial)에 의해 대규모 랜덤화 임상시험(multi-center randomiged clinical trials)이 계획되고 실시된다. 그 한 예가 초기 담즙선 간경변(biliary cirrhosis) 치료에 사용되는 아자티오프린 약제에 대한 연구였으며, 연구에 참여키로 동의한 총 216명의 환자를 랜덤하게 두 군으로 나누어 한 군은 약제를, 다른 군은 가짜약(placebo)을 일정 기간 복용토록 하였다. 약제의 효

과는 생존율로 평가한다. 두 군의 환자들은 여러 변수에서 서로 달랐으므로 생존율만의 비교로 약제의 효과를 판단하는 것은 옳지 않으며, 생존과 관련되었다고 짐작되는 변수들, 즉 연령, 혈청 빌리루빈, 혈청알부민, 간경화 여부, 담즙분비의 정지 여부의 차이를 감안하여 생존율을 비교해야 한다(자료출처 : Christensen 등, 1985).

예제 14.1의 질문에 생존율의 추정과 또한 50% 생존율에 해당하는 생존시간의 추정이 요구된다. 예제 14.2의 관심인 두 군의 서로 다른 생존경험은 **로그순위 검정법**으로 비교할 수 있다. 그러나 이 예제는 치료변수 외에 다른 변수가 없는 단순한 경우이다. 이와 달리, 예제 14.3에서는 **예후(prognosis)**에 관련되어 여러 변수가 있으며, 이러한 변수값들의 차이를 감안하여 두 군 환자들의 생존시간을 비교하여야 한다. 여러 예후 변수가 있는 경우에는 특히 모형(modelling)에 의존하여 생존경험을 분석하게 되는데, Cox의 **비례위험 회귀모형(Cox proportional hazards regression model)**이 이러한 목적에 가장 많이 사용된다. 그러나 다변량분석법(multivariate analysis) Cox모형의 설명은 이 책의 정도를 벗어나므로 설명할 수 없음을 지적한다.

이제 생존분석의 자료를 그림 14.1에서 자세히 설명한다. 이러한 목적에 다수의 자료가 번거로우므로 임의로 만든 소량의 자료로서 설명한다. **종적연구(longitudinal study)**에서 환자 자료의 수집은 계획에 따라 진행되기 마련이다. 6개월 동안 연구에 참여하는 환자를 모집하였고, 환자 모집을 마감한 후에 12개월의 추적기간이 지난 후 연구를 마감하였다. 그러므로 환자에 따라서는 최소 12개월부터 최고 18개월동안 추적된 셈이며, 모집기간의 마지막 날짜에 참여한 환자는 12개월의 추적기간을 가지게 된다. 이와 같이 환자 개인을 비교적 장시간 관찰한 결과로 확보된 그림 14.1을 살펴보면 전체 10명의 환자 중 7명이 사망하였고, 1명이 연구마감 시까지 생존해 있었다. 2명의 환자는 연구 도중 여러 가지 이유로, 예를 들어서 이민, 사고, 등등으로 **탈락(withdraw)**하였으므로, 확실한 생존시간을 가진 환자수는 총 7명이며 절단된 생존시간을 가진 환자수는 총 3명이다. 각 환자의 연구참여 시점과 사망 또는 절단 시점의 자세한 정보가 표 14.1에 제시되었으며 절단자료는 생존시간 바로 옆에 별표(*)로 구분하고 있다.

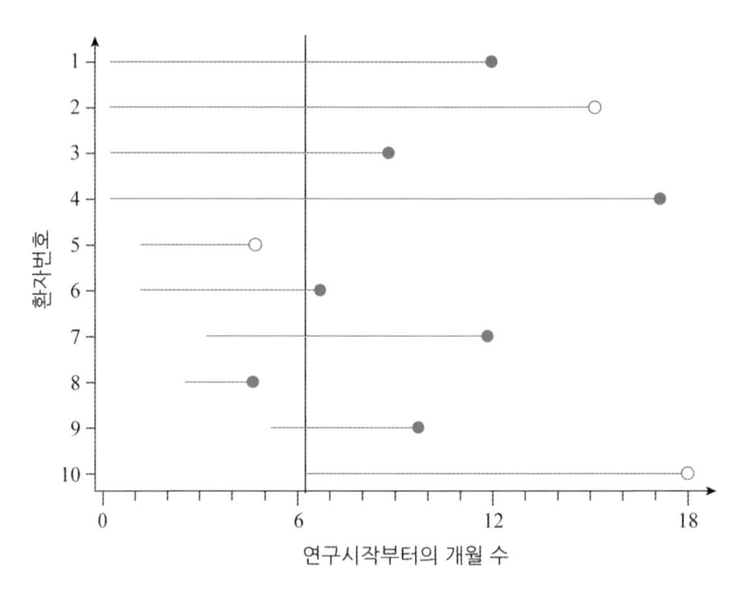

그림 14.1 **종적연구에서 환자의 생존자료**

표 14.1 **10명 환자의 생존자료**

환자번호	연구참여 시점(개월)	사망 또는 절단의 시점(개월)	사망 또는 절단된 여부	생존시간
1	0	12	사망	12
2	0	15	절단됨	15*
3	0	9	사망	9
4	0	17	사망	17
5	1	5	절단됨	4*
6	1	7	사망	6
7	3	12	사망	9
8	3	5	사망	2
9	5	10	사망	5
10	6	18	절단됨	12*

이제 모든 환자들의 시작점을 동일 시작점으로 끌어올린 그림 14.2에 제시된 자료가 분석의 기반이 된다. 여기서는 6개월 동안 모집된 환자들의 서로 다른 시작점을 동일 시작점으로 재배열한 경우이지만, 만약 수술방법이 변할 수 있는 20년의 기간이라면 20년 동안 많은 변화가 있겠으므로 이를 분석에 고려해야 하며, 수술방법이 일정하게 유지된 기간 동안만의 환자자료를 동일 시작점으로 재배열하여 분석하게 된다. 그림 14.2에 제시된 크기순으로 나열된 생존시간으로부터 여러 사실을, 예를 들어서 6개월 생존율을 대략 짐작해 볼 수 있다.

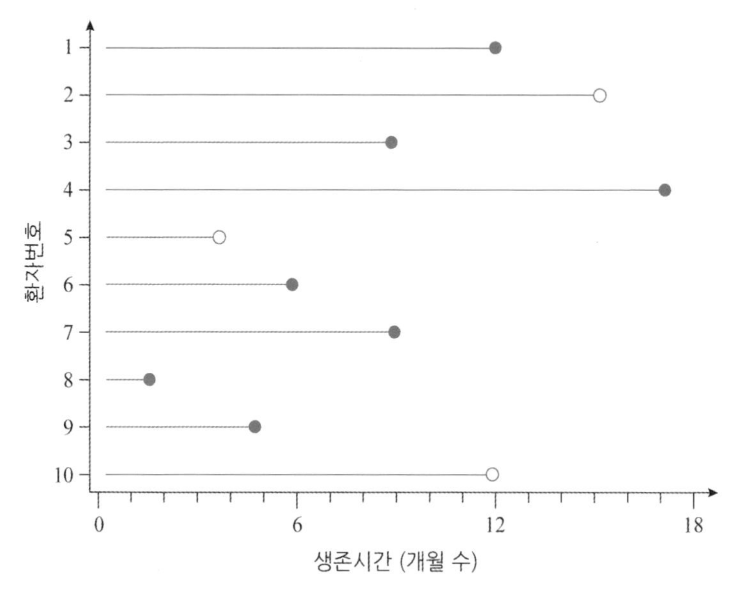

그림 14.2 **재배열된 환자의 생존자료**

14.2 생존율의 추정

랜덤표본의 개체들로부터 수집된 생존시간 자료로부터 우리는 그와 비슷한 모집단 환자들이 일정 기간 동안, 예를 들어 1년 또는 5년, 생존할 확률을 추정할 수가 있다. 이 **생존율(survival probability)**의 계산에는 사망환자의 경우 치료시작부터 사망 때까지의 생존시간과 절단자료의 경우 치료시작부터 절단시점까지의 생존시간이 모두 감안되며, 여러 시점에 걸쳐 계산된 총체적인 생존율을 편의상 표 14.2나 그림 14.3으로 표현하게 된다. 표 14.2를 **생명표(life table)**라 부르며, 그림 14.3은 **생존율(survival probabilities)**, **생존곡선(survival curve)** 또는 **Kaplan-Meier 곡선**이라 한다.

14.2.1 Kaplan-Meier 생존곡선

일정 기간 생존할 확률, 즉 생존율을 $S(t)$로 표기할 때 생존율 $S(t)$는 구체적으로 시간을 매우 적은 구간으로 나누어 계산한다. 예를 들어, 심장이식을 받은 환자가 이틀을 생존할 확률은, 하루를 생존할 단순확률(p_1)에 조건부확률(conditional probability)인 하루를 생존했다는 사실을 알면서 이틀째를 더 생존할 확률(p_2)을 곱하여 구한다. 이와 같이 생존율을 연속하여 곱함으로써 구하는 이유는 앞의 구간에서 생존해야만 후의 구간에서 생존을 고

려해 볼 수 있기 때문이다. 이제 99일을 생존해 있음을 알면서 100일째를 생존할 조건부확률을 p_{100}으로 표기할 때, 총 100일을 생존할 확률 $S(100)$은

$$S(100) = p_1 \times p_2 \times \cdots \times p_{99} \times p_{100}$$

이며, 여기서 조건부확률 $p_i(i = 1, 2, \cdots, 100)$는 단순히 $(i-1)$일을 생존하고 있음이 알려진 환자 중에서 하루를 더 생존하여 i일을 생존한 환자들의 비율로서 계산된다. 따라서 아무도 사망한 사람이 없는 구간의 p_i는 1이 되므로 적어도 한 명의 환자의 사망이 있었던 구간에 대한 확률만을 곱하여 계산하면 된다. 따라서 생존율 계산에 있어서 구간의 구분은 사망시점과 일치하도록 정하며 사망이 구간의 시작점이 되도록 한다. 연구시작점에서 첫 번째 사망시점 바로 직전까지로 이루어진 구간에서의 생존율은 사망이 발생치 않았으므로 항상 1이 되며 이 구간을 편의상 0번째 구간으로 나타낸다. 첫 번째 구간은 첫 사망시점으로부터 시작하여 두 번째 사망시점 바로 직전에서 끝나게 된다.

이와 같이 설명한 생존곡선의 계산방법을 표 14.1에 제시된 10명의 소량 환자자료에 적용해 보자. 총 10명 중 7명의 환자가 각각 2, 5, 6, 9, 9, 12, 17개월에 사망하였고, 한 명의 환자가 12개월 만에 연구마감으로 인해 생존시간이 더 이상 관측되지 못하였다. 또한 두 명의 환자가 각각 4개월과 15개월에 철회(withdraw)하여 총 3명의 환자는 절단된(censored) 생존시간을 가지게 되어 표 14.1의 생존시간에 별표(*)가 붙여졌다. 확실한 생존시간을 가진 7명 중 2명이 동일한 생존시간을 가졌으므로 총 6번의 생존율 계산을 하게 된다. 이제 i개월을 생존할 확률을 $S(t_i)$라 표시할 때, $S(t_i)$는 다음과 같이 계산되며 앞의 설명을 그대로 수식으로 표현한 것이다.

$$p_i = 1 - \frac{d_i}{n_i} = \frac{n_i - d_i}{n_i} \quad (14-1)$$

$$\begin{aligned} S(t_i) &= S(t_{i-1}) \times p_i \\ &= p_1 \times \cdots \times p_{i-1} \times p_i \\ &= p_1 \times \cdots \times p_{i-1} \times \frac{n_i - d_i}{n_i} \end{aligned}$$

여기서 n_i는 i개월 시점에서 계속 관측되고 있던 환자수이며, 이 n_i를 우리는 i개월 바로 직전에 **위험에 노출된 대상자수(number of subjects at risk)**라 한다. d_i는 i개월의 한 달 동안 사망한 총 환자수이다. 이들 n_i와 d_i를 표 14.2에 제시하였다. 이제 생존율을 계산해 보자. 표 14.2

의 자료에서 생존율은 $S(t_0)=1$로 시작하며 첫 번째 사망이 2개월 째에 발생하였으므로 첫 번째 구간은 2개월에서 시작하며, 2개월 바로 직전의 총 대상자수는 $n_1=10$이다. 2개월째에 1명의 환자가 사망했으므로 $d_1=1$로서 $p_1=\frac{9}{10}$이며

$$S(t_1)=S(t_1)\times p_1=1\times p_1=1\times\frac{10-1}{10}=\frac{9}{10}=.900$$

이다. 생존율 $S(t_1)=.900$은 2개월부터 다음 사망이 있기 바로 전달인 4개월까지 그대로 유지된다. 4개월째에 1명의 자료가 절단되었으므로 5개월 바로 직전의 총 대상자수는 $n_2=8$이다. 두 번째 사망은 5개월에 관측되어 p_2와 $S(t_2)$의 계산은

$$S(t_2)=S(t_1)\times p_2=.900\times\frac{8-1}{8}=.900\times\frac{7}{8}=.788$$

이다. 생존율 계산에서 절단된 자료의 영향은 절단자료 다음에 계산하게 되는 구간의 생존율 p_i의 계산에서 위험에 노출된 대상자수 n_i를 감소시키는 일이다. 이제 모든 사망시점마다 생존율을 계산하여 계산결과를 모아 놓은 것이 표 14.2와 그림 14.3이다.

표 14.2 **10명 환자의 Kaplan-Meier 방법에 의한 생존율 계산**

구간	생존시간 (t_i)	위험에 노출된 대상자수(n_i)	사망자수 (d_i)	구간 생존율 $p_i=1-d_i/n_i$	누적 생존율 $S(t_i)$	표준오차 SE($S(t_i)$)
0	0				1.0000	
1	2	10	1	0.9000	0.9000	0.0949
2	5	8	1	0.8750	0.7875	0.1340
3	6	7	1	0.8571	0.6750	0.1551
4	9	6	2	0.6667	0.4500	0.1660
5	12	4	1	0.7500	0.3375	0.1581
6	17	1	1	0	0	0

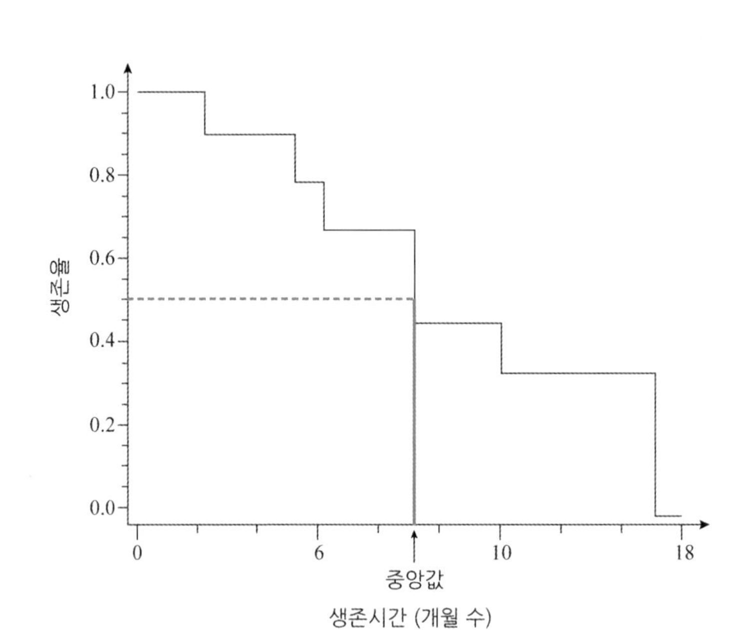

그림 14.3 **10명 환자의 Kaplan-Meier 생존곡선**

그림 14.3에서 보면 생존곡선은 **계단함수(step-function)**로 그려지며, 연이은 사망시점 사이 구간의 생존율은 비록 구간 사이에 절단된 생존자료가 여럿 있다 하더라도 일정한 생존율값을 유지한다. 따라서 사선으로 생존곡선을 연결하는 방법은 그릇된 방법이다. 그림 14.3의 생존곡선으로부터 어떤 임의의 생존율에 해당하는 생존시간을 추정할 수가 있다. 예를 들어, 생존곡선이 0.5를 지나는 시점이 **생존시간의 중앙값(median survival time)**에 해당하는 추정값이다. 그림 14.3에서 생존율이 0.5가 되는 수평선이 생존곡선과 만나는 시점이 중앙값인데 9개월이 됨을 알 수 있다. 매우 드물겠지만 0.5가 되는 수평선이 생존곡선의 수평선과 일치하였다면 이 수평부분의 평균 시간이 바로 중앙값이 되며, 이와 같이 하여 중앙값을 구하는 방법은 짝수 개수의 자료에서 중앙값을 구하는 방법과 동일하다 하겠다. 만약 생존곡선의 생존율이 0.5 이하로 떨어지지 않는 경우에는 생존시간의 중앙값은 추정할 수 없게 된다. 특히 절단된 자료가 있기 때문에 생존시간의 원자료로부터 중앙값 또는 평균값을 직접 계산하는 것은 옳지 않다.

이제 생존율에 대해 신뢰구간을 생각해 보자. 절단자료가 없다면 앞에서 배운 비율에 대한 신뢰구간 계산방법을 그대로 적용할 수가 있다. 그러나 절단자료가 있는 경우에는 **Greenwood**(1926)의 공식을 이용하게 되며, 절단자료가 너무 많지 않으면서 전체 표본수가 적절하게 클 때, 일정 기간 생존할 확률 $S(t)$는 근사적으로 정규분포하며, 다음의 표준오차

(Standard Error) 공식이 성립된다.

$$\mathrm{SE}(S(t_i)) = S(t_i)\sqrt{\sum_{j=1}^{i}\frac{d_j}{n_j(n_j-d_j)}} \qquad (14-2)$$

표 14.1에 제시된 자료의 생존율에 대한 신뢰구간을, 식 (14-2)에 의해 계산하여 표 14.2의 마지막 칸에 추가하였다.

14.2.2 생명표에 의한 생존율 계산

앞절에서 설명한 Kaplan-Meier 생존곡선을 때때로 생명표(life table)라고도 하지만, 일반적으로 생명표라 언급할 때는 각 환자의 자세한 개별적인 생존시간을 고려하지 않고 전체 환자들의 생존시간의 자료를 구간으로 묶어(grouped) 생존율을 계산한 특별한 경우를 일컫는다. 구간은 일반적으로 동일 간격의 구간을 선택한다. 보험통계 분야에서는 방대한 자료가 보통이며, 이 자료를 1년 또는 5년 간격으로 묶어 생존율을 계산한다. 생명표의 생존율 계산의 원리는 Kaplan-Meier 생존율 계산과 비슷하지만, 구간 내에서 생존시간이 절단된 다수의 사람들이 모두 사망 또는 생존했다고 또는 일부가 사망했다고 가정함에 따라서, 구체적으로 구간의 어떤 시점에서 절단되었다고 가정함에 따라서 조금씩 다르게 계산될 수가 있다.

표 14.3 **300명 심장이식 수술환자의 생명표 자료**

구간 시작점 t_i	구간시작점의 생존자수 n_i	구간 내 사망자수 d_i	절단자료수 w_i
0	300	193	6
2	101	25	8
4	68	12	10
6	46	8	10
8	28	4	10
10	14	3	10
12	1	0	1

생명표로 정리된 300명 심장이식 수술환자의 자료가 표 14.3에 제시되었다. 이제 생존율의 계산에 각 구간의 절단된 생존시간을 가진 w_i명에 대해서 다음과 같이 가정하면서 각 구간에서 생존율을 계산할 수가 있다. 여기서 p_i는 구간 생존율, $q_i = 1 - p_i$는 구간 사망률이다.

▍생존율 계산에서의 여러 가정

경우 1. 절단된 생존시간을 가진 모든 환자가 구간 내에서 사망한다.

$$q_i = \frac{d_i + w_i}{n_i} \qquad (14-3)$$

경우 2. 절단된 생존시간을 가진 모든 환자가 구간 끝까지 생존한다.

$$q_i = \frac{d_i}{n_i} \qquad (14-4)$$

경우 3. 절단된 생존시간을 가진 환자의 경우, 구간 내에서 랜덤하게 절단되었다고 가정할 때 평균적으로 구간의 절반만큼 관측되는 것이다. 또한 이 환자들도 구간의 나머지 환자들과 동일한 확률로서 사망을 경험한다고 가정한다.

$$q_i = \frac{d_i + \frac{1}{2} \times w_i \times q_i}{n_i} \qquad (14-5)$$

이제 경우 3의 가정에 의한 식 (14－5)를 q_i에 대해서 다시 정리하면 다음의 식이 구해진다.

$$q_i = \frac{d_i}{n_i - \frac{w_i}{2}} = \frac{d_i}{n'_i} \qquad (14-6)$$

이 모든 경우에 구간 생존율은 $p_i = 1 - q_i$가 된다. 식 (14－6)의 분모인 n'_i를 보정된 n_i (adjusted n_i)라고 한다.

표 14.3의 자료를 가지고 경우 3의 가정에 의해 계산한 생존율이 표 14.4에 제시되었다. 예를 들어, 두 번째 구간의 경우 구간 내 사망률은

$$q_2 = \frac{25}{101 - 8/2} = .2577$$

이며 이에 의해 구간 내 생존율은

$$p_2 = 1 - q_2 = .7423$$

이다. 따라서 누적생존율은

$$S(t_2) = S(t_1) \times p_2$$
$$= p_1 \times p_2$$
$$= .3502 \times .7423 = .2600$$

이다. 나머지 구간들의 생존율도 같은 방법으로 추정한다.

표 14.4 **생명표에 의한 생존율 계산 (가정 3에 의해서)**

구간 시작점 t_i	구간시작점의 생존자수 n_i	구간 내 사망자수 d_i	구간 내 절단자료수 w_i	조정된 즉 n_i	구간 내 사망률 q_i	구간 내 생존율 p_i	누적 생존율 $S(t_i)$
0	300	193	6	297	.65	.35	.35
2	101	25	8	97	.26	.74	.26
4	68	12	10	63	.19	.81	.21
6	46	8	10	41	.20	.80	.17
8	28	4	10	23	.17	.83	.14
10	14	3	10	9	.33	.67	.09
12	1	0	1	.5	0	1.00	.09

14.3 두 군의 생존곡선의 비교

두 군(또는 여러 군)의 개체들의 생존경험을 비교하는 것이 목적일 때 단순하게 떠오르는 분석방법은 특정한 시점에서 각 군에서 Kaplan-Meier 생존율과 표준오차를 구한 후, 정규분포함을 이용하여 두 군의 생존경험을 비교하는 것이다. 그러나 이러한 비교는 어떤 정해진 시점에서의 비교에 불과하다. 또한 시점의 결정도 원칙적으로 생존곡선을 보기 전에 결정해야 하므로, 만약 여러 시점을 선정하여 비교할 경우 시점의 선택에 따라서 차이가 있기도 하고 없기도 하여 여러 번에 걸친 비교의 결과해석에 어려움이 따른다. 결국 이러한 단편적인 비교는 두 군의 모든 시점의 정보를 충분히 이용한 생존율의 비교와는 구별된다.

독립된 두 군의 생존경험을 비교하는 데 가장 많이 쓰이는 방법은 비모수 검정법인 **로그 순위 검정법(logrank test)**이다. 이 검정의 귀무가설은 생존경험에 대해서 두 군이 동일 모집단에서 나왔다는 것이다. 즉,

$$H_0 : S_1(t) = S_2(t), \qquad H_1 : S_1(t) \neq S_2(t), \qquad \text{모든 } t(\geq 0)\text{에 대해서}$$

이며, 이 검정가설은 모든 시점에 걸친 비교를 표현하고 있다.

예제 14.4의 계속

앞에서 소개한 표 14.1의 10명의 자료와는 독립되게 수집된 8명의 자료가 있을 때, 두 군 생존율의 비교를 생각해 보자. 두 번째 군에 속한 8명 중 4명이 사망하여 확실한 생존시간을 가졌고, 나머지 4명은 절단된 생존시간을 가졌다. 따라서 두 군의 환자를 합한 자료에서 모두 10개의 다른 시점에서 사망이 관측되었다(이미 언급한 바와 같이 첫 번째 군의 두 명이 같은 사망시점을 가졌다).

첫 번째 군의 생존시간(단위 : 개월수) : 2, 4*, 5, 6, 9, 9, 12, 12*, 15*, 17

두 번째 군의 생존시간(단위 : 개월수) : 6*, 7, 9*, 10, 13, 15*, 17*, 18

로그순위 검정법은 우선 이 두 군의 환자를 합한 자료에서 사망시점에 의해 구분되는 구간을 생각하며, 각 구간마다 귀무가설하에서 각 군에서 기대되는 사망자수를 계산하고, 또한 각 군에서 실제 관측된 사망자수를 기록한다. 여기서 각 군의 기대 사망자수는 그 구간에서 발생한 총 사망자수를 두 군으로 나누어 구하는데, 두 군의 생존경험이 동일하다는 귀무가설하에서는 두 군에서 위험에 노출된 대상자수(number of subjects at risk)의 비례에 따라 총 사망자수를 나누게 된다. 각 구간에서의 기대사망자수의 계산을 끝낸 후, 모든 구간에 걸친 기대사망자수의 합계 E_i와 관측사망자수의 합계 O_i ($i=1, 2$)를 각 군에서 구한다. 끝으로 검정통계량은 $\sum_{i=1}^{2}(O_i - E_i)^2/E_i$가 근사적으로 자유도 1의 카이제곱분포함을 이용하여 검정한다.

예제 14.4의 계속

예제 14.4의 자료에 대한 로그순위 검정의 계산과정이 표 14.5에 요약되었다. 첫 구간에서 첫 번째와 두 번째 군의 위험에 노출된 대상자수가 각각 10명과 8명이며, 총 1명의 사망이 관측되었으므로 첫 번째 군의 기대사망자수는 $1 \times (10/18) = 0.5556$명이며, 두 번째 군의 기대사망자수는 0.4444명이며, 첫 번째와 두 번째 군의 실제 관측된 사망자수는 각각 1명과 0명이다. 이와 같이 하여 모든 구간에 대해서 구한 기대사망자수와 관측된 사망자수의 합계인 E_i와 O_i는 각각 $E_1 = 4.5948$, $O_1 = 7$, $E_2 = 6.4052$, $O_2 = 4$이다. 두 군의 기대사망자수의 합 $E_1 + E_2$가 관측사망자수의 합 $O_1 + O_2$와 동일해야 하며, 이로부터 기대사망자수의 올바른 계산을 확인할 수가 있다.

표 14.5 로그순위 검정의 계산과정

t_i	첫 번째 군			두 번째 군			전 체		기대사망수	
	d_{1i}	w_{1i}	n_{1i}	d_{2i}	w_{2i}	n_{2i}	d_i $(d_{1i}+d_{2i})$	n_i $(n_{1i}+n_{2i})$	e_{1i} $(d_i\ n_{1i}\ /\ n_i)$	e_{2i} $(d_i\ n_{2i}\ /\ n_i)$
2	1	1	10	0	0	8	1	18	0.5556	0.4444
5	1	0	8	0	0	8	1	16	0.5000	0.5000
6	1	0	7	0	1	8	1	15	0.4667	0.5333
7	0	0	6	1	0	7	1	13	0.4615	0.5385
9	2	0	6	0	1	6	2	12	1.0000	1.0000
10	0	0	4	1	0	5	1	9	0.4444	0.5556
12	1	1	4	0	0	4	1	8	0.5000	0.5000
13	0	1	2	1	1	4	1	6	0.3333	0.6667
17	1	0	1	0	1	2	1	3	0.3333	0.6667
18	0	0	0	1	0	1	1	1	0.0000	1.0000
	$O_1=7$			$O_2=4$					E_1=4.5948	E_2=6.4052

따라서 카이제곱 통계량은

$$\chi^2 = \frac{(7-4.5948)^2}{4.5948} + \frac{(4-6.4052)^2}{6.4052}$$

$$= 2.1622$$

이다. 카이제곱 분포표에 의하면 $\chi^2_{0.95}(1) = 3.841$이므로 유의수준 5%에서 귀무가설을 기각하지 못한다. 즉, 이 생존분석 자료로는 두 군의 생존경험이 유의하게 다르다는 결론을 내릴 수가 없다. 두 군의 Kaplan-Meier 생존곡선이 그림 14.4에 제시되었다. 생존곡선을 그려보는 일이 생존분석의 중요한 부분이지만 구체적인 비교와 마지막 결론은 검정결과에 의존해야 한다.

그림 14.4 **예제 14.4에 제시된 두 군의 Kaplan-Meier 생존곡선**

로그순위 검정법은 세 군 이상의 검정에도 그대로 적용될 수 있으며, k 군의 생존곡선 비교에서 계산된 카이제곱 검정 통계량은 근사적으로 자유도 $k-1$의 카이제곱 분포를 나타낸다.

14.4 층화 로그순위 검정법

두 치료군의 개체들의 생존경험을 비교하고자 할 때 두 치료군의 연령의 분포가 다르다든가 다른 예후변수의 분포가 다른 경우 이러한 연령 또는 예후변수의 다름을 조정(adjust)한 후 두 치료군의 생존경험을 비교하는 것이 바람직하며, 이러한 목적에 **층화 로그순위 검정법(stratified logrank test)**을 사용하게 된다. 이때 서로 다른 연령의 분포를 감안하지 않고서 단순히 두 치료군의 생존경험을 비교하는 로그순위 검정법은 덜 예민한 방법이 된다.

층화 로그순위 검정법은 매우 단순하다. 예를 들어서 연령에 따라 여러 **층화군(stratum)**, 즉 부차적인 군(subgroup)으로 나뉘었을 때 우선 각 층화군에서 두 치료군의 기대사망자수와 관측사망자수를 계산한다. 이제 여러 층화군의 기대사망자수를 서로 합하고, 관측사망자수를 서로 합하여 로그순의 검정법에서와 마찬가지로 카이제곱 통계량을 계산하게 된다. 다시 말하면 j 층화군에서 두 치료군의 기대사망자수가 E_{1j}, E_{2j}이고 관측사망자수가 O_{1j},

O_{2j}일 때 각 층화군에서의 계산을 일단 끝낸 후, 여러 층화군에 걸친 합계, 즉 $\sum E_{1j}$, $\sum E_{2j}$와 $\sum O_{1j}$, $\sum O_{2j}$를 계산하며 이로부터 카이제곱 검정통계량

$$\chi^2 = \frac{(\sum O_{1j} - \sum E_{1j})^2}{\sum E_{1j}} + \frac{(\sum O_{2j} - \sum E_{2j})^2}{\sum E_{2j}}$$

이 귀무가설하에서 근사적으로 자유도 1의 카이제곱분포함을 이용하여 검정한다.

단순한 로그순위 검정법에서와 마찬가지로 세 군 이상의 생존경험의 비교에도 층화 로그순위 검정법이 그대로 적용되며, k 군의 비교에서 계산된 카이제곱 검정통계량은 근사적으로 자유도 $k-1$의 카이제곱 분포를 나타낸다.

14.5 위험비

로그순위 검정법은 여러 군의 생존곡선의 비교에 매우 널리 사용되고 있으나, 이는 검정법이므로 여러 군의 생존경험이 서로 어느 정도 다른가에 대한 구체적인 척도는 제시하지 않는다. 이러한 구체적인 척도가 필요한 경우 두 군의 상대적인 생존 또는 **상대적인 위험(relative risk or relative hazard)**을 추정하는 한 가지 방법은 우선 각 군에서 기대사망자수에 대한 관측사망자수의 비(ratio), 즉 O/E를 각 군에서 구한 후 다시 두 군의 이 수치의 비(ratio)를 제시하는 것이다. 즉,

$$R = \frac{O_1/E_1}{O_2/E_2}$$

은 두 군을 비교하는 **위험비(hazard ratio)** 수치로서, 두 군의 생존경험이 동일하다는 귀무가설이 사실이라면 $R=1$이 된다.

예제 14.4의 계속

표 14.5의 예제 자료에서 위험비의 추정값은

$$R = \frac{7 \,/\, 4.5948}{4 \,/\, 6.4052} = 2.4395$$

로서 첫 번째 군의 사망위험은 두 번째 군의 사망위험의 2.44배라고 할 수 있다.

이제 위험비(hazard ratio)의 의미를 다시 한 번 생각해 보자. 위험비는 두 군의 상대적인 위험이 일관성(consistent) 있게 유지될 때 두 군의 모든 구간에 걸친 자료로부터 하나의 수치가 계산된 것이다. 실제적인 분석 경험에 의하면 두 군의 상대적인 위험이 전 구간에 걸쳐서 일정하지 않고 급격히 변해가는 경우가 있다. 예를 들어, 두 생존곡선이 교차하는 경우가 이에 해당된다. 이때 위험비를 계산하는 것은 적절하지 못하다. 두 군의 생존곡선의 그래프로부터 상대적인 위험의 일관성(consistency)을 파악할 수가 있으며, 위험비는 이러한 검토 후에 사용하는 것이 적절하다.

연습문제

01 신장이식 수술을 받은 10명의 환자의 호전기간(remission times, 단위 : 개월수)은 다음과 같았다. *표는 절단자료를 나타낸다.

4	9*	11	11	12	12*	17	28	42	54*

(1) Kaplan-Meier 생존율을 구하여라.

(2) 생존곡선을 그려라.

02 어떤 임상시험에서 8명의 환자의 생존기간(단위 : 연수)은 다음과 같았다. *표는 절단 자료를 나타낸다.

2	2*	3	4	4*	5	6	7

(1) Kaplan-Meier 생존율을 구하여라.

(2) 생존곡선을 그려라.

03 폐암에 걸린 10명의 중환자의 생존기간(단위 : 일수)은 다음과 같다. Kaplan-Meier 생존율을 구하고, 40일의 생존율 $S(40)$을 추정하여라. *는 절단 자료를 나타낸다.

2	4	14	21*	24	27	33	51	60*	72*

04 치료 방법이 다른 두 군(1 : 수술과 방사선 치료, 2 : 수술)의 생존 여부(1 : 사망, 2 : 절단)와 생존 기간(단위 : 개월수)의 자료는 다음과 같다.

환자 번호	치료 방법	생존 여부	생존 기간	환자 번호	치료 방법	생존 여부	생존 기간	환자 번호	치료 방법	생존 여부	생존 기간
1	1	2	33	1	2	2	32	19	2	2	28
2	1	2	45	2	2	1	29	20	2	2	30
3	1	2	35	3	2	1	24	21	2	1	6
4	1	2	40	4	2	2	29	22	2	2	48
5	1	2	36	5	2	2	6	23	2	2	36
6	1	1	32	6	2	2	28	24	2	2	24
7	1	2	33	7	2	2	6	25	2	1	32
8	1	2	43	8	2	2	10	26	2	1	13
9	1	1	31	9	2	2	25	27	2	2	21
10	1	1	33	10	2	1	32	28	2	1	18
11	1	1	34	11	2	1	20				
12	1	2	56	12	2	2	24				
13	1	1	36	13	2	1	9				
14	1	2	43	14	2	1	19				
15	1	2	43	15	2	1	18				
16	1	2	42	16	2	2	40				
17	1	2	38	17	2	2	38				
18	1	1	39	18	2	2	36				

(1) 두 군의 Kaplan-Meier 생존율을 계산하고, 두 군의 생존곡선을 그려라.

(2) 로그순위 검정법으로 두 군의 생존율을 비교하여라.

(3) 각 군의 생존시간의 중앙값을 추정하여라.

05 치료법이 다른 두 군의 위암환자의 자료는 다음과 같다. +는 절단자료를 나타낸다.

〈화학요법〉								
1	63	105	129	182	216	250	262	301
301	342	354	356	358	380	383	383	388
394	408	460	489	499	523	524	535	562
569	675	676	748	778	786	797	955	968
1000	1245	1271	1420	1551	1694	2363	2754^{+}	2950^{+}

〈방사선 치료와 화학요법〉								
17	42	44	48	60	72	74	95	103
108	122	144	167	170	183	185	193	195
197	208	234	235	254	307	315	401	445
464	484	528	542	567	577	580	795	855
1366	1577	2060	2412^{+}	2486^{+}	2796^{+}	2802^{+}	2934^{+}	2988^{+}

(1) 두 군의 Kaplan-Meier 생존율을 계산하고, 두 군의 생존곡선을 그려라.

(2) 로그순위 검정법으로 두 군의 생존율을 비교하여라.

(3) 각 군의 생존시간의 중앙값을 추정하여라.

06 치료법이 다른 두 군의 생존기간(단위 : 개월수)의 자료는 다음과 같다. *는 절단자료를 나타낸다.

대조군	약제군
2	2
3	6
4	12
7	54
10	56^{*}
22	68
28	89
29	96
32	96
37	125^{*}
40	128^{*}
41	131^{*}
54	140^{*}
61	141^{*}
63	143
71	145^{*}
127^{*}	146
140^{*}	148^{*}
146^{*}	162^{*}
158^{*}	168

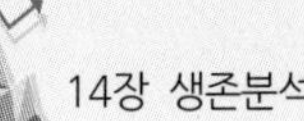

대조군	약제군
167*	173*
182*	181*

(1) 두 군의 Kaplan-Meier 생존율을 계산하고, 두 군의 생존곡선을 그려라.

(2) 로그순위 검정법으로 두 군의 생존율을 비교하여라.

(3) 각 군의 생존시간의 중앙값을 추정하여라.

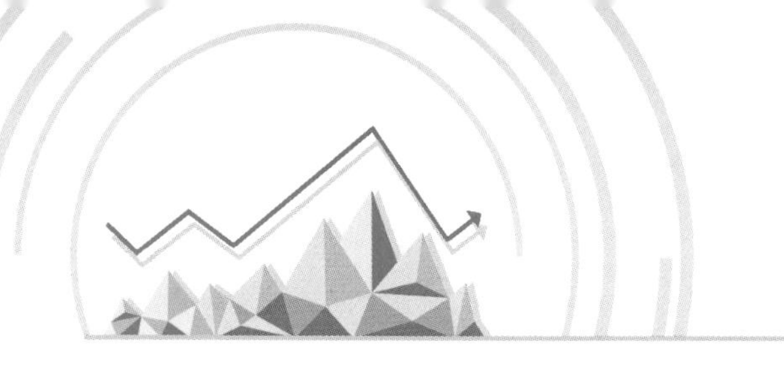

15장 실험계획 II

이 장에서는 9장에서 소개한 단순한 실험계획법에 연이어, 그리 단순하지는 않지만 의학 및 심리학 등의 여러 연구 분야에서 현재 많이 사용되는 실험계획법들, 즉 라틴방격법과 교차계획법을 설명하고, 마지막으로 반복측정 자료에 대한 분산분석법을 설명하게 된다.

15.1 라틴방격법

15.1.1 서론

k개의 처리효과를 비교할 때 랜덤화블록 계획법에서는 하나의 공변량으로, 예를 들어 예제 9.4에서는 서로 다른 체중에 대해서 블록을 구성하여 실험함으로써 분산분석의 단계에서 이 공변량의 영향을 제거하였다. 이제 처리효과에 영향을 미칠 것으로 짐작되는 **공변량**이 두 종류일 때, 이들 공변량의 영향을 처리하면서 실험할 수 있는 방법의 하나가 **라틴방격법(Latin square method)**이다.

예제 15.1

라틴방격법으로 실시된 단순하면서 매우 잘 알려진 실험의 예는 자동차 타이어의 소모량에 대한 평가 실험이다. 네 종류의 타이어가 있을 때 자동차 네 바퀴의 소모상태가 서로 다를 것으로 예상되므로, 각 종류의 타이어를 네 바퀴에 번갈아 끼워 실험해 보아야 한다. 네 대의 자동차를 사용하여 타이어의 소모 상태를 평가하고자 할 때, 우선 같은 자동차에 네 종류의 타이어를 동시에 끼워서 실험하고자 하며, 또한 각기 다른 바퀴에 각 타이어를 한 번씩 끼워 실험하기 원한다면, 과연 이러한 조건들이 만족되는 실험배치가 있겠는가 질문하게 된다. 네 종류 타이어의 약자를 A, E, P, S로 표시할 때, 표 15.1과 같은 실험배치가 위의 조건을 만족하는 한 가지 실험방법이다.

표 15.1 **네 종류 타이어의 소모량 평가에 각 타이어가 각 자동차에 한 번씩, 또한 각 바퀴에 한 번씩 얹히도록 배열된 실험계획**

바퀴위치 \ 자동차	1	2	3	4
1	A	E	P	S
2	E	S	A	P
3	P	A	S	E
4	S	P	E	A

표 15.2 **4×4 라틴방격의 예**

블록 B	블록 C			
	C_1	C_2	C_3	C_4
B_1	A_1	A_2	A_3	A_4
B_2	A_2	A_3	A_4	A_1
B_3	A_3	A_4	A_1	A_2
B_4	A_4	A_1	A_2	A_3

라틴방격이란 각 처리수준이 어느 행(row), 어느 열(coulmn)에도 꼭 한 번씩만 있게끔 나열하여 종횡 사각형이 되도록 만들어진 것을 가르키며, k개의 처리수준의 경우 $k \times k$ 라틴방격이 생긴다. 여기서 행과 열은 두 공변량의 수준을 표현한다. 처리의 수준을 $A_1, \cdots, A_k$의 글자로 표시할 때, 예를 들어 네 가지 처리 A_1, A_2, A_3, A_4를 다음과 같이 배치한 표 15.2가 4×4 라틴방격의 한 예이며, 이러한 조건에 맞추어 진행되는 실험과정이 바로 라틴방격법의 랜덤화법이다.

우선 표 15.2에서 블록 B와 블록 C로 표시된 라틴방격의 **공변량**의 역할에 대해서 설명한다. 흰쥐를 이용하여 네 종류의 먹이(diet)에 의한 몸무게의 증가를 비교하는 실험을 생각해보자. 몸무게의 증가 단위가 매우 적기 때문에 출생 시 서로 다른 몸무게의 차이는 네 종류의 먹이의 효과를 효율적으로 비교하는 데 방해가 된다. 따라서 유전적인 차이와 출생순위(birth order)에 따른 몸무게의 차이를 제거하고서 먹이의 효과를 비교하고자 한다. 이때 같은 어미에게서 태어난, 다시 말하면 같은 배(litter)의 흰쥐를 첫 번째 블록으로, 또한 출생순을 두 번째 블록으로 두고서 실험을 진행하면 이 두 공변량의 영향을 제거한 후 먹이의 효

과를 비교해 볼 수 있다. 또 다른 예는 서로 다른 재료로 만들어진 네 종류의 의치(dentures)로 음식물 씹는 능력에 미치는 영향을 비교하는 것이다. 같은 사람에게 네 종류의 의치를 모두 한 번씩 사용하도록 하여 음식물 씹는 능력을 비교해야 하므로, 개인이 하나의 블록이 되고 어떤 의치를 먼저 사용토록 하는가의 실험 순서가 또 다른 블록으로서 개인의 차이와 '학습효과'에 의한 영향을 제거하게 된다.

4 × 4 라틴방격으로서 배열이 서로 다른 방격은 수없이 많다. 이제 처리의 수준 A_1, A_2, A_3, A_4를 간략히 1, 2, 3, 4의 숫자로 표시하겠다. 제 1행과 제 1열이 모두 자연수 1, 2, 3, 4의 순서로 배열되어 있는 라틴방격을 특별히 **표준(standard) 라틴방격**이라 하는데, 이 표준 라틴방격의 경우에도 다음과 같이 다른 4가지의 배치가 존재한다. 이 표준라틴방격의 하나를 선택하여 행과 열을 랜덤하게 바꾸게 되면 수많은 라틴방격 중의 한 배치를 얻게 된다.

표 15.3 **4 × 4 표준라틴방격**

1	2	3	4
2	3	4	1
3	4	1	2
4	1	2	3

1	2	3	4
2	1	4	3
3	4	1	2
4	3	2	1

1	2	3	4
2	1	4	3
3	4	2	1
4	3	1	2

1	2	3	4
2	4	1	3
3	1	4	2
4	3	2	1

라틴방격법은 세 인자(즉, 처리와 두 블록)를 관리하여 실험하면서도 라틴방격이 종횡 사각형이어야 하는 제약은 각 인자의 수준수가 동일해야 함을 요구한다. 한편, 세 인자가 있으므로 라틴방격법을 3원배치법과 관련지을 수 있겠으나 다음과 같은 점에서 서로 다르다. 3원배치법에서는 세 인자의 모든 수준의 조합으로 $4^3 = 64$회의 실험을 하는 반면에, 라틴방격법에서는 $4^2 = 16$회의 실험을 하여 적은 횟수의 실험으로서 주효과(즉, 처리 및 두 블록효과)의 영향을 알아보는 장점이 있지만, 이와 동시에 두 인자 또는 세 인자로 인한 교호작용의 효과는 검출할 수가 없는 단점이 있다. 표 15.2에 제시된 4 × 4 라틴방격법과 3원배치법과의 관계를 그림 15.1에 그려 놓았으며, 라틴방격법에서 실험되는 16회의 실험구간

	A_1				A_2				A_3				A_4			
	C_1	C_2	C_3	C_4	C_1	C_2	C_3	C_4	C_1	C_2	C_3	C_4	C_1	C_2	C_3	C_4
B_1	○					○					○					○
B_2				○	○					○					○	
B_3			○					○	○					○		
B_4		○					○					○	○			

그림 15.1 **3원배치법과 라틴방격법과의 관계**

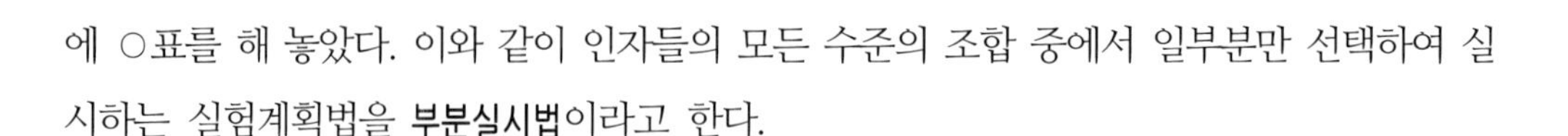
에 ○표를 해 놓았다. 이와 같이 인자들의 모든 수준의 조합 중에서 일부분만 선택하여 실시하는 실험계획법을 **부분실시법**이라고 한다.

15.1.2 라틴방격법의 분석

라틴방격법에 의해 진행된 한 연구의 자료는 다음과 같다.

예제 15.2

네 종류의 신생아 이유식을 비교하고자 네 명의 신생아로 라틴방격법을 실행하여 주(week)당 체중 증가(단위 : once/week)를 측정한 자료가 표 15.4에 제시되었다. 괄호 안의 숫자는 이유식의 종류를 나타내며, 두 블록은 신생아와 임상시험(clinical trials)의 시기(즉, 순서)가 된다. 만약 첫주에 모든 신생아에게 어떤 정해진, 예를 들어서 두 번째 이유식만을 먹인다면 여러 이유식을 옳게 비교할 수가 없으므로, 이유식의 순서가 랜덤하게 결정되어야 함이 마땅하다.

표 15.4 네 종류의 신생아 이유식의 비교에 대한, 라틴방격 자료

신생아(B)	주(week)(C)				합 계($T_{.j.}$)	평균($\bar{y}_{.j.}$)
	1	2	3	4		
1	2.80(2)	7.77(3)	8.12(4)	6.16(1)	24.85	6.2125
2	1.40(3)	7.28(4)	3.99(1)	5.60(2)	18.27	4.5675
3	7.98(1)	7.77(2)	9.24(3)	9.66(4)	32.65	8.6625
4	7.56(4)	9.38(1)	12.11(2)	10.85(3)	39.90	9.9750
합계($T_{..l}$)	19.74	32.20	33.46	32.27	117.67 = $T_{...}$	
평균($\bar{y}_{..l}$)	4.935	8.050	8.365	8.0675		7.354375 = $\bar{y}_{...}$

	이유식(A)			
	1	2	3	4
합계($T_{i..}$)	27.51	28.28	29.26	32.62
평균($\overline{y_{i..}}$)	6.8775	7.0700	7.3150	8.1550

위의 라틴방격 자료에서 반응값의 합과 평균을 각각 T와 $\bar{y}$의 기호로 나타낸다. 처리 A_i의 수준에서 측정된 k개의 반응값의 합과 평균을 $T_{i..}$과 $\bar{y}_{i..} = T_{i..} / k$라 한다. 블록 B_j 수준에서 측정된 k개의 반응값의 합과 평균을 $T_{.j.}$과 $\bar{y}_{.j.} = T_{.j.} / k$라 하고, 블록 C_l 수준에서 측정된 k개의 반응값의 합과 평균을 $T_{..l}$와 $\bar{y}_{..l} = T_{..l} / k$로 나타낸다. 또한 k^2개의 반응값 전체의 합과 평균을 $T_{...}$와 $\bar{y}_{...}$로 나타낸다.

라틴방격법에서 반응값은 세 인자의 주효과와 오차항으로 표현되며, 모집단모형은 다음과 같다.

▌라틴방격법의 모집단모형

$$Y_{ijl} = \mu + \alpha_i + \beta_j + \gamma_l + \epsilon_{ijl}, \quad i,\ j,\ l = 1, \cdots, k$$

단, μ : 총평균

α_i : A의 i번째 처리의 효과를 나타내는 고정된 상수이며, $\sum_{i=1}^{k} \alpha_i = 0$

β_j : B의 j번째 블록의 효과를 나타내는 확률변수이며, $\beta_j \sim N(0, \sigma_\beta^2)$

γ_l : C의 l번째 블록의 효과를 나타내는 확률변수이며, $\gamma_l \sim N(0, \sigma_\gamma^2)$

ε_{ijl} : 실험오차로서 서로 독립이며 $N(0, \sigma^2)$인 확률변수

랜덤화블록 계획법에서와 마찬가지로 블록에 해당하는 두 인자는 변량인자로 취급함이 타당하다.

라틴방격법에서는 총제곱합을 4개의 성분으로 분해한다. 여기서 주의할 점은 총제곱합의 합산기호에서 y_{ijl}은 정해진 i와 정해진 j의 값에 대해서 단지 하나의 l 값만이 가능하므로 $\bar{y}_{...}$는 k^2개의 y_{ijl}값의 평균이 되며, 또한 총제곱합 $\sum\sum(y_{ijl} - \bar{y}_{...})^2$은 두 개의 합산기호로 충분하다.

총제곱합 $SST = \sum\sum(y_{ijl} - \bar{y}_{...})^2 = \sum\sum y_{ijl}^2 - \frac{T_{...}^2}{k^2}$ $\qquad df_{\mathrm{T}} = k^2 - 1$

처리제곱합 $SSA = k\sum_i(\bar{y}_{i..} - \bar{y}_{...})^2 = \sum_i \frac{T_{i..}^2}{k} - \frac{T_{...}^2}{k^2}$ $\qquad df_{\mathrm{A}} = k - 1$

블록 B의 제곱합 $SSB = k\sum_j(\bar{y}_{.j.} - \bar{y}_{...})^2 = \sum_j \frac{T_{.j.}^2}{k} - \frac{T_{...}^2}{k^2}$ $\qquad df_{\mathrm{B}} = k - 1$

블록 C의 제곱합 $SSC = k\sum_l(\bar{y}_{..l} - \bar{y}_{...})^2 = \sum_l \frac{T_{..l}^2}{k} - \frac{T_{...}^2}{k^2}$ $\qquad df_{\mathrm{C}} = k - 1$

오차제곱합 $SSE = SST - (SSA + SSB + SSC)$ $\qquad df_{\mathrm{E}} = (k-1)(k-2)$

제곱평균은 제곱합을 대응하는 자유도로 나누어 구한다. 즉,

$$MSA = SSA/(k-1), \quad MSB = SSB/(k-1), \quad MSC = SSC/(k-1), \quad MSE = SSE/[(k-1)(k-2)]$$

처리효과를 비교하는 귀무가설과 대립가설은 다음과 같다.

$$H_0 : \alpha_1 = \alpha_2 = \cdots \ \alpha_k = 0, \quad H_1 : \text{적어도 한 } \alpha_i \text{는 0이 아니다.}$$

따라서 처리효과에 대한 검정통계량은

$$F_A = \frac{\text{MSA}}{\text{MSE}} \sim F(k-1,\ (k-1)(k-2))$$

이며 유의수준 α인 기각역은 다음과 같다.

$$F_A \geq F_{1-\alpha}(k-1, (k-1)(k-2))$$

처리효과가 유의한 경우에는 어떠한 처리군들의 평균차가 유의하게 다른지에 대한 다중비교를 하게 된다.

블록 B와 C의 효과에 대한 검정은 두 인자가 각각 변량인자이므로 귀무가설과 대립가설은 다음과 같다.

$$H_0:\ \sigma_\beta^2 = 0, \qquad H_1:\ \sigma_\beta^2 \neq 0$$
$$H_0:\ \sigma_\gamma^2 = 0, \qquad H_1:\ \sigma_\gamma^2 \neq 0$$

검정통계량은

$$F_B = \frac{\text{MSB}}{\text{MSE}} \sim F(k-1,\ (k-1)(k-2))$$
$$F_C = \frac{\text{MSC}}{\text{MSE}} \sim F(k-1,\ (k-1)(k-2))$$

이며 유의수준 α인 기각역은 다음과 같다.

$$F_B \geq F_{1-\alpha}(k-1,\ (k-1)(k-2))$$

표 15.5 **분산분석표 : $k \times k$ 라틴방격법**

요 인	제곱합	자유도	제곱평균	F 비
처 리	$\text{SSA}=k\sum_i(\bar{y}_{i..}-\bar{y}_{...})^2$	$k-1$	MSA	F_A=MSA/MSE
블록 B	$\text{SSB}=k\sum_j(\bar{y}_{.j.}-\bar{y}_{...})^2$	$k-1$	MSB	F_B=MSB/MSE
블록 C	$\text{SSC}=k\sum_l(\bar{y}_{..l}-\bar{y}_{...})^2$	$k-1$	MSC	F_C=MSC/MSE
오 차	SSE=SST−(SSA+SSB+SSC)	$(k-1)(k-2)$	MSE	
총	$\text{SST}=\sum\sum(y_{ijl}-\bar{y}_{...})^2$	k^2-1		

$$F_C \geq F_{1-\alpha}(k-1,\ (k-1)(k-2))$$

이들 검정을 요약하여 분산분석표를 만든다.

예제 15.2의 계속

네 종류의 신생아 이유식을 비교하고자 실시한 라틴방격법의 자료를 분석해 보자.

$$\text{SST} = \sum\sum(y_{ijl} - \bar{y}_{...})^2 = 121.2012$$

$$\text{SSA} = 4\sum_i(\bar{y}_{i..} - \bar{y}_{...})^2 = 3.8033$$

$$\text{SSB} = 4\sum_j(\bar{y}_{.j.} - \bar{y}_{...})^2 = 70.5977$$

$$\text{SSC} = 4\sum_l(\bar{y}_{..l} - \bar{y}_{...})^2 = 31.4687$$

$$\text{SSE} = \text{SST} - (\text{SSA} + \text{SSB} + \text{SSC}) = 15.3315$$

을 얻으며 분산분석표는 다음과 같다.

요 인	제곱합	자유도	제곱평균	F 비	P 값
처 리	3.8033	3	1.2678	0.50	0.6982
블록 B	70.5977	3	23.5326	9.21	0.0116
블록 C	31.4687	3	10.4896	4.11	0.0667
오 차	15.3315	6	2.5552		
총	121.2012	15			

F 분포표에서 $F_{0.95}(3,\ 6) = 4.76$이므로 귀무가설 $H_0 : \alpha_1 = \alpha_2 = \alpha_3 = \alpha_4 = 0$를 유의수준 $\alpha =$ 0.05에서 기각하지 못한다. 즉, 이유식의 종류에 따라 체중 증가가 다르다고 할 수 없다. 블록 B에 대해서는 귀무가설 $H_0 : \sigma_\beta^2 = 0$을 유의수준 $\alpha = 0.05$에서 기각하여 모집단에서 서로 다른 신생아들의 체중증가가 유의하게 다르다고 결론내린다. 그리고 블록 C에 대해서는 귀무가설 $H_0 : \sigma_\gamma^2 = 0$을 기각하지 못하여, 모집단의 여러 시험의 시기에 따라서 체중 증가가 다르다고 할 수 없겠다.

15.1.3 다중 라틴방격법의 분석

표 15.5의 분산분석표에서 볼 수 있듯이 $k \times k$ 라틴방격법의 오차제곱합 자유도는 $(k-1)(k-2)$이므로, 3×3 라틴방격법의 경우 오차제곱합의 자유도는 2이며, 4×4 라틴방격법의 경우 6이 되어 오차제곱합의 자유도로서는 매우 작은 수이다. 따라서 이러한 경우 오차제곱합은 σ^2의 적절한 추정값이 되리라고 기대하기가 어렵다. 그러므로 셋 또는 네 종류의

	블록 C							
	1	2	3	4	5	6	7	8
블록 B								
1	1	2	3	4	1	2	3	4
2	2	4	1	3	2	1	4	3
3	3	1	4	2	3	4	1	2
4	4	3	2	1	4	3	2	1

(a) 블록 B의 효과가 공통일 때

	블록 C							
	1	2	3	4	5	6	7	8
블록 B								
1	1	2	3	4				
2	2	1	4	3				
3	3	4	2	1				
4	4	3	1	2				
5					1	2	3	4
6					2	3	4	1
7					3	4	1	2
8					4	1	2	3

(b) 완전히 다른 라틴방격일 때

그림 15.2 **다중 라틴방격의 두 가지 형태**

처리를 비교하고자 할 때 한 번의 라틴방격으로 실험을 끝내기 보다는 일련의(a series) 라틴방격으로 실험을 계획하여 오차제곱합의 자유도를 증가시키는 것이 한 가지 해결책이라 하겠다.

다중 라틴방격법으로 계획된 자료를 분석하는 경우, 다음의 두 가지 형태의 실험계획에 따라 분산분석표가 달라진다. 첫 번째 형태는 블록 B의 차이가 여러 개의 라틴방격에서 비슷하여 블록 B의 효과 추정에 대해 일관성(consistency)이 유지되는 경우와 두 번째 형태는 여러 개의 라틴방격이 서로 완전히 달라서 아무런 관계가 없는 것으로 구분된다. 4 × 4 라틴방격의 경우를 예로 들어서 두 형태의 차이를 그림 15.2에 제시하였다.

다중 라틴방격법의 이러한 두 가지 형태의 예는 다음과 같다. 예제 15.1의 자동차 타이어 예제에서 또 다른 네 대의 자동차로 구성된 4 × 4 라틴방격으로 두 개의 라틴방격이 있을 때 블록 B에 해당되는 바퀴위치는 두 개의 라틴방격에서 서로 다르지 않으며, 분명히 일관성(consistency)이 있다. 그러나 농작물 실험에서와 같이 토양의 위치로서 블록 B와 블록 C를 구분할 때 서로 다른 토양의 위치는 매우 다를 것이며, 일관성이 있다고 볼 수 없

다. 또한 다른 개체에게 첫 번째 라틴방격의 것과는 시기를 달리하여 처리를 적용하여 두 번째 라틴방격을 수집하였을 때 두 라틴방격의 처리 적용시기 사이에 관련이 없다. (a)와 (b)에 해당하는 분산분석표는 각각 다음과 같다.

다중 라틴방경법에서 $k \times k$ 라틴방격의 개수를 n으로 표시하겠다. 그림 15.2(a)의 경우, 블록 B의 효과가 공통일 때의 분산분석표는 표 15.6과 같다. 여기서 $y_{ijl}^{(s)}$는 s번째 라틴방격의 y_{ijl} 수치를 나타낸다.

표 15.6 분산분석표 : $n \times (k \times k)$ **다중 라틴방격법**

(a) 블록 B의 효과가 공통일 때

요 인	제곱합	자유도	제곱평균	F 비
블록 B	$nk\sum_i(\bar{y}_{i..}^{(.)} - \bar{y}_{...}^{(.)})^2$	$k-1$	MSB=SSB/($k-1$)	
블록 C	$k\sum_s\sum_j(\bar{y}_{.j.}^{(s)} - \bar{y}_{...}^{(.)})^2$	$nk-1$	MSC=SSC/($nk-1$)	
처 리	$nk\sum_l(\bar{y}_{..l}^{(.)} - \bar{y}_{...}^{(.)})^2$	$k-1$	MSA=SSA/($k-1$)	F_A=MSA/MSE
오 차	뺄셈으로	$(nk-2)(k-1)$	MSE=SSE/[$(nk-2)(k-1)$]	
총	$\sum\sum\sum\sum(y_{ijl}^{(s)} - \bar{y}_{...}^{(.)})^2$	nk^2-1		

한편 그림 15.2(b)의 완전히 다른 라틴방격인 경우의 분산분석표는 표 15.7과 같다.

표 15.7 분산분석표 : $n \times (k \times k)$ **다중 라틴방격법**

(b) 완전히 다른 라틴방격일 때

요 인	제곱합	자유도	F 비
방 격	$k^2\sum_s(\bar{y}_{...}^{(s)} - \bar{y}_{...})^2$	$n-1$	
방격내 블록 B	$k\sum_s\sum_i(\bar{y}_{i..}^{(s)} - \bar{y}_{...}^{(s)})^2$	$n(k-1)$	
방격내 블록 C	$k\sum_s\sum_j(\bar{y}_{.j.}^{(s)} - \bar{y}_{...}^{(s)})^2$	$n(k-1)$	
처 리	$nk\sum_l(\bar{y}_{..l}^{(.)} - \bar{y}_{...}^{(.)})^2$	$k-1$	F_A=MSA/MSE
오 차	뺄셈으로	$(nk-n-1)(k-1)$	
총	$\sum\sum\sum(y_{ijl}^{(s)} - \bar{y}_{...}^{(.)})^2$	nk^2-1	

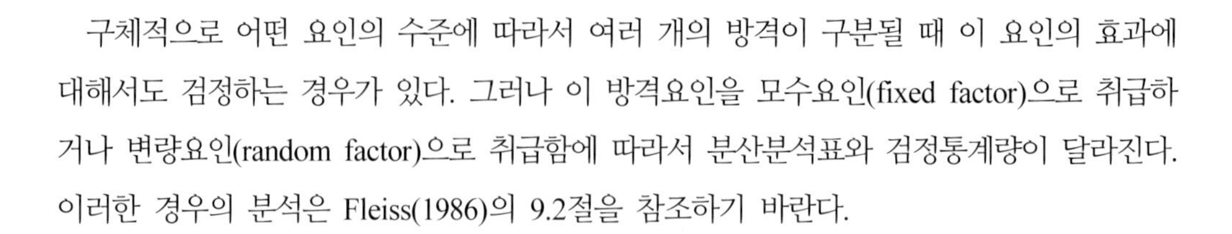
구체적으로 어떤 요인의 수준에 따라서 여러 개의 방격이 구분될 때 이 요인의 효과에 대해서도 검정하는 경우가 있다. 그러나 이 방격요인을 모수요인(fixed factor)으로 취급하거나 변량요인(random factor)으로 취급함에 따라서 분산분석표와 검정통계량이 달라진다. 이러한 경우의 분석은 Fleiss(1986)의 9.2절을 참조하기 바란다.

15.2 교차계획법

15.2.1 서론

두 치료가 각각 다른 표본에 적용된 '두 독립된 표본의 비교'가 있는가 하면, 같은 개체에 한 가지 치료에 연이어 다른 치료가 정해진 순서에 의해 적용된 '쌍체비교'를 앞에서 배웠다. 두 가지 다른 치료를 A와 B로 표시할 때 **AB/BA 교차계획법(AB/BA crossover design)**은 이와 같이 같은 개체에게 두 가지 치료가 모두 적용되면서 두 치료의 적용순서가 랜덤하게 정해지는 경우이다. 두 가지 치료로 한정되지 않고 셋 또는 그 이상의 여러 치료가 같은 개체에게 적용될 수도 있으나 이 책에서는 두 치료의 교차계획법만을 다룬다.

독립된 두 표본의 비교에서의 어려움은 각 개체의 치료 전 상태가 서로 매우 다를 수 있으며, 또한 치료에 대한 반응 역시 매우 다르다는 것이다. 따라서 두 치료의 효과가 유의하게 다름이 사실이라 할지라도 이를 통계적인 검정으로 확인하기 위해서는 표본수가 일반적으로 커야 한다.

이러한 경우 같은 개체에게서 측정된 반응치로 통계적 검정을 할 때 변이가 비교적 적어 검정에 있어 장점이 있다.

이제 교차계획법이 가능한 연구의 예를 생각해 보자. 어떤 의학 연구에서는 완치된 치료효과를 지켜보기보다는 짧은 기간의 치료반응에 더욱 관심을 기울이는 경우가 있겠다. 예를 들어 고혈압, 천식, 관절염과 같은 만성질환의 경우 완전 치유라는 멀고 먼 결과보다는 비교적 짧은 기간의 증상의 변화 또는 치료 반응을 알고자 한다. 이때 같은 개체에게 여러 횟수의 치료가 쉽게 적용될 수 있다면, 이와 같이 여러 번의 치료를 같은 개체에게 적용하여 비교하는 것은 적은 개체수로 치료효과를 검정할 수 있는 효율적인 방법이다.

그러나 같은 개체에게 한 치료를 적용한 후 다른 치료를 교차시켜(cross-over) 적용하는 것은 단순하게 느껴져도 현실적인 문제들에 부딪치게 된다. 우선 치료시기의 결정이 어렵다. 길고 짧은 치료의 시기는 각각 장·단점이 있다. 너무 짧은 시기는 치료의 효과가 제대

로 발휘될 수 없어 측정될 수 있는 반응의 변화를 나타내 보이지 않을 것이며, 첫 번째 시기의 효과가 두 번째 시기까지 남아 있을 수도 있겠다. 이에 반하여 너무 긴 시기는 연구의 계획이 잘 이행되기 어렵게 만들고, 탈락하는 사람이 생길 수 있으며, 질병이 안정되게 유지되지 못하여 여러 차례의 치료를 성공적으로 끝내지 못할 경우도 있겠다. 가령, 첫 번째 시기가 4주로 이루어진 경우 4주 동안의 가짜약으로 질병의 상태가 예를 들어서 고혈압의 상태가, 안정되게 유지될 수 없는 경우가 있겠다.

AB/BA 교차계획법으로 실시된 예는 다음과 같다. 일반적으로 두 치료, **두 시기 교차계획법(two-treatments, two-periods design)**이라 일컬으면 AA, AB, BA, BB의 네 가지 치료순서를 모두 포함할 수 있으므로 AB와 BA의 두 순서만으로 계획된 경우는 특히 **AB/BA 교차계획법**이라 일컬음이 더욱 정확하다.

예제 15.3

무대공포증이 있는 24명의 연주자에게 이중맹검법에 의해서 AB / BA 교차계획법으로 40 mg의 옥스프레노롤(oxprenolol)의 효과를 알아보는 연구가 진행되었다. 두 전문인에 의해 연주가들의 연주가 평가되었는데 약제에 의한 연주의 진보를 확인할 수 있었고, 특히 신경과민인 연주자의 경우에 첫 시기에 약제를 사용했을 경우 가짜약군보다 연주가 매우 좋았다. 연주의 평가는 (1) 매우 나쁘다 (2) 나쁘다 (3) 순조롭다 (4) 좋다 (5) 매우 좋다의 5등급으로 매겨졌다(자료출처 : James 등, 1977).

		첫째날		둘째날
렌덤하게 두 군으로 나눔	12명 →	약제군	→	가짜약군
	12명 →	가짜약군	→	약제군

예제 15.4

야뇨증(enuresis)에 대한 새로운 약제의 효과를 알아보기 위해 29명을 완전랜덤하게 두 군으로 나누어 첫째군은 2주의 새로운 약제복용 후 다시 2주의 가짜약을 그리고 둘째군은 2주의 가짜약 후에 2주의 새로운 약제를 복용하였다. 총 29명의 환자로는 두 군에 동일수가 배정될 수 없을 뿐만 아니라, 완전랜덤화법의 실시로 첫째군에는 17명이, 둘째군에는 12명이 배정되었다. 이 연구에서 치료효과는 14일 동안의 야뇨증세가 없었던 일수로 알아보며, 두 군의 시기 1과 2의 야뇨증세가 없었던 일수의 자료는 다음과 같다(자료출처 : Hand 등, 자료 #287, 1994).

표 15.8 **야뇨증에 대한 약제효과를 알아보기 위한 교차계획법 자료**

약제 후에 가짜약군			가짜약 후에 약제군		
환자번호	시기 1 (약제)	시기 2 (가짜약)	환자번호	시기 1 (가짜약)	시기 2 (약제)
1	8	5	2	12	11
3	14	10	5	6	8
4	8	0	8	13	9
6	9	7	10	8	8
7	11	6	12	8	9
9	3	5	14	4	8
11	6	0	15	8	14
13	0	0	17	2	4
16	13	12	20	8	13
18	10	2	23	9	7
19	7	5	26	7	10
21	13	13	29	7	6
22	8	10			
24	7	7			
25	9	0			
27	10	6			
28	2	2			

두 예제 모두가 AB/BA 교차계획법으로서 예제 15.3은 각 시기가 하루 단위로 이루어졌고, 예제 15.4는 각 시기가 두 주로 이루어졌다. 각 개체에게 모두 적용되는 두 가지 치료의 적용순서는 랜덤하게 정해진다. 두 예제 모두에서 첫 번째 시기의 치료효과로 인한 **이월 또는 잔류효과(carryover or residual effects)**를 씻어내리는 기간(wash-out period)이 고려되지 않았으나 치료의 성격에 따라서 이러한 기간이 요구되는 연구도 있다.

두 치료 교차계획법에는 치료 A 후에 치료 B를 거친 군과 치료 B 후에 치료 A를 거친 두 군이 있게 된다. 두 군에 할당된 개체수가 동일한 경우에는 일련의(a series) 2×2 라틴 방격법과 같다. 더욱 일반적인 경우로는 두 치료 순서군에 할당된 개체수가 다른 경우이며, 이러한 교차계획법 자료는 Hills-Armitage 방법(Hills & Armitage, 1979)에 의해 두 치료에 의한 반응값의 합(sum)과 차(difference)의 t 검정을 이용하여 분석하게 된다.

15.2.2 교차계획법의 분석

교차계획법에 의해 진행된 한 연구의 자료는 다음과 같다.

예제 15.5

레이노현상(발작을 일으키는 지단, 또는 간헐적 창백)을 치료하는 Nicardipine 약제의 효과를 알아보기 위해 약제(N)와 가짜약(P : placebo)으로서 총 20명의 환자를 10명씩 두 군으로 랜덤하게 나누어 두 시기 교차계획법을 실시하였다. 각 시기는 일주일로 구성되었고 첫 주의 복용이 끝난 후 일주일의 씻어내리는 기간을 가진 후에 두 번째 복용을 시작하였다. 약제 후에 가짜약을 복용한 첫째 군과 가짜약 후에 약제를 복용한 둘째 군의 각 시기별로 일주일 동안에 발작수의 자료는 표 15.9와 같다(자료출처 : Kahan 등, 1987).

표 15.9 레이노현상을 치료키 위한 약제효과에 대해 실시한, 교차계획법 자료

NP군

환자번호	Period 1 N(x_1)	Period 2 P(x_2)	합 $T_1=x_1+x_2$	차 $D_1=x_1-x_2$
1	16	12	28	4
2	26	19	45	7
3	8	20	28	-12
4	37	44	81	-7
5	9	25	34	-16
6	41	36	77	5
7	52	36	88	16
8	10	11	21	-1
9	11	20	31	-9
10	30	27	57	3
평균	24.0	25.0	49.0	-1.0
SD	15.61	10.84	25.0	9.87

PN군

환자번호	Period 1 P(y_1)	Period 2 N(y_2)	합 $T_2=y_1+y_2$	차 $D_2=y_1-y_2$
11	18	12	30	6
12	12	4	16	8
13	46	37	83	9
14	51	58	109	-7
15	28	2	30	26
16	29	18	47	11
17	51	44	95	7
18	46	14	60	32
19	18	30	48	-12
20	44	4	48	40
평균	34.3	22.3	56.6	12.0
SD	14.99	19.14	30.24	16.34

AB/BA 교차계획법의 자료를 분석하기 전에 다음과 같은 기호와 통계량의 정의가 필요

하다. 여기서 두 가지 다른 치료는 A와 B의 기호로 구분하였다.

표 15.10 두 치료, 두 시기 교차계획법에 의한 자료의 통계량

환자군	치료 순서	환자수	시기		합			차		
			1	2		평균	표준편차		평균	표준편차
1	AB	n_1	A(x_1)	B(x_2)	$T_1 = x_1 + x_2$	$\overline{T}_1$	S_{T_1}	$D_1 = x_1 - x_2$	$\overline{D}_1$	S_{D_1}
2	BA	n_2	B(y_1)	A(y_2)	$T_2 = y_1 + y_2$	$\overline{T}_2$	S_{T_2}	$D_2 = y_1 - y_2$	$\overline{D}_1$	S_{D_2}

이 표로부터 두 군을 합친 전체 군의 합과 차의 합병분산은 다음과 같으며, 그 자유도는 각각이 $n_1 + n_2 - 2$이다.

$$S_T^2 = \frac{(n_1 - 1)S_{T_1}^2 + (n_2 - 1)S_{T_2}^2}{n_1 + n_2 - 2}$$

$$S_D^2 = \frac{(n_1 - 1)S_{D_1}^2 + (n_2 - 1)S_{D_2}^2}{n_1 + n_2 - 2}$$

수리적 모형

$E(X)$, $E(Y)$는 각각 X와 Y의 모평균이고, μ는 총평균, τ_1과 τ_2는 각각 치료 A와 B에 대한 **직접효과(direct effects)**를 나타내고, p_1과 p_2는 각각 시기 1과 시기 2에 대한 **시기효과(period effects)**를 나타낸다. 시기효과란 비록 두 시기에 동일한 종류의 치료를 받았다 하더라도 두 번째 시기의 효과가 첫 번째 시기의 효과와 달라, 시기에 따라 달리 나타나는 일반적인 추세를 말한다. 또한 ρ_1과 ρ_2는 각각 치료 A와 B로 인한 **이월효과(carryover effects)**를 나타내며, 치료순서 AB의 경우에는 A 치료로 인한 효과가 B 치료 시에 아직 남아있거나, 치료순서 BA의 경우에는 B 치료로 인한 효과가 A 치료 시에 남아있는 때 이월효과가 있게 되며, 더욱이 두 치료의 이월효과의 크기가 서로 다를 수 있겠다. AB/BA 교차계획법에서 $E(X)$와 $E(Y)$는 다음과 같음을 가정한다.

$$\begin{aligned} E(X_1) &= \mu + p_1 + \tau_1 \\ E(X_2) &= \mu + p_2 + \tau_2 + \rho_1 \\ E(Y_1) &= \mu + p_1 + \tau_2 \\ E(Y_2) &= \mu + p_2 + \tau_1 + \rho_2 \end{aligned} \qquad (15-1)$$

AB/BA 교차계획법에서 주요 관심인 치료효과에 대한 검정은 곧 설명하지만, 이월효과

가 있으면 교차계획법으로부터의 모든 자료를 사용하여 t 검정법을 적용할 수가 없고 일부 자료만을 분석하게 된다. 따라서 이월효과에 대해 우선 검정한다. 여러 가설검정과 신뢰구간에 관해서 이를 단계적으로 설명하면 다음과 같다.

두 치료의 이월효과가 같음, 즉 $H_0 : \rho_1 = \rho_2$에 대한 가설검정

실제로는 이월효과가 없음($\rho_1 = \rho_2 = 0$)을 검정하기 원하지만 시기효과가 있는 경우에는 이월효과가 없음을 검정할 수가 없으며, 두 치료의 이월효과가 같다는 사실만을 검정할 수 있다.

$\rho_1 = \rho_2$에 대한 검정은 우선 앞의 식 (15 - 1)로부터

$$E(\overline{T}_1) = E(X_1) + E(X_2)$$
$$= 2\mu + (p_1 + p_2) + (\tau_1 + \tau_2) + \rho_1$$

$$E(\overline{T}_2) = E(Y_1) + E(Y_2)$$
$$= 2\mu + (p_1 + p_2) + (\tau_1 + \tau_2) + \rho_2$$

따라서

$$E(\overline{T}_1 - \overline{T}_2) = \rho_1 - \rho_2$$

가 성립되므로 치료효과와 시기효과가 어떠하든간에 이월효과에 대한 검정은 평균 $\overline{T}_1$와 $\overline{T}_2$의 비교에 근거한다. 다시 말하면 이월효과가 같다는 가설에 대한 검정은 1군과 2군의 개체들의 수치합의 평균인 $\overline{T}_1$과 $\overline{T}_2$를 비교하는 unpaired t 검정으로 가능하다. 즉, 검정 통계량은

$$T = \frac{\overline{T}_1 - \overline{T}_2}{S_T}\sqrt{\frac{n_1 n_2}{n_1 + n_2}} \sim t(n_1 + n_2 - 2)$$

로서 자유도 $n_1 + n_2 - 2$의 t 분포한다. 이 검정결과로 유의하지 않음이 밝혀질 때 비로서 다음의 치료효과에 대한 검정을 진행할 수가 있다.

이 unpaired t 검정에 의한 이월효과의 검정법은 비교적 예민하지 못함을 지적해야겠다. 곧 설명하게 되는 치료효과에 대한 검정은 같은 개체에게서 측정된 수치의 차(difference)를 사용하여 검정하므로, 비교적 정밀도(precision)가 높아 예민한 검정법(sensitive test)이다. 이에 반하여 이월효과에 대한 검정은 독립된 두 군의 합(sum) 수치를 서로 비교하므로

정도가 낮게 된다. 그러나 치료효과에 대해 검정하거나 또는 신뢰구간을 구하기 위해서는 이월효과에 대해 먼저 검정해야 하기 때문에, 이러한 한계에도 불구하고 제시한 unpaired t 검정으로 이월효과에 대해 알아보게 된다. 따라서 AB/BA 교차계획법은 단순하게 실시될 수는 있지만 한계가 있으며, 이러한 문제점은 셋 이상의 연장된 시기로서 실시된 교차계획법 또는 AA, BB가 모두 포함된 교차계획법으로 해결될 수 있겠다.

만약 두 치료의 이월효과가 유의하게 다르다고 밝혀진 경우에는 두 번째 시기에 대한 측정값에는 첫 번째 치료의 이월효과가 함께 섞여 있으므로(contaminated), 두 번째 시기의 측정값은 분석에 사용할 수가 없게 된다. 결과적으로 첫 번째 시기의 독립된 두 군의 측정값만으로 단순히 unpaired t 검정하여 치료의 차이를 알아내게 되므로, 치료의 이월효과가 있는 경우에는 두 시기의 자료를 모두 사용하는 교차계획의 장점이 없게 된다.

두 치료에 차이가 없음, 즉 $H_0 : \tau_1 = \tau_2$에 대한 가설검정

이제 위의 검정과정에서 확인된 결과로서 두 치료의 이월효과가 같다고 가정한다. 치료효과 $\tau_1 = \tau_2$에 대한 검정은 우선 앞의 식 (15－1)로부터

$$\begin{aligned} E(\overline{D}_1) &= E(X_1) - E(X_2) \\ &= (p_1 - p_2) + (\tau_1 - \tau_2) - \rho_1 \end{aligned}$$

$$\begin{aligned} E(\overline{D}_2) &= E(X_1) - E(Y_2) \\ &= (p_1 - p_2) - (\tau_1 - \tau_2) - \rho_2 \end{aligned} \qquad (15-2)$$

따라서

$$E(\overline{D}_1 - \overline{D}_2) = 2(\tau_1 - \tau_2) - (\rho_1 - \rho_2)$$

가 성립되며 이월효과가 같다는 가정에 의해 $\rho_1 = \rho_2$이므로

$$E(\overline{D}_1 - \overline{D}_2) = 2(\tau_1 - \tau_2) \qquad (15-3)$$

가 된다. 그러므로 귀무가설에 대한 검정은 우선 각 개체에게서 측정된 두 수치의 차를 구한 후, 1군과 2군의 차의 평균인 $\overline{D}_1$과 $\overline{D}_2$를 비교하는 unpaired t 검정으로 가능하다. 즉, 검정통계량은

$$T = \frac{\overline{D}_1 - \overline{D}_2}{S_D} \sqrt{\frac{n_1 n_2}{n_1 + n_2}} \sim t(n_1 + n_2 - 2)$$

로서 자유도 $n_1 + n_2 - 2$의 t 분포한다. 또한 $\tau_1 - \tau_2$의 100(1 − α)% 신뢰구간은 다음과 같다.

$$\frac{\overline{D}_1 - \overline{D}_2}{2} \pm t_{1-\frac{\alpha}{2}}(n_1 + n_2 - 2)\left(\frac{S_D}{2}\right)\sqrt{\frac{1}{n_1} + \frac{1}{n_2}}$$

이 치료효과에 대한 검정은 식 (15 − 3)에서 알 수 있듯이 시기효과가 어떠하든간에 $\overline{D}_1$와 $\overline{D}_2$의 비교로 가능함을 볼 수 있다.

단순한 AB/BA 교차계획법에서는 위의 두 가지 검정으로 그치게 된다. 그러나 연구의 특성에 따라서는 이월효과가 전혀 개입되지 않아 $\rho_1 = \rho_2 = 0$임을 가정함에 무리가 없는 경우가 있다. 이때 치료효과에 대한 검정과 더불어 다음에 제시하는 시기효과에 대한 검정이 가능하다.

두 치료의 이월효과가 없을 때($\rho_1 = \rho_2 = 0$), 시기효과 $H_0 : p_1 = p_2$에 대한 가설 검정

식 (15 − 2)에 의해서

$$E(\overline{D}_1 + \overline{D}_2) = 2(p_1 - p_2) - (\rho_1 + \rho_2)$$

여기서 이월효과가 없다면 $\rho_1 = \rho_2 = 0$이 성립되어

$$E(\overline{D}_1 + \overline{D}_2) = 2(p_1 - p_2)$$

가 되며, 따라서 시기효과에 대한 검정은 우선 각 개체에게서 측정된 두 수치의 차를 구한 후, 1군과 2군의 차의 평균인 $\overline{D_1}$과 $-\overline{D_2}$를 비교하는 unpaired t 검정으로 가능하다. 즉, 검정 통계량은

$$T = \frac{\overline{D}_1 + \overline{D}_2}{S_D}\sqrt{\frac{n_1 n_2}{n_1 + n_2}} \sim t(n_1 + n_2 - 2)$$

로서 자유도 $n_1 + n_2 - 2$의 t 분포한다. 또한 $p_1 - p_2$의 100(1 − α)% 신뢰구간은 다음과 같다.

$$\frac{\overline{D}_1 + \overline{D}_2}{2} \pm t_{1-\frac{\alpha}{2}}(n_1 + n_2 - 2)\,(\frac{S_D}{2})\sqrt{\frac{1}{n_1} + \frac{1}{n_2}}$$

연구가 만약 단순한 AB/BA 교차계획법보다는 AB, AA, BA, BB의 치료순서를 모두 포함하는 교차계획법으로 진행된 경우에는 치료순서 AA와 BB의 자료로부터 시기효과에 대

해 좀 더 확실히 알아낼 수가 있다.

예제 15.5의 계속

이제 발작을 치료하기 위한 약제 효과를 알아보는 교차계획법에서 가설검정을 하기 전에 발작수에 대한 자료를 이해해 보자. 이와 같이 자료를 살펴보는 일은 분석과정에서 매우 중요한 과정이다. 표 15.9에 제시된 평균 발작수를 한데 모으면 다음과 같다.

NP군	N 치료 시에	P 치료 시에
평균발작수	24.0	25.0
SD	15.61	10.84
(P−N)차의 평균		1.0
SD		9.87

PN군	P 치료 시에	N 치료 시에
평균발작수	34.3	22.3
SD	14.99	19.14
(P−N)차의 평균		12.0
SD		16.34

평균발작수의 변화를 살펴보면 NP군의 경우에 약제 N의 복용으로 발작수가 평균 1회 감소하였고, PN군의 경우에 약제 N의 복용으로 발작수가 평균 12회 감소하였다.

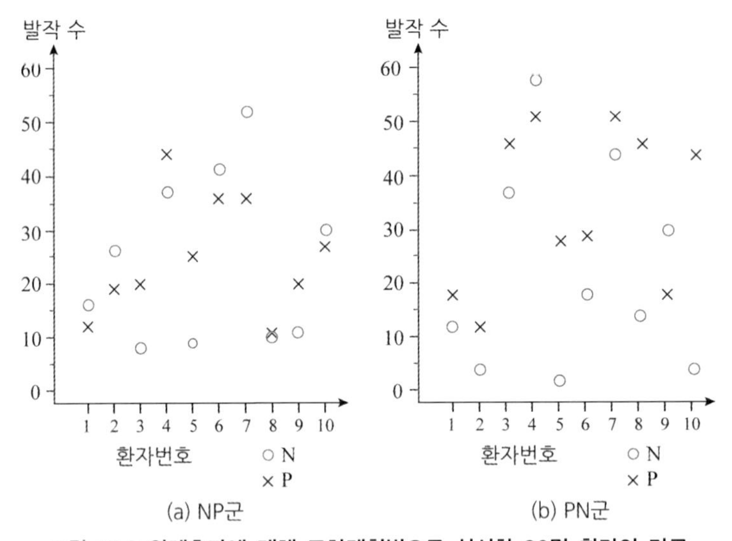

그림 15.3 **약제효과에 대해 교차계획법으로 실시한 20명 환자의 자료**

약제 N과 가짜약 P상태에서의 개체별 발작수는 그림 15.3에, 개체별 (P−N 발작수) 차이는 그림 15.4에 제시되었다. 그림들을 살펴보면 NP군의 경우에 약제 N의 효과를 볼 수 없는 반면에, PN군의 경우에 약제 N의 효과는 매우 뚜렷한 것 같다. 이월효과를 감안한 처리효과에 관한 구체적인 검정으로 결론을 내리게 된다.

처리효과에 대해 검정하기 전에 우선 이월효과에 대해 검정한다.

i) H_0 : 두 치료의 이월효과가 같다.

$$\bar{t}_1 = 49.00 \qquad \bar{t}_2 = 56.60$$

$$s_{T_1} = 24.998 \qquad s_{T_2} = 30.244$$

$$s_T^2 = \frac{(9)(24.998^2) + (9)(30.244^2)}{18} = 769.80$$

$$t = \frac{(49.0 - 56.6)}{24.745}\sqrt{\frac{(10)(10)}{10+10}} = -0.6125$$

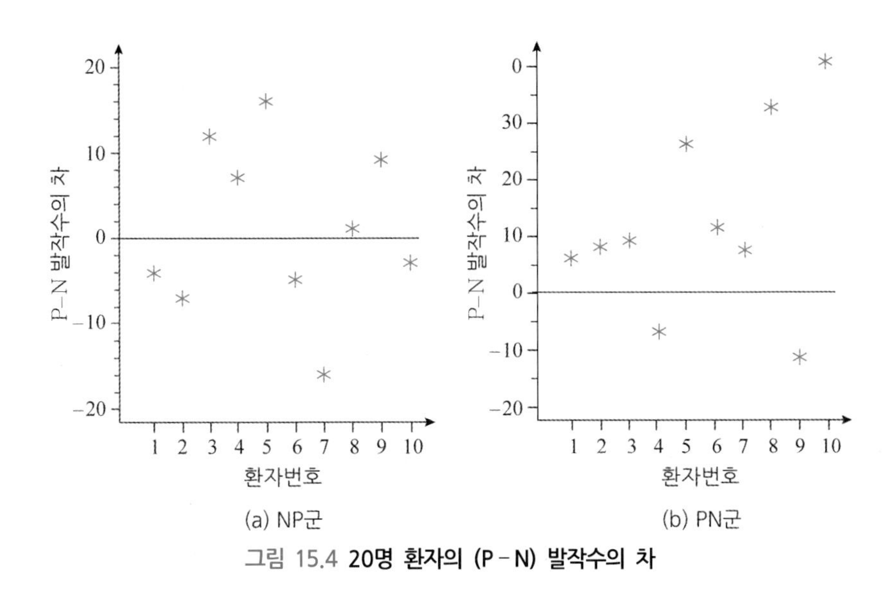

그림 15.4 20명 환자의 (P – N) 발작수의 차

부표 5에 의하면 유의수준 $\alpha = 0.05$인 검정의 기각역은 $|T| \geq t_{0.975}(18) = 2.101$이다. 계산된 t의 값은 기각역에 속하지 않으므로 귀무가설을 기각할 수 없다. 그러므로 두 치료의 이월효과가 다르지 않다고 결론내린다. 따라서 다음의 치료효과에 대해 검정할 수가 있다.

ii) H_0 : 두 치료효과에 차이가 없다.

$$\bar{d}_1 = -1 \qquad \bar{d}_2 = 12$$

$$s_{D_1} = 9.866 \qquad s_{D_2} = 16.344$$

$$s_D^2 = \frac{(9)(9.866^2) + (9)(16.344^2)}{18} = 182.232$$

$$t = \frac{(-1-12)}{13.499}\sqrt{\frac{(10)(10)}{10+10}} = -2.1534 < -2.101$$

기각역은 위의 i)과 동일하며 계산된 t의 값이 기각역에 속하므로 유의수준 5%로 귀무가설을 기각한다. 그러므로 가짜약 P에 비해서 약제 N은 유의하게 효과가 있으며 약제 N의 복용으로 평균 발작수가 적어졌다.

이제 이월효과가 없다고 가정하고서 다음의 시기효과에 대해 검정해 보기로 한다.

iii) H_0 : 두 시기효과에 차이가 없다.

$$\bar{d}_1 = -1 \qquad \bar{d}_2 = 12$$

$$\bar{s}_{D_1} = 9.866 \qquad \bar{s}_{D_2} = 16.344$$

$$s_D^2 = 182.232$$

$$t = \frac{(-1+12)}{13.499}\sqrt{\frac{(10)(10)}{10+10}} = 1.8221$$

기각역은 위 i)과 동일하며 계산된 t의 값이 기각역에 속하지 않으므로 유의수준 5%로 귀무가설을 기각할 수 없다. 그러므로 두 시기의 평균 발작수는 차이가 없다.

15.3 반복측정 자료에 대한 분산분석법

15.3.1 서론

반복측정 자료(repeated measurements)란 동일 개체에 실험조건이나 처리(treatment, 치료)를 달리하여, 또는 여러 다른 시점에서 동일 특성(또는 변수)을 반복적으로 측정하는 경우의 자료를 말한다. 이때 개체가 여럿이므로 여러 개체에게서 반복측정된 자료가 있게 된다.

동일한 치료를 받는 개체라 하더라도 개체들의 반응의 차가 비교적 큰 경우가 많으며, 이러한 차이는 치료 실시 전에 개체들이 이미 갖고 있는 차이이다. 이러한 개체들의 차이에 대한 변동을 치료효과와 오차로 인한 변동으로부터 분리할 수 있도록 실험을 계획할 수 있다면, 이는 더욱 예민한 실험이 된다(만약 이와 같이 계획할 수 없다면 개체들의 차이에 의한 변동은 실험자가 통제(control)할 수 없는 변동으로서 오차변동에 속하게 된다). 이러한 실험계획의 장점으로 인해 동일 개체에 여러 치료를 반복 적용하여 측정값을 얻게 된다. 이와 같이 반복측정된 자료는 서로 관련성이 높은 자료이며, 이를 감안한 분석법이 적용되어야 한다. 같은 개체에게서 반복측정 자료가 수집되는 실험 예는 다음과 같다.

예제 15.6

16명 남아를 대상으로 나이에 따라 턱뼈가 커가는 정도를 뇌하수체(pituitary)와 익돌상악의 틈(pterygomaxillary fissure) 사이의 길이로 기록하였다(자료출처 : Potthoff and Roy, 1964). 이

연구의 관심은 연령에 따라 턱뼈가 변화하는가라는 점이다.

표 15.11 나이에 따라 측정한 턱의 길이 (단위 : mm)

	나 이			
개 체	8세	10세	12세	14세
1	26.0	25.0	29.0	31.0
2	21.5	22.5	23.0	26.5
3	23.0	22.5	24.0	27.5
4	25.5	27.5	26.5	27.0
5	20.0	23.5	22.5	26.0
6	24.5	25.5	27.0	28.5
7	22.0	22.0	24.5	26.5
8	24.0	21.5	24.5	25.5
9	23.0	20.5	31.0	26.0
10	27.5	28.0	31.0	31.5
11	23.0	23.0	23.5	25.0
12	21.5	23.5	24.0	28.0
13	17.0	24.5	26.0	29.5
14	22.5	25.5	25.5	26.0
15	23.0	24.5	26.0	30.0
16	22.0	21.5	23.5	25.0

예제 15.7

비타민 E가 guinea pigs의 성장에 미치는 영향을 알아보기 위해 랜덤하게 세 군으로 나누어 비타민 E의 용량을 다르게 투여한 후, 7주에 걸쳐 쥐의 몸무게를 측정하는 연구가 진행되었다. 이 연구의 관심은 다음 질문들로 요약될 수 있다.

(1) 비타민 용량군의 차이는 있는가?

(2) 주에 따른 증가패턴은 유의한가?

(3) 이 증가패턴은 비타민 용량군에 따라 서로 다른가?

(자료출처 : Crowder and Hand, 1990).

표 15.12 **비타민 용량에 의한 식이요법으로, 7주에 걸쳐 측정한 쥐의 몸무게 (단위 : g)**

군	개체	1주	3	4	5	6	7주
대조군 1	1	455	460	510	504	436	466
	2	467	565	610	596	542	587
	3	445	530	580	597	582	619
	4	485	542	594	583	611	612
	5	480	500	550	528	562	576
저용량군 2	6	514	560	565	524	552	597
	7	440	480	536	484	567	569
	8	495	570	569	585	576	677
	9	520	590	610	637	671	702
	10	503	555	591	605	649	675
고용량군 3	11	496	560	622	622	632	670
	12	498	540	589	557	568	609
	13	478	510	568	555	576	605
	14	545	565	580	601	633	649
	15	472	498	540	524	532	583

예제 15.8

앞에서 제시한 예제 15.6의 16명 남아의 자료에 11명의 여아의 자료가 추가되었다(자료출처 : Potthoff and Roy, 1964). 연구의 관심은 예제 15.7과 같은 세 가지 질문으로 요약될 수 있다.

표 15.13 **남녀 어린이의 나이에 따라 측정한 턱 뼈가 커가는 정도 (단위 : mm)**

		나 이			
성 별	개 체	8세	10세	12세	14세
남	1	26.0	25.0	29.0	31.0
	2	21.5	22.5	23.0	26.5
	3	23.0	22.5	24.0	27.5
	4	25.5	27.5	26.5	27.0
	5	20.0	23.5	22.5	26.0
	6	24.5	25.5	27.0	28.5
	7	22.0	22.0	24.5	26.5
	8	24.0	21.5	24.5	25.5
	9	23.0	20.5	31.0	26.0
	10	27.5	28.0	31.0	31.5
	11	23.0	23.0	23.5	25.0
	12	21.5	23.5	24.0	28.0
	13	17.0	24.5	26.0	29.5
	14	22.5	25.5	25.5	26.0
	15	23.0	24.5	26.0	30.0
	16	22.0	21.5	23.5	25.0

성 별	개 체	나 이 8세	10세	12세	14세
여	1	21.0	20.0	21.5	23.0
	2	21.0	21.5	24.0	25.5
	3	20.5	24.0	24.5	26.0
	4	23.5	24.5	25.0	26.5
	5	21.5	23.0	22.5	23.5
	6	20.0	21.0	21.0	22.5
	7	21.5	22.5	23.0	25.0
	8	23.0	23.0	23.5	24.0
	9	20.0	21.0	22.0	21.5
	10	16.5	19.0	19.0	19.5
	11	24.5	25.0	28.0	28.0

예제 15.9

무릎과 어깨 부분에 통증을 느끼는 각각 5명씩의 관절염 환자로 두 집단을 만들어 새로운 진통제를 복용케 한 후, 진통제의 효능을 관절부분의 운동범위를 나타내는 점수로 알아보았다. 각 환자들에게 첫 주에 1 mg 농도의 진통제를 복용케 한 후, 2시간, 4시간, 6시간, 10시간마다 관절부분의 운동범위를 측정하여 점수화하였고(무릎과 어깨의 점수는 서로 비교할 수 있도록 조정하였다), 둘째 주에는 2 mg 농도를, 셋째 주에는 4 mg 농도의 진통제를 복용케 한 후 같은 방식으로 운동범위를 측정하여 약의 효능을 알아보았다(자료출처 : BMDP-2V의 예제자료를 수정함). 연구의 관심이 될 수 있는 문제들은 생각해 보기 바란다.

표 15.14 **관절염 환자의, 농도와 시간을 달리하여 반복측정한 자료**

	농도	1				2				4			
	시간	2	4	6	10	2	4	6	10	2	4	6	10
무릎		27	32	39	28	38	44	53	43	53	55	60	49
		29	31	36	21	31	34	41	35	42	47	48	43
		37	44	47	33	53	55	58	44	64	64	69	62
		31	36	41	27	41	44	51	41	53	55	59	51
		33	38	42	30	40	43	50	39	55	56	60	49
어깨		23	31	33	19	33	41	48	43	47	50	48	53
		17	28	31	20	26	30	37	32	43	42	45	47
		27	37	40	27	38	44	49	33	58	56	60	61
		22	32	35	22	32	38	45	36	49	49	51	54
		25	30	34	23	33	39	43	35	51	53	57	55

위의 예제에서 제시된 반복측정 자료의 형태는 서로 다르다. 예제 15.6은 연구대상집단(모집단, population)이 하나이며, 반복요인(repeated factor, 처리 또는 시점)이 하나뿐인 단순한 경우가 되며, 여기서 반복요인의 수준이 둘인 경우의 분석법은 이미 배운 paired t 검

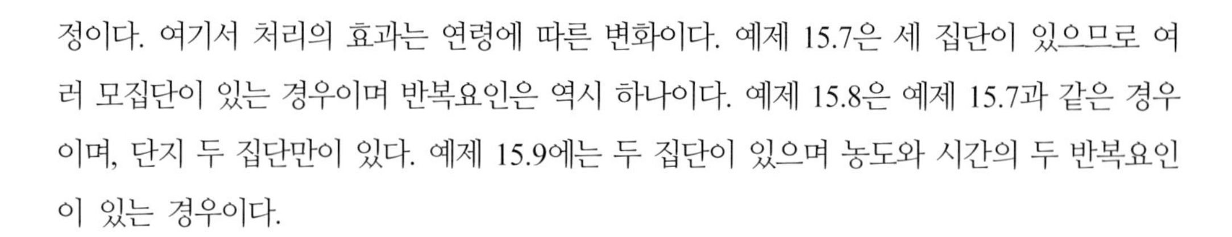
정이다. 여기서 처리의 효과는 연령에 따른 변화이다. 예제 15.7은 세 집단이 있으므로 여러 모집단이 있는 경우이며 반복요인은 역시 하나이다. 예제 15.8은 예제 15.7과 같은 경우이며, 단지 두 집단만이 있다. 예제 15.9에는 두 집단이 있으며 농도와 시간의 두 반복요인이 있는 경우이다.

15.3.2 반복측정 자료의 분석

반복측정 자료에 대한 분석법에는 두 가지가 있다. 첫째는 **일변량 분석(univariate analysis)** 법이고, 둘째는 **다변량 분석(multivariate analysis)**법이다. 이 두 분석법은 수집된 반복측정 자료의 분포, 특히 각 처리수준의 분산과 처리수준간의 공분산(상관계수를 생각해도 마찬가지이다)에 관한 가정이 어떤 것이냐에 따라 선택된다. 예제 15.6의 단순한 경우에서 서로 다른 개체들 간의 반응값의 차이를 **개체간 변동(between individual variation)**이라 하고, 같은 개체 내에서 처리간의 반응값의 차이를 **개체 내 변동(within individual variation)**이라 할 때, 일변량 분석법은 전체 변동에서 먼저 변이가 심한 개체간 변동을 분리한 후, 상대적으로 변이가 적은 개체 내 변동을 다시 처리에 의한 변동과 그것을 검정할 오차변동으로 분리하여 검정통계량을 계산하므로 처리효과를 검정하는 데 매우 효율적인 방법이다. 한편 다변량 분석법은 일변량 분석법보다도 요구되는 가정이 적으며, 가정의 성립이 의문스러운 경우에 적용할 수 있는 분석법이지만, 가정이 성립되는 경우에는 일변량 분석에 비해 검정력이 떨어지는 것이 사실이다. 다변량 분석법의 설명은 이 책의 범위를 벗어나므로 설명하지 않으며, 이제 예제 15.6, 예제 15.7 및 예제 15.8에 대한 일변량 분석법을 설명할 것이다. 두 반복요인이 있는 예제 15.9에 대한 분석법은 참고문헌(Crowder and Hand (1990))의 소개로 그친다. (이 예제의 분석 프로그램은 부록 I에 제시하였다.)

한 모집단, 한 반복요인

이제 반복측정 자료의 가장 단순한 형태인 예제 15.6의 자료로써 반복측정 자료의 분석모형을 제시한 후 처리(또는 시점)(treatments or occasions)간의 차이를 검정하는 방법을 설명한다. 예제 15.6의 자료는 이미 설명한 바와 같이 16명의 개체가 한 모집단에서 추출되고 하나의 반복요인만이 있는 자료로서, 반복요인은 네 처리수준(또는 시점)을 가졌다. 자료의 일반적인 구조는 다음과 같다. 처리수준수를 단순히 처리수라고 부르겠다.

표 15.15 한 모집단, 한 반복요인의 반복측정 자료 – 처리수 c, 개체수 n

개체	처리(시점)				합계	평균
	1	2	…	c		
1	y_{11}	y_{12}	…	y_1^{c}	$T_{1.}=\sum_{j=1}^{c} y_{1j}$	$\bar{y}_{1.}$
2	y_{21}	y_{22}	…	y_2^{c}	$T_{2.}=\sum_{j=1}^{c} y_{2j}$	$\bar{y}_{2.}$
⋮	⋮	⋮		⋮	⋮	⋮
n	$y^{n}{}_1$	$y^{n}{}_2$	…	y_{nc}	$T_{n.}=\sum_{j=1}^{c} y_{nj}$	$\bar{y}_{n.}$
합계	$T_{.1}=\sum_{i=1}^{n} y_{i1}$	$T_{.2}=\sum_{i=1}^{n} y_{i2}$	…	$T_{.c}=\sum_{i=1}^{n} y_{ic}$	$T_{..}=\sum_{i=1}^{n}\sum_{j=1}^{c} y_{ij}$	
평균	$\bar{y}_{.1}$	$\bar{y}_{.2}$	…	$\bar{y}_{.c}$		$\bar{y}_{..}$

예제 15.6, 예제 15.7 및 예제 15.8에 제시된 반복측정 자료에 대한 모형은 처리의 효과가 가법적인 형태로 작용한다면 i번째 개체, j번째 처리의 측정값 y_{ij}에 대해서

$$y_{ij} = \mu_{ij} + \alpha_{ij} + e_{ij} \qquad (15-4)$$

와 같이 가정할 수 있다. 여기서

μ_{ij}는 모집단으로부터 랜덤하게 추출되는 임의의 개체의 평균 반응을 나타내며,

α_{ij}는 i번째 개체의 반응값 y_{ij}가 μ_{ij}에서 벗어나는 정도로서 i번째 개체의 특성에 대한 부분을 포함하고 있다. 이제 i번째 개체의 평균 반응은 $\mu_{ij} + \alpha_{ij}$가 된다.

e_{ij}는 오차항으로서 특정한 개인의 특정한 시점에서 반응값 y_{ij}가 $\mu_{ij} + \alpha_{ij}$로부터 벗어나는 정도이다.

식 (15 – 4)에서 μ_{ij}는 **고정효과(fixed effects)**로서 개체와는 무관한 **모수(parameter)**인 반면에, α_{ij}는 개체에 따라 변하게 되는 **랜덤효과(random effects)**이다. 이와 같이 고정효과와 랜덤효과가 섞여있는 모형을 **혼합모형(mixed models)**이라 한다.

이 모형에서 랜덤효과와 오차항의 공분산과 분포에 대한 가정은 다음과 같다.

$$E(\alpha_{ij})=0,\ \mathrm{Var}(\alpha_{ij})=\sigma_{\alpha j}^2,\ \mathrm{Cov}(\alpha_{ij},\alpha_{i'j'})=\begin{cases}0, & i\neq i' \text{인 경우}\\ \sigma_{\alpha jj'}, & i=i' \text{인 경우}\end{cases} \tag{15-5}$$

$E(e_{ij})=0,\ \mathrm{Var}(e_{ij})=\sigma_j^2,\ \mathrm{Cov}(e_{ij}, e_{i'j'})=0$, $i\neq i'$, 또는 (and/or) $j\neq j'$ 인 경우

$\mathrm{Cov}(\alpha_{ij}, e_{i'j'})=0$, 모든 i, j, i', j' 에 대해서

$\alpha_{ij}\sim N(0, \sigma_{\alpha j}^2)$, $e_{ij}\sim N(0, \sigma_j^2)$

이제 처리 간 측정값들의 공분산행렬에 관한 가정을 따져 본다. 다른 개체들의 측정값은 관련이 서로 없어서

$$\mathrm{Cov}(y_{ij}, y_{i'j'})=0,\quad i\neq i',\ \text{모든 } j, j' \text{에 대해서}$$

이다. 그러나 같은 개체에서의 측정값들은 관련되어 있다. 특히

$$\sigma_j^2=\sigma^2,\quad \sigma_{\alpha jj'}=\sigma_\alpha^2,\ \text{모든 } j, j' \text{에 대해서} \tag{15-6}$$

로 가정하게 되면, 같은 개체에서의 그러나 시점이 다른 두 측정값 y_{ij}와 $y_{ij'}$의 공분산은 다음과 같다.

$$\begin{aligned}\mathrm{Cov}(y_{ij}, y_{ij'}) &= \mathrm{Cov}(\alpha_{ij}+e_{ij}, \alpha_{ij'}+e_{ij'})\\ &= \mathrm{Cov}(\alpha_{ij}, \alpha_{ij'})+\mathrm{Cov}(e_{ij}, e_{ij'})\\ &= \begin{cases}\sigma_{\alpha jj'}, & j\neq j' \text{인 경우}\\ \sigma_{\alpha jj'}+\sigma_j^2, & j=j' \text{인 경우}\end{cases}\\ &= \begin{cases}\sigma_\alpha^2, & j\neq j' \text{인 경우}\\ \sigma_\alpha^2+\sigma^2, & j=j' \text{인 경우}\end{cases}\end{aligned}$$

따라서 같은 개체에서의 처리 간 측정값들의 분산이 동일하게 $\sigma_\alpha^2+\sigma^2$이며, 서로 다른 임의의 두 처리 간 측정값의 공분산은 σ_α^2으로 서로 동일한 크기의 관련성을 갖게 되어 상관계수는 $\rho\equiv\sigma_\alpha^2/(\sigma_\alpha^2+\sigma^2)$이 된다. 이를 일컬어 **intraclass 상관계수**라 한다. 따라서 분석모형 (15-4)에서 개체의 특성에 대한 랜덤효과인 α_{ij}로부터 같은 개체에서의 두 측정값 간에 상관관계가 유도되었다. 즉, 공분산 행렬의 형태는 구체적으로 다음과 같다.

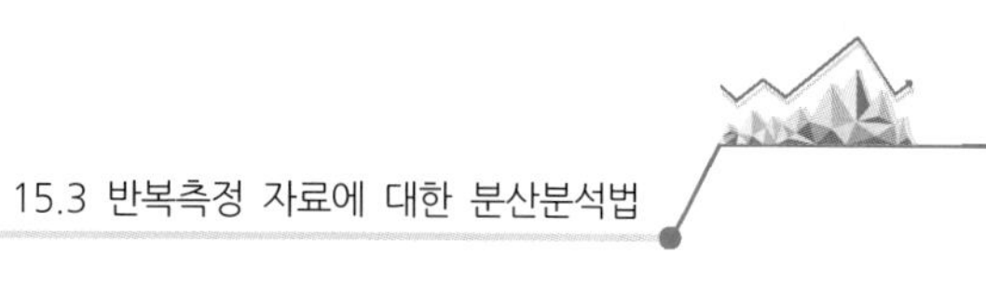

$$
\begin{array}{r|cccccc|}
\text{처리} & 1 & 2 & \cdot & \cdot & \cdot & c \\
 & 1 & \rho & \cdot & \cdot & \cdot & \rho \\
 & \rho & 1 & \rho & \cdot & \cdot & \rho \\
 & \cdot & \cdot & & & & \cdot \\
(\sigma_\alpha^2 + \sigma^2) \cdot & \cdot & \cdot & & & & \cdot \\
 & \rho & \rho & \cdot & \cdot & \rho & 1
\end{array}
\qquad (15-7)
$$

이와 같이 동일 분산, 동일 공분산 형태를 갖는 공분산행렬의 특성을 **복합대칭성(compound symmetry)** 또는 더욱 보편적으로는 **구형성(sphericity)**이라 한다. 그러나 실제 분석에서는 단순히 c 수준의 처리에 대한 구형성을 검토하기보다는, 예를 들어서 투약 전과 비교하여 투약 후의 변화를 알아보고자 하므로, 한 처리와 다른 처리의 차이, 즉 대비(contrast)에 대한 공분산 행렬의 구형성을 검토하게 된다. 반복측정 자료의 일변량 분석법에서 구형성 가정이 요구되는 이유는 곧 설명하게 되지만, 검정통계량의 분포는 구형성 가정 하에서 우리가 알고 있는 분포가 되기 때문이다.

총 nc개의 측정값의 평균을 $\bar{y}_{..}$로 표시할 때, **총제곱합(Total Sum of Squares)**은

$$\text{총제곱합 SST} = \sum_{i=1}^{n}\sum_{j=1}^{c}(y_{ij} - \bar{y}_{..})^2, \qquad df_{\mathrm{T}} = nc - 1$$

이며, 이는 다시 **개체 간 제곱합(Sum of Squares Between individuals)**과 **개체 내 제곱합(Sum of Squares Within individuals)**으로 나뉘어진다.

$$\text{개체 간 제곱합 SSBetween} = \sum_{i}^{n}\sum_{j}^{c}(\bar{y}_{i.} - \bar{y}_{..})^2 = c\sum_{i}^{n}(\bar{y}_{i.} - y_{..})^2, \ df_{\mathrm{B}} = n - 1$$

$$\text{개체 내 제곱합 SSWithin} = \sum_{i}^{n}\sum_{j}^{c}(y_{ij} - \bar{y}_{i.})^2, \ df_{\mathrm{W}} = n(c-1)$$

$$\mathrm{SST} = \mathrm{SSB} + \mathrm{SSW}$$

이제 같은 개체에게서 측정된 두 반응값의 차이를 생각해 보면 처리의 효과가 그 한 가지 원인이며, 다른 원인은 오차로 인한 것이다. 따라서 개체 내 제곱합은 다시 **처리 간 제곱합(Sum of Squares between Occasions)**과 **오차제곱합(Error Sum of Squares)**으로 나뉘어진다. 여기서 처리 간 제곱합은 총제곱합과 구분하기 위해서 시점을 나타내는 영어 Occasions의 약자를 사용하였다.

$$\text{처리 간 제곱합 SSO} = \sum_{i}^{n}\sum_{j}^{c}(\bar{y}_{.j} - \bar{y}_{..})^2 = n\sum_{j}^{c}(\bar{y}_{.j} - \bar{y}_{..})^2, \quad df_{\mathrm{O}} = c - 1$$

$$\text{오차제곱합 SSE} = \sum_{i}^{n}\sum_{j}^{c}(y_{ij} - \bar{y}_{ij.} - \bar{y}_{.j} + \bar{y}_{..})^2, \quad df_E = (n-1)(c-1)$$

$$\text{SSW} = \text{SSO} + \text{SSE}$$

이제 처리효과를 비교하는 검정통계량은

$$F = \frac{\text{MSO}}{\text{MSE}} = \frac{\text{SSO}/(c-1)}{\text{SSE}/[(n-1)(c-1)]} \sim F(c-1, (n-1)(c-1))$$

이며 처리수준간의 공분산에 관한 구형성 가정 하에서 F 분포함을 이용하여 검정한다. 즉, 유의수준 α인 기각역은 다음과 같다.

$$F_0 \geq F_{1-\alpha}(c-1, (n-1)(c-1))$$

따라서 이러한 검정과정을 요약한, 예제 15.6 자료에 해당하는 분산분석표는 다음과 같다.

표 15.16 분산분석표 : 한 모집단, 한 반복요인의 자료 - 처리수 c, 개체수 n

요 인	제곱합	자유도	제곱평균	F 비
개체간	$\text{SSB} = c\sum_{i=1}^{n}(\bar{y}_{i.} - \bar{y}_{..})^2$	$n-1$		
개체내	$\text{SSW} = \sum_{i=1}^{n}\sum_{j=1}^{c}(y_{ij} - \bar{y}_{i.})^2$	$n(c-1)$		
처리간	$\text{SSO} = n\sum_{j=1}^{c}(\bar{y}_{.j} - \bar{y}_{..})^2$	$c-1$	MSO	F_o=MSO/MSE
오 차	$\text{SSE} = \sum_{i=1}^{n}\sum_{j=1}^{c}(y_{ij} - \bar{y}_{ij.} - y_{.j} + \bar{y}_{..})^2$	$(n-1)(c-1)$	MSE	
총	$\text{SST} = \sum_{i=1}^{n}\sum_{j=1}^{c}(y_{ij} - \bar{y}_{..})^2$	$nc-1$		

위의 분산분석표에서 처리 간 제곱합과 오차제곱합의 합이 이미 설명한 바와 같이 개체 내 제곱합과 동일하므로, 간혹 분산분석표에서 개체 내 제곱합의 제시가 생략되기도 한다. 처리수준이 둘인 한 모집단 반복측정 자료의 경우에는 9.3절에서 배운 랜덤화블록계획법과 동일하며 분산분석표도 일치함을 알 수 있다. 또한 오차는 개체와 처리의 교호작용과 동일하며, '개체 × 처리 교호작용'으로 대치되기도 한다.

이제, 예제 15.6, 예제 15.7 및 예제 15.8의 모형의 차이를 생각해 보자. 우선 예제 15.6의 모형은 모든 개체가 동일한 집단에 속하므로, 다시 말하면 한 모집단의 경우이므로 μ_{ij}

는 단순히 μ_j 또는 $\mu + \tau_j$로 대치되어 예제 15.6의 모형은 i번째 개체, j번째 처리의 측정값 y_{ij}에 대해서 다음과 같다.

$$\begin{aligned} y_{ij} &= \mu_{ij} + \alpha_{ij} + e_{ij} \\ &= \mu + \tau_j + \alpha_{ij} + e_{ij}, \quad i = 1, \cdots, n, \ j = 1, \cdots, c \end{aligned}$$

여기서 μ는 전체 평균

τ_j는 j번째 처리의 고정효과

α_{ij}는 랜덤효과

e_{ij}는 오차항이다.

따라서 예제 15.6에서 처리의 차이가 없음은 $H_0 : \tau_1 = \tau_2 = \cdots = \tau_c = 0$의 가설로 표현된다.

예제 15.6의 계속

가설검정을 하기 전에 16명 남아의 반복측정 자료의 기술통계량을 살펴보면 다음과 같다.

	연 령			
	8세	10세	12세	14세
평 균	22.875	23.813	25.719	27.469
SD	2.453	2.316	2.652	2.085

이 결과에서 나이가 많아질수록 턱의 길이가 점점 커진다는 것과 표준편차가 거의 비슷함을 알 수 있다. 구체적으로 공분산 행렬의 형태에 대한 검토는 설명하지 않으며, 분산분석표는 다음과 같다.

요 인	자유도	제곱합	제곱평균	F 비	p값
개체 간	15	200.688	13.379		
개체 내	48				
처리 간+	3	200.531	66.844	23.37	.0001
오 차	45	128.719	2.860		
총	63	529.938			

+'처리 간'은 '연령 간'이라고 대치할 수 있다.

F 분포표에서 $F_{0.99}(3, 45) = 5.13$이므로 귀무가설 $H_0 : \tau_1 = \tau_2 = \tau_3 = \tau_4 = 0$을 유의수준 $\alpha = 0.01$에서 기각한다. 즉, 연령에 따른 턱길이의 차이가 유의하게 다르다고 결론내린다. 처리의

효과가 유의하므로 어떠한 처리 간에, 다시 말하면 어떠한 연령군의 평균 차이가 유의하게 다른지에 대한 다중비교를 하게 된다. 반복측정 분산분석에서의 다중 비교법은 참고서 박용규 · 송혜향(1991)의 「반복측정 자료의 분산분석」을 참조하기 바란다. 다중비교의 결과로서 8세와 10세간을 제외하고는 모든 연령 간에 유의한 차이가 있음을 알 수 있다. (이 예제의 분석 프로그램은 부록 I에 제시하였다.)

여러 모집단, 한 반복요인

이제 예제 15.7과 예제 15.8과 같이 여러 집단의 개체에서 반복측정 자료가 있는, 아래와 같이 단순한 경우를 생각해 보자.

예제 15.10

산모와 신생아간의 상호성(reciprocity) 증진에 대한 연구로서 신생아의 수유횟수에 대한 단순한 정보만을 매일 제공받는 10명의 산모군과 신생아의 세세한 행동특성과 연구자에게 반응을 보이는 신생아의 모습을 지켜보는 10명의 산모들로 나누어 일정 기간 동안 연구가 진행되었다. 연구 시작과 연구 마감시에, 즉 전 · 후 시점에서 두 군 산모의 신생아에 대한 적응도를 측정하였다(자료출처 : Anderson, 1981).

이 연구에는 독립된 두 군의 비교와 전 · 후 수치의 비교인 쌍체비교의, 두 다른 양상의 비교가 한데 어울린 경우이다. 만약 unpaired t 검정과 paired t 검정으로 분석하려고 한다면, 여러 번의 t 검정을 하게 된다. 예를 들어서 전 시점에서 두 산모군 비교의 unpaired t 검정, 후 시점에서 두 산모군 비교의 unpaired t 검정, 첫째 산모군에서의 전 · 후 시점 비교의 paired t 검정, 둘째 산모군에서의 전 · 후 시점 비교의 paired t 검정, 또는 두 산모군의 전 · 후 적응도 차이를 비교하는 unpaired t 검정, 등이 있을 수 있다. 이러한 여러 번의 t 검정의 결과요약은 결코 쉽지 않을 뿐만 아니라 검정의 오류를 범하기 쉬운 것은 당연한 사실이다. 시점이 셋 이상이 되거나, 또는 독립된 군의 수가 셋 이상이 되면 이러한 t 검정의 횟수는 매우 급속도로 증가한다. 시점이 몇이든간에 독립된 군의 수가 몇이든간에 올바른 분석법에 의한 분산분석표는 아래와 같다.

분산분석표를 간단히 살펴보면, 총 자유도 39는 총 20명의 전 · 후 수치, 즉 총 40개의 수치에 대응하며, 두 집단이 있으므로 집단간 자유도는 1이고, 전 · 후의 두 시점만이 있으므로 처리간 자유도는 1이며, 이에 따라 집단과 처리의 교호작용의 자유도는 1이다. 여기서 특징적인 점은 분석의 결과가 세 가지 검정통계량으로 요약된다는 점이며, 이는 시점이

몇이든간에 또는 독립된 군의 수가 몇이든간에 변함이 없다. 이제 분석과정에 대한 자세한 설명이 필요하다.

표 15.17 **2 × 2 Repeated measures ANOVA**

Source	df	SS	MS	F	P
Group	1	62.50	62.50	.86	.369
Pre-post	1	774.40	774.40	34.27†	.000
Group × pre-post	1	220.0	220.90	9.78	.010
Subjects in groups	18	1307.10	72.62		
Pre-post × Subjects in groups	18	406.70	22.60		
Total	39				

(† 논문에는 32.27로 적혀있으나 이는 잘못 기재된 것임을 계산으로 알 수 있다.)

여기서 총 개체수를 N이라 표시하면 이는 각 집단의 개체수의 합, 즉

표 15.18 **여러 모집단, 한 반복요인의 반복측정 자료 – 처리수 c, k번째 집단의 개체수 n_k, 집단수 g**

집단	개체	처리(시점)			
		1	2	⋯	c
1	1	y_{111}	y_{121}	⋯	y_{1c1}
	2	y_{211}	y_{221}	⋯	y_{2c1}
	⋮	⋮	⋮		⋮
	n_1	$y_{n_1 11}$	$y_{n_1 21}$	⋯	$y_{n_1 c1}$
	⋮	⋮	⋮		⋮
g	1	y_{11g}	y_{12g}	⋯	y_{1cg}
	2	y_{21g}	y_{22g}	⋯	y_{2cg}
	⋮	⋮	⋮		⋮
	n_g	$y_{n_g 1g}$	$y_{n_g 2g}$	⋯	$y_{n_g cg}$

$$N = n_1 + n_2 + \cdots + n_g$$

가 된다(간혹 책에 따라서는 각 집단에서 동일 개체수를 추출하는 실험계획을 다루고 있으며, 이때 각 집단에서의 개체수를 n이라 표시할 때 총 개체수는 ng가 된다. 이와 구분하기 위해 위에서 모든 집단을 총괄한 총 개체수를 대문자 N으로 썼으나 만약 소문자 n으로 쓰게 되면 ng의 n과 서로 의미하는 바가 다름에 주의해야 한다).

이와 같이 예제 15.7과 예제 15.8에는 여러 집단(group)의 개체들이 있으므로 집단(k)과 집단 내의 개체(i)와 처리(j)를 표시하는 기호가 모두 필요하다. 따라서 k번째 집단에서 i번째 개체, j번째 처리의 측정값 y_{ijk}에 대해서 모형은 다음과 같다.

$$\begin{aligned} y_{ijk} &= \mu_{ijk} + \alpha_{ijk} + e_{ijk} \\ &= \mu + \tau_j + \gamma_k + \tau\gamma_{jk} + \alpha_{ijk} + e_{ijk} \end{aligned}$$

여기서 μ는 전체 평균

τ_j는 j번째 처리의 효과

γ_k는 k번째 집단의 효과

$\tau\gamma_{jk}$는 j번째 처리와 k번째 집단의 교호작용의 효과

α_{ijk}는 랜덤효과

e_{ijk}는 오차항이다.

표 15.18의 자료를 일변량 분석하기 위한 분산분석표는 다음과 같다.

표 15.19 **분산분석표 : 여러 모집단, 한 반복요인의 자료 – 처리수 c, k번째 집단의 개체수 n_k, 집단수 g**

요인	자유도	제곱합	F 비
개체 간	$N-1$	$SSI = c\sum_i\sum_k(\bar{y}_{i.k}-\bar{y}_{...})^2$	
집단 간	$g-1$	$SSG = c\sum_k n_k(\bar{y}_{..k}-\bar{y}_{...})^2$	$F_G = \frac{SSG/(g-1)}{(SSI-SSG)/(N-g)}$
집단 내 개체	$N-g$	$SSI-SSG = c\sum_i\sum_k(\bar{y}_{i.k}-\bar{y}_{..k})^2$	
처리 간	$c-1$	$SSO = N\sum_j(\bar{y}_{.j.}-\bar{y}_{...})^2$	$F_O = \frac{SSO/(c-1)}{(SSIO-SSGO)/[(N-g)(c-1)]}$
개체×처리 교호작용	$(N-1)(c-1)$	$SSIO = \sum_i\sum_j\sum_k(y_{ijk}-\bar{y}_{i.k}-\bar{y}_{.j.}+\bar{y}_{...})^2$	
집단×처리 교호작용	$(g-1)(c-1)$	$SSGO = \sum_j\sum_k n_k(\bar{y}_{.jk}-\bar{y}_{..k}-\bar{y}_{.j.}+\bar{y}_{...})^2$ $= \sum_j\sum_k n_k(\bar{y}_{.jk}-\bar{y}_{...})^2 - SSG - SSO$	$F_{GO} = \frac{SSGO/[(g-1)(c-1)]}{(SSIO-SSGO)/[(N-g)(c-1)]}$
집단 내 개체×처리 교호작용	$(N-g)(c-1)$	$SSIO-SSGO = \sum_i\sum_j\sum_k(y_{ijk}-\bar{y}_{i.k}-\bar{y}_{.jk}+\bar{y}_{..k})^2$	
총	$Nc-1$	$SST = \sum_i\sum_j\sum_k(y_{ijk}-\bar{y}_{...})^2$	

여기서 y_{ijk}는 k번째 집단에서 i번째 개체, j번째 처리의 측정값을 나타내며,

$$N = \text{총 개체수} = \sum_k n_k$$

$$\bar{y}_{...} = \text{전체 평균} = \sum_i \sum_j \sum_k y_{ijk} \,/\, (Nc)$$

$$\bar{y}_{..k} = k\text{번째 집단에서 평균} = \sum_i \sum_j y_{ij} \,/\, (n_k c)$$

$$\bar{y}_{.j.} = j\text{번째 처리의 평균} = \sum_i \sum_k y_{ijk} \,/\, N$$

$$\bar{y}_{i.k} = k\text{번째 집단에서 } i\text{번째 개체의 평균} = \sum_j y_{ijk} \,/\, c$$

$$\bar{y}_{.jk} = k\text{번째 집단에서 } j\text{번째 처리의 평균} = \sum_i y_{ijk} \,/\, n_k$$

을 각각 나타낸다.

예제 15.7(또는 예제 15.8)에 관한 분산분석표 표 15.18에서 첫째로 $F_{\rm G}$는 비타민 용량군 간에 쥐 몸무게의 차이, 즉 집단 간의 차이인

$$H_{0(\rm G)} : \gamma_1 = \gamma_2 = \cdots = \gamma_g = 0$$

을 검정하며, 여러 처리의 평균을 종합하여 집단 간의 차이에 대한 일원분산분석의 검정통계량을 계산하므로, 공분산행렬의 구형성 가정에 상관없이 $H_{0(\rm G)}$가 참(true)인 경우에 검정통계량 F_G는 F 분포한다. 둘째로 $F_{\rm O}$는 주에 따른 쥐 몸무게의 변화, 즉 처리간의 차이인

$$H_{0(\rm O)} : \tau_1 = \tau_2 = \cdots = \tau_c = 0$$

을 검정하며, 셋째로 $F_{\rm GO}$는 세 용량군에서 쥐 몸무게의 변화패턴, 즉 처리와 집단의 교호작용인

$$H_{0(\rm GO)} : \tau\gamma_{11} = \tau\gamma_{12} = \cdots = \tau\gamma_{cg} = 0$$

을 검정한다. 여기서 $F_{\rm O}$와 $F_{\rm GO}$는 분산분석표에서 볼 수 있듯이 F 비의 분모가 서로 동일하다. $F_{\rm G}$의 분모와는 다르며, 공분산행렬의 구형성 가정이 만족되지 않으면 $H_{0(\rm O)}$와 $H_{0(\rm GO)}$가 참(true)인 경우에도 F 분포하지 않는다. 이러한 F 비가 도출된 통계적 근거는 이 책의 정도를 벗어나므로 설명하지 않으며, 참고문헌(Crowder and Hand (1990))을 참고하기 바란다.

한 모집단만이 있는 예제 15.6의 경우와 마찬가지로 여러 집단의 개체들이 있는 예제 15.7(또는 예제 15.8)의 경우에도 $F_{\rm G}$와 $F_{\rm GO}$가 F 분포하기 위해서는, 각 집단에서의 대비의 공분산행렬이 서로 동일해야 하면서 이 동일 공분산행렬이 구형성 가정에 만족되어야 한다. 만약 구형성 가정이 성립되지 않는데도 일변량 분석법의 F 비를 그대로 사용한다면 유의수준이 참수준 보다 크게 되어, 옳은 귀무가설을 기각하는 경우가 많아지므로 바람직하지 않게 된다. 따라서 구형성가정이 성립되지 않는다면 어떻게 대처해야 되겠는가를 생각해 보아야 한다. 이미 언급한 대로 다변량 분석법에 의존하는 것이 한 가지 방법이다. 그러나 실제로 구형성가정이 성립된다면 다변량 분석법이 일변량 분석법에 비해 검정력이 떨어진다는 점 때문에 구형성가정이 성립되지 않을 경우에도 적용할 수 있는 수정된 일변량 분석법이 제시되었는데, 이는 구형성가정으로부터 벗어나는 정도를 표현한 ε을 F 비의 자유도에 곱하여 주어, 다시 말하면 분자와 분모의 자유도에 각각 곱하여 주어 이 수정된 자유도로서 검정하는 방법이다. ε은 0과 1 사이의 값을 취하며 구형성가정이 성립되면 $\varepsilon = 1$이 되며, 0에 가까울수록 구형성에서 많이 벗어난다. 이 ε은 추정되어야 하는데 Greenhouse-Geisser와 Huynh-Feldt가 제시하는 추정법이 가장 널리 사용되고 있다.

이제 위의 세 가지 가설검정에 대한 결과, 즉 두 주효과(main effects)에 대한 통계량 F_G 및 F_O와 함께 한 개의 교호작용효과(interaction effect)에 대한 통계량 F_{GO}가 제시되었을 때 이를 어떻게 해석할 것인가를 설명한다. 연구의 목적과 인자의 특성에 따라서, 또한 여러 가지로 다른 결과의 양상에 따라서 해석이 달라질 수 있어 한 가지로 말하기는 어렵다는 것을 먼저 언급해 둔다. 검정결과의 보편적인 해석의 순서는 다음과 같다. 우선 두 인자로부터의 교호작용은 각 인자의 주효과 해석에 있어서의 조정을 의미하기 때문에 주효과의 유의성과 동시에 교호작용의 유의성을 살피게 된다. 교호작용이 유의하지 않으나 어떤 주효과가 유의한 경우에는 주효과의 평균에 대해 해석하고 설명한다. 각 집단에서 처리 평균들을 연결한 다음과 같은 꺾은선 그래프(profile)를 가지고 설명해 보겠다. 그림 15.5의 ① ② ③에서 교호작용이 유의하지 않다. ①의 경우에는 집단 및 처리간의 차이가 없어서 설명할 수 있는 의미있는 평균비교가 없다. 그러나 ②와 ③의 경우에는 집단 간과 처리 간 차이가 유의하여 집단 간 평균, 그러나 네 처리시점에 대해서는 종합된 평균을 비교하고 설명하며, 또한 처리간 평균 그러나 두 집단에 대해서는 종합된 평균을 비교하고 설명한다. 처리 간 평균의 비교에서는 특히 추세(trend)에 대한 비교를 할 수 있겠다.

이제 교호작용이 유의한 경우인 그림 15.5의 ④ ⑤ ⑥에 대해서 살펴보자. 교호작용이 유의한 경우에는 일반적으로 집단과 처리간의 병합수준에서 평균을 해석하게 되며, 이는 다시 말하면 각 집단에서의 처리 간 평균을 서로 비교하면서 해석하는 것을 뜻한다. ④의 경우 두 주효과인 집단과 처리간이 모두 유의하며, ⑤의 경우에는 처리간은 유의하지 않다. 우선 ⑥의 경우 집단과 처리간의 두 주효과가 모두 유의하지 않지만 교호작용이 유의하므로, 이미 언급한 대로 각 집단에서의 처리 간 평균을 서로 비교하면서 해석하면 된다. 이제

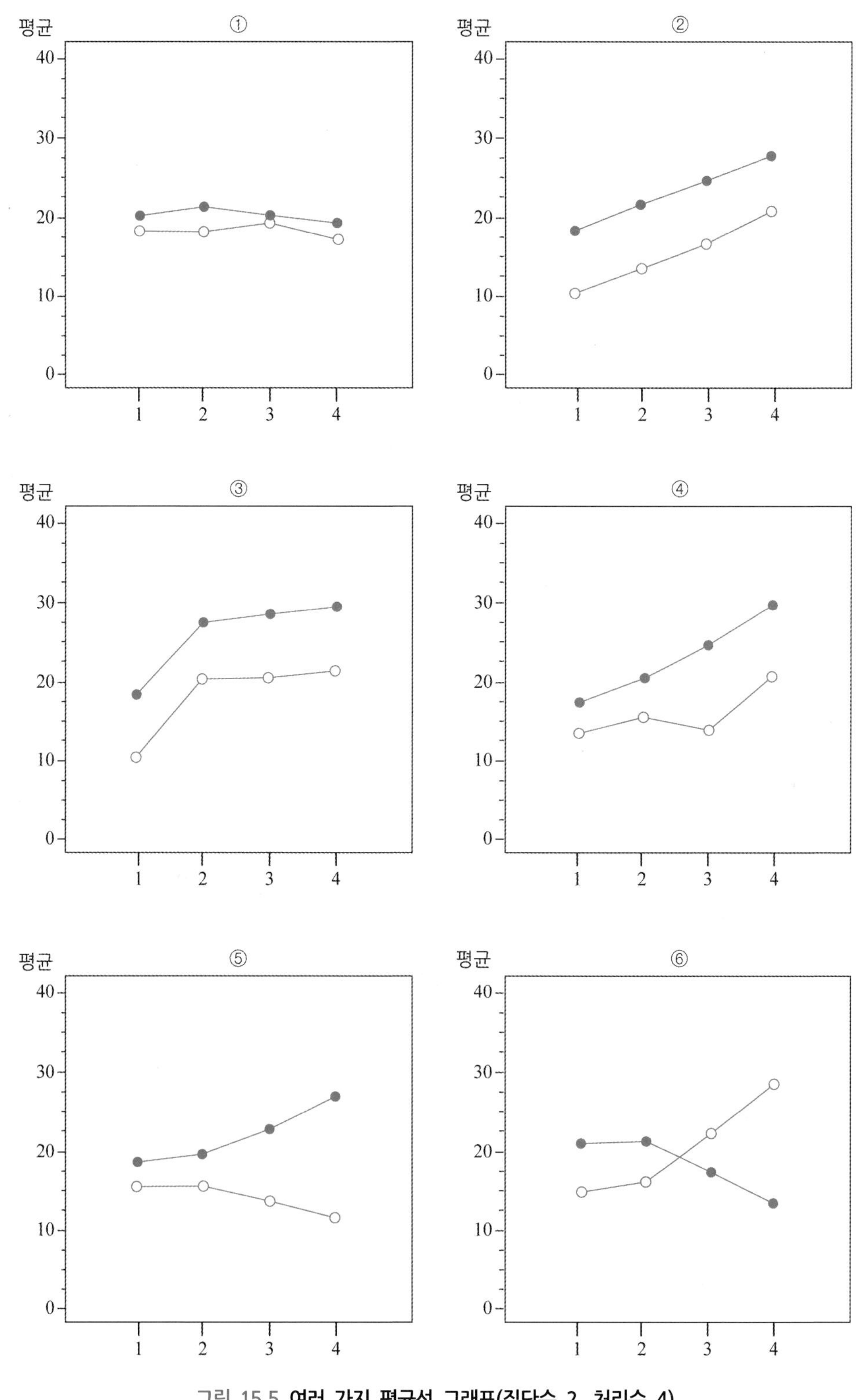

그림 15.5 **여러 가지 평균선 그래프(집단수 2, 처리수 4)**

교호작용과 더불어 하나 또는 두 주효과가 유의한 경우인 ④, ⑤에 대해 살펴본다. 9장의 삼원분산분석에서 언급한 대로 주효과와 교호작용의 **제곱평균(mean squares, MS)**이 서로 비슷한 크기라면 교호작용에 의한 평균 해석에 덧붙여 주효과의 평균비교가 제시해 주는 추가적인 설명은 거의 보탬이 되지 못하며, 따라서 각 집단별 처리 간 평균의 비교로 해석을 끝낼 수 있다. 그러나 주효과의 MS가 교호작용의 MS보다 훨씬 큰 경우에는 교호작용에 의한 평균 해석에 덧붙여 주효과의 평균비교를 해석하여 설명한다. 그림에서 제시한 여섯 가지 양상 외에도 여러 다른 양상의 결과가 있을 수 있겠으며, 위의 방침을 따라 간다면 어려움 없이 해석할 수 있을 것이다. 이제 예제 15.7과 예제 15.8의 자료를 분석해 보자.

예제 15.7의 계속

가설검정을 하기 전에 세 가지 비타민 용량군의 반복측정 자료의 기술통계량을 살펴보면 다음과 같다.

	1주	3주	4주	5주	6주	7주	총평균
대조군 평균	466.40	519.40	568.80	561.60	546.60	572.00	539.13
SD	16.73	40.64	39.59	42.84	66.88	61.82	
저용량군 평균	494.40	551.00	574.20	567.00	603.00	644.00	572.27
SD	31.91	41.89	27.99	62.06	53.31	57.55	
고용량군 평균	497.86	534.60	579.80	571.80	588.20	623.20	565.90
SD	28.67	29.76	29.95	39.24	43.71	35.37	
총평균	486.20	535.00	574.27	566.80	579.27	613.07	559.10

교호작용을 파악하기 위한 세 비타민 용량군 자료의 평균선 그래프는 그림 15.6과 같다.

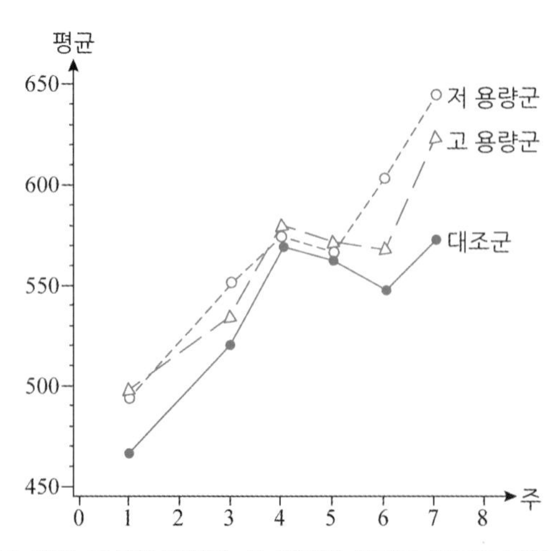

그림 15.6 **예제 15.7에 제시된 세 비타민 용량군 자료의 평균선 그래프**

평균선을 살펴보면 세 용량군으로 쥐 몸무게 증가양상이 약간 엇갈리게 나타나지만, 평행적인 추세에서 크게 벗어나지는 않는다고 느껴진다. 그러나 이는 구체적인 검정으로 알아보게 된다.

분산분석표는 다음과 같다.

요인	자유도	제곱합	제곱평균	F 비	p값
개체 간	14				
집단 간+	2	18548.067	9274.033	1.06	.378
집단 내 개체	12	105434.200	8786.183		
처리 간+	5	142554.500	28510.900	52.55	.0001
개체×처리 교호작용	70				
집단×처리 교호작용	10	9762.733	976.273	1.80	.110
집단 내 개체×처리 교호작용	60	32552.600	542.543		
총	89	308852.100			

+ '집단 간'은 '용량군 간'으로, '처리 간'은 '시점 간'으로 대치할 수 있으며, 다른 요인들의 명칭도 같은 방식으로 대치할 수 있다.

먼저 F 분포표에서 $F_{0.95}(10, 60) = 1.99$이므로 집단과 처리의 교호작용, 즉 용량군과 시점간의 교호작용은 $\alpha = 0.05$에서 유의하지 않다. 또한 F 분포표에서 $F_{0.95}(2, 12) = 3.89$, $F_{0.99}(5, 60) = 3.34$이므로 세 용량군의 차이는 유의하지 않으나 시점간의 차이는 매우 유의하다. 직선적인 증가추세가 4주까지 지속되다가 4-6주 사이에 증가 정도가 떨어지며, 7주에 다시 증가함을 볼 수 있다. 연구목적에 따라서 각 시점에서의 평균 증가가 직선 또는 2차(2nd order), 3차(3rd order)의 곡선적인 추세(polynomial)를 보이면서 변화하는지 검정할 수도 있다.

예리한 감각의 독자는 이미 알아차렸겠지만, 앞의 기술통계량을 살펴보면 표준편차가, 예를 들어서 대조군의 1주부터 7주의 표준편차가 달라 보이며 따라서 구형성가정이 성립되지 않을 것 같아 보인다. 실제로 구형성가정이 기각되었으며, 가정이 성립되지 않은 경우의 조정된(adjusted) 일변량 분산분석을 적용하게 되면 처리간은 그대로 매우 유의하지만 집단×처리 교호작용은 $p = .16$으로 변한다. 구형성가정에 대한 검토 및 조정된 일변량 분산분석에 대해서는 설명치 않는다. 이 예제의 분석 프로그램을 부록 I에 제시하였다.

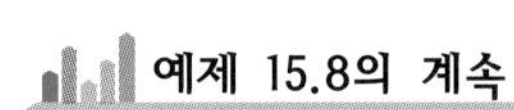

예제 15.8의 계속

가설검정을 하기 전에 남아와 여아의 반복측정 자료의 기술통계량을 살펴보면 다음과 같다.

		연 령			총평균
	8세	10세	12세	14세	
남아 평균	22.875	23.813	25.719	27.469	24.969
SD	2.453	2.316	2.652	2.085	
여아 평균	21.182	22.227	23.091	24.091	22.648
SD	2.125	1.902	2.365	2.437	
총평균	22.185	23.167	24.648	26.093	24.023

교호작용을 파악하기 위한 남아와 여아의 평균선 그래프는 그림 15.7과 같다.

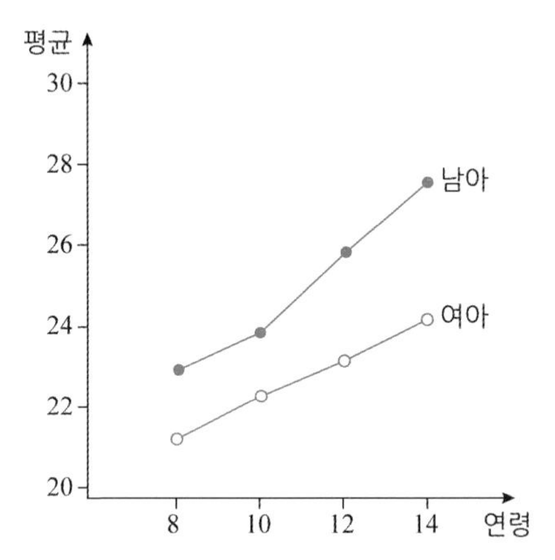

그림 15.7 **예제 15.6에 제시된 남아와 여아 자료의 평균선 그래프**

평균선을 살펴보면 남아가 여아보다 모든 나이에서 턱뼈의 길이가 더 크게 나타나고, 두 성별군에서의 평균선이 평행에 가깝다.

분산분석표는 다음과 같다.

요인	자유도	제곱합	제곱평균	F 비	p값
개체 간	26				
집단 간[+]	1	140.465	140.464	9.29	.005
집단 내 개체	25	377.915	15.117		
처리 간[+]	3	209.437	69.812	35.35	.0001
개체×처리 교호작용	78				
집단×처리 교호작용	3	13.993	4.664	2.36	.078
집단 내 개체×처리 교호작용	75	148.128	1.975		
총	107				

+ '집단 간'은 '남녀 간'으로, '처리 간'은 '연령 간'으로 대치할 수 있으며, 다른 요인들의 명칭도 같은 방식으로 대치할 수 있다.

먼저 F 분포표에서 $F_{0.95}(3, 75) = 2.73$이므로 집단과 처리의 교호작용은 $\alpha = 0.05$에서 기각하지 못한다. 즉, 남녀와 연령간의 교호작용은 유의하지 않다. 또한 F 분포표에서 $F_{0.99}(1, 25) = 7.77$, $F_{0.99}(3, 75) = 4.05$이므로 남녀 간, 연령 간 평균 차이가 각각 $\alpha = 0.01$에서 유의하다. 즉, 남아의 경우 여아보다 평균 2.321 mm가 더 크며, 연령이 8세에서 14세로 많아지면서 평균은 22.185, 23.167, 24.648, 26.093 mm로 증가한다.

연습문제

01 네 마리의 원숭이를 사용하여 어떤 자극에 대한 반응을 보는 실험을, 네 자극의 수준 (A_1~A_4)에 대해서 다음과 같은 라틴방격법으로 실시하였다. 괄호 안의 숫자는 처리 순서를 나타내며, 이 실험에서는 주(week)를 뜻한다. 즉, 이 실험은 일주일간씩 자극의 수준을 바꾸어 총 4주간 동안 진행된 실험이다. 자극의 수준에 따라서 반응에 차가 있다고 인정되는가를 검정하여라($\alpha = 0.01$).

동물 \ 수준	A_1	A_2	A_3	A_4	합 계
B_1	21(1)	15(3)	17(4)	23(2)	76
B_2	15(4)	26(1)	26(2)	13(3)	80
B_3	20(2)	20(4)	16(3)	20(1)	76
B_4	16(3)	27(2)	25(1)	20(4)	88
합 계	72	88	87	76	320

02 이상민감증(allergy) 환자의 배면을 16개의 같은 크기의 부위로 구분하고, 알레르겐 엑스(allergen extract) A, C, D와 대조로서 생리적 식염수 B를 피하주사하는데, 4×4 라틴방격법을 적용하였다. 주사 후의 반응(팽창의 크기)을 부위별, 약제별로 기록하여 다음 자료를 얻었다. 분산분석표를 만들어서 처리(알레르겐) 차의 유의성을 검정하여라($\alpha = 0.01$).

열 \ 행	1	2	3	4	합 계
1	18(A)	19(C)	11(B)	15(D)	63
2	20(C)	9(B)	16(D)	16(A)	61
3	17(D)	14(A)	17(C)	13(B)	61
4	14(B)	13(D)	12(A)	15(C)	54
합 계	69	55	56	59	239

03 넓은 감자밭을 가로, 세로로 4×4 라틴방격으로 나누어서 네 명의 기록자(A, B, C, D)가 다음과 같이 딱정벌레를 수집하였다. 네 기록자간에 차이가 있는가를 검정하여라.

열 \ 행	1	2	3	4
1	1127 D	1331 B	628 A	430 C
2	658 C	635 A	969 D	758 B
3	869 B	794 D	560 C	411 A
4	523 A	490 C	213 B	517 D

04 기관지 천식환자에게 두 가지 약제(A와 B)를 교차계획법으로 실시하였다. 약제복용 후에 1초 폐활량(FEV_1, 단위 : l)을 측정하였다. 아래 표를 완성한 후 질문에 답하여라. AB군이란 A 치료 후 B 치료를 받은 군을 뜻하며, BA군이란 B 치료 후 A 치료를 받은 군을 뜻한다. AB군에서 1명이 도중 탈락하여 총 8명이 실험을 완료하였고, BA군은 9명이 완료하였다.

AB군

환 자	A치료 x_1	B치료 x_2	합 $T_1 = x_1 + x_2$	차 $D_1 = x_1 - x_2$
1	1.28	1.33		
2	1.60	2.21		
3	2.46	2.43		
4	1.41	1.81		
5	1.40	0.85		
6	1.12	1.20		
7	0.90	0.90		
8	2.41	2.79		
평균 SD				

BA군

환 자	A치료 y_1	B치료 y_2	합 $T_2 = y_1 + y_2$	차 $D_2 = y_1 - y_2$
1	3.06	1.38		
2	2.68	2.10		
3	2.60	2.32		
4	1.48	1.30		
5	2.08	2.34		
6	2.72	2.48		
7	1.94	1.11		
8	3.35	3.23		
9	1.16	1.25		
평균 SD				

(1) 치료의 이월효과(carryover effect)가 있는지를 검정하여라.

(2) 두 치료의 효과에 대해 검정하여라.

05 환자들에게 특별한 식이요법을 줌과 동시에 혈장 아스코르빈산의 수준을 다음과 같이 측정하였다. 식이요법으로 혈장 아스코르빈산의 수준이 변해가는가를 검정하여라.

환자 번호	주(week) 1	2	6	10	14	15	16
1	0.22	0.00	1.03	0.67	0.75	0.65	0.59
2	0.18	0.00	0.96	0.96	0.98	1.03	0.70
3	0.73	0.37	1.18	0.76	1.07	0.80	1.10
4	0.30	0.25	0.74	1.10	1.48	0.39	0.36
5	0.54	0.42	1.33	1.32	1.30	0.74	0.56
6	0.16	0.30	1.27	1.06	1.39	0.63	0.40
7	0.30	1.09	1.17	0.90	1.17	0.75	0.88
8	0.70	1.30	1.80	1.80	1.60	1.23	0.41
9	0.31	0.54	1.24	0.56	0.77	0.28	0.40
10	1.40	1.40	1.64	1.28	1.12	0.66	0.77
11	0.60	0.80	1.02	1.28	1.16	1.01	0.67
12	0.73	0.50	1.08	1.26	1.17	0.91	0.87

06 다음 자료를 분석하여라.

	일(day)			
	1	2	3	4
그룹 1	0.33	0.70	2.33	3.20
	5.30	0.90	1.80	0.70
	2.50	2.10	1.12	1.01
	0.98	0.32	3.91	0.66
	0.39	0.69	0.73	2.45
	0.31	6.34	0.63	3.86
그룹 2	0.64	0.70	1.00	1.40
	0.73	1.85	3.60	2.60
	0.70	4.20	7.30	5.40
	0.40	1.60	1.40	7.10
	2.60	1.30	0.70	0.70
	7.80	1.20	2.60	1.80
	1.90	1.30	4.40	2.80
	0.50	0.40	1.10	8.10

부 록

예제 15.6의 SAS 프로그램

(1) 프로그램 방식 1

```
data jawbone1;
 input age8 age10 age12 age14;
cards;
26.0  25.0  29.0  31.0
21.5  22.5  23.0  26.5
23.0  22.5  24.0  27.5
25.5  27.5  26.5  27.0
20.0  23.5  22.5  26.0
24.5  25.5  27.0  28.5
22.0  22.0  24.5  26.5
24.0  21.5  24.5  25.5
23.0  20.5  31.0  26.0
27.5  28.0  31.0  31.5
23.0  23.0  23.5  25.0
21.5  23.5  24.0  28.0
17.0  24.5  26.0  29.5
22.5  25.5  25.5  26.0
23.0  24.5  26.0  30.0
22.0  21.5  23.5  25.0
;
proc means; var age8--age14; run;
proc anova; model age8 age10 age12 age14=/nouni;
 repeated age 4 (8 10 12 14)/nom; run;
```

(2) 프로그램 방식 2

```
data jawbone2; set jawbone1;
age=8;  length=age8;  subject=_n_; output;
age=10; length=age10; subject=_n_; output;
age=12; length=age12; subject=_n_; output;
age=14; length=age14; subject=_n_; output;
run;
proc anova; class age subject;
 model length=age subject; means age; run;
```

예제 15.7의 SAS 프로그램

```
data diet;
 input dose week1 week3-week7;
cards;
1 455 460 510 504 436 466
1 467 565 610 596 542 587
1 445 530 580 597 582 619
1 485 542 594 583 611 612
1 480 500 550 528 562 576
2 514 560 565 524 552 597
2 440 480 536 484 567 569
2 495 570 569 585 576 677
2 520 590 610 637 671 702
2 503 555 591 605 649 675
3 496 560 622 622 632 670
3 498 540 589 557 568 609
3 478 510 568 555 576 605
3 545 565 580 601 633 649
3 472 498 540 524 532 583
;
proc means; var week1--week7; run;
proc anova; class dose; model week1 week3-week7=dose/nouni;
 repeated week 6(1 3 4 5 6 7)/nom; means dose; run;
```

예제 15.8의 SAS 프로그램

```
data jawbone3;
 input sex $ age8 age10 age12 age14;
cards;
m 26.0  25.0  29.0  31.0
m 21.5  22.5  23.0  26.5
m 23.0  22.5  24.0  27.5
m 25.5  27.5  26.5  27.0
m 20.0  23.5  22.5  26.0
m 24.5  25.5  27.0  28.5
m 22.0  22.0  24.5  26.5
m 24.0  21.5  24.5  25.5
m 23.0  20.5  31.0  26.0
m 27.5  28.0  31.0  31.5
m 23.0  23.0  23.5  25.0
m 21.5  23.5  24.0  28.0
m 17.0  24.5  26.0  29.5
m 22.5  25.5  25.5  26.0
m 23.0  24.5  26.0  30.0
m 22.0  21.5  23.5  25.0
f 21.0  20.0  21.5  23.0
f 21.0  21.5  24.0  25.5
f 20.5  24.0  24.5  26.0
f 23.5  24.5  25.0  26.5
f 21.5  23.0  22.5  23.5
f 20.0  21.0  21.0  22.5
f 21.5  22.5  23.0  25.0
f 23.0  23.0  23.5  24.0
f 20.0  21.0  22.0  21.5
f 16.5  19.0  19.0  19.5
f 24.5  25.0  28.0  28.0
;
proc means; var age8--age14; run;
proc glm; class sex; model age8 age10 age12 age14=sex/nouni;
 repeated age 4 (8 10 12 14)/nom; means sex; run;
```

예제 15.9의 SAS 프로그램

```
data patient;
do region='knee      ','shoulder';
   do subject=1 to 5;
      input time1_2 time1_4 time1_6 time1_10
            time2_2 time2_4 time2_6 time2_10
            time4_2 time4_4 time4_6 time4_10;
output; end; end;
cards;
27  32  39  28    38  44  53  43    53  55  60  49
29  31  36  21    31  34  41  35    42  47  48  43
37  44  47  33    53  55  58  44    64  64  69  62
31  36  41  27    41  44  51  41    53  55  59  51
33  38  42  30    40  43  50  39    55  56  60  49
23  31  33  19    33  41  48  43    47  50  48  53
17  28  31  20    26  30  37  32    43  42  45  47
27  37  40  27    38  44  49  33    58  56  60  61
22  32  35  22    32  38  45  36    49  49  51  54
25  30  34  23    33  39  43  35    51  53  57  55

proc means; var time1_2--time4_10; run;
proc anova; class region; model time1_2--time4_10=region/nouni;
 repeated density 3(1 2 4), time 4(2 4 6 10)/nom; means region; run;
```

부표 1. 누적이항분포표

$$B(x; n, p) = \sum_{y=0}^{x} b(y; n, p)$$

a. $n = 5$

x \ p	0.01	0.05	0.10	0.20	0.25	0.30	0.40	0.50	0.60	0.70	0.75	0.80	0.90	0.95	0.99
0	.951	.774	.590	.328	.237	.168	.078	.031	.010	.002	.001	.000	.000	.000	.000
1	.999	.977	.919	.737	.633	.528	.337	.188	.087	.031	.016	.007	.000	.000	.000
2	1.000	.999	.991	.942	.896	.837	.683	.500	.317	.163	.104	.058	.009	.001	.000
3	1.000	1.000	1.000	.993	.984	.969	.913	.812	.663	.472	.367	.263	.081	.023	.001
4	1.000	1.000	1.000	1.000	.999	.998	.990	.969	.922	.832	.763	.672	.410	.226	.049

b. $n = 10$

x \ p	0.01	0.05	0.10	0.20	0.25	0.30	0.40	0.50	0.60	0.70	0.75	0.80	0.90	0.95	0.99
0	.904	.599	.349	.107	.056	.028	.006	.001	.000	.000	.000	.000	.000	.000	.000
1	.996	.914	.736	.376	.244	.149	.046	.011	.002	.000	.000	.000	.000	.000	.000
2	1.000	.988	.930	.678	.526	.383	.167	.055	.012	.002	.000	.000	.000	.000	.000
3	1.000	.999	.987	.879	.776	.650	.382	.172	.055	.011	.004	.001	.000	.000	.000
4	1.000	1.000	.998	.967	.922	.850	.633	.377	.166	.047	.020	.006	.000	.000	.000
5	1.000	1.000	1.000	.994	.980	.953	.834	.623	.367	.150	.078	.033	.002	.000	.000
6	1.000	1.000	1.000	.999	.996	.989	.945	.828	.618	.350	.224	.121	.013	.001	.000
7	1.000	1.000	1.000	1.000	1.000	.998	.988	.945	.833	.617	.474	.322	.070	.012	.000
8	1.000	1.000	1.000	1.000	1.000	1.000	.998	.989	.954	.851	.756	.624	.264	.086	.004
9	1.000	1.000	1.000	1.000	1.000	1.000	1.000	.999	.994	.972	.944	.893	.651	.401	.096

c. $n = 15$

x \ p	0.01	0.05	0.10	0.20	0.25	0.30	0.40	0.50	0.60	0.70	0.75	0.80	0.90	0.95	0.99
0	.860	.463	.206	.035	.013	.005	.000	.000	.000	.000	.000	.000	.000	.000	.000
1	.990	.829	.549	.167	.080	.035	.005	.000	.000	.000	.000	.000	.000	.000	.000
2	1.000	.964	.816	.398	.236	.127	.027	.004	.000	.000	.000	.000	.000	.000	.000
3	1.000	.995	.944	.648	.461	.297	.091	.018	.002	.000	.000	.000	.000	.000	.000
4	1.000	.999	.987	.836	.686	.515	.217	.059	.009	.001	.000	.000	.000	.000	.000
5	1.000	1.000	.998	.939	.852	.722	.403	.151	.034	.004	.001	.000	.000	.000	.000
6	1.000	1.000	1.000	.982	.943	.869	.610	.304	.095	.015	.004	.001	.000	.000	.000
7	1.000	1.000	1.000	.996	.983	.950	.787	.500	.213	.050	.017	.004	.000	.000	.000
8	1.000	1.000	1.000	.999	.996	.985	.905	.696	.390	.131	.057	.018	.000	.000	.000
9	1.000	1.000	1.000	1.000	.999	.996	.966	.849	.597	.278	.148	.061	.002	.000	.000
10	1.000	1.000	1.000	1.000	1.000	.999	.991	.941	.783	.485	.314	.164	.013	.001	.000
11	1.000	1.000	1.000	1.000	1.000	1.000	.998	.982	.909	.703	.539	.352	.056	.005	.000
12	1.000	1.000	1.000	1.000	1.000	1.000	1.000	.996	.973	.873	.764	.602	.184	.036	.000
13	1.000	1.000	1.000	1.000	1.000	1.000	1.000	1.000	.995	.965	.920	.833	.451	.171	.010
14	1.000	1.000	1.000	1.000	1.000	1.000	1.000	1.000	1.000	.995	.987	.965	.794	.537	.140

d. $n = 20$

x \ p	0.01	0.05	0.10	0.20	0.25	0.30	0.40	0.50	0.60	0.70	0.75	0.80	0.90	0.95	0.99
0	.818	.358	.122	.012	.003	.001	.000	.000	.000	.000	.000	.000	.000	.000	.000
1	.983	.736	.392	.069	.024	.008	.001	.000	.000	.000	.000	.000	.000	.000	.000
2	.999	.925	.677	.206	.091	.035	.004	.000	.000	.000	.000	.000	.000	.000	.000
3	1.000	.984	.867	.411	.225	.107	.016	.001	.000	.000	.000	.000	.000	.000	.000
4	1.000	.997	.957	.630	.415	.238	.051	.006	.000	.000	.000	.000	.000	.000	.000

(continued)

부표 1 (계속)

$$B(x;n,p) = \sum_{y=0}^{x} b(y;n,p)$$

d. $n = 20$ *(continued)*

x \ p	0.01	0.05	0.10	0.20	0.25	0.30	0.40	0.50	0.60	0.70	0.75	0.80	0.90	0.95	0.99
5	1.000	1.000	.989	.804	.617	.416	.126	.021	.002	.000	.000	.000	.000	.000	.000
6	1.000	1.000	.998	.913	.786	.608	.250	.058	.006	.000	.000	.000	.000	.000	.000
7	1.000	1.000	1.000	.968	.898	.772	.416	.132	.021	.001	.000	.000	.000	.000	.000
8	1.000	1.000	1.000	.990	.959	.887	.596	.252	.057	.005	.001	.000	.000	.000	.000
9	1.000	1.000	1.000	.997	.986	.952	.755	.412	.128	.017	.004	.001	.000	.000	.000
10	1.000	1.000	1.000	.999	.996	.983	.872	.588	.245	.048	.014	.003	.000	.000	.000
11	1.000	1.000	1.000	1.000	.999	.995	.943	.748	.404	.113	.041	.010	.000	.000	.000
12	1.000	1.000	1.000	1.000	1.000	.999	.979	.868	.584	.228	.102	.032	.000	.000	.000
13	1.000	1.000	1.000	1.000	1.000	1.000	.994	.942	.750	.392	.214	.087	.002	.000	.000
14	1.000	1.000	1.000	1.000	1.000	1.000	.998	.979	.874	.584	.383	.196	.011	.000	.000
15	1.000	1.000	1.000	1.000	1.000	1.000	1.000	.994	.949	.762	.585	.370	.043	.003	.000
16	1.000	1.000	1.000	1.000	1.000	1.000	1.000	.999	.984	.893	.775	.589	.133	.016	.000
17	1.000	1.000	1.000	1.000	1.000	1.000	1.000	1.000	.996	.965	.909	.794	.323	.075	.001
18	1.000	1.000	1.000	1.000	1.000	1.000	1.000	1.000	.999	.992	.976	.931	.608	.264	.017
19	1.000	1.000	1.000	1.000	1.000	1.000	1.000	1.000	1.000	.999	.997	.988	.878	.642	.182

e. $n = 25$

x \ p	0.01	0.05	0.10	0.20	0.25	0.30	0.40	0.50	0.60	0.70	0.75	0.80	0.90	0.95	0.99
0	.778	.277	.072	.004	.001	.000	.000	.000	.000	.000	.000	.000	.000	.000	.000
1	.974	.642	.271	.027	.007	.002	.000	.000	.000	.000	.000	.000	.000	.000	.000
2	.998	.873	.537	.098	.032	.009	.000	.000	.000	.000	.000	.000	.000	.000	.000
3	1.000	.966	.764	.234	.096	.033	.002	.000	.000	.000	.000	.000	.000	.000	.000
4	1.000	.993	.902	.421	.214	.090	.009	.000	.000	.000	.000	.000	.000	.000	.000
5	1.000	.999	.967	.617	.378	.193	.029	.002	.000	.000	.000	.000	.000	.000	.000
6	1.000	1.000	.991	.780	.561	.341	.074	.007	.000	.000	.000	.000	.000	.000	.000
7	1.000	1.000	.998	.891	.727	.512	.154	.022	.001	.000	.000	.000	.000	.000	.000
8	1.000	1.000	1.000	.953	.851	.677	.274	.054	.004	.000	.000	.000	.000	.000	.000
9	1.000	1.000	1.000	.983	.929	.811	.425	.115	.013	.000	.000	.000	.000	.000	.000
10	1.000	1.000	1.000	.994	.970	.902	.586	.212	.034	.002	.000	.000	.000	.000	.000
11	1.000	1.000	1.000	.998	.980	.956	.732	.345	.078	.006	.001	.000	.000	.000	.000
12	1.000	1.000	1.000	1.000	.997	.983	.846	.500	.154	.017	.003	.000	.000	.000	.000
13	1.000	1.000	1.000	1.000	.999	.994	.922	.655	.268	.044	.020	.002	.000	.000	.000
14	1.000	1.000	1.000	1.000	1.000	.998	.966	.788	.414	.098	.030	.006	.000	.000	.000
15	1.000	1.000	1.000	1.000	1.000	1.000	.987	.885	.575	.189	.071	.017	.000	.000	.000
16	1.000	1.000	1.000	1.000	1.000	1.000	.996	.946	.726	.323	.149	.047	.000	.000	.000
17	1.000	1.000	1.000	1.000	1.000	1.000	.999	.978	.846	.488	.273	.109	.002	.000	.000
18	1.000	1.000	1.000	1.000	1.000	1.000	1.000	.993	.926	.659	.439	.220	.009	.000	.000
19	1.000	1.000	1.000	1.000	1.000	1.000	1.000	.998	.971	.807	.622	.383	.033	.001	.000
20	1.000	1.000	1.000	1.000	1.000	1.000	1.000	1.000	.991	.910	.786	.579	.098	.007	.000
21	1.000	1.000	1.000	1.000	1.000	1.000	1.000	1.000	.998	.967	.904	.766	.236	.034	.000
22	1.000	1.000	1.000	1.000	1.000	1.000	1.000	1.000	1.000	.991	.968	.902	.463	.127	.002
23	1.000	1.000	1.000	1.000	1.000	1.000	1.000	1.000	1.000	.998	.993	.973	.729	.358	.026
24	1.000	1.000	1.000	1.000	1.000	1.000	1.000	1.000	1.000	1.000	.999	.996	.928	.723	.222

Source: Adapted from *Statistics for Management*, by Lincoln L. Chao. Copyright © 1980 by Wadsworth, Inc. Reprinted by permission of Brooks/Cole Publishing Company, Monterey.

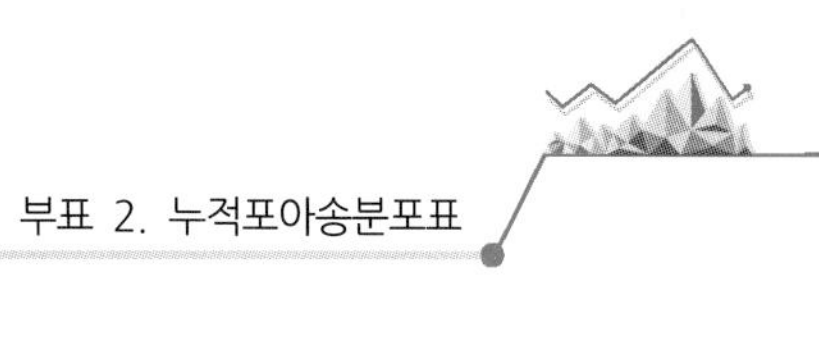

부표 2. 누적포아송분포표

$$F(x;\lambda)=\sum_{y=0}^{x}\frac{e^{-\lambda}\lambda^{y}}{y!}$$

		λ									
		.1	.2	.3	.4	.5	.6	.7	.8	.9	1.0
	0	.905	.819	.741	.670	.607	.549	.497	.449	.407	.368
	1	.995	.982	.963	.938	.910	.878	.844	.809	.772	.736
	2	1.000	.999	.996	.992	.986	.977	.966	.953	.937	.920
x	3		1.000	1.000	.999	.998	.997	.994	.991	.945	.981
	4				1.000	1.000	1.000	.999	.999	.989	.996
	5							1.000	1.000	.998	.999
	6									1.000	1.000

		λ										
		2.0	3.0	4.0	5.0	6.0	7.0	8.0	9.0	10.0	15.0	20.0
	0	.135	.050	.018	.007	.002	.001	.000	.000	.000	.000	.000
	1	.406	.199	.092	.040	.017	.007	.003	.001	.000	.000	.000
	2	.677	.423	.238	.125	.062	.030	.014	.006	.003	.000	.000
	3	.857	.647	.433	.265	.151	.082	.042	.021	.010	.000	.000
	4	.947	.815	.629	.440	.285	.173	.100	.055	.029	.001	.000
	5	.983	.916	.785	.616	.446	.301	.191	.116	.067	.003	.000
	6	.995	.966	.889	.762	.606	.456	.313	.207	.130	.008	.000
	7	.999	.988	.949	.867	.744	.599	.453	.324	.220	.018	.001
	8	1.000	.996	.979	.932	.847	.729	.593	.456	.333	.037	.002
	9		.999	.992	.968	.916	.830	.717	.587	.458	.070	.005
	10		1.000	.997	.986	.957	.901	.816	.706	.583	.118	.011
	11			.999	.995	.980	.947	.888	.803	.697	.185	.021
	12			1.000	.998	.991	.973	.936	.876	.792	.268	.039
	13				.999	.996	.987	.966	.926	.864	.363	.066
	14				1.000	.999	.994	.983	.959	.917	.466	.105
	15					.999	.998	.992	.978	.951	.568	.157
	16					1.000	.999	.996	.989	.973	.664	.221
	17						1.000	.998	.995	.986	.749	.297
x	18							1.000	.999	.993	.819	.381
	19								1.000	.997	.875	.470
	20									.998	.917	.559
	21									.999	.947	.644
	22									1.000	.967	.721
	23										.981	.787
	24										.989	.843
	25										.994	.888
	26										.997	.922
	27										.998	.948
	28										.999	.966
	29										1.000	.978
	30											.987
	31											.992
	32											.995
	33											.997
	34											.999
	35											.999
	36											1.000

Source: Lincoln L. Chao, *Statistics: Methods and Analysis*, (2nd ed.), New York: McGraw-Hill Book Company, Copyright © 1974. Reprinted by permission.

부표 3. 표준정규분포표

$\Phi(z) = P(Z \leq z)$

Standard normal density function

Shaded area = $\Phi(z)$

0 z

z	0.00	0.01	0.02	0.03	0.04	0.05	0.06	0.07	0.08	0.09
−3.4	0.0003	0.0003	0.0003	0.0003	0.0003	0.0003	0.0003	0.0003	0.0003	0.0002
−3.3	0.0005	0.0005	0.0005	0.0004	0.0004	0.0004	0.0004	0.0004	0.0004	0.0003
−3.2	0.0007	0.0007	0.0006	0.0006	0.0006	0.0006	0.0006	0.0005	0.0005	0.0005
−3.1	0.0010	0.0009	0.0009	0.0009	0.0008	0.0008	0.0008	0.0008	0.0007	0.0007
−3.0	0.0013	0.0013	0.0013	0.0012	0.0012	0.0011	0.0011	0.0011	0.0010	0.0010
−2.9	0.0019	0.0018	0.0017	0.0017	0.0016	0.0016	0.0015	0.0015	0.0014	0.0014
−2.8	0.0026	0.0025	0.0024	0.0023	0.0023	0.0022	0.0021	0.0021	0.0020	0.0019
−2.7	0.0035	0.0034	0.0033	0.0032	0.0031	0.0030	0.0029	0.0028	0.0027	0.0026
−2.6	0.0047	0.0045	0.0044	0.0043	0.0041	0.0040	0.0039	0.0038	0.0037	0.0036
−2.5	0.0062	0.0060	0.0059	0.0057	0.0055	0.0054	0.0052	0.0051	0.0049	0.0048
−2.4	0.0082	0.0080	0.0078	0.0075	0.0073	0.0071	0.0069	0.0068	0.0066	0.0064
−2.3	0.0107	0.0104	0.0102	0.0099	0.0096	0.0094	0.0091	0.0089	0.0087	0.0084
−2.2	0.0139	0.0136	0.0132	0.0129	0.0125	0.0122	0.0119	0.0116	0.0113	0.0110
−2.1	0.0179	0.0174	0.0170	0.0166	0.0162	0.0158	0.0154	0.0150	0.0146	0.0143
−2.0	0.0228	0.0222	0.0217	0.0212	0.0207	0.0202	0.0197	0.0192	0.0188	0.0183
−1.9	0.0287	0.0281	0.0274	0.0268	0.0262	0.0256	0.0250	0.0244	0.0239	0.0233
−1.8	0.0359	0.0352	0.0344	0.0336	0.0329	0.0322	0.0314	0.0307	0.0301	0.0294
−1.7	0.0446	0.0436	0.0427	0.0418	0.0409	0.0401	0.0392	0.0384	0.0375	0.0367
−1.6	0.0548	0.0537	0.0526	0.0516	0.0505	0.0495	0.0485	0.0475	0.0465	0.0455
−1.5	0.0668	0.0655	0.0643	0.0630	0.0618	0.0606	0.0594	0.0582	0.0571	0.0559
−1.4	0.0808	0.0793	0.0778	0.0764	0.0749	0.0735	0.0722	0.0708	0.0694	0.0681
−1.3	0.0968	0.0951	0.0934	0.0918	0.0901	0.0885	0.0869	0.0853	0.0838	0.0823
−1.2	0.1151	0.1131	0.1112	0.1093	0.1075	0.1056	0.1038	0.1020	0.1003	0.0985
−1.1	0.1357	0.1335	0.1314	0.1292	0.1271	0.1251	0.1230	0.1210	0.1190	0.1170
−1.0	0.1587	0.1562	0.1539	0.1515	0.1492	0.1469	0.1446	0.1423	0.1401	0.1379
−0.9	0.1841	0.1814	0.1788	0.1762	0.1736	0.1711	0.1685	0.1660	0.1635	0.1611
−0.8	0.2119	0.2090	0.2061	0.2033	0.2005	0.1977	0.1949	0.1922	0.1894	0.1867
−0.7	0.2420	0.2389	0.2358	0.2327	0.2296	0.2266	0.2236	0.2206	0.2177	0.2148
−0.6	0.2743	0.2709	0.2676	0.2643	0.2611	0.2578	0.2546	0.2514	0.2483	0.2451
−0.5	0.3085	0.3050	0.3015	0.2981	0.2946	0.2912	0.2877	0.2843	0.2810	0.2776
−0.4	0.3446	0.3409	0.3372	0.3336	0.3300	0.3264	0.3228	0.3192	0.3156	0.3121
−0.3	0.3821	0.3783	0.3745	0.3707	0.3669	0.3632	0.3594	0.3557	0.3520	0.3483
−0.2	0.4207	0.4168	0.4129	0.4090	0.4052	0.4013	0.3974	0.3936	0.3897	0.3859
−0.1	0.4602	0.4562	0.4522	0.4483	0.4443	0.4404	0.4364	0.4325	0.4286	0.4247
−0.0	0.5000	0.4960	0.4920	0.4880	0.4840	0.4801	0.4761	0.4721	0.4681	0.4641

부표 3. (계속)

z	0.00	0.01	0.02	0.03	0.04	0.05	0.06	0.07	0.08	0.09
0.0	0.5000	0.5040	0.5080	0.5120	0.5160	0.5199	0.5239	0.5279	0.5319	0.5359
0.1	0.5398	0.5438	0.5478	0.5517	0.5557	0.5596	0.5636	0.5675	0.5714	0.5753
0.2	0.5793	0.5832	0.5871	0.5910	0.5948	0.5987	0.6026	0.6064	0.6103	0.6141
0.3	0.6179	0.6217	0.6255	0.6293	0.6331	0.6368	0.6406	0.6443	0.6480	0.6517
0.4	0.6554	0.6591	0.6628	0.6664	0.6700	0.6736	0.6772	0.6808	0.6844	0.6879
0.5	0.6915	0.6950	0.6985	0.7019	0.7054	0.7088	0.7123	0.7157	0.7190	0.7224
0.6	0.7257	0.7291	0.7324	0.7357	0.7389	0.7422	0.7454	0.7486	0.7517	0.7549
0.7	0.7580	0.7611	0.7642	0.7673	0.7704	0.7734	0.7764	0.7794	0.7823	0.7852
0.8	0.7881	0.7910	0.7939	0.7967	0.7995	0.8023	0.8051	0.8078	0.8106	0.8133
0.9	0.8159	0.8186	0.8212	0.8238	0.8264	0.8289	0.8315	0.8340	0.8365	0.8389
1.0	0.8413	0.8438	0.8461	0.8485	0.8508	0.8531	0.8554	0.8577	0.8599	0.8621
1.1	0.8643	0.8665	0.8686	0.8708	0.8729	0.8749	0.8770	0.8790	0.8810	0.8830
1.2	0.8849	0.8869	0.8888	0.8907	0.8925	0.8944	0.8962	0.8980	0.8997	0.9015
1.3	0.9032	0.9049	0.9066	0.9082	0.9099	0.9115	0.9131	0.9147	0.9162	0.9177
1.4	0.9192	0.9207	0.9222	0.9236	0.9251	0.9265	0.9278	0.9292	0.9306	0.9319
1.5	0.9332	0.9345	0.9357	0.9370	0.9382	0.9394	0.9406	0.9418	0.9429	0.9441
1.6	0.9452	0.9463	0.9474	0.9484	0.9495	0.9505	0.9515	0.9525	0.9535	0.9545
1.7	0.9554	0.9564	0.9573	0.9582	0.9591	0.9599	0.9608	0.9616	0.9625	0.9633
1.8	0.9641	0.9649	0.9656	0.9664	0.9671	0.9678	0.9686	0.9693	0.9699	0.9706
1.9	0.9713	0.9719	0.9726	0.9732	0.9738	0.9744	0.9750	0.9756	0.9761	0.9767
2.0	0.9772	0.9778	0.9783	0.9788	0.9793	0.9798	0.9803	0.9808	0.9812	0.9817
2.1	0.9821	0.9826	0.9830	0.9834	0.9838	0.9842	0.9846	0.9850	0.9854	0.9857
2.2	0.9861	0.9864	0.9868	0.9871	0.9875	0.9878	0.9881	0.9884	0.9887	0.9890
2.3	0.9893	0.9896	0.9898	0.9901	0.9904	0.9906	0.9909	0.9911	0.9913	0.9916
2.4	0.9918	0.9920	0.9922	0.9925	0.9927	0.9929	0.9931	0.9932	0.9934	0.9936
2.5	0.9938	0.9940	0.9941	0.9943	0.9945	0.9946	0.9948	0.9949	0.9951	0.9952
2.6	0.9953	0.9955	0.9956	0.9957	0.9959	0.9960	0.9961	0.9962	0.9963	0.9964
2.7	0.9965	0.9966	0.9967	0.9968	0.9969	0.9970	0.9971	0.9972	0.9973	0.9974
2.8	0.9974	0.9975	0.9976	0.9977	0.9977	0.9978	0.9979	0.9979	0.9980	0.9981
2.9	0.9981	0.9982	0.9982	0.9983	0.9984	0.9984	0.9985	0.9985	0.9986	0.9986
3.0	0.9987	0.9987	0.9987	0.9988	0.9988	0.9989	0.9989	0.9989	0.9990	0.9990
3.1	0.9990	0.9991	0.9991	0.9991	0.9992	0.9992	0.9992	0.9992	0.9993	0.9993
3.2	0.9993	0.9993	0.9994	0.9994	0.9994	0.9994	0.9994	0.9995	0.9995	0.9995
3.3	0.9995	0.9995	0.9995	0.9996	0.9996	0.9996	0.9996	0.9996	0.9996	0.9997
3.4	0.9997	0.9997	0.9997	0.9997	0.9997	0.9997	0.9997	0.9997	0.9997	0.9998

부표 4. χ^2 분포표

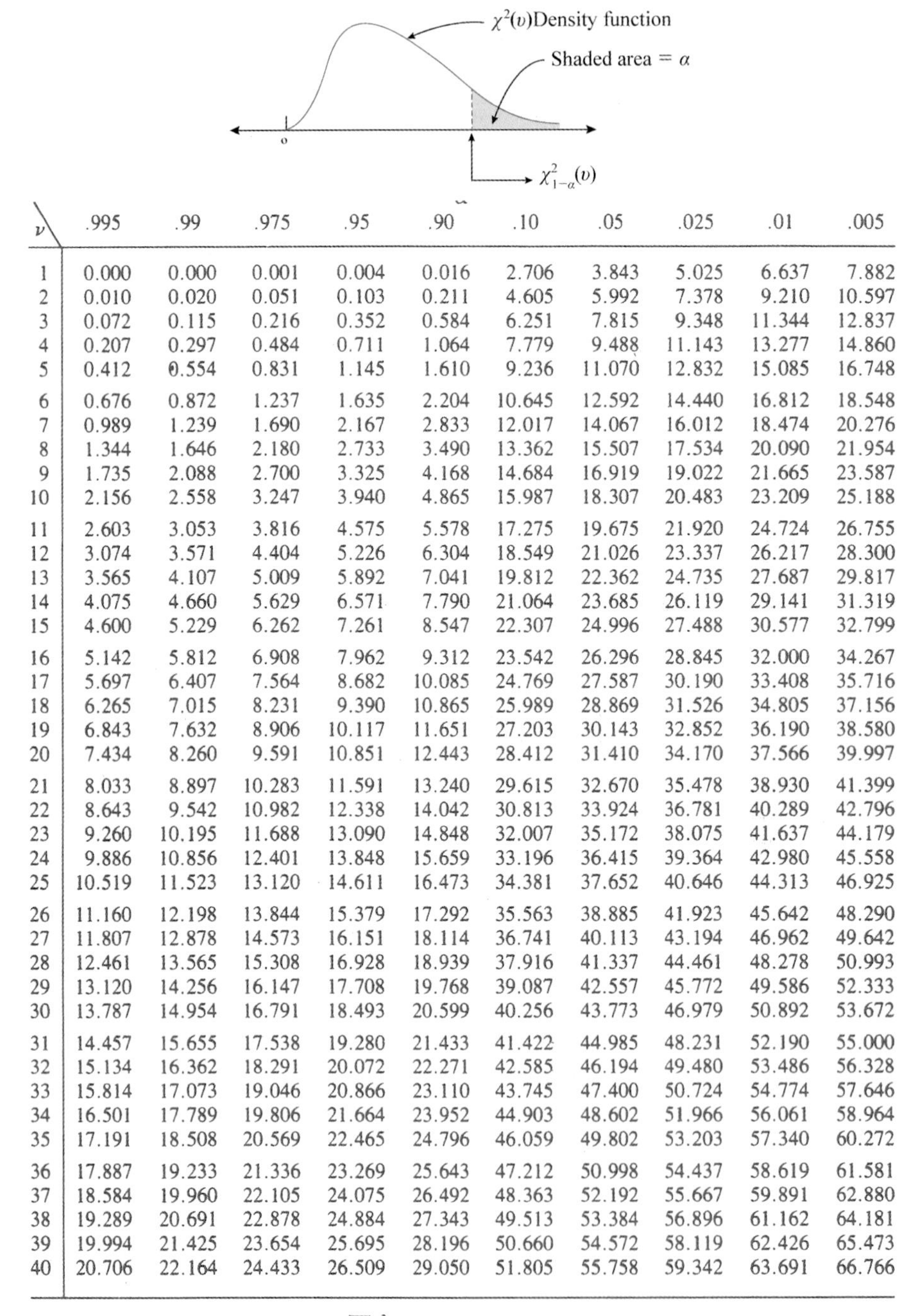

ν	.995	.99	.975	.95	.90	.10	.05	.025	.01	.005
1	0.000	0.000	0.001	0.004	0.016	2.706	3.843	5.025	6.637	7.882
2	0.010	0.020	0.051	0.103	0.211	4.605	5.992	7.378	9.210	10.597
3	0.072	0.115	0.216	0.352	0.584	6.251	7.815	9.348	11.344	12.837
4	0.207	0.297	0.484	0.711	1.064	7.779	9.488	11.143	13.277	14.860
5	0.412	0.554	0.831	1.145	1.610	9.236	11.070	12.832	15.085	16.748
6	0.676	0.872	1.237	1.635	2.204	10.645	12.592	14.440	16.812	18.548
7	0.989	1.239	1.690	2.167	2.833	12.017	14.067	16.012	18.474	20.276
8	1.344	1.646	2.180	2.733	3.490	13.362	15.507	17.534	20.090	21.954
9	1.735	2.088	2.700	3.325	4.168	14.684	16.919	19.022	21.665	23.587
10	2.156	2.558	3.247	3.940	4.865	15.987	18.307	20.483	23.209	25.188
11	2.603	3.053	3.816	4.575	5.578	17.275	19.675	21.920	24.724	26.755
12	3.074	3.571	4.404	5.226	6.304	18.549	21.026	23.337	26.217	28.300
13	3.565	4.107	5.009	5.892	7.041	19.812	22.362	24.735	27.687	29.817
14	4.075	4.660	5.629	6.571	7.790	21.064	23.685	26.119	29.141	31.319
15	4.600	5.229	6.262	7.261	8.547	22.307	24.996	27.488	30.577	32.799
16	5.142	5.812	6.908	7.962	9.312	23.542	26.296	28.845	32.000	34.267
17	5.697	6.407	7.564	8.682	10.085	24.769	27.587	30.190	33.408	35.716
18	6.265	7.015	8.231	9.390	10.865	25.989	28.869	31.526	34.805	37.156
19	6.843	7.632	8.906	10.117	11.651	27.203	30.143	32.852	36.190	38.580
20	7.434	8.260	9.591	10.851	12.443	28.412	31.410	34.170	37.566	39.997
21	8.033	8.897	10.283	11.591	13.240	29.615	32.670	35.478	38.930	41.399
22	8.643	9.542	10.982	12.338	14.042	30.813	33.924	36.781	40.289	42.796
23	9.260	10.195	11.688	13.090	14.848	32.007	35.172	38.075	41.637	44.179
24	9.886	10.856	12.401	13.848	15.659	33.196	36.415	39.364	42.980	45.558
25	10.519	11.523	13.120	14.611	16.473	34.381	37.652	40.646	44.313	46.925
26	11.160	12.198	13.844	15.379	17.292	35.563	38.885	41.923	45.642	48.290
27	11.807	12.878	14.573	16.151	18.114	36.741	40.113	43.194	46.962	49.642
28	12.461	13.565	15.308	16.928	18.939	37.916	41.337	44.461	48.278	50.993
29	13.120	14.256	16.147	17.708	19.768	39.087	42.557	45.772	49.586	52.333
30	13.787	14.954	16.791	18.493	20.599	40.256	43.773	46.979	50.892	53.672
31	14.457	15.655	17.538	19.280	21.433	41.422	44.985	48.231	52.190	55.000
32	15.134	16.362	18.291	20.072	22.271	42.585	46.194	49.480	53.486	56.328
33	15.814	17.073	19.046	20.866	23.110	43.745	47.400	50.724	54.774	57.646
34	16.501	17.789	19.806	21.664	23.952	44.903	48.602	51.966	56.061	58.964
35	17.191	18.508	20.569	22.465	24.796	46.059	49.802	53.203	57.340	60.272
36	17.887	19.233	21.336	23.269	25.643	47.212	50.998	54.437	58.619	61.581
37	18.584	19.960	22.105	24.075	26.492	48.363	52.192	55.667	59.891	62.880
38	19.289	20.691	22.878	24.884	27.343	49.513	53.384	56.896	61.162	64.181
39	19.994	21.425	23.654	25.695	28.196	50.660	54.572	58.119	62.426	65.473
40	20.706	22.164	24.433	26.509	29.050	51.805	55.758	59.342	63.691	66.766

For $\nu > 40$, $x^2_{\alpha,\nu} \doteq \nu\left(1 - \frac{2}{9\nu} + z_\alpha\sqrt{\frac{2}{9\nu}}\right)^3$

Source: This table is reproduced with the kind permission of the Trustees of Biometrica from E. S. Pearson and H. O. Hartley (eds.), *The Biometrica Tables for Statisticians*, vol. 1, 3rd ed., *Biometrica*, 1966.

부표 5. t 분포표

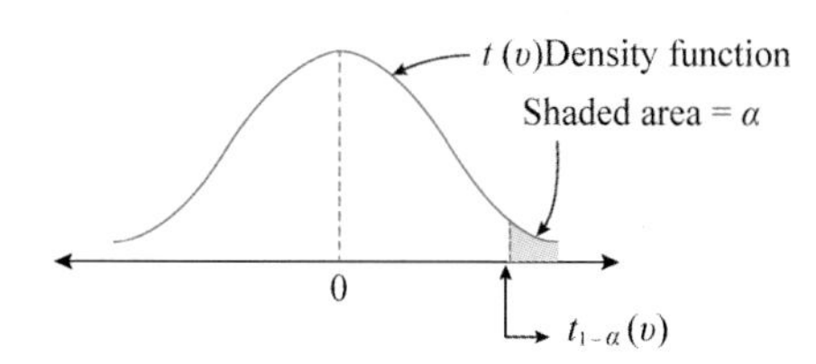

ν \ α	.10	.05	.025	.01	.005	.001	.0005
1	3.078	6.314	12.706	31.821	63.657	318.31	636.62
2	1.886	2.920	4.303	6.965	9.925	22.326	31.598
3	1.638	2.353	3.182	4.541	5.841	10.213	12.924
4	1.533	2.132	2.776	3.747	4.604	7.173	8.610
5	1.476	2.015	2.571	3.365	4.032	5.893	6.869
6	1.440	1.943	2.447	3.143	3.707	5.208	5.959
7	1.415	1.895	2.365	2.998	3.499	4.785	5.408
8	1.397	1.860	2.306	2.896	3.355	4.501	5.041
9	1.383	1.833	2.262	2.821	3.250	4.297	4.781
10	1.372	1.812	2.228	2.764	3.169	4.144	4.587
11	1.363	1.796	2.201	2.718	3.106	4.025	4.437
12	1.356	1.782	2.179	2.681	3.055	3.930	4.318
13	1.350	1.771	2.160	2.650	3.012	3.852	4.221
14	1.345	1.761	2.145	2.624	2.977	3.787	4.140
15	1.341	1.753	2.131	2.602	2.947	3.733	4.073
16	1.337	1.746	2.120	2.583	2.921	3.686	4.015
17	1.333	1.740	2.110	2.567	2.898	3.646	3.965
18	1.330	1.734	2.101	2.552	2.878	3.610	3.922
19	1.328	1.729	2.093	2.539	2.861	3.579	3.883
20	1.325	1.725	2.086	2.528	2.845	3.552	3.850
21	1.323	1.721	2.080	2.518	2.831	3.527	3.819
22	1.321	1.717	2.074	2.508	2.819	3.505	3.792
23	1.319	1.714	2.069	2.500	2.807	3.485	3.767
24	1.318	1.711	2.064	2.492	2.797	3.467	3.745
25	1.316	1.708	2.060	2.485	2.787	3.450	3.725
26	1.315	1.706	2.056	2.479	2.779	3.435	3.707
27	1.314	1.703	2.052	2.473	2.771	3.421	3.690
28	1.313	1.701	2.048	2.467	2.763	3.408	3.674
29	1.311	1.699	2.045	2.462	2.756	3.396	3.659
30	1.310	1.697	2.042	2.457	2.750	3.385	3.646
40	1.303	1.684	2.021	2.423	2.704	3.307	3.551
60	1.296	1.671	2.000	2.390	2.660	3.232	3.460
120	1.289	1.658	1.980	2.358	2.617	3.160	3.373
∞	1.282	1.645	1.960	2.326	2.576	3.090	3.291

Source: This table is reproduced with the kind permission of the Trustees of Biometrica from E. S. Pearson and H. O. Hartley (eds.), *The Biometrica Tables for Statisticians*, vol. 1, 3rd ed., *Biometrica*, 1966.

.부표 6. F 분포표

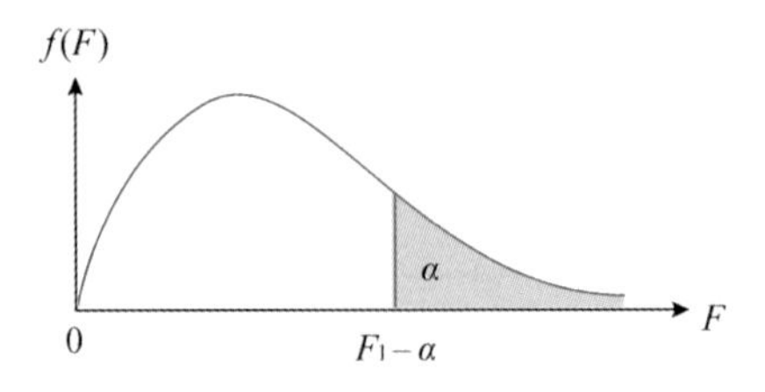

(α=0.10)

ν_2 \ ν_1 (NUMERATOR DEGREES OF FREEDOM) / DENOMINATOR DEGREES OF FREEDOM	1	2	3	4	5	6	7	8	9
1	39.86	49.50	53.59	55.83	57.24	58.20	58.91	59.44	59.86
2	8.53	9.00	9.16	9.24	9.29	9.33	9.35	9.37	9.38
3	5.54	5.46	5.39	5.34	5.31	5.28	5.27	5.25	5.24
4	4.54	4.32	4.19	4.11	4.05	4.01	3.98	3.95	3.94
5	4.06	3.78	3.62	3.52	3.45	3.40	3.37	3.34	3.32
6	3.78	3.46	3.29	3.18	3.11	3.05	3.01	2.98	2.96
7	3.59	3.26	3.07	2.96	2.88	2.83	2.78	2.75	2.72
8	3.46	3.11	2.92	2.81	2.73	2.67	2.62	2.59	2.56
9	3.36	3.01	2.81	2.69	2.61	2.55	2.51	2.47	2.44
10	3.29	2.92	2.73	2.61	2.52	2.46	2.41	2.38	2.35
11	3.23	2.86	2.66	2.54	2.45	2.39	2.34	2.30	2.27
12	3.18	2.81	2.61	2.48	2.39	2.33	2.28	2.24	2.21
13	3.14	2.76	2.56	2.43	2.35	2.28	2.23	2.20	2.16
14	3.10	2.73	2.52	2.39	2.31	2.24	2.19	2.15	2.12
15	3.07	2.70	2.49	2.36	2.27	2.21	2.16	2.12	2.09
16	3.05	2.67	2.46	2.33	2.24	2.18	2.13	2.09	2.06
17	3.03	2.64	2.44	2.31	2.22	2.15	2.10	2.06	2.03
18	3.01	2.62	2.42	2.29	2.20	2.13	2.08	2.04	2.00
19	2.99	2.61	2.40	2.27	2.18	2.11	2.06	2.02	1.98
20	2.97	2.59	2.38	2.25	2.16	2.09	2.04	2.00	1.96
21	2.96	2.57	2.36	2.23	2.14	2.08	2.02	1.98	1.95
22	2.95	2.56	2.35	2.22	2.13	2.06	2.01	1.97	1.93
23	2.94	2.55	2.34	2.21	2.11	2.05	1.99	1.95	1.92
24	2.93	2.54	2.33	2.19	2.10	2.04	1.98	1.94	1.91
25	2.92	2.53	2.32	2.18	2.09	2.02	1.97	1.93	1.89
26	2.91	2.52	2.31	2.17	2.08	2.01	1.96	1.92	1.88
27	2.90	2.51	2.30	2.17	2.07	2.00	1.95	1.91	1.87
28	2.89	2.50	2.29	2.16	2.06	2.00	1.94	1.90	1.87
29	2.89	2.50	2.28	2.15	2.06	1.99	1.93	1.89	1.86
30	2.88	2.49	2.28	2.14	2.05	1.98	1.93	1.88	1.85
40	2.84	2.44	2.23	2.09	2.00	1.93	1.87	1.83	1.79
60	2.79	2.39	2.18	2.04	1.95	1.87	1.82	1.77	1.74
120	2.75	2.35	2.13	1.99	1.90	1.82	1.77	1.72	1.68
∞	2.71	2.30	2.08	1.94	1.85	1.77	1.72	1.67	1.63

Source: From M. Merrington and C. M. Thompson, "Tables of Percentage Points of the Inverted Beta (F)-Distribution," *Biometrika*, 1943, 33, 73–88. Reproduced by permission of the *Biometrika* trustees.

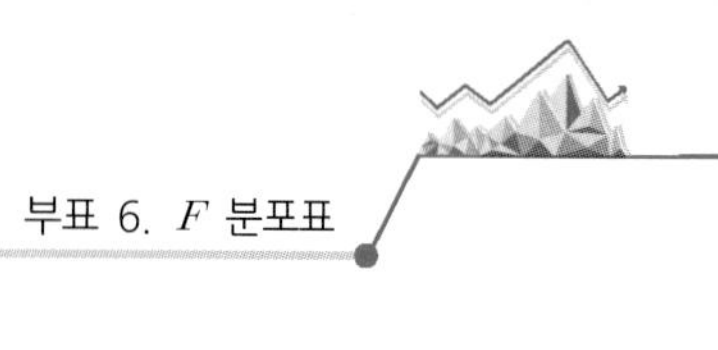

부표 6. (계속)

($\alpha = 0.10$)

ν_2 \ ν_1 (DENOMINATOR DEGREES OF FREEDOM \ NUMERATOR DEGREES OF FREEDOM)	10	12	15	20	24	30	40	60	120	∞
1	60.19	60.71	61.22	61.74	62.00	62.26	62.53	62.79	63.06	63.33
2	9.39	9.41	9.42	9.44	9.45	9.46	9.47	9.47	9.48	9.49
3	5.23	5.22	5.20	5.18	5.18	5.17	5.16	5.15	5.14	5.13
4	3.92	3.90	3.87	3.84	3.83	3.82	3.80	3.79	3.78	3.76
5	3.30	3.27	3.24	3.21	3.19	3.17	3.16	3.14	3.12	3.10
6	2.94	2.90	2.87	2.84	2.82	2.80	2.78	2.76	2.74	2.72
7	2.70	2.67	2.63	2.59	2.58	2.56	2.54	2.51	2.49	2.47
8	2.54	2.50	2.46	2.42	2.40	2.38	2.36	2.34	2.32	2.29
9	2.42	2.38	2.34	2.30	2.28	2.25	2.23	2.21	2.18	2.16
10	2.32	2.28	2.24	2.20	2.18	2.16	2.13	2.11	2.08	2.06
11	2.25	2.21	2.17	2.12	2.10	2.08	2.05	2.03	2.00	1.97
12	2.19	2.15	2.10	2.06	2.04	2.01	1.99	1.96	1.93	1.90
13	2.14	2.10	2.05	2.01	1.98	1.96	1.93	1.90	1.88	1.85
14	2.10	2.05	2.01	1.96	1.94	1.91	1.89	1.86	1.83	1.80
15	2.06	2.02	1.97	1.92	1.90	1.87	1.85	1.82	1.79	1.76
16	2.03	1.99	1.94	1.89	1.87	1.84	1.81	1.78	1.75	1.72
17	2.00	1.96	1.91	1.86	1.84	1.81	1.78	1.75	1.72	1.69
18	1.98	1.93	1.89	1.84	1.81	1.78	1.75	1.72	1.69	1.66
19	1.96	1.91	1.86	1.81	1.79	1.76	1.73	1.70	1.67	1.63
20	1.94	1.89	1.84	1.79	1.77	1.74	1.71	1.68	1.64	1.61
21	1.92	1.87	1.83	1.78	1.75	1.72	1.69	1.66	1.62	1.59
22	1.90	1.86	1.81	1.76	1.73	1.70	1.67	1.64	1.60	1.57
23	1.89	1.84	1.80	1.74	1.72	1.69	1.66	1.62	1.59	1.55
24	1.88	1.83	1.78	1.73	1.70	1.67	1.64	1.61	1.57	1.53
25	1.87	1.82	1.77	1.72	1.69	1.66	1.63	1.59	1.56	1.52
26	1.86	1.81	1.76	1.71	1.68	1.65	1.61	1.58	1.54	1.50
27	1.85	1.80	1.75	1.70	1.67	1.64	1.60	1.57	1.53	1.49
28	1.84	1.79	1.74	1.69	1.66	1.63	1.59	1.56	1.52	1.48
29	1.83	1.78	1.73	1.68	1.65	1.62	1.58	1.55	1.51	1.47
30	1.82	1.77	1.72	1.67	1.64	1.61	1.57	1.54	1.50	1.46
40	1.76	1.71	1.66	1.61	1.57	1.54	1.51	1.47	1.42	1.38
60	1.71	1.66	1.60	1.54	1.51	1.48	1.44	1.40	1.35	1.29
120	1.65	1.60	1.55	1.48	1.45	1.41	1.37	1.32	1.26	1.19
∞	1.60	1.55	1.49	1.42	1.38	1.34	1.30	1.24	1.17	1.00

부표 6. (계속)

($\alpha = 0.05$)

ν_2 \ ν_1 (DENOMINATOR DEGREES OF FREEDOM \ NUMERATOR DEGREES OF FREEDOM)	1	2	3	4	5	6	7	8	9
1	161.4	199.5	215.7	224.6	230.2	234.0	236.8	238.9	240.5
2	18.51	19.00	19.16	19.25	19.30	19.33	19.35	19.37	19.38
3	10.13	9.55	9.28	9.12	9.01	8.94	8.89	8.85	8.81
4	7.71	6.94	6.59	6.39	6.26	6.16	6.09	6.04	6.00
5	6.61	5.79	5.41	5.19	5.05	4.95	4.88	4.82	4.77
6	5.99	5.14	4.76	4.53	4.39	4.28	4.21	4.15	4.10
7	5.59	4.74	4.35	4.12	3.97	3.87	3.79	3.73	3.68
8	5.32	4.46	4.07	3.84	3.69	3.58	3.50	3.44	3.39
9	5.12	4.26	3.86	3.63	3.48	3.37	3.29	3.23	3.18
10	4.96	4.10	3.71	3.48	3.33	3.22	3.14	3.07	3.02
11	4.84	3.98	3.59	3.36	3.20	3.09	3.01	2.95	2.90
12	4.75	3.89	3.49	3.26	3.11	3.00	2.91	2.85	2.80
13	4.67	3.81	3.41	3.18	3.03	2.92	2.83	2.77	2.71
14	4.60	3.74	3.34	3.11	2.96	2.85	2.76	2.70	2.65
15	4.54	3.68	3.29	3.06	2.90	2.79	2.71	2.64	2.59
16	4.49	3.63	3.24	3.01	2.85	2.74	2.66	2.59	2.54
17	4.45	3.59	3.20	2.96	2.81	2.70	2.61	2.55	2.49
18	4.41	3.55	3.16	2.93	2.77	2.66	2.58	2.51	2.46
19	4.38	3.52	3.13	2.90	2.74	2.63	2.54	2.48	2.42
20	4.35	3.49	3.10	2.87	2.71	2.60	2.51	2.45	2.39
21	4.32	3.47	3.07	2.84	2.68	2.57	2.49	2.42	2.37
22	4.30	3.44	3.05	2.82	2.66	2.55	2.46	2.40	2.34
23	4.28	3.42	3.03	2.80	2.64	2.53	2.44	2.37	2.32
24	4.26	3.40	3.01	2.78	2.62	2.51	2.42	2.36	2.30
25	4.24	3.39	2.99	2.76	2.60	2.49	2.40	2.34	2.28
26	4.23	3.37	2.98	2.74	2.59	2.47	2.39	2.32	2.27
27	4.21	3.35	2.96	2.73	2.57	2.46	2.37	2.31	2.25
28	4.20	3.34	2.95	2.71	2.56	2.45	2.36	2.29	2.24
29	4.18	3.33	2.93	2.70	2.55	2.43	2.35	2.28	2.22
30	4.17	3.32	2.92	2.69	2.53	2.42	2.33	2.27	2.21
40	4.08	3.23	2.84	2.61	2.45	2.34	2.25	2.18	2.12
60	4.00	3.15	2.76	2.53	2.37	2.25	2.17	2.10	2.04
120	3.92	3.07	2.68	2.45	2.29	2.17	2.09	2.02	1.96
∞	3.84	3.00	2.60	2.37	2.21	2.10	2.01	1.94	1.88

Source: From M. Merrington and C. M. Thompson, "Tables of Percentage Points of the Inverted Beta (F)-Distribution," *Biometrika*, 1943, 33, 73–88. Reproduced by permission of the *Biometrika* trustees.

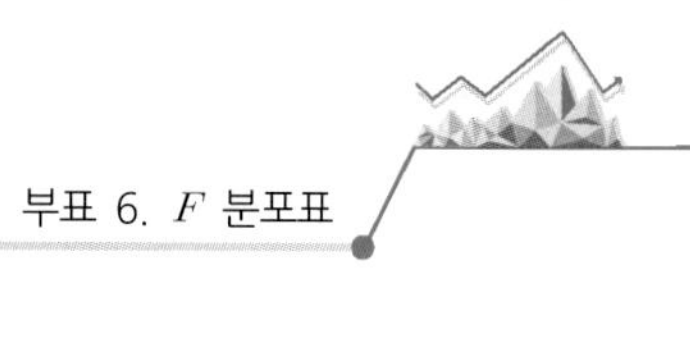

부표 6. (계속)

($\alpha = 0.05$)

ν_2 (DENOMINATOR DEGREES OF FREEDOM) \ ν_1 (NUMERATOR DEGREES OF FREEDOM)	10	12	15	20	24	30	40	60	120	∞
1	241.9	243.9	245.9	248.0	249.1	250.1	251.1	252.2	253.3	254.3
2	19.40	19.41	19.43	19.45	19.45	19.46	19.47	19.48	19.49	19.50
3	8.79	8.74	8.70	8.66	8.64	8.62	8.59	8.57	8.55	8.53
4	5.96	5.91	5.86	5.80	5.77	5.75	5.72	5.69	5.66	5.63
5	4.74	4.68	4.62	4.56	4.53	4.50	4.46	4.43	4.40	4.36
6	4.06	4.00	3.94	3.87	3.84	3.81	3.77	3.74	3.70	3.67
7	3.64	3.57	3.51	3.44	3.41	3.38	3.34	3.30	3.27	3.23
8	3.35	3.28	3.22	3.15	3.12	3.08	3.04	3.01	2.97	2.93
9	3.14	3.07	3.01	2.94	2.90	2.86	2.83	2.79	2.75	2.71
10	2.98	2.91	2.85	2.77	2.74	2.70	2.66	2.62	2.58	2.54
11	2.85	2.79	2.72	2.65	2.61	2.57	2.53	2.49	2.45	2.40
12	2.75	2.69	2.62	2.54	2.51	2.47	2.43	2.38	2.34	2.30
13	2.67	2.60	2.53	2.46	2.42	2.38	2.34	2.30	2.25	2.21
14	2.60	2.53	2.46	2.39	2.35	2.31	2.27	2.22	2.18	2.13
15	2.54	2.48	2.40	2.33	2.29	2.25	2.20	2.16	2.11	2.07
16	2.49	2.42	2.35	2.28	2.24	2.19	2.15	2.11	2.06	2.01
17	2.45	2.38	2.31	2.23	2.19	2.15	2.10	2.06	2.01	1.96
18	2.41	2.34	2.27	2.19	2.15	2.11	2.06	2.02	1.97	1.92
19	2.38	2.31	2.23	2.16	2.11	2.07	2.03	1.98	1.93	1.88
20	2.35	2.28	2.20	2.12	2.08	2.04	1.99	1.95	1.90	1.84
21	2.32	2.25	2.18	2.10	2.05	2.01	1.96	1.92	1.87	1.81
22	2.30	2.23	2.15	2.07	2.03	1.98	1.94	1.89	1.84	1.78
23	2.27	2.20	2.13	2.05	2.01	1.96	1.91	1.86	1.81	1.76
24	2.25	2.18	2.11	2.03	1.98	1.94	1.89	1.84	1.79	1.73
25	2.24	2.16	2.09	2.01	1.96	1.92	1.87	1.82	1.77	1.71
26	2.22	2.15	2.07	1.99	1.95	1.90	1.85	1.80	1.75	1.69
27	2.20	2.13	2.06	1.97	1.93	1.88	1.84	1.79	1.73	1.67
28	2.19	2.12	2.04	1.96	1.91	1.87	1.82	1.77	1.71	1.65
29	2.18	2.10	2.03	1.94	1.90	1.85	1.81	1.75	1.70	1.64
30	2.16	2.09	2.01	1.93	1.89	1.84	1.79	1.74	1.68	1.62
40	2.08	2.00	1.92	1.84	1.79	1.74	1.69	1.64	1.58	1.51
60	1.99	1.92	1.84	1.75	1.70	1.65	1.59	1.53	1.47	1.39
120	1.91	1.83	1.75	1.66	1.61	1.55	1.50	1.43	1.35	1.25
∞	1.83	1.75	1.67	1.57	1.52	1.46	1.39	1.32	1.22	1.00

부표 6. (계속)

($\alpha = 0.025$)

ν_2 \ ν_1	1	2	3	4	5	6	7	8	9
	NUMERATOR DEGREES OF FREEDOM								
1	647.8	799.5	864.2	899.6	921.8	937.1	948.2	956.7	963.3
2	38.51	39.00	39.17	39.25	39.30	39.33	39.36	39.37	39.39
3	17.44	16.04	15.44	15.10	14.88	14.73	14.62	14.54	14.47
4	12.22	10.65	9.98	9.60	9.36	9.20	9.07	8.98	8.90
5	10.01	8.43	7.76	7.39	7.15	6.98	6.85	6.76	6.68
6	8.81	7.26	6.60	6.23	5.99	5.82	5.70	5.60	5.52
7	8.07	6.54	5.89	5.52	5.29	5.12	4.99	4.90	4.82
8	7.57	6.06	5.42	5.05	4.82	4.65	4.53	4.43	4.36
9	7.21	5.71	5.08	4.72	4.48	4.32	4.20	4.10	4.03
10	6.94	5.46	4.83	4.47	4.24	4.07	3.95	3.85	3.78
11	6.72	5.26	4.63	4.28	4.04	3.88	3.76	3.66	3.59
12	6.55	5.10	4.47	4.12	3.89	3.73	3.61	3.51	3.44
13	6.41	4.97	4.35	4.00	3.77	3.60	3.48	3.39	3.31
14	6.30	4.86	4.24	3.89	3.66	3.50	3.38	3.29	3.21
15	6.20	4.77	4.15	3.80	3.58	3.41	3.29	3.20	3.12
16	6.12	4.69	4.08	3.73	3.50	3.34	3.22	3.12	3.05
17	6.04	4.62	4.01	3.66	3.44	3.28	3.16	3.06	2.98
18	5.98	4.56	3.95	3.61	3.38	3.22	3.10	3.01	2.93
19	5.92	4.51	3.90	3.56	3.33	3.17	3.05	2.96	2.88
20	5.87	4.46	3.86	3.51	3.29	3.13	3.01	2.91	2.84
21	5.83	4.42	3.82	3.48	3.25	3.09	2.97	2.87	2.80
22	5.79	4.38	3.78	3.44	3.22	3.05	2.93	2.84	2.76
23	5.75	4.35	3.75	3.41	3.18	3.02	2.90	2.81	2.73
24	5.72	4.32	3.72	3.38	3.15	2.99	2.87	2.78	2.70
25	5.69	4.29	3.69	3.35	3.13	2.97	2.85	2.75	2.68
26	5.66	4.27	3.67	3.33	3.10	2.94	2.82	2.73	2.65
27	5.63	4.24	3.65	3.31	3.08	2.92	2.80	2.71	2.63
28	5.61	4.22	3.63	3.29	3.06	2.90	2.78	2.69	2.61
29	5.59	4.20	3.61	3.27	3.04	2.88	2.76	2.67	2.59
30	5.57	4.18	3.59	3.25	3.03	2.87	2.75	2.65	2.57
40	5.42	4.05	3.46	3.13	2.90	2.74	2.62	2.53	2.45
60	5.29	3.93	3.34	3.01	2.79	2.63	2.51	2.41	2.33
120	5.15	3.80	3.23	2.89	2.67	2.52	2.39	2.30	2.22
∞	5.02	3.69	3.12	2.79	2.57	2.41	2.29	2.19	2.11

DENOMINATOR DEGREES OF FREEDOM

Source: From M. Merrington and C. M. Thompson, "Tables of Percentage Points of the Inverted Beta (F)-Distribution," *Biometrika*, 1943, 33,73–88. Reproduced by permission of the *Biometrika* trustees.

부표 6. (계속)

$(\alpha = 0.025)$

ν_2 \ ν_1	10	12	15	20	24	30	40	60	120	∞
	NUMERATOR DEGREES OF FREEDOM									
1	968.6	976.7	984.9	993.1	997.2	1001	1006	1010	1014	1018
2	39.40	39.41	39.43	39.45	39.46	39.46	39.47	39.48	39.49	39.50
3	14.42	14.34	14.25	14.17	14.12	14.08	14.04	13.99	13.95	13.90
4	8.84	8.75	8.66	8.56	8.51	8.46	8.41	8.36	8.31	8.26
5	6.62	6.52	6.43	6.33	6.28	6.23	6.18	6.12	6.07	6.02
6	5.46	5.37	5.27	5.17	5.12	5.07	5.01	4.96	4.90	4.85
7	4.76	4.67	4.57	4.47	4.42	4.36	4.31	4.25	4.20	4.14
8	4.30	4.20	4.10	4.00	3.95	3.89	3.84	3.78	3.73	3.67
9	3.96	3.87	3.77	3.67	3.61	3.56	3.51	3.45	3.39	3.33
10	3.72	3.62	3.52	3.42	3.37	3.31	3.26	3.20	3.14	3.08
11	3.53	3.43	3.33	3.23	3.17	3.12	3.06	3.00	2.94	2.88
12	3.37	3.28	3.18	3.07	3.02	2.96	2.91	2.85	2.79	2.72
13	3.25	3.15	3.05	2.95	2.89	2.84	2.78	2.72	2.66	2.60
14	3.15	3.05	2.95	2.84	2.79	2.73	2.67	2.61	2.55	2.49
15	3.06	2.96	2.86	2.76	2.70	2.64	2.59	2.52	2.46	2.40
16	2.99	2.89	2.79	2.68	2.63	2.57	2.51	2.45	2.38	2.32
17	2.92	2.82	2.72	2.62	2.56	2.50	2.44	2.38	2.32	2.25
18	2.87	2.77	2.67	2.56	2.50	2.44	2.38	2.32	2.26	2.19
19	2.82	2.72	2.62	2.51	2.45	2.39	2.33	2.27	2.20	2.13
20	2.77	2.68	2.57	2.46	2.41	2.35	2.29	2.22	2.16	2.09
21	2.73	2.64	2.53	2.42	2.37	2.31	2.25	2.18	2.11	2.04
22	2.70	2.60	2.50	2.39	2.33	2.27	2.21	2.14	2.08	2.00
23	2.67	2.57	2.47	2.36	2.30	2.24	2.18	2.11	2.04	1.97
24	2.64	2.54	2.44	2.33	2.27	2.21	2.15	2.08	2.01	1.94
25	2.61	2.51	2.41	2.30	2.24	2.18	2.12	2.05	1.98	1.91
26	2.59	2.49	2.39	2.28	2.22	2.16	2.09	2.03	1.95	1.88
27	2.57	2.47	2.36	2.25	2.19	2.13	2.07	2.00	1.93	1.85
28	2.55	2.45	2.34	2.23	2.17	2.11	2.05	1.98	1.91	1.83
29	2.53	2.43	2.32	2.21	2.15	2.09	2.03	1.96	1.89	1.81
30	2.51	2.41	2.31	2.20	2.14	2.07	2.01	1.94	1.87	1.79
40	2.39	2.29	2.18	2.07	2.01	1.94	1.88	1.80	1.72	1.64
60	2.27	2.17	2.06	1.94	1.88	1.82	1.74	1.67	1.58	1.48
120	2.16	2.05	1.94	1.82	1.76	1.69	1.61	1.53	1.43	1.31
∞	2.05	1.94	1.83	1.71	1.64	1.57	1.48	1.39	1.27	1.00

DENOMINATOR DEGREES OF FREEDOM

부표 6. (계속)

($\alpha = 0.01$)

ν_2 \ ν_1	NUMERATOR DEGREES OF FREEDOM								
DENOMINATOR DEGREES OF FREEDOM	1	2	3	4	5	6	7	8	9
1	4,052	4,999.5	5,403	5,625	5,764	5,859	5,928	5,982	6,022
2	98.50	99.00	99.17	99.25	99.30	99.33	99.36	99.37	99.39
3	34.12	30.82	29.46	28.71	28.24	27.91	27.67	27.49	27.35
4	21.20	18.00	16.69	15.98	15.52	15.21	14.98	14.80	14.66
5	16.26	13.27	12.06	11.39	10.97	10.67	10.46	10.29	10.16
6	13.75	10.92	9.78	9.15	8.75	8.47	8.26	8.10	7.98
7	12.25	9.55	8.45	7.85	7.46	7.19	6.99	6.84	6.72
8	11.26	8.65	7.59	7.01	6.63	6.37	6.18	6.03	5.91
9	10.56	8.02	6.99	6.42	6.06	5.80	5.61	5.47	5.35
10	10.04	7.56	6.55	5.99	5.64	5.39	5.20	5.06	4.94
11	9.65	7.21	6.22	5.67	5.32	5.07	4.89	4.74	4.63
12	9.33	6.93	5.95	5.41	5.06	4.82	4.64	4.50	4.39
13	9.07	6.70	5.74	5.21	4.86	4.62	4.44	4.30	4.19
14	8.86	6.51	5.56	5.04	4.69	4.46	4.28	4.14	4.03
15	8.68	6.36	5.42	4.89	4.56	4.32	4.14	4.00	3.89
16	8.53	6.23	5.29	4.77	4.44	4.20	4.03	3.89	3.78
17	8.40	6.11	5.18	4.67	4.34	4.10	3.93	3.79	3.68
18	8.29	6.01	5.09	4.58	4.25	4.01	3.84	3.71	3.60
19	8.18	5.93	5.01	4.50	4.17	3.94	3.77	3.63	3.52
20	8.10	5.85	4.94	4.43	4.10	3.87	3.70	3.56	3.46
21	8.02	5.78	4.87	4.37	4.04	3.81	3.64	3.51	3.40
22	7.95	5.72	4.82	4.31	3.99	3.76	3.59	3.45	3.35
23	7.88	5.66	4.76	4.26	3.94	3.71	3.54	3.41	3.30
24	7.82	5.61	4.72	4.22	3.90	3.67	3.50	3.36	3.26
25	7.77	5.57	4.68	4.18	3.85	3.63	3.46	3.32	3.22
26	7.72	5.53	4.64	4.14	3.82	3.59	3.42	3.29	3.18
27	7.68	5.49	4.60	4.11	3.78	3.56	3.39	3.26	3.15
28	7.64	5.45	4.57	4.07	3.75	3.53	3.36	3.23	3.12
29	7.60	5.42	4.54	4.04	3.73	3.50	3.33	3.20	3.09
30	7.56	5.39	4.51	4.02	3.70	3.47	3.30	3.17	3.07
40	7.31	5.18	4.31	3.83	3.51	3.29	3.12	2.99	2.89
60	7.08	4.98	4.13	3.65	3.34	3.12	2.95	2.82	2.72
120	6.85	4.79	3.95	3.48	3.17	2.96	2.79	2.66	2.56
∞	6.63	4.61	3.78	3.32	3.02	2.80	2.64	2.51	2.41

Source: From M. Merrington and C. M. Thompson, "Tables of Percentage Points of the Inverted Beta (F)-Distribution," *Biometrika*, 1943, 33, 73–88. Reproduced by permission of the *Biometrika* trustees.

부표 6. (계속)

($\alpha = 0.01$)

ν_2 \ ν_1 NUMERATOR DEGREES OF FREEDOM	10	12	15	20	24	30	40	60	120	∞
1	6,056	6,106	6,157	6,209	6,235	6,261	6,287	6,313	6,339	6,366
2	99.40	99.42	99.43	99.45	99.46	99.47	99.47	99.48	99.49	99.50
3	27.23	27.05	26.87	26.69	26.60	26.50	26.41	26.32	26.22	26.13
4	14.55	14.37	14.20	14.02	13.93	13.84	13.75	13.65	13.56	13.46
5	10.05	9.89	9.72	9.55	9.47	9.38	9.29	9.20	9.11	9.02
6	7.87	7.72	7.56	7.40	7.31	7.23	7.14	7.06	6.97	6.88
7	6.62	6.47	6.31	6.16	6.07	5.99	5.91	5.82	5.74	5.65
8	5.81	5.67	5.52	5.36	5.28	5.20	5.12	5.03	4.95	4.86
9	5.26	5.11	4.96	4.81	4.73	4.65	4.57	4.48	4.40	4.31
10	4.85	4.71	4.56	4.41	4.33	4.25	4.17	4.08	4.00	3.91
11	4.54	4.40	4.25	4.10	4.02	3.94	3.86	3.78	3.69	3.60
12	4.30	4.16	4.01	3.86	3.78	3.70	3.62	3.54	3.45	3.36
13	4.10	3.96	3.82	3.66	3.59	3.51	3.43	3.34	3.25	3.17
14	3.94	3.80	3.66	3.51	3.43	3.35	3.27	3.18	3.09	3.00
15	3.80	3.67	3.52	3.37	3.29	3.21	3.13	3.05	2.96	2.87
16	3.69	3.55	3.41	3.26	3.18	3.10	3.02	2.93	2.84	2.75
17	3.59	3.46	3.31	3.16	3.08	3.00	2.92	2.83	2.75	2.65
18	3.51	3.37	3.23	3.08	3.00	2.92	2.84	2.75	2.66	2.57
19	3.43	3.30	3.15	3.00	2.92	2.84	2.76	2.67	2.58	2.49
20	3.37	3.23	3.09	2.94	2.86	2.78	2.69	2.61	2.52	2.42
21	3.31	3.17	3.03	2.88	2.80	2.72	2.64	2.55	2.46	2.36
22	3.26	3.12	2.98	2.83	2.75	2.67	2.58	2.50	2.40	2.31
23	3.21	3.07	2.93	2.78	2.70	2.62	2.54	2.45	2.35	2.26
24	3.17	3.03	2.89	2.74	2.66	2.58	2.49	2.40	2.31	2.21
25	3.13	2.99	2.85	2.70	2.62	2.54	2.45	2.36	2.27	2.17
26	3.09	2.96	2.81	2.66	2.58	2.50	2.42	2.33	2.23	2.13
27	3.06	2.93	2.78	2.63	2.55	2.47	2.38	2.29	2.20	2.10
28	3.03	2.90	2.75	2.60	2.52	2.44	2.35	2.26	2.17	2.06
29	3.00	2.87	2.73	2.57	2.49	2.41	2.33	2.23	2.14	2.03
30	2.98	2.84	2.70	2.55	2.47	2.39	2.30	2.21	2.11	2.01
40	2.80	2.66	2.52	2.37	2.29	2.20	2.11	2.02	1.92	1.80
60	2.63	2.50	2.35	2.20	2.12	2.03	1.94	1.84	1.73	1.60
120	2.47	2.34	2.19	2.03	1.95	1.86	1.76	1.66	1.53	1.38
∞	2.32	2.18	2.04	1.88	1.79	1.70	1.59	1.47	1.32	1.00

DENOMINATOR DEGREES OF FREEDOM

부표 7. Wilcoxon 순위합검정의 기각값

n_1	p	$n_2=2$	3	4	5	6	7	8	9	10	11	12	13	14	15	16	17	18	19	20
	.001	0	0	0	0	0	0	0	0	0	0	0	0	0	0	0	0	0	0	0
	.005	0	0	0	0	0	0	0	0	0	0	0	0	0	0	0	0	0	1	1
2	.01	0	0	0	0	0	0	0	0	0	0	0	1	1	1	1	1	1	2	2
	.025	0	0	0	0	0	0	1	1	1	1	2	2	2	2	2	3	3	3	3
	.05	0	0	0	1	1	1	2	2	2	2	3	3	4	4	4	4	5	5	5
	.10	0	1	1	2	2	2	3	3	4	4	5	5	5	6	6	7	7	8	8
	.001	0	0	0	0	0	0	0	0	0	0	0	0	0	0	0	1	1	1	1
	.005	0	0	0	0	0	0	0	1	1	1	2	2	2	3	3	3	3	4	4
3	.01	0	0	0	0	0	1	1	2	2	2	3	3	3	4	4	5	5	5	6
	.025	0	0	0	1	2	2	3	3	4	4	5	5	6	6	7	7	8	8	9
	.05	0	1	1	2	3	3	4	5	5	6	6	7	8	8	9	10	10	11	12
	.10	1	2	2	3	4	5	6	6	7	8	9	10	11	11	12	13	14	15	16
	.001	0	0	0	0	0	0	0	0	1	1	1	2	2	2	3	3	4	4	4
	.005	0	0	0	0	1	1	2	2	3	3	4	4	5	6	6	7	7	8	9
4	.01	0	0	0	1	2	2	3	4	4	5	6	6	7	9	8	9	10	10	11
	.025	0	0	1	2	3	4	5	5	6	7	8	9	10	11	12	12	13	14	15
	.05	0	1	2	3	4	5	6	7	8	9	10	11	12	13	15	16	17	18	19
	.10	1	2	4	5	6	7	8	10	11	12	13	14	16	17	18	19	21	22	23
	.001	0	0	0	0	0	0	1	2	2	3	3	4	4	5	6	6	7	8	8
	.005	0	0	0	1	2	2	3	4	5	6	7	8	8	9	10	11	12	13	14
5	.01	0	0	1	2	3	4	5	6	7	8	9	10	11	12	13	14	15	16	17
	.025	0	1	2	3	4	6	7	8	9	10	12	13	14	15	16	18	19	20	21
	.05	1	2	3	5	6	7	9	10	12	13	14	16	17	19	20	21	23	24	26
	.10	2	3	5	6	8	9	11	13	14	16	18	19	21	23	24	26	28	29	31
	.001	0	0	0	0	0	0	2	3	4	5	5	6	7	8	9	10	11	12	13
	.005	0	0	1	2	3	4	5	6	7	8	10	11	12	13	14	16	17	18	19
6	.01	0	0	2	3	4	5	7	8	9	10	12	13	14	16	17	19	20	21	23
	.025	0	2	3	4	6	7	9	11	12	14	15	17	18	20	22	23	25	26	28
	.05	1	3	4	6	8	9	11	13	15	17	18	20	22	24	26	27	29	31	33
	.10	2	4	6	8	10	12	14	16	18	20	22	24	26	28	30	32	35	37	39
	.001	0	0	0	0	1	2	3	4	6	7	8	9	10	11	12	14	15	16	17
	.005	0	0	1	2	4	5	7	8	10	11	13	14	16	17	19	20	22	23	25
7	.01	0	1	2	4	5	7	8	10	12	13	15	17	18	20	22	24	25	27	29
	.025	0	2	4	6	7	9	11	13	15	17	19	21	23	25	27	29	31	33	35
	.05	1	3	5	7	9	12	14	16	18	20	22	25	27	29	31	34	36	38	40
	.10	2	5	7	9	12	14	17	19	22	24	27	29	32	34	37	39	42	44	47
	.001	0	0	0	1	2	3	5	6	7	9	10	12	13	15	16	18	19	21	22
	.005	0	0	2	3	5	7	8	10	12	14	16	18	19	21	23	25	27	29	31
8	.01	0	1	3	5	7	8	10	12	14	16	18	21	23	25	27	29	31	33	35
	.025	1	3	5	7	9	11	14	16	18	20	23	25	27	30	32	35	37	39	42
	.05	2	4	6	9	11	14	16	19	21	24	27	29	32	34	37	40	42	45	48
	.10	3	6	8	11	14	17	20	23	25	28	31	34	37	40	43	46	49	52	55
	.001	0	0	0	2	3	4	6	8	9	11	13	15	16	18	20	22	24	26	27
	.005	0	1	2	4	6	8	10	12	14	17	19	21	23	25	28	30	32	34	37
9	.01	0	2	4	6	8	10	12	15	17	19	22	24	27	29	32	34	37	39	41
	.025	1	3	5	8	11	13	16	18	21	24	27	29	32	35	38	40	43	46	49
	.05	2	5	7	10	13	16	19	22	25	28	31	34	37	40	43	46	49	52	55
	.10	3	6	10	13	16	19	23	26	29	32	36	39	42	46	49	53	56	59	63

부표 7. (계속)

n_1	p	$n_2=2$	3	4	5	6	7	8	9	10	11	12	13	14	15	16	17	18	19	20
	.001	0	0	1	2	4	6	7	9	11	13	15	18	20	22	24	26	28	30	33
	.005	0	1	3	5	7	10	12	14	17	19	22	25	27	30	32	35	38	40	43
10	.01	0	2	4	7	9	12	14	17	20	23	25	28	31	34	37	39	42	45	48
	.025	1	4	6	9	12	15	18	21	24	27	30	34	37	40	43	46	49	53	56
	.05	2	5	8	12	15	18	21	25	28	32	35	38	42	45	49	52	56	59	63
	.10	4	7	11	14	18	22	25	29	33	37	40	44	48	52	55	59	63	67	71
	.001	0	0	1	3	5	7	9	11	13	16	18	21	23	25	28	30	33	35	38
	.005	0	1	3	6	8	11	14	17	19	22	25	28	31	34	37	40	43	46	49
11	.01	0	2	5	8	10	13	16	19	23	26	29	32	35	38	42	45	48	51	54
	.025	1	4	7	10	14	17	20	24	27	31	34	38	41	45	48	52	56	59	63
	.05	2	6	9	13	17	20	24	28	32	35	39	43	47	51	55	58	62	66	70
	.10	4	8	12	16	20	24	28	32	37	41	45	49	53	58	62	66	70	74	79
	.001	0	0	1	3	5	8	10	13	15	18	21	24	26	29	32	35	38	41	43
	.005	0	2	4	7	10	13	16	19	22	25	28	32	35	38	42	45	48	52	55
12	.01	0	3	6	9	12	15	18	22	25	29	32	36	39	43	47	50	54	57	61
	.025	2	5	8	12	15	19	23	27	30	34	38	42	46	50	54	58	62	66	70
	.05	3	6	10	14	18	22	27	31	35	39	43	48	52	56	61	65	69	73	78
	.10	5	9	13	18	22	27	31	36	40	45	50	54	59	64	68	73	78	82	87
	.001	0	0	2	4	6	9	12	15	18	21	24	27	30	33	36	39	43	46	49
	.005	0	2	4	8	11	14	18	21	25	28	32	35	39	43	46	50	54	58	61
13	.01	1	3	6	10	13	17	21	24	28	32	36	40	44	48	52	56	60	64	68
	.025	2	5	9	13	17	21	25	29	34	38	42	46	51	55	60	64	68	73	77
	.05	3	7	11	16	20	25	29	34	38	43	48	52	57	62	66	71	76	81	85
	.10	5	10	14	19	24	29	34	39	44	49	54	59	64	69	75	80	85	90	95
	.001	0	0	2	4	7	10	13	16	20	23	26	30	33	37	40	44	47	51	55
	.005	0	2	5	8	12	16	19	23	27	31	35	39	43	47	51	55	59	64	68
14	.01	1	3	7	11	14	18	23	27	31	35	39	44	48	52	57	61	66	70	74
	.025	2	6	10	14	18	23	27	32	37	41	46	51	56	60	65	70	75	79	84
	.05	4	8	12	17	22	27	32	37	42	47	52	57	62	67	72	78	83	88	93
	.10	5	11	16	21	26	32	37	42	48	53	59	64	70	75	81	86	92	98	103
	.001	0	0	2	5	8	11	15	18	22	25	29	33	37	41	44	48	52	56	60
	.005	0	3	6	9	13	17	21	25	30	34	38	43	47	52	56	61	65	70	74
15	.01	1	4	8	12	16	20	25	29	34	38	43	48	52	57	62	67	71	76	81
	.025	2	6	11	15	20	25	30	35	40	45	50	55	60	65	71	76	81	86	91
	.05	4	8	13	19	24	29	34	40	45	51	56	62	67	73	78	84	89	95	101
	.10	6	11	17	23	28	34	40	46	52	58	64	69	75	81	87	93	99	105	111
	.001	0	0	3	6	9	12	16	20	24	28	32	36	40	44	49	53	57	61	66
	.005	0	3	6	10	14	19	23	28	32	37	42	46	51	56	61	66	71	75	80
16	.01	1	4	8	13	17	22	27	32	37	42	47	52	57	62	67	72	77	83	88
	.025	2	7	12	16	22	27	32	38	43	48	54	60	65	71	76	82	87	93	99
	.05	4	9	15	20	26	31	37	43	49	55	61	66	72	78	84	90	96	102	108
	.10	6	12	18	24	30	37	43	49	55	62	68	75	81	87	94	100	107	113	120
	.001	0	1	3	6	10	14	18	22	26	30	35	39	44	48	53	58	62	67	71
	.005	0	3	7	11	16	20	25	30	35	40	45	50	55	61	66	71	76	82	87
17	.01	1	5	9	14	19	24	29	34	39	45	50	56	61	67	72	78	83	89	94
	.025	3	7	12	18	23	29	35	40	46	52	58	64	70	76	82	88	94	100	106
	.05	4	10	16	21	27	34	40	46	52	58	65	71	78	84	90	97	103	110	116
	.10	7	13	19	26	32	39	46	53	59	66	73	80	86	93	100	107	114	121	128
	.001	0	1	4	7	11	15	19	24	28	33	38	43	47	52	57	62	67	72	77
	.005	0	3	7	12	17	22	27	32	38	43	48	54	59	65	71	76	82	88	93
18	.01	1	5	10	15	20	25	31	37	42	48	54	60	66	71	77	83	89	95	101
	.025	3	8	13	19	25	31	37	43	49	56	62	68	75	81	87	94	100	107	113
	.05	5	10	17	23	29	36	42	49	56	62	69	76	83	89	96	103	110	117	124
	.10	7	14	21	28	35	42	49	56	63	70	78	85	92	99	107	114	121	129	136

부표 7. (계속)

n_1	p	$n_2 = 2$	3	4	5	6	7	8	9	10	11	12	13	14	15	16	17	18	19	20
	.001	0	1	4	8	12	16	21	26	30	35	41	46	51	56	61	67	72	78	83
	.005	1	4	8	13	18	23	29	34	40	46	52	58	64	70	75	82	88	94	100
19	.01	2	5	10	16	21	27	33	39	45	51	57	64	70	76	83	89	95	102	108
	.025	3	8	14	20	26	33	39	46	53	59	66	73	79	86	93	100	107	114	120
	.05	5	11	18	24	31	38	45	52	59	66	73	81	88	95	102	110	117	124	131
	.10	8	15	22	29	37	44	52	59	67	74	82	90	98	105	113	121	129	136	144
	.001	0	1	4	8	13	17	22	27	33	38	43	49	55	60	66	71	77	83	89
	.005	1	4	9	14	19	25	31	37	43	49	55	61	68	74	80	87	93	100	106
20	.01	2	6	11	17	23	29	35	41	48	54	61	68	74	81	88	94	101	108	115
	.025	3	9	15	21	28	35	42	49	56	63	70	77	84	91	99	106	113	120	128
	.05	5	12	19	26	33	40	48	55	63	70	78	85	93	101	108	116	124	131	139
	.10	8	16	23	31	39	47	55	63	71	79	87	95	103	111	120	128	136	144	152

Source: Adapted from L. R. Verdooren, "Extended Tables of Critical Values for Wilcoxon's Test Statistic," *Biometrika*, 50 (1963), 177–186; used by permission of the Biometrika Trustees. The adaptation is due to W. J. Conover, *Practical Nonparametric Statistics*, New York: Wiley, 1971, 384–388.

부표 8 Wilcoxon 부호순위검정의 확률표

T	P	T	P	T	P	T	P	T	P	T	P
$n = 5$		$n = 8$		$n = 10$		$n = 11$		$n = 12$		$n = 13$	
*0	.0313	0	.0039	0	.0010	0	.0005	0	.0002	0	.0001
1	.0625	1	.0078	1	.0020	1	.0010	1	.0005	1	.0002
2	.0938	2	.0117	2	.0029	2	.0015	2	.0007	2	.0004
3	.1563	3	.0195	3	.0049	3	.0024	3	.0012	3	.0006
4	.2188	4	.0273	4	.0068	4	.0034	4	.0017	4	.0009
5	.3125	*5	.0391	5	.0098	5	.0049	5	.0024	5	.0012
6	.4063	6	.0547	6	.0137	6	.0068	6	.0034	6	.0017
7	.5000	7	.0742	7	.0186	7	.0093	7	.0046	7	.0023
		8	.0977	8	.0244	8	.0122	8	.0061	8	.0031
$n = 6$		9	.1250	9	.0322	9	.0161	9	.0081	9	.0040
0	.0156	10	.1563	*10	.0420	10	.0210	10	.0105	10	.0052
1	.0313	11	.1914	11	.0527	11	.0269	11	.0134	11	.0067
*2	.0469	12	.2305	12	.0654	12	.0337	12	.0171	12	.0085
3	.0781	13	.2734	13	.0801	*13	.0415	13	.0212	13	.0107
4	.1094	14	.3203	14	.0967	14	.0508	14	.0261	14	.0133
5	.1563	15	.3711	15	.1162	15	.0615	15	.0320	15	.0164
6	.2188	16	.4219	16	.1377	16	.0737	16	.0386	16	.0199
7	.2813	17	.4727	17	.1611	17	.0874	*17	.0461	17	.0239
8	.3438	18	.5273	18	.1875	18	.1030	18	.0549	18	.0287
9	.4219	$n = 9$		19	.2158	19	.1201	19	.0647	19	.0341
10	.5000	0	.0020	20	.2461	20	.1392	20	.0757	20	.0402
		1	.0039	21	.2783	21	.1602	21	.0881	*21	.0471
$n = 7$		2	.0059	22	.3125	22	.1826	22	.1018	22	.0549
0	.0078	3	.0098	23	.3477	23	.2065	23	.1167	23	.0636
1	.0156	4	.0137	24	.3848	24	.2324	24	.1331	24	.0732
2	.0234	5	.0195	25	.4229	25	.2598	25	.1506	25	.0839
*3	.0391	6	.0273	26	.4609	26	.2886	26	.1697	26	.0955
4	.0547	7	.0371	27	.5000	27	.3188	27	.1902	27	.1082
5	.0781	*8	.0488			28	.3501	28	.2119	28	.1219
6	.1094	9	.0645			29	.3823	29	.2349	29	.1367
7	.1484	10	.0820			30	.4155	30	.2593	30	.1527
8	.1875	11	.1016			31	.4492	31	.2847	31	.1698
9	.2344	12	.1250			32	.4829	32	.3110	32	.1879
10	.2891	13	.1504			33	.5171	33	.3386	33	.2072
11	.3438	14	.1797					34	.3667	34	.2274
12	.4063	15	.2129					35	.3955	35	.2487
13	.4688	16	.2480					36	.4250	36	.2709
14	.5313	17	.2852					37	.4548	37	.2939
		18	.3262					38	.4849	38	.3177
		19	.3672					39	.5151	39	.3424
		20	.4102							40	.3677
		21	.4551							41	.3934
		22	.5000							42	.4197
										43	.4463
										44	.4730
										45	.5000

* For given n, the smallest rank total for which the probability level is equal to or less than 0.0500.

부표 8. (계속)

T	P	T	P	T	P	T	P	T	P	T	P
n = 14		n = 14		n = 15		n = 16		n = 17		n = 17	
0	.0001	50	.4516	47	.2444	39	.0719	25	.0064	74	.4633
2	.0002	51	.4758	48	.2622	40	.0795	26	.0075	75	.4816
3	.0003	52	.5000	49	.2807	41	.0877	27	.0087	76	.5000
4	.0004			50	.2997	42	.0964	28	.0101		
5	.0006	n = 15		51	.3193	43	.1057	29	.0116	n = 18	
6	.0009	1	.0001	52	.3394	44	.1156	30	.0133	6	.0001
7	.0012	3	.0002	53	.3599	45	.1261	31	.0153	10	.0002
8	.0015	5	.0003	54	.3808	46	.1372	32	.0174	12	.0003
9	.0020	6	.0004	55	.4020	47	.1489	33	.0198	14	.0004
10	.0026	7	.0006	56	.4235	48	.1613	34	.0224	15	.0005
11	.0034	8	.0008	57	.4452	49	.1742	35	.0253	16	.0006
12	.0043	9	.0010	58	.4670	50	.1877	36	.0284	17	.0008
13	.0054	10	.0013	59	.4890	51	.2019	37	.0319	18	.0010
14	.0067	11	.0017	60	.5110	52	.2166	38	.0357	19	.0012
15	.0083	12	.0021	n = 16		53	.2319	39	.0398	20	.0014
16	.0101	13	.0027	3	.0001	54	.2477	40	.0443	21	.0017
17	.0123	14	.0034	5	.0002	55	.2641	*41	.0492	22	.0020
18	.0148	15	.0042	7	.0003	56	.2809	42	.0544	23	.0024
19	.0176	16	.0051	8	.0004	57	.2983	43	.0601	24	.0028
20	.0209	17	.0062	9	.0005	58	.3161	44	.0662	25	.0033
21	.0247	18	.0075	10	.0007	59	.3343	45	.0727	26	.0038
22	.0290	19	.0090	11	.0008	60	.3529	46	.0797	27	.0045
23	.0338	20	.0108	12	.0011	61	.3718	47	.0871	28	.0052
24	.0392	21	.0128	13	.0013	62	.3910	48	.0950	29	.0060
*25	.0453	22	.0151	14	.0017	63	.4104	49	.1034	30	.0069
26	.0520	23	.0177	15	.0021	64	.4301	50	.1123	31	.0080
27	.0594	24	.0206	16	.0026	65	.4500	51	.1218	32	.0091
28	.0676	25	.0240	17	.0031	66	.4699	52	.1317	33	.0104
29	.0765	26	.0277	18	.0038	67	.4900	53	.1421	34	.0118
30	.0863	27	.0319	19	.0046	68	.5100	54	.1530	35	.0134
31	.0969	28	.0365	20	.0055			55	.1645	36	.0152
32	.1083	29	.0416	21	.0065	n = 17		56	.1764	37	.0171
33	.1206	*30	.0473	22	.0078	4	.0001	57	.1889	38	.0192
34	.1338	31	.0535	23	.0091	8	.0002	58	.2019	39	.0216
35	.1479	32	.0603	24	.0107	9	.0003	59	.2153	40	.0241
36	.1629	33	.0677	25	.0125	11	.0004	60	.2293	41	.0269
37	.1788	34	.0757	26	.0145	12	.0005	61	.2437	42	.0300
38	.1955	35	.0844	27	.0168	13	.0007	62	.2585	43	.0333
39	.2131	36	.0938	28	.0193	14	.0008	63	.2738	44	.0368
40	.2316	37	.1039	29	.0222	15	.0010	64	.2895	45	.0407
41	.2508	38	.1147	30	.0253	16	.0013	65	.3056	46	.0449
42	.2708	39	.1262	31	.0288	17	.0016	66	.3221	*47	.0494
43	.2915	40	.1384	32	.0327	18	.0019	67	.3389	48	.0542
44	.3129	41	.1514	33	.0370	19	.0023	68	.3559	49	.0594
45	.3349	42	.1651	34	.0416	20	.0028	69	.3733	50	.0649
46	.3574	43	.1796	*35	.0467	21	.0033	70	.3910	51	.0708
47	.3804	44	.1947	36	.0523	22	.0040	71	.4088	52	.0770
48	.4039	45	.2106	37	.0583	23	.0047	72	.4268	53	.0837
49	.4276	46	.2271	38	.0649	24	.0055	73	.4450	54	.0907

부표 8. (계속)

T	P	T	P	T	P	T	P	T	P	T	P
n = 18		n = 19		n = 19		n = 20		n = 20		n = 21	
55	.0982	30	.0036	79	.2706	48	.0164	97	.3921	61	.0298
56	.1061	31	.0041	80	.2839	49	.0181	98	.4062	62	.0323
57	.1144	32	.0047	81	.2974	50	.0200	99	.4204	63	.0351
58	.1231	33	.0054	82	.3113	51	.0220	100	.4347	64	.0380
59	.1323	34	.0062	83	.3254	52	.0242	101	.4492	65	.0411
60	.1419	35	.0070	84	.3397	53	.0266	102	.4636	66	.0444
61	.1519	36	.0080	85	.3543	54	.0291	103	.4782	*67	.0479
62	.1624	37	.0090	86	.3690	55	.0319	104	.4927	68	.0516
63	.1733	38	.0102	87	.3840	56	.0348	105	.5073	69	.0555
64	.1846	39	.0115	88	.3991	57	.0379	n = 21		70	.0597
65	.1964	40	.0129	89	.4144	58	.0413	14	.0001	71	.0640
66	.2086	41	.0145	90	.4298	59	.0448	20	.0002	72	.0686
67	.2211	42	.0162	91	.4453	*60	.0487	22	.0003	73	.0735
68	.2341	43	.0180	92	.4609	61	.0527	24	.0004	74	.0786
69	.2475	44	.0201	93	.4765	62	.0570	26	.0005	75	.0839
70	.2613	45	.0223	94	.4922	63	.0615	27	.0006	76	.0895
71	.2754	46	.0247	95	.5078	64	.0664	28	.0007	77	.0953
72	.2899	47	.0273			65	.0715	29	.0008	78	.1015
73	.3047	48	.0301	n = 20		66	.0768	30	.0009	79	.1078
74	.3198	49	.0331	11	.0001	67	.0825	31	.0011	80	.1145
75	.3353	50	.0364	16	.0002	68	.0884	32	.0012	81	.1214
76	.3509	51	.0399	19	.0003	69	.0947	33	.0014	82	.1286
77	.3669	52	.0437	20	.0004	70	.1012	34	.0016	83	.1361
78	.3830	*53	.0478	22	.0005	71	.1081	35	.0019	84	.1439
79	.3994	54	.0521	23	.0006	72	.1153	36	.0021	85	.1519
80	.4159	55	.0567	24	.0007	73	.1227	37	.0024	86	.1602
81	.4325	56	.0616	25	.0008	74	.1305	38	.0028	87	.1688
82	.4493	57	.0668	26	.0010	75	.1387	39	.0031	88	.1777
83	.4661	58	.0723	27	.0012	76	.1471	40	.0036	89	.1869
84	.4831	59	.0782	28	.0014	77	.1559	41	.0040	90	.1963
85	.5000	60	.0844	29	.0016	78	.1650	42	.0045	91	.2060
		61	.0909	30	.0018	79	.1744	43	.0051	92	.2160
n = 19		62	.0978	31	.0021	80	.1841	44	.0057	93	.2262
9	.0001	63	.1051	32	.0024	81	.1942	45	.0063	94	.2367
13	.0002	64	.1127	33	.0028	82	.2045	46	.0071	95	.2474
15	.0003	65	.1206	34	.0032	83	.2152	47	.0079	96	.2584
17	.0004	66	.1290	35	.0036	84	.2262	48	.0088	97	.2696
18	.0005	67	.1377	36	.0042	85	.2375	49	.0097	98	.2810
19	.0006	68	.1467	37	.0047	86	.2490	50	.0108	99	.2927
20	.0007	69	.1562	38	.0053	87	.2608	51	.0119	100	.3046
21	.0008	70	.1660	39	.0060	88	.2729	52	.0132	101	.3166
22	.0010	71	.1762	40	.0068	89	.2853	53	.0145	102	.3289
23	.0012	72	.1868	41	.0077	90	.2979	54	.0160	103	.3414
24	.0014	73	.1977	42	.0086	91	.3108	55	.0175	104	.3540
25	.0017	74	.2090	43	.0096	92	.3238	56	.0192	105	.3667
26	.0020	75	.2207	44	.0107	93	.3371	57	.0210	106	.3796
27	.0023	76	.2327	45	.0120	94	.3506	58	.0230	107	.3927
28	.0027	77	.2450	46	.0133	95	.3643	59	.0251	108	.4058
29	.0031	78	.2576	47	.0148	96	.3781	60	.0273	109	.4191

부표 8. (계속)

T	P	T	P	T	P	T	P	T	P	T	P
n = 21		*n* = 22		*n* = 22		*n* = 23		*n* = 23		*n* = 24	
110	.4324	67	.0271	116	.3751	68	.0163	117	.2700	62	.0053
111	.4459	68	.0293	117	.3873	69	.0177	118	.2800	63	.0058
112	.4593	69	.0317	118	.3995	70	.0192	119	.2902	64	.0063
113	.4729	70	.0342	119	.4119	71	.0208	120	.3005	65	.0069
114	.4864	71	.0369	120	.4243	72	.0224	121	.3110	66	.0075
115	.5000	72	.0397	121	.4368	73	.0242	122	.3217	67	.0082
		73	.0427	122	.4494	74	.0261	123	.3325	68	.0089
		74	.0459	123	.4620	75	.0281	124	.3434	69	.0097
n = 22		*75	.0492	124	.4746	76	.0303	125	.3545	70	.0106
18	.0001	76	.0527	125	.4873	77	.0325	126	.3657	71	.0115
23	.0002	77	.0564	126	.5000	78	.0349	127	.3770	72	.0124
26	.0003	78	.0603			79	.0274	128	.3884	73	.0135
29	.0004	79	.0644	*n* = 23		80	.0401	129	.3999	74	.0146
30	.0005	80	.0687	21	.0001	81	.0429	130	.4115	75	.0157
32	.0006	81	.0733	28	.0002	82	.0459	131	.4231	76	.0170
33	.0007	82	.0780	31	.0003	*83	.0490	132	.4348	77	.0183
34	.0008	83	.0829	33	.0004	84	.0523	133	.4466	78	.0197
35	.0010	84	.0881	35	.0005	85	.0557	134	.4584	79	.0212
36	.0011	85	.0935	36	.0006	86	.0593	135	.4703	80	.0228
37	.0013	86	.0991	38	.0007	87	.0631	136	.4822	81	.0245
38	.0014	87	.1050	39	.0008	88	.0671	137	.4941	82	.0263
39	.0016	88	.1111	40	.0009	89	.0712	138	.5060	83	.0282
40	.0018	89	.1174	41	.0011	90	.0755			84	.0302
41	.0021	90	.1240	42	.0012	91	.0801	*n* = 24		85	.0323
42	.0023	91	.1308	43	.0014	92	.0848	25	.0001	86	.0346
43	.0026	92	.1378	44	.0015	93	.0897	32	.0002	87	.0369
44	.0030	93	.1451	45	.0017	94	.0948	36	.0003	88	.0394
45	.0033	94	.1527	46	.0019	95	.1001	38	.0004	89	.0420
46	.0037	95	.1604	47	.0022	96	.1056	40	.0005	90	.0447
47	.0042	96	.1685	48	.0024	97	.1113	42	.0006	*91	.0475
48	.0046	97	.1767	49	.0027	98	.1172	43	.0007	92	.0505
49	.0052	98	.1853	50	.0030	99	.1234	44	.0008	93	.0537
50	.0057	99	.1940	51	.0034	100	.1297	45	.0009	94	.0570
51	.0064	100	.2030	52	.0037	101	.1363	46	.0010	95	.0604
52	.0070	101	.2122	53	.0041	102	.1431	47	.0011	96	.0640
53	.0078	102	.2217	54	.0046	103	.1501	48	.0013	97	.0678
54	.0086	103	.2314	55	.0051	104	.1573	49	.0014	98	.0717
55	.0095	104	.2413	56	.0056	105	.1647	50	.0016	99	.0758
56	.0104	105	.2514	57	.0061	106	.1723	51	.0018	100	.0800
57	.0115	106	.2618	58	.0068	107	.1802	52	.0020	101	.0844
58	.0126	107	.2723	59	.0074	108	.1883	53	.0022	102	.0890
59	.0138	108	.2830	60	.0082	109	.1965	54	.0024	103	.0938
60	.0151	109	.2940	61	.0089	110	.2050	55	.0027	104	.0987
61	.0164	110	.3051	62	.0098	111	.2137	56	.0029	105	.1038
62	.0179	111	.3164	63	.0107	112	.2226	57	.0033	106	.1091
63	.0195	112	.3278	64	.0117	113	.2317	58	.0036	107	.1146
64	.0212	113	.3394	65	.0127	114	.2410	59	.0040	108	.1203
65	.0231	114	.3512	66	.0138	115	.2505	60	.0044	109	.1261
66	.0250	115	.3631	67	.0150	116	.2601	61	.0048	110	.1322

부표 8. (계속)

T	P	T	P	T	P	T	P	T	P	T	P
n = 24		*n* = 25		*n* = 25		*n* = 25		*n* = 26		*n* = 26	
111	.1384	50	.0008	99	.0452	148	.3556	81	.0076	130	.1289
112	.1448	51	.0009	*100	.0479	149	.3655	82	.0082	131	.1344
113	.1515	52	.0010	101	.0507	150	.3755	83	.0088	132	.1399
114	.1583	53	.0011	102	.0537	151	.3856	84	.0095	133	.1457
115	.1653	54	.0013	103	.0567	152	.3957	85	.0102	134	.1516
116	.1724	55	.0014	104	.0600	153	.4060	86	.0110	135	.1576
117	.1798	56	.0015	105	.0633	154	.4163	87	.0118	136	.1638
118	.1874	57	.0017	106	.0668	155	.4266	88	.0127	137	.1702
119	.1951	58	.0019	107	.0705	156	.4370	89	.0136	138	.1767
120	.2031	59	.0021	108	.0742	157	.4474	90	.0146	139	.1833
121	.2112	60	.0023	109	.0782	158	.4579	91	.0156	140	.1901
122	.2195	61	.0025	110	.0822	159	.4684	92	.0167	141	.1970
123	.2279	62	.0028	111	.0865	160	.4789	93	.0179	142	.2041
124	.2366	63	.0031	112	.0909	161	.4895	94	.0191	143	.2114
125	.2454	64	.0034	113	.0954	162	.5000	95	.0204	144	.2187
126	.2544	65	.0037	114	.1001			96	.0217	145	.2262
127	.2635	66	.0040	115	.1050	*n* = 26		97	.0232	146	.2339
128	.2728	67	.0044	116	.1100	34	.0001	98	.0247	147	.2417
129	.2823	68	.0048	117	.1152	42	.0002	99	.0263	148	.2496
130	.2919	69	.0053	118	.1205	46	.0003	100	.0279	149	.2577
131	.3017	70	.0057	119	.1261	49	.0004	101	.0297	150	.2658
132	.3115	71	.0062	120	.1317	51	.0005	102	.0315	151	.2741
133	.3216	72	.0068	121	.1376	53	.0006	103	.0334	152	.2826
134	.3317	73	.0074	122	.1436	55	.0007	104	.0355	153	.2911
135	.3420	74	.0080	123	.1498	56	.0008	105	.0376	154	.2998
136	.3524	75	.0087	124	.1562	57	.0009	106	.0398	155	.3085
137	.3629	76	.0094	125	.1627	58	.0010	107	.0421	156	.3174
138	.3735	77	.0101	126	.1694	59	.0011	108	.0445	157	.3264
139	.3841	78	.0110	127	.1763	60	.0012	109	.0470	158	.3355
140	.3949	79	.0118	128	.1833	61	.0013	*110	.0497	159	.3447
141	.4058	80	.0128	129	.1905	62	.0015	111	.0524	160	.3539
142	.4167	81	.0137	130	.1979	63	.0016	112	.0553	161	.3633
143	.4277	82	.0148	131	.2054	64	.0018	113	.0582	162	.3727
144	.4387	83	.0159	132	.2131	65	.0020	114	.0613	163	.3822
145	.4498	84	.0171	133	.2209	66	.0021	115	.0646	164	.3918
146	.4609	85	.0183	134	.2289	67	.0023	116	.0679	165	.4014
147	.4721	86	.0197	135	.2371	68	.0026	117	.0714	166	.4111
148	.4832	87	.0211	136	.2454	69	.0028	118	.0750	167	.4208
149	.4944	88	.0226	137	.2539	70	.0031	119	.0787	168	.4306
150	.5056	89	.0241	138	.2625	71	.0033	120	.0825	169	.4405
		90	.0258	139	.2712	72	.0036	121	.0865	170	.4503
n = 25		91	.0275	140	.2801	73	.0040	122	.0907	171	.4602
29	.0001	92	.0294	141	.2891	74	.0043	123	.0950	172	.4702
37	.0002	93	.0313	142	.2983	75	.0047	124	.0994	173	.4801
41	.0003	94	.0334	143	.3075	76	.0051	125	.1039	174	.4900
43	.0004	95	.0355	144	.3169	77	.0055	126	.1086	175	.5000
45	.0005	96	.0377	145	.3264	78	.0060	127	.1135		
47	.0006	97	.0401	146	.3360	79	.0065	128	.1185		
48	.0007	98	.0426	147	.3458	80	.0070	129	.1236		

부표 8. (계속)

T	P	T	P	T	P	T	P	T	P	T	P
n = 27		n = 27		n = 27		n = 28		n = 28		n = 28	
39	.0001	105	.0218	154	.2066	74	.0012	123	.0349	172	.2466
47	.0002	106	.0231	155	.2135	75	.0013	124	.0368	173	.2538
52	.0003	107	.0246	156	.2205	76	.0015	125	.0387	174	.2611
55	.0004	108	.0260	157	.2277	77	.0016	126	.0407	175	.2685
57	.0005	109	.0276	158	.2349	78	.0017	127	.0428	176	.2759
59	.0006	110	.0292	159	.2423	79	.0019	128	.0450	177	.2835
61	.0007	111	.0309	160	.2498	80	.0020	129	.0473	178	.2912
62	.0008	112	.0327	161	.2574	81	.0022	*130	.0496	179	.2990
64	.0009	113	.0346	162	.2652	82	.0024	131	.0521	180	.3068
65	.0010	114	.0366	163	.2730	83	.0026	132	.0546	181	.3148
66	.0011	115	.0386	164	.2810	84	.0028	133	.0573	182	.3228
67	.0012	116	.0407	165	.2890	85	.0030	134	.0600	183	.3309
68	.0014	117	.0430	166	.2972	86	.0033	135	.0628	184	.3391
69	.0015	118	.0453	167	.3055	87	.0035	136	.0657	185	.3474
70	.0016	*119	.0477	168	.3138	88	.0038	137	.0688	186	.3557
71	.0018	120	.0502	169	.3223	89	.0041	138	.0719	187	.3641
72	.0019	121	.0528	170	.3308	90	.0044	139	.0751	188	.3725
73	.0021	122	.0555	171	.3395	91	.0048	140	.0785	189	.3811
74	.0023	123	.0583	172	.3482	92	.0051	141	.0819	190	.3896
75	.0025	124	.0613	173	.3570	93	.0055	142	.0855	191	.3983
76	.0027	125	.0643	174	.3659	94	.0059	143	.0891	192	.4070
77	.0030	126	.0674	175	.3748	95	.0064	144	.0929	193	.4157
78	.0032	127	.0707	176	.3838	96	.0068	145	.0968	194	.4245
79	.0035	128	.0741	177	.3929	97	.0073	146	.1008	195	.4333
80	.0038	129	.0776	178	.4020	98	.0078	147	.1049	196	.4421
81	.0041	130	.0812	179	.4112	99	.0084	148	.1091	197	.4510
82	.0044	131	.0849	180	.4204	100	.0089	149	.1135	198	.4598
83	.0048	132	.0888	181	.4297	101	.0096	150	.1180	199	.4687
84	.0052	133	.0927	182	.4390	102	.0102	151	.1225	200	.4777
85	.0056	134	.0968	183	.4483	103	.0109	152	.1273	201	.4866
86	.0060	135	.1010	184	.4577	104	.0116	153	.1321	202	.4955
87	.0065	136	.1054	185	.4670	105	.0124	154	.1370	203	.5045
88	.0070	137	.1099	186	.4764	106	.0132	155	.1421		
89	.0075	138	.1145	187	.4859	107	.0140	156	.1473	n = 29	
90	.0081	139	.1193	188	.4953	108	.0149	157	.1526	50	.0001
91	.0087	140	.1242	189	.5047	109	.0159	158	.1580	59	.0002
92	.0093	141	.1292			110	.0168	159	.1636	65	.0003
93	.0100	142	.1343	n = 28		111	.0179	160	.1693	68	.0004
94	.0107	143	.1396	44	.0001	112	.0190	161	.1751	71	.0005
95	.0115	144	.1450	53	.0002	113	.0201	162	.1810	73	.0006
96	.0123	145	.1506	58	.0003	114	.0213	163	.1870	75	.0007
97	.0131	146	.1563	61	.0004	115	.0226	164	.1932	76	.0008
98	.0140	147	.1621	64	.0005	116	.0239	165	.1995	78	.0009
99	.0150	148	.1681	66	.0006	117	.0252	166	.2059	79	.0010
100	.0159	149	.1742	68	.0007	118	.0267	167	.2124	80	.0011
101	.0170	150	.1804	69	.0008	119	.0282	168	.2190	81	.0012
102	.0181	151	.1868	70	.0009	120	.0298	169	.2257	82	.0013
103	.0193	152	.1932	72	.0010	121	.0314	170	.2326	83	.0014
104	.0205	153	.1999	73	.0011	122	.0331	171	.2395	84	.0015

부표 8. (계속)

T	*P*	*T*	*P*	*T*	*P*	*T*	*P*	*T*	*P*	*T*	*P*
n = 29		*n* = 29		*n* = 29		*n* = 30		*n* = 30		*n* = 30	
85	.0016	134	.0362	183	.2340	90	.0013	139	.0275	188	.1854
86	.0018	135	.0380	184	.2406	91	.0014	140	.0288	189	.1909
87	.0019	136	.0399	185	.2473	92	.0015	141	.0303	190	.1965
88	.0021	137	.0418	186	.2541	93	.0016	142	.0318	191	.2022
89	.0022	138	.0439	187	.2611	94	.0017	143	.0333	192	.2081
90	.0024	139	.0460	188	.2681	95	.0019	144	.0349	193	.2140
91	.0026	*140	.0482	189	.2752	96	.0020	145	.0366	194	.2200
92	.0028	141	.0504	190	.2824	97	.0022	146	.0384	195	.2261
93	.0030	142	.0528	191	.2896	98	.0023	147	.0402	196	.2323
94	.0032	143	.0552	192	.2970	99	.0025	148	.0420	197	.2386
95	.0035	144	.0577	193	.3044	100	.0027	149	.0440	198	.2449
96	.0037	145	.0603	194	.3120	101	.0029	150	.0460	199	.2514
97	.0040	146	.0630	195	.3196	102	.0031	*151	.0481	200	.2579
98	.0043	147	.0658	196	.3272	103	.0033	152	.0502	201	.2646
99	.0046	148	.0687	197	.3350	104	.0036	153	.0524	202	.2713
100	.0049	149	.0716	198	.3428	105	.0038	154	.0547	203	.2781
101	.0053	150	.0747	199	.3507	106	.0041	155	.0571	204	.2849
102	.0057	151	.0778	200	.3586	107	.0044	156	.0595	205	.2919
103	.0061	152	.0811	201	.3666	108	.0047	157	.0621	206	.2989
104	.0065	153	.0844	202	.3747	109	.0050	158	.0647	207	.3060
105	.0069	154	.0879	203	.3828	110	.0053	159	.0674	208	.3132
106	.0074	155	.0914	204	.3909	111	.0057	160	.0701	209	.3204
107	.0079	156	.0951	205	.3991	112	.0060	161	.0730	210	.3277
108	.0084	157	.0988	206	.4074	113	.0064	162	.0759	211	.3351
109	.0089	158	.1027	207	.4157	114	.0068	163	.0790	212	.3425
110	.0095	159	.1066	208	.4240	115	.0073	164	.0821	213	.3500
111	.0101	160	.1107	209	.4324	116	.0077	165	.0853	214	.3576
112	.0108	161	.1149	210	.4408	117	.0082	166	.0886	215	.3652
113	.0115	162	.1191	211	.4492	118	.0087	167	.0920	216	.3728
114	.0122	163	.1235	212	.4576	119	.0093	168	.0955	217	.3805
115	.0129	164	.1280	213	.4661	120	.0098	169	.0990	218	.3883
116	.0137	165	.1326	214	.4745	121	.0104	170	.1027	219	.3961
117	.0145	166	.1373	215	.4830	122	.0110	171	.1065	220	.4039
118	.0154	167	.1421	216	.4915	123	.0117	172	.1103	221	.4118
119	.0163	168	.1471	217	.5000	124	.0124	173	.1143	222	.4197
120	.0173	169	.1521			125	.0131	174	.1183	223	.4276
121	.0183	170	.1572	*n* = 30		126	.0139	175	.1225	224	.4356
122	.0193	171	.1625	55	.0001	127	.0147	176	.1267	225	.4436
123	.0204	172	.1679	66	.0002	128	.0155	177	.1311	226	.4516
124	.0216	173	.1733	71	.0003	129	.0164	178	.1355	227	.4596
125	.0228	174	.1789	75	.0004	130	.0173	179	.1400	228	.4677
126	.0240	175	.1846	78	.0005	131	.0182	180	.1447	229	.4758
127	.0253	176	.1904	80	.0006	132	.0192	181	.1494	230	.4838
128	.0267	177	.1963	82	.0007	133	.0202	182	.1543	231	.4919
129	.0281	178	.2023	84	.0008	134	.0213	183	.1592	232	.5000
130	.0296	179	.2085	85	.0009	135	.0225	184	.1642		
131	.0311	180	.2147	87	.0010	136	.0236	185	.1694		
132	.0328	181	.2210	88	.0011	137	.0249	186	.1746		
133	.0344	182	.2274	89	.0012	138	.0261	187	.1799		

Source: Frank Wilcoxon, S. K. Katti, and Roberta A. Wilcox, "Critical Values and Probability Levels for the Wilcoxon Rank Sum Test and the Wilcoxon Signed Rank Test." Originally prepared and distributed by Lederle Laboratories Division, American Cyanamid Company, Pearl River, New York, in cooperation with the Department of Statistics, The Florida State University, Tallahassee, Florida. Revised October 1968. Copyright 1963 by the American Cyanamid Company and The Florida State University. Reproduced by permission of S. K. Katti.

부표 9. Kruskal-Wallis 검정의 기각값

Sample sizes					*Sample sizes*				
n_1	n_2	n_3	Critical value	α	n_1	n_2	n_3	Critical value	α
2	1	1	2.7000	0.500				4.7000	0.101
2	2	1	3.6000	0.200	4	4	1	6.6667	0.010
2	2	2	4.5714	0.067				6.1667	0.022
			3.7143	0.200				4.9667	0.048
3	1	1	3.2000	0.300				4.8667	0.054
3	2	1	4.2857	0.100				4.1667	0.082
			3.8571	0.133				4.0667	0.102
3	2	2	5.3572	0.029	4	4	2	7.0364	0.006
			4.7143	0.048				6.8727	0.011
			4.5000	0.067				5.4545	0.046
			4.4643	0.105				5.2364	0.052
3	3	1	5.1429	0.043				4.5545	0.098
			4.5714	0.100				4.4455	0.103
			4.0000	0.129	4	4	3	7.1439	0.010
3	3	2	6.2500	0.011				7.1364	0.011
			5.3611	0.032				5.5985	0.049
			5.1389	0.061				5.5758	0.051
			4.5556	0.100				4.5455	0.099
			4.2500	0.121				4.4773	0.102
3	3	3	7.2000	0.004	4	4	4	7.6538	0.008
			6.4889	0.011				7.5385	0.011
			5.6889	0.029				5.6923	0.049
			5.6000	0.050				5.6538	0.054
			5.0667	0.086				4.6539	0.097
			4.6222	0.100				4.5001	0.104
4	1	1	3.5714	0.200	5	1	1	3.8571	0.143
4	2	1	4.8214	0.057	5	2	1	5.2500	0.036
			4.5000	0.076				5.0000	0.048
			4.0179	0.114				4.4500	0.071
4	2	2	6.0000	0.014				4.2000	0.095
			5.3333	0.033				4.0500	0.119
			5.1250	0.052	5	2	2	6.5333	0.008
			4.4583	0.100				6.1333	0.013
			4.1667	0.105				5.1600	0.034
4	3	1	5.8333	0.021				5.0400	0.056
			5.2083	0.050				4.3733	0.090
			5.0000	0.057				4.2933	0.122
			4.0556	0.093	5	3	1	6.4000	0.012
			3.8889	0.129				4.9600	0.048
4	3	2	6.4444	0.008				4.8711	0.052
			6.3000	0.011				4.0178	0.095
			5.4444	0.046				3.8400	0.123
			5.4000	0.051	5	3	2	6.9091	0.009
			4.5111	0.098				6.8218	0.010
			4.4444	0.102				5.2509	0.049
4	3	3	6.7455	0.010				5.1055	0.052
			6.7091	0.013				4.6509	0.091
			5.7909	0.046				4.4945	0.101
			5.7273	0.050	5	3	3	7.0788	0.009
			4.7091	0.092				6.9818	0.011

부표 9. (계속)

Sample sizes					Sample sizes				
n_1	n_2	n_3	Critical value	α	n_1	n_2	n_3	Critical value	α
5	3	3	5.6485	0.049	5	5	1	6.8364	0.011
			5.5152	0.051				5.1273	0.046
			4.5333	0.097				4.9091	0.053
			4.4121	0.109				4.1091	0.086
5	4	1	6.9545	0.008				4.0364	0.105
			6.8400	0.011	5	5	2	7.3385	0.010
			4.9855	0.044				7.2692	0.010
			4.8600	0.056				5.3385	0.047
			3.9873	0.098				5.2462	0.051
			3.9600	0.102				4.6231	0.097
5	4	2	7.2045	0.009				4.5077	0.100
			7.1182	0.010	5	5	3	7.5780	0.010
			5.2727	0.049				7.5429	0.010
			5.2682	0.050				5.7055	0.046
			4.5409	0.098				5.6264	0.051
			4.5182	0.101				4.5451	0.100
5	4	3	7.4449	0.010				4.5363	0.102
			7.3949	0.011	5	5	4	7.8229	0.010
			5.6564	0.049				7.7914	0.010
			5.6308	0.050				5.6657	0.049
			4.5487	0.099				5.6429	0.050
			4.5231	0.103				4.5229	0.099
5	4	4	7.7604	0.009				4.5200	0.101
			7.7440	0.011	5	5	5	8.0000	0.009
			5.6571	0.049				7.9800	0.010
			5.6176	0.050				5.7800	0.049
			4.6187	0.100				5.6600	0.051
			4.5527	0.102				4.5600	0.100
5	5	1	7.3091	0.009				4.5000	0.102

Source: W. H. Kruskal and W. A. Wallis, "Use of Ranks in One-Criterion Analysis of Variance," *J. Amer. Statist. Assoc.*, 47 (1952), 583–621, Addendum, *Ibid.*, 48 (1953), 907–911.

부표 10. 순위상관계수검정의 기각값

α(2):	0.50	0.20	0.10	0.05	0.02	0.01	0.005	0.002	0.001
α(1):	0.25	0.10	0.05	0.025	0.01	0.005	0.0025	0.001	0.0005
n									
4	0.600	1.000	1.000						
5	0.500	0.800	0.900	1.000	1.000				
6	0.371	0.657	0.829	0.886	0.943	1.000	1.000		
7	0.321	0.571	0.714	0.786	0.893	0.929	0.964	1.000	1.000
8	0.310	0.524	0.643	0.738	0.833	0.881	0.905	0.952	0.976
9	0.267	0.483	0.600	0.700	0.783	0.833	0.867	0.917	0.933
10	0.248	0.455	0.564	0.648	0.745	0.794	0.830	0.879	0.903
11	0.236	0.427	0.536	0.618	0.709	0.755	0.800	0.845	0.873
12	0.217	0.406	0.503	0.587	0.678	0.727	0.769	0.818	0.846
13	0.209	0.385	0.484	0.560	0.648	0.703	0.747	0.791	0.824
14	0.200	0.367	0.464	0.538	0.626	0.679	0.723	0.771	0.802
15	0.189	0.354	0.446	0.521	0.604	0.654	0.700	0.750	0.779
16	0.182	0.341	0.429	0.503	0.582	0.635	0.679	0.729	0.762
17	0.176	0.328	0.414	0.485	0.566	0.615	0.662	0.713	0.748
18	0.170	0.317	0.401	0.472	0.550	0.600	0.643	0.695	0.728
19	0.165	0.309	0.391	0.460	0.535	0.584	0.628	0.677	0.712
20	0.161	0.299	0.380	0.447	0.520	0.570	0.612	0.662	0.696
21	0.156	0.292	0.370	0.435	0.508	0.556	0.599	0.648	0.681
22	0.152	0.284	0.361	0.425	0.496	0.544	0.586	0.634	0.667
23	0.148	0.278	0.353	0.415	0.486	0.532	0.573	0.622	0.654
24	0.144	0.271	0.344	0.406	0.476	0.521	0.562	0.610	0.642
25	0.142	0.265	0.337	0.398	0.466	0.511	0.551	0.598	0.630
26	0.138	0.259	0.331	0.390	0.457	0.501	0.541	0.587	0.619
27	0.136	0.255	0.324	0.382	0.448	0.491	0.531	0.577	0.608
28	0.133	0.250	0.317	0.375	0.440	0.483	0.522	0.567	0.598
29	0.130	0.245	0.312	0.368	0.433	0.475	0.513	0.558	0.589
30	0.128	0.240	0.306	0.362	0.425	0.467	0.504	0.549	0.580
31	0.126	0.236	0.301	0.356	0.418	0.459	0.496	0.541	0.571
32	0.124	0.232	0.296	0.350	0.412	0.452	0.489	0.533	0.563
33	0.121	0.229	0.291	0.345	0.405	0.446	0.482	0.525	0.554
34	0.120	0.225	0.287	0.340	0.399	0.439	0.475	0.517	0.547
35	0.118	0.222	0.283	0.335	0.394	0.433	0.468	0.510	0.539
36	0.116	0.219	0.279	0.330	0.388	0.427	0.462	0.504	0.533
37	0.114	0.216	0.275	0.325	0.383	0.421	0.456	0.497	0.526
38	0.113	0.212	0.271	0.321	0.378	0.415	0.450	0.491	0.519
39	0.111	0.210	0.267	0.317	0.373	0.410	0.444	0.485	0.513
40	0.110	0.207	0.264	0.313	0.368	0.405	0.439	0.479	0.507
41	0.108	0.204	0.261	0.309	0.364	0.400	0.433	0.473	0.501
42	0.107	0.202	0.257	0.305	0.359	0.395	0.428	0.468	0.495
43	0.105	0.199	0.254	0.301	0.355	0.391	0.423	0.463	0.490
44	0.104	0.197	0.251	0.298	0.351	0.386	0.419	0.458	0.484
45	0.103	0.194	0.248	0.294	0.347	0.382	0.414	0.453	0.479
46	0.102	0.192	0.246	0.291	0.343	0.378	0.410	0.448	0.474
47	0.101	0.190	0.243	0.288	0.340	0.374	0.405	0.443	0.469
48	0.100	0.188	0.240	0.285	0.336	0.370	0.401	0.439	0.465
49	0.098	0.186	0.238	0.282	0.333	0.366	0.397	0.434	0.460
50	0.097	0.184	0.235	0.279	0.329	0.363	0.393	0.430	0.456

부표 10. (계속)

α(2):	0.50	0.20	0.10	0.05	0.02	0.01	0.005	0.002	0.001
α(1):	0.25	0.10	0.05	0.025	0.01	0.005	0.0025	0.001	0.0005
n									
51	0.096	0.182	0.233	0.276	0.326	0.359	0.390	0.426	0.451
52	0.095	0.180	0.231	0.274	0.323	0.356	0.386	0.422	0.447
53	0.095	0.179	0.228	0.271	0.320	0.352	0.382	0.418	0.443
54	0.094	0.177	0.226	0.268	0.317	0.349	0.379	0.414	0.439
55	0.093	0.175	0.224	0.266	0.314	0.346	0.375	0.411	0.435
56	0.092	0.174	0.222	0.264	0.311	0.343	0.372	0.407	0.432
57	0.091	0.172	0.220	0.261	0.308	0.340	0.369	0.404	0.428
58	0.090	0.171	0.218	0.259	0.306	0.337	0.366	0.400	0.424
59	0.089	0.169	0.216	0.257	0.303	0.334	0.363	0.397	0.421
60	0.089	0.168	0.214	0.255	0.300	0.331	0.360	0.394	0.418
61	0.088	0.166	0.213	0.252	0.298	0.329	0.357	0.391	0.414
62	0.087	0.165	0.211	0.250	0.296	0.326	0.354	0.388	0.411
63	0.086	0.163	0.209	0.248	0.293	0.323	0.351	0.385	0.408
64	0.086	0.162	0.207	0.246	0.291	0.321	0.348	0.382	0.405
65	0.085	0.161	0.206	0.244	0.289	0.318	0.346	0.379	0.402
66	0.084	0.160	0.204	0.243	0.287	0.316	0.343	0.376	0.399
67	0.084	0.158	0.203	0.241	0.284	0.314	0.341	0.373	0.396
68	0.083	0.157	0.201	0.239	0.282	0.311	0.338	0.370	0.393
69	0.082	0.156	0.200	0.237	0.280	0.309	0.336	0.368	0.390
70	0.082	0.155	0.198	0.235	0.278	0.307	0.333	0.365	0.388
71	0.081	0.154	0.197	0.234	0.276	0.305	0.331	0.363	0.385
72	0.081	0.153	0.195	0.232	0.274	0.303	0.329	0.360	0.382
73	0.080	0.152	0.194	0.230	0.272	0.301	0.327	0.358	0.380
74	0.080	0.151	0.193	0.229	0.271	0.299	0.324	0.355	0.377
75	0.079	0.150	0.191	0.227	0.269	0.297	0.322	0.353	0.375
76	0.078	0.149	0.190	0.226	0.267	0.295	0.320	0.351	0.372
77	0.078	0.148	0.189	0.224	0.265	0.293	0.318	0.349	0.370
78	0.077	0.147	0.188	0.223	0.264	0.291	0.316	0.346	0.368
79	0.077	0.146	0.186	0.221	0.262	0.289	0.314	0.344	0.365
80	0.076	0.145	0.185	0.220	0.260	0.287	0.312	0.342	0.363
81	0.076	0.144	0.184	0.219	0.259	0.285	0.310	0.340	0.361
82	0.075	0.143	0.183	0.217	0.257	0.284	0.308	0.338	0.359
83	0.075	0.142	0.182	0.216	0.255	0.282	0.306	0.336	0.357
84	0.074	0.141	0.181	0.215	0.254	0.280	0.305	0.334	0.355
85	0.074	0.140	0.180	0.213	0.252	0.279	0.303	0.332	0.353
86	0.074	0.139	0.179	0.212	0.251	0.277	0.301	0.330	0.351
87	0.073	0.139	0.177	0.211	0.250	0.276	0.299	0.328	0.349
88	0.073	0.138	0.176	0.210	0.248	0.274	0.298	0.327	0.347
89	0.072	0.137	0.175	0.209	0.247	0.272	0.296	0.325	0.345
90	0.072	0.136	0.174	0.207	0.245	0.271	0.294	0.323	0.343
91	0.072	0.135	0.173	0.206	0.244	0.269	0.293	0.321	0.341
92	0.071	0.135	0.173	0.205	0.243	0.268	0.291	0.319	0.339
93	0.071	0.134	0.172	0.204	0.241	0.267	0.290	0.318	0.338
94	0.070	0.133	0.171	0.203	0.240	0.265	0.288	0.316	0.336
95	0.070	0.133	0.170	0.202	0.239	0.264	0.287	0.314	0.334
96	0.070	0.132	0.169	0.201	0.238	0.262	0.285	0.313	0.332
97	0.069	0.131	0.168	0.200	0.236	0.261	0.284	0.311	0.331
98	0.069	0.130	0.167	0.199	0.235	0.260	0.282	0.310	0.329
99	0.068	0.130	0.166	0.198	0.234	0.258	0.281	0.308	0.327
100	0.068	0.129	0.165	0.197	0.233	0.257	0.279	0.307	0.326

Source: Jerrold H. Zar, *Biostatistical Analysis*, 2e, © 1984, pp. 577–578. Reprinted by permission of Prentice Hall, Inc., Englewood Cliffs, New Jersey.

부표 11. 상관계수의 Fisher 변환 $z=\frac{1}{2}\,ln\,\frac{1+r}{1-r}$

TABLE A 12
TABLE OF $z = (1/2)\ \ln\ (1 + r)/(1 - r)$ TO TRANSFORM THE CORRELATION COEFFICIENT

r	0.00	0.01	0.02	0.03	0.04	0.05	0.06	0.07	0.08	0.09
.0	0.000	0.010	0.020	0.030	0.040	0.050	0.060	0.070	0.080	0.090
.1	.100	.110	.121	.131	.141	.151	.161	.172	.182	.192
.2	.203	.213	.224	.234	.245	.255	.266	.277	.288	.299
.3	.310	.321	.332	.343	.354	.365	.377	.388	.400	.412
.4	.424	.436	.448	.460	.472	.485	.497	.510	.523	.536
.5	.549	.563	.576	.590	.604	.618	.633	.648	.662	.678
.6	.693	.709	.725	.741	.758	.775	.793	.811	.829	.848
.7	.867	.887	.908	.929	.950	.973	.996	1.020	1.045	1.071
.8	1.099	1.127	1.157	1.188	1.221	1.256	1.293	1.333	1.376	1.422

r	0.000	0.001	0.002	0.003	0.004	0.005	0.006	0.007	0.008	0.009
.90	1.472	1.478	1.483	1.488	1.494	1.499	1.505	1.510	1.516	1.522
.91	1.528	1.533	1.539	1.545	1.551	1.557	1.564	1.570	1.576	1.583
.92	1.589	1.596	1.602	1.609	1.616	1.623	1.630	1.637	1.644	1.651
.93	1.658	1.666	1.673	1.681	1.689	1.697	1.705	1.713	1.721	1.730
.94	1.738	1.747	1.756	1.764	1.774	1.783	1.792	1.802	1.812	1.822
.95	1.832	1.842	1.853	1.863	1.874	1.886	1.897	1.909	1.921	1.933
.96	1.946	1.959	1.972	1.986	2.000	2.014	2.029	2.044	2.060	2.076
.97	2.092	2.109	2.127	2.146	2.165	2.185	2.205	2.227	2.249	2.273
.98	2.298	2.323	2.351	2.380	2.410	2.443	2.477	2.515	2.555	2.599
.99	2.646	2.700	2.759	2.826	2.903	2.994	3.106	3.250	3.453	3.800

부표 12. 난수표

2671	4690	1550	2262	2597	8034	0785	2978	4409	0237
9111	0250	3275	7519	9740	4577	2064	0286	3398	1348
0391	6035	9230	4999	3332	0608	6113	0391	5789	9926
2475	2144	1886	2079	3004	9686	5669	4367	9306	2595
5336	5845	2095	6446	5694	3641	1085	8705	5416	9066
6808	0423	0155	1652	7897	4335	3567	7109	9690	3739
8525	0577	8940	9451	6726	0876	3818	7607	8854	3566
0398	0741	8787	3043	5063	0617	1770	5048	7721	7032
3623	9636	3638	1406	5731	3978	8068	7238	9715	3363
0739	2644	4917	8866	3632	5399	5175	7422	2476	2607
6713	3041	8133	8749	8835	6745	3597	3476	3816	3455
7775	9315	0432	8327	0861	1515	2297	3375	3713	9174
8599	2122	6842	9202	0810	2936	1514	2090	3067	3574
7955	3759	5254	1126	5553	4713	9605	7909	1658	5490
4766	0070	7260	6033	7997	0109	5993	7592	5436	1727
5165	1670	2534	8811	8231	3721	7947	5719	2640	1394
9111	0513	2751	8256	2931	7783	1281	6531	7259	6993
1667	1084	7889	8963	7018	8617	6381	0723	4926	4551
2145	4587	8585	2412	5431	4667	1942	7238	9613	2212
2739	5528	1481	7528	9368	1823	6979	2547	7268	2467
8769	5480	9160	5354	9700	1362	2774	7980	9157	8788
6531	9435	3422	2474	1475	0159	3414	5224	8399	5820
2937	4134	7120	2206	5084	9473	3958	7320	9878	8609
1581	3285	3727	8924	6204	0797	0882	5945	9375	9153
6268	1045	7076	1436	4165	0143	0293	4190	7171	7932
4293	0523	8625	1961	1039	2856	4889	4358	1492	3804
6936	4213	3212	7229	1230	0019	5998	9206	6753	3762
5334	7641	3258	3769	1362	2771	6124	9813	7915	8960
9373	1158	4418	8826	5665	5896	0358	4717	8232	4859
6968	9428	8950	5346	1741	2348	8143	5377	7695	0685
4229	0587	8794	4009	9691	4579	3302	7673	9629	5246
3807	7785	7097	5701	6639	0723	4819	0900	2713	7650
4891	8829	1642	2155	0796	0466	2946	2970	9143	6590
1055	2968	7911	7479	8199	9735	8271	5339	7058	2964
2983	2345	0568	4125	0894	8302	0506	6761	7706	4310
4026	3129	2968	8053	2797	4022	9838	9611	0975	2437
4075	0260	4256	0337	2355	9371	2954	6021	5783	2827
8488	5450	1327	7358	2034	8060	1788	6913	6123	9405
1976	1749	5742	4098	5887	4567	6064	2777	7830	5668
2793	4701	9466	9554	8294	2160	7486	1557	4769	2781

부표 12. (계속)

0916	6272	6825	7188	9611	1181	2301	5516	5451	6832
5961	1149	7946	1950	2010	0600	5655	0796	0569	4365
3222	4189	1891	8172	8731	4769	2782	1325	4238	9279
1176	7834	4600	9992	9449	5824	5344	1008	6678	1921
2369	8971	2314	4806	5071	8908	8274	4936	3357	4441
0041	4329	9265	0352	4764	9070	7527	7791	1094	2008
0803	8302	6814	2422	6351	0637	0514	0246	1845	8594
9965	7804	3930	8803	0268	1426	3130	3613	3947	8086
0011	2387	3148	7559	4216	2946	2865	6333	1916	2259
1767	9871	3914	5790	5287	7915	8959	1346	5482	9251
2604	3074	0504	3828	7881	0797	1094	4098	4940	7067
6930	4180	3074	0060	0909	3187	8991	0682	2385	2307
6160	9899	9084	5704	5666	3051	0325	4733	5905	9226
4884	1857	2847	2581	4870	1782	2980	0587	8797	5545
7294	2009	9020	0006	4309	3941	5645	6238	5052	4150
3478	4973	1056	3687	3145	5988	4214	5543	9185	9375
1764	7860	4150	2881	9895	2531	7363	8756	3724	9359
3025	0890	6436	3461	1411	0303	7422	2684	6256	3495
1771	3056	6630	4982	2386	2517	4747	5505	8785	8708
0254	1892	9066	4890	8716	2258	2452	3913	6790	6331
8537	9966	8224	9151	1855	8911	4422	1913	2000	1482
1475	0261	4465	4803	8231	6469	9935	4256	0648	7768
5209	5569	8410	3041	4325	7290	3381	5209	5571	9458
5456	5944	6038	3210	7165	0723	4820	1846	0005	3865
5043	6694	4853	8425	5871	1322	1052	1452	2486	1669
1719	0148	6977	1244	6443	5955	7945	1218	9391	6485
7432	2955	3933	8110	8585	1893	9218	7153	7566	6040
4926	4761	7812	7439	6436	3145	5934	7852	9095	9497
0769	0683	3768	1048	8519	2987	0124	3064	1881	3177
0805	3139	8514	5014	3274	6395	0549	3858	0820	6406
0204	7273	4964	5475	2648	6977	1371	6971	4850	6873
0092	1733	2349	2648	6609	5676	6445	3271	8867	3469
3139	4867	3666	9783	5088	4852	4143	7923	3858	0504
2033	7430	4389	7121	9982	0651	9110	9731	6421	4731
3921	0530	3605	8455	4205	7363	3081	3931	9331	1313
4111	9244	8135	9877	9529	9160	4407	9077	5306	0054
6573	1570	6654	3616	2049	7001	5185	7108	9270	6550
8515	8029	6880	4329	9367	1087	9549	1684	4838	5686
3590	2106	3245	1989	3529	3828	8091	6054	5656	3035
7212	9909	5005	7660	2620	6406	0690	4240	4070	6549

부표 12. (계속)

6701	0154	8806	1716	7029	6776	9465	8818	2886	3547
3777	9532	1333	8131	2929	6987	2408	0487	9172	6177
2495	3054	1692	0089	4090	2983	2136	8947	4625	7177
2073	8878	9742	3012	0042	3996	9930	1651	4982	9645
2252	8004	7840	2105	3033	8749	9153	2872	5100	8674
2104	2224	4052	2273	4753	4505	7156	5417	9725	7599
2371	0005	3844	6654	3246	4853	4301	8886	5217	1153
3270	1214	9649	1872	6930	9791	0248	2687	8126	1501
6209	7237	1966	5541	4224	7080	7630	6422	1160	5675
1309	9126	2920	4359	1726	0562	9654	4182	4097	7493
2406	8013	3634	6428	8091	5925	3923	1686	6097	9670
7365	9859	9378	7084	9402	9201	1815	7064	4324	7081
2889	4738	9929	1476	0785	3832	1281	5821	3690	9185
7951	3781	4755	6986	1659	5727	8108	9816	5759	4188
4548	6778	7672	9101	3911	8127	1918	8512	4197	6402
5701	8342	2852	4278	3343	9830	1756	0546	6717	3114
2187	7266	1210	3797	1636	7917	9933	3518	6923	6349
9360	6640	1315	6284	8265	7232	0291	3467	1088	7834
7850	7626	0745	1992	4998	7349	6451	6186	8916	4292
6186	9233	6571	0925	1748	5490	5264	3820	9829	1335

참고문헌

01. Afifi, A.A. and Azen, S.P. (1979) Statistical Analysis - A Computer Oriented Approach, 2nd Ed. Academic Press. [예 9.3]

02. Ali, M.A. and Sweeney, G. (1974) Erythrocyte corprotoporphyrin and protoporphyrin in ethanol-induced sideroblastic erythropoiesis. Blood, 43, 291-295. [예 13.2]

03. Altman, D.G. and Coles, E.C. (1980) Assessing birth weight-for-dates on a continuous scale. Ann. Hum. Biol., 7, 35-44. [예 11.1]

04. Burns, K.C. (1984) Motion sickness incidence : Distribution of time to first emesis and comparison of some complex motion conditions. Aviat. Space Environ. Med., 50, 521-527. [예 14.1]

05. Carter, W.H. and Wampler, G.L. and Stablein, D.M, (1985) Regression Analysis of Survival Data in Cancer Chemotherapy. Marcel Dekker. [예 14.2]

06. Cawson, M.J. et al. (1974) Cortisol, cortisone, and 11-deoxycortisol levels in human umbilical and maternal plasma in relation to the onset of labour. J. Obstet. Gynaecol. Brit. Commonw., 81, 737-745. [예 13.1]

07. Chernoff, H. and Savage, I.R. (1958) Asymptotic normality and efficiency of certain nonparametric test statistics. Ann. Math. Statist., 29, 972-994.

08. Christensen (1985) [예 14.3]

09. Crowder, M.J. and Hand, D. J. (1990) Analysis of Repeated Measures. Chapman & Hall. [예 15.7]

10. Devore, J.L. (1987) Probability and Statistics for Engineering and the Sciences, 2nd Ed. Brooks/Cole Publishing Company.

11. Draper, N. and Smith, H. (1981) Applied Regression Analysis, 2nd Ed. Wiley. [예 9.1]

12. Fleiss, J. L. (1986) The Design and Analysis of Clinical Experiments. Wiley.

13. Frame et al. (1985) [예 12.4]

14. Ginsberg, J.M. et al. (1983) Use of single voided urine samples to estimate quantitative proteinuria. N. Eng. J. Med., 309, 1543-1546. [예 10.1]

15. Hand, D.J. et al. (1994) A Handbook of Small Data Sets. Chapman & Hall. [예 9.2]

[예 12.2] [예 15.4]

16. Hodges, J.L., Jr. and Lehmann, E.L. (1956) The efficiency of some nonparametric competitors of the t-test. Ann. Math., Statist. 27, 324-335.
17. Hogg, R.V. and Craig, A.T. (1978) Introduction to Mathematical Statistics, 4th Ed. Macmillian Publishing Company.
18. James, I.M. et al. (1977) Effect of oxprenolol on stage-fright musicians. Lancet, 952-954. [예 15.3]
19. Matthews, D.I. and Farewell, V.T. (1988) Using and Understanding Medical Statistics, 2nd Ed. Karger. [예 11.2]
20. McClave, J.T. and Dietrich, F.H. II (1988) Statistics, 4th Ed. Dellen Publishing Company.
21. Potthoff, R.R. and Roy, S.N. (1964) A generalized multivariate analysis of variance model useful especially for growth curve problems. Biometrika, 51, 313-326. [예 15.6] [예 15.8]
22. Wainwright, P. et al. (1988) The relationship between nutritional effects on preweaning growth and behavioral development in mice. Dev. Psychobiol. (To appear). [예 11.2]
23. 안철원 · 한상문 (1988) 통계학 원론. 비봉출판사.
24. 김우철 등 (1988) 현대 통계학. 영지문화사.
25. 박용규 · 송혜향 (1991) 반복 측정자료의 분산분석법. 자유아카데미.
26. 송혜향 · 이홍준 (1993) 의학실험계획법. 자유아카데미.
27. 이홍준 (1988) 의학통계해석. 청문각.

찾아보기

ㄱ

ㄴ

ㄷ

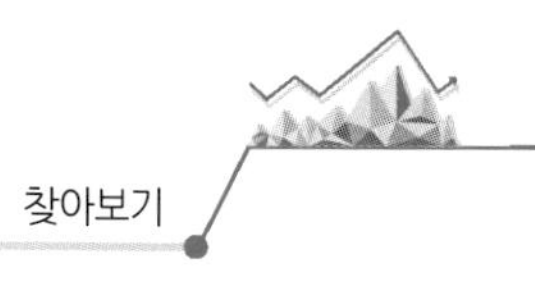

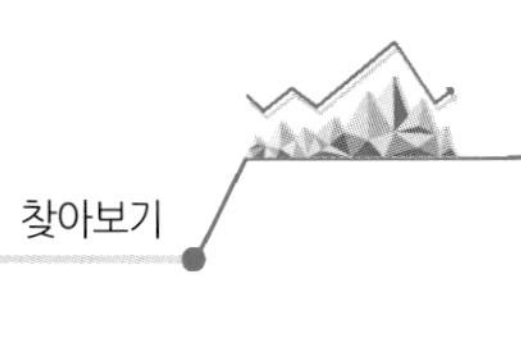

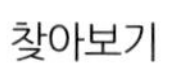

통계학의 이해

2015년 08월 30일 제1판 1쇄 펴냄 | 2016년 08월 30일 제1판 2쇄 펴냄
지은이 송혜향 · 김동재 | 펴낸이 류원식 | 펴낸곳 청문각출판

편집팀장 우종현 | 본문편집 이투이디자인 | 표지디자인 블루
제작 김선형 | 홍보 김은주 | 영업 함승형 · 이훈섭 | 인쇄 영프린팅 | 제본 한진제본
주소 (10881) 경기도 파주시 문발로 116(문발동 536-2) | 전화 1644-0965(대표)
팩스 070-8650-0965 | 등록 2015. 01. 08. 제406-2015-000005호
홈페이지 www.cmgpg.co.kr | E-mail cmg@cmgpg.co.kr
ISBN 978-89-6364-244-4 (93310) | 값 24,000원

* 잘못된 책은 바꿔 드립니다.